分离化学与技术

SEPARATION CHEMISTRY AND TECHNOLOGY

李永绣 刘艳珠 周雪珍 周新木 编著

U0194408

 化学工业出版社

· 北 京 ·

本书的撰写贯穿两条基本主线：一是分离化学的科学基础，重点介绍分离的化学原理和研究方法，讲究科学性和学术性；二是分离技术的技术内涵，重点介绍各分离方法的技术性及其具体的应用成果。各分离技术在应用方面的内容重点结合湿法冶金、食品及生物医药、环境保护与物质循环利用、精细化学品制备的最新成果来展开。所选应用实例除了现行各应用领域的代表性成果外，还着重展示了作者实验室以及国际上近5年来的最新成果，充分体现了本专著的前沿性和实用性。

本书适合于化学化工、材料、有色金属冶炼、环境科学与技术、生物医药与食品等领域的大学生专业课程和研究生专业基础课程的教学用书，更适合于这些领域的科学研究和技术开发人员阅读和参考。

图书在版编目（CIP）数据

分离化学与技术 / 李永绣等编著. —北京：化学
工业出版社，2017.12
　　ISBN 978-7-122-31002-6

　　Ⅰ.①分…　Ⅱ.①李…　Ⅲ.①分离-化工过程
Ⅳ.①TQ028

中国版本图书馆 CIP 数据核字（2017）第 281055 号

责任编辑：李晓红　张　艳　　　　　　　　　文字编辑：向　东
责任校对：王素芹　　　　　　　　　　　　　装帧设计：王晓宇

出版发行：化学工业出版社（北京市东城区青年湖南街 13 号　邮政编码 100011）
印　　装：北京建宏印刷有限公司
710mm×1000mm　1/16　印张 24½　字数 493 千字　2017 年 12 月北京第 1 版第 1 次印刷

购书咨询：010-64518888　　　　　　　　　售后服务：010-64518899
网　　址：http://www.cip.com.cn
凡购买本书，如有缺损质量问题，本社销售中心负责调换。

定　　价：98.00 元　　　　　　　　　　　　　　版权所有　违者必究

前　言
FOREWORD

　　化学专业的学生和教师，从事化学研究及化学工程技术开发的专业技术人员除了需要有四大化学（无机化学、分析化学、有机化学、物理化学）基础知识外，还需要学习两门更为基本和实用的专业基础课程：合成化学和分离化学。因为化学工作者常做的两件事主要是合成和分离。其中，合成是产生新物质的基本途径，而分离是获取所需物质的根本保证。而对于从事资源、冶金、材料、食品、医药、环保、分析检测等领域的科技和工程人员，合成工作有所减少，但分离工作分量越来越重。

　　本书的撰写是基于作者长期的工作积累以及未来科学技术发展的需要来开展的。笔者毕业于江西大学化学系，并留校任教。作为"稀有元素化学"课程的助教和"无机化学专业实验"课教师，系统辅导了多个年级的课程学习，熟悉各主要稀有元素的分离化学。并主讲了碱分解黑钨精矿制备仲钨酸铵和三氧化钨、氢还原制备钨粉、离子交换法分离镨钕、分液漏斗模拟串级萃取分离稀土、铜配合物稳定常数的测定等几个实验。在科研上，跟随贺伦燕和冯天泽老师开展离子吸附型稀土资源开采技术研究，完成了硫酸铵浸矿法提取稀土工艺的改进与工业推广应用，碳酸氢铵沉淀法提取稀土工艺的研究与工业试验。这些工作的核心内容是稀有元素的分离化学与技术，包括浸取、沉淀、离子交换和萃取。1985—1988 年，在杭州大学攻读硕士学位，师从倪兆艾教授，开展了稀土元素配位规律性研究，主要关注伯胺和开链冠醚对稀土的萃取机理和规律性研究，也开展了一些固体配合物的合成与表征内容；2000—2003 年，赴南京大学攻读博士学位，师从游效曾院士，侧重稀土功能配合物的合成与表征研究。从教 35 年来，一直从事以稀土为主要对象、以分离和配位为主要内容的教学与科研工作。工作的特色领域是稀土湿法冶金与环境保护、稀土微纳米材料。

　　分离科学与技术是化学化工、冶金环保、医药卫生等领域的科学基础，在新材料、新能源、新生活等高新技术领域发挥了十分重要的作用。本书是基于我们长期以来在分离化学与技术方面的教学经验和研究成果，并结合国内外这一领域的技术进步和发展要求来组织编纂的。与现行已经出版的一些与分离相关的专著和教材相比，本书侧重于从化学的角度来阐述分离原理，从提升分离效率和降低分离成本的要求来讨论分离技术，并以各相关领域的应用实例来体现分离的重要性和适用性。在内容安排上，突出了各分离科学的化学原理、技术特征及其应用进展，而对设备和工程化的内容只做了一般介绍。

本书一共包括 7 章内容。第 1 章为绪论，第 2～6 章分别为溶剂萃取分离、吸附和色谱及离子交换分离、溶解与浸取分离、沉淀与结晶分离、膜分离 5 个主体分离技术领域，第 7 章着重讨论新型分离技术及其发展问题。各章节的初稿分别由李永绣（第 1 章）、刘艳珠（第 2、7 章）、周雪珍（第 3、6 章）和周新木（第 4、5 章）完成，最后由李永绣进行修改和定稿。在编纂和修改过程中，本实验室的杨丽芬、周晨、刘笑君、高红岩、王春波等研究生也参加了素材采集、图片制作等工作。本书适合作为化学化工、环境科学与工程、材料科学与工程、生物食品医药、分析检测等学科的本科学生专业课和研究生专业基础课教材，更适合于从事这些方面的研究人员和企业技术人员阅读。

本书作为南昌大学的研究生教材，列入南昌大学研究生院的优秀研究生教材出版计划并获得了经费支持。同时也获得了南昌大学稀土与微纳功能材料研究中心、江西省稀土材料前驱体工程实验室的资助。本书的完成得到了国内许多同行的支持和帮助，在此一并表示衷心的感谢。本书的撰写还得益于近几年我们在承担的科技部973 课题"稀土资源高效利用和绿色分离的科学基础"（2012CBA01204）、科技部支撑计划课题"离子吸附型稀土高效提取与稀土材料绿色制备技术"（2012BAE01B02）、国家自然科学基金项目"风化壳中稀土元素三维空间分布与注入液体流动方向的基础研究"（51274123）的研究成果。

由于作者水平有限，书中肯定存在着一些不足，恳请读者能够及时指出，以便我们做进一步的改进和提高。

李永绣

2017 年 11 月 6 日

于南昌大学前湖校区

目 录
CONTENTS

第 **1** 章

概论

1.1 分离的概念与重要性

分离就是把两种或多种不同的物质实现一定程度的彼此分开，或将其中的一种与其他组分实现一定程度的分开，或将其中的一组与其他组分实现一定程度的分开。这里所述的一定程度与实际的要求相关。其最高要求是达到完全的分离，使组分纯度达到 100%。但从分子、离子或原子水平来看，要做到这种绝对的分离效果是相当困难的，甚至是不可能的。我们常说的高纯度要求一般是指 99.9%以上的纯度，这种纯度能够满足大多数化合物的应用要求。而在 99.999%以上的则常称为超高纯度，在半导体材料、光学晶体等对杂质非常敏感的材料中则需要使用这种超高纯度的产品。

分离过程系指将某混合物通过物理、化学或物理化学等手段分离成两个或多个组成彼此不同的产物的过程。这种被分离的混合物可以是原料、反应产物、中间产品或废料。由于混合过程往往是自发过程，所以混合物的分离过程则往往是非自发的，必须采用一定的手段并付出一定的能量才能实现。在工业规模上，通过适当的技术手段与装备，耗费一定的能量来实现混合物分离的过程称为分离工程。通常，分离过程贯穿在整个工艺过程中，是获得最终产品所必需的一个重要手段。图 1-1 是几种常见的分离过程，它们与许多重要的工业部门相关联。在石油、化工、医药、食品、冶金及原子能等许多工业技术领域中，分离过程的应用非常普遍。在这些工业企业中，分离过程的装备和能量消耗都占有重要地位。在化工生产中，分离过程的基建投资通常占总投资的 50%～90%，所消耗的能量也往往占总能耗的绝大部分。例如，在聚乙烯生产过程中，精制所消耗的能量占总能耗的 94%；在醋酸生产中，精制所消耗的能量更高，为总能耗的 98%。

随着现代生产和科学技术的飞速发展，人民的生活水平逐渐提高，对分离技术提出了越来越高的要求。最为直接和普遍的要求是对产品的质量及物质纯度的要求

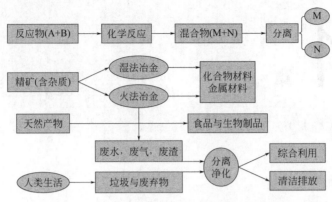

图 1-1　一些主要工业和行业中的分离过程

提高了，有时甚至很苛刻。例如，在原子能和半导体工业中所需的高纯气体氩、氮及半导体材料硅和锗等，其纯度都要求在 99.99%，有的甚至超过 99.9999%；对电子工业中的超纯水、核反应堆的冷却水，其用量之大、纯度要求之高，无法用二次蒸发等传统工艺制取。另外，随着现代工业趋向大型化生产，产生的大量废气、废水、废渣排放更加集中，对这些"三废"的处理不但涉及物料的综合利用，还关系到环境污染和生态平衡。据有关资料表明，我国大部分城市的年均径流量与污水排放量之比接近于极限水平，实际用水量已达到必须综合利用的程度，京、津、沪三大城市水资源的综合利用已列入议事日程。回收废水中的有用物质，既降低了污水处理负荷，又能取得较大的经济效益，现已受到环保部门及工矿企业的重视。航天技术的发展也带来了许多急待解决的问题，如载人空间飞行器及空间站舱内 CO_2 气体的去除、饮用水的制备及生活废水的再生利用等。

从未来发展的要求来看，各种新技术新行业的出现和发展对物质的要求也将趋向多元化和高纯化，这将进一步促进分离技术的发展。例如，石油危机及由此引起的能源紧张，促使人们开始寻找新的能源，利用核电能、太阳能、水能及风能等自然界取之不尽的能源；其中，利用生物可再生资源生产能源产品仍然是非常可靠的途径，这将有赖于农副产品纤维素分解发酵生产酒精、玉米芯生产木糖醇等物质转化和提纯技术的发展；与此同时，能源的危机也促使人们对工业过程中的耗能技术进行改造，这也是分离过程中十分重要的技术内容。

1.2　分离的基本要素及分离技术研究的主要任务

从广义上讲，分离技术就是利用物质之间的物理、化学等性质差别，采用一定的方法或手段将其分离开来的方法。因此，实现物质分离的基本要素被认为有：

① 物质之间的性质差异；
② 实现物质差异扩大化的手段和方法；

③ 实现分离的设备和能量供应。

表 1-1 中对比列出了一些传统分离方法所对应的分离要素，可以帮助我们理解各分离要素的基本内涵和作用。

表 1-1　不同分离方法的分离要素对比

分离技术	性质差异	手段和方法	设备与能量
重选	密度和颗粒大小	运动的介质	摇床
磁选	比磁化系数不同	运动的铁盘和磁场	磁选机
浮选	物质的亲疏水性或与浮选药剂的表面作用	表面性质调节和发泡（浮选药剂和鼓气）	浮选机
过滤	颗粒大小	筛网和滤布（纸），减（加）压和离心	离心机，压滤机
膜分离	物质的选择透过性	浓度差、压力差和电位差	膜组件
沉淀	难溶沉淀的形成	加入沉淀剂或调节酸碱度	反应槽
结晶	物质溶解度差异	加热浓缩或降温冷却	结晶器
萃取	物质在两相间的溶解度差异	混合与分相	萃取塔和萃取槽
离子交换	离子对树脂的亲和力差异或与淋洗剂的配合物稳定性差异	吸附与淋洗的多级交换平衡	交换柱
还原沉积	金属的选择性还原	还原剂的供应与控制	还原沉积槽

经过长期的科学研究和技术开发，已经发展了很多种分离方法或技术，且不同的分离方法均有其确切的定义。对于一种特定物料的分离，可以采用很多种方法来达到目标。即使在一种分离方法中，也可以利用其一个方面的性质差别来实现分离目标，若能利用多种性质上的差异则更容易实现分离目标。从分离目的来讲，一种分离技术的确定必须考虑其分离效率和分离成本，以及相关环境因素的变化。因此，分离方案的制订总是希望能够在一个分离流程中尽量可能地利用多个方面的性质差异来达到更好的分离目的。

现代分离理念不单纯在于利用原有的、现成的性质差异，而必须突出其寻找新差别、创造差别和扩大差别的工作上来。因此，对被分离物质的化学和物理性质的改造和利用过程控制技术来强化分离效果的相关内容是现代分离技术研究的主要内容。为了达到高效分离目的，必须采用各学科中的新技术、新原理来改造传统分离模式，创造新的分离理念。因此，为了达到更好的分离效果、节约能耗和原料消耗，需要寻求使待分离物质之间性质差异最大化的途径和方法，并尽可能地降低能耗。其中，制造差异、扩大差异和利用差异是分离技术研究的中心思想。

从混合物到纯净物的过程对被分离物的状态（或称分离体系）来讲是一个混乱度降低的过程，从热力学角度来看是一个熵减过程，对于混合物中各组分能够很好相容的情况则是一个非自发的过程。如果要两个不相混溶的组分混合，尽管该混合过程是熵增的，但由于热力学上的其他因素，例如有机相与水相的疏水相互作用势能、两相的密度差别以及水-水之间和油-油之间的亲和能，都会使这个熵增过程不自发。但那些需要分离的混合物原本都是相容性好的混合物，要使它们之间达到分离，必须寻求外部因素的支持，通过适当的技术手段与装备，耗费一定的能量来实现混合物的分离，可称为分离工程。分离工程系指将混合物通过物理的、化学的或物理化学等手段分离成两个或多个彼此组分不同的产物的过程。

1.3　分离过程的分类

分离过程可用图 1-2 来简单表示。一个分离过程通常是指将混合物原料中的某一个、多个或全部组分相互分离，生产出能够满足市场要求的一个或多个产物的过

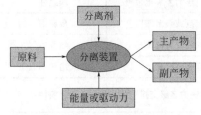

图 1-2　分离过程示意图

程。要完成这样一个过程，需要使用分离剂或利用外界的能量（或称驱动力）以及合适的分离装置来完成。原料是待分离的混合物，它可以是单相或多相体系，但至少含有两个组分；产物为分离所得的产品，它可以是一个，也可以有多个，其组分彼此不同；分离剂为加到分离装置中使过程得以实现的物质；驱动力是外加能量供给设备和反应所产生的，它可以通过分离剂，如蒸气等带入体系，也可以是外界能量直接加到分离体系的；分离装置是分离过程得以实施的必要物质设备，它可以是某个特定的装置，也可以包括从原料到产品之间的整个流程中所使用的设备。

按分离过程的原理来分，分离技术可分为机械分离和传质分离两大类。

1.3.1　机械分离

利用机械力简单地将两相混合物相互分离的过程称为机械分离过程，两相混合物被分离时相间无物质传递发生。表 1-2 为几种典型的机械分离过程。

表 1-2　几种典型的机械分离过程

名称	原料	分离剂或驱动力	产品	原理	应用实例
过滤	液-固	压力	液+固	颗粒尺寸	絮状催化剂回收
沉降	液-固	重力	液+固	密度差	酸雾澄清
离心分离	液-固	离心力	液+固	离子尺寸	蔗糖生产
旋风分离	气-固（液）	流动惯性	气+固（液）	密度差	细颗粒收集
电除尘	气-细颗粒	电场力	气+固	粒子电性	合成氨气除尘

1.3.2 传质分离

传质分离是基于物质在同一相中或不同相之间由于传质的差异来实现的分离过程，可分为平衡分离过程和速率控制分离过程两大类。平衡分离过程是依据被分离组分在两相的平衡分配组成差异进行的分离过程，常采用平衡级概念作为设计基础，如表 1-3 的精馏、吸收、萃取、吸附等几种典型平衡分离过程。速率控制分离过程是依据被分离组分在均相中的传递速率差异而进行分离的。

表 1-3 几种典型的平衡分离过程

名称	原料	分离剂或驱动力	产品	原理	应用实例
蒸发	液体	热	液+气	挥发度	果汁浓缩
闪蒸	液体	负压	液+气	挥发度	海水脱盐
蒸馏	液或气	热	液+气	挥发度	酒精提纯
热泵	气或液	热或压力	液+气	吸附平衡	CO_2/He 气体分离
吸收	气体	液体吸收剂	液+气	溶解度	液碱吸收 CO_2
萃取	液体	萃取剂	两液相	溶解度	芳烃抽提
吸附	气或液	吸收剂	液+气	吸附平衡	活性炭吸附苯
离子交换	液体	交换树脂	液	吸附平衡	水软化
萃取蒸馏	液体	热和萃取剂	液+气	挥发度，溶解度	恒沸产品分离
精馏	液体	热	液+气	挥发度	乙醇和水的分离

表 1-4 中所示的典型速率控制过程，其分离驱动力大多为压力或温度梯度。膜分离技术是近十几年来研究较多、发展较快的一种速率控制分离过程。此外还有用场作为驱动力的速率控制过程，例如，超速离心分离、电沉降、高梯度磁分离以及质谱分离等。

表 1-4 几种典型的速率控制分离过程

名称	原料	分离机或驱动力	产品	原理	应用实例
加压扩散	气	压力	气	压力差	同位素分离
气体扩散	气	多孔隔板	气	浓度差	铀同位素分离
反渗透	液	膜和压力	液	克服渗透压	水脱盐
渗析	液	膜	液	扩散速度差	废水中回收苛性钠
渗透蒸发	液	膜，负压	液	溶解，扩散	异丙醇脱水
泡沫分离	液	泡沫界面	液	界面浓度差	酶和染料分离
色谱分离	气或液	固相载体	气或液	吸附浓度差	混合溶剂蒸气回收
区域熔融	固	温度	固	温度差	锗的提纯
热扩散	气或液	温度	气或液	温度引起浓度差	气态同位素分离
电解	液	电场，膜	液或气	电位差	氢和氘的分离
电渗析	液	电场，膜	液	电位差	水脱盐

1.3.3 分离化学与技术

事实上，我们还可以根据分离过程是否存在化学反应和化学作用将分离分为化学分离和物理分离两大类。一般来讲，我们把单纯依据物质的物理性质差异来完成的分离称为物理分离。这些物理性质包括：密度、颗粒大小、比磁化系数、溶解度、熔沸点、蒸气压等。实际上，在化学分离中也需要利用物质的物理性质差异来完成。只是在化学分离中，必须存在着一个或多个反应，或涉及分子、离子之间的相互作用，并通过这些反应和相互作用来改变被分离对象的物理性质，进而达到高效分离的目的。在分离后的产物中，它们可以保持与原始物质相同的化学形态，也可以是另外一种物质形式。例如：物质在两相之间的分配，其直观的印象是物质在两相中的溶解度不同，是物理性质的差异。但这种物理性质的差异是由于分子之间的相互作用力不同所产生的，是化学键和分子间弱相互作用的结果，这里涉及界面能或空腔能等与分子化学性质相关的热力学参数，是物理化学研究的主要内容。因此，本书所涉及的分离化学与技术内容不是单纯的以是否有化学反应发生为判据，而是以化学反应和分子、离子、原子等微观层次的物理化学作用为基础来开展讨论的。

在分离化学中，除了关注分离过程中的一些直接的化学反应外，例如沉淀反应、配位反应、离子交换反应、氧化还原反应等等，更多的是关注物质在两相之间的迁移和分布，还涉及物质在表面和界面上的化学作用问题，主要是物理化学问题和化学平衡问题。基于不同物质发生上述反应的差异性、在不同相中的相容性差异和界表面处的行为差异，可以实现物质之间的分离。差异越大，分离就越容易。因此，在无机化学、有机化学和物理化学中使用的各种研究方法均可用于研究分离化学。例如：分离过程的热力学问题主要涉及的是分离过程的能量、热量与功的守恒与转化问题（通过自由能、熵、化学势的变化来判断分离过程进行的方向和限度），分离过程中物质的平衡与分布问题（结合分子间相互作用与分子结构关系的研究，选择和建立高效分离体系，使分离过程的效率更高）和分离过程动力学问题（物质在输运过程的运动规律，即分离体系中组分迁移和扩散的基本性质和规律）。因此，分离化学的基础主要是无机化学、物理化学和化工原理，包括各种物质的性质和化学反应、热力学、动力学、化学平衡、分子结构与分子间作用力、分子迁移（菲克第一定律）、带迁移（菲克第二定律）、流体迁移与扩散等等。这些内容在大学的基础课中都已经学习过了，在此不单独去讨论。但在后续各章中，会结合具体的内容从化学的角度来进行相关的讨论和介绍。

1.4 现代分离技术与新型分离技术的发展

现代工业中广泛应用了一些常规的分离技术，如蒸馏、吸收、萃取、吸附、结晶等。随着分离要求的不断提高，这些技术不断地得到改进和发展，成为现代分离技术中的主体。但我们会更加注意到一些各具特色的新颖分离过程和技术的出现和应用，如膜分离、泡沫分离、超临界流体萃取等等。这些新颖的分离技术，有的已在生产上得到一定规模的应用，但大多数还处于实验研究和工厂中试规模的开发阶段，但是这些方法都很有发展前途，而且各具特色，值得大家去重视、研究与发展。

新型分离技术是相对于传统分离技术而言的。新型分离技术的发展特点是通过多种技术的耦合来实现以局部的原始创新带动系统的集成创新。新型分离技术大致可分为三大类：

第一类为对传统分离过程或方法加以变革后的分离技术，如基于萃取分离的超临界萃取、液膜萃取、双水相萃取，基于吸附分离的色谱分离技术等。

第二类为基于材料科学的发展形成的分离技术，如反渗透、超过滤、气体分离以及渗透蒸发等膜分离技术。

第三类为分离材料与传统分离技术相结合形成的新型分离技术，如膜蒸馏、膜基吸收、膜基萃取、膜亲和超滤以及膜反应器等。

图 1-3 所示为以溶剂萃取、离子交换和膜分离技术为基础的，通过相互融合和发展派生出来的诸多新型分离技术。

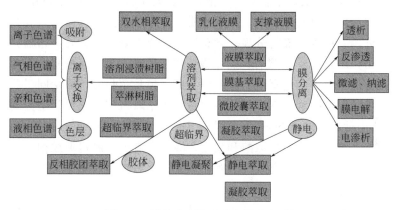

图 1-3　新型分离技术的衍生与拓展

溶剂萃取是一种已在工业生产中得到普遍应用的平衡级分离过程。该过程涉及水溶液或有机溶液中的组分被萃取进入另一不互溶的有机或水溶液中的过程。萃取是用于分离液体混合物的一种传统技术。早期的萃取分离方法是选择一种萃取剂，对混合物中待分离组分具有选择性溶解特性，而其余组分则不溶或少溶而获得分离。现代的萃取技术则侧重于利用萃取化学反应来改变物质在两相中的溶解度差别，进而使分离效果得到大大提高，应用范围也得到很大的拓展。因此，现代萃取分离技术在核燃料的提取、分离和纯化，化工、冶金、制药、生物、航天等工业领域得到广泛的应用。近 30 年来，基于某些新兴学科与技术的发展，又派生出了超临界萃取、双水相萃取、膜基萃取等新型萃取分离技术。与离子交换分离技术相结合，发展了萃淋树脂分离新技术，在超高纯稀土化合物的生产上起到了非常重要的作用。与膜分离技术相结合，发展了膜基萃取、液膜萃取等新技术，在人工肺和环境保护中得到了很好的应用。

1.4.1 基于传统分离方法的新型分离技术

1.4.1.1 基于萃取分离技术的新型分离技术

在生物制品和食品工业上，有机溶剂萃取常会使某些生物质失活，而且残留在药物及食品中的有机溶剂往往难以脱除，形成产品的污染。从 20 世纪 60 年代后期开始，系统研究开发了超临界萃取和双水相萃取等新型萃取过程。这些萃取技术中的萃取剂具有无毒性、易脱除、也容易保持生物活性等优点，很快在迅猛发展的生化、制药、食品等领域得到应用，并在应用中加深对其基础理论、设计、优化的研究。理论研究的深入又进一步扩大了这些技术的应用范围。超临界萃取具有节能、无污染、省资源、可在温和条件下完成分离操作等优点。近 30 年来，被用于石油、医药、食品、香料中许多特定组分的提取与分离，如从咖啡豆中脱除咖啡因，从啤酒花中提取有效成分，从油沙中提取汽油，从植物中提取某些有价值的生物活性物质（如药物、β-胡萝卜素、生物碱、香精香料、调味品和化妆用品等），植物和动物油脂的分级和有价值物质的提取、热敏物质的分离，高分子的聚合、分级、脱溶剂和脱挥发成分，有机水溶液的分离，含有机物的废水处理。此外，超临界萃取大多需在高压（10~100MPa）下进行。高压设备的费用常占工厂总投资一半以上，提高超临界萃取剂的溶解度和选择性、降低设备费用也是超临界萃取走向工业应用过程中应研究解决的重要内容。双水相萃取也是基于萃取机理的一种新型分离技术，20世纪 60 年代由瑞典学者 Alberttson 首先提出；70 年代中期，联邦德国 Kula 等将双水相体系用于从细胞匀浆中提取酶和蛋白，改善了胞内酶的提取过程；目前还用于 β-干扰素与杂蛋白的分离、废水中放射性元素的分离等，以及有关抗生素、氨基酸这类生物小分子分离的研究。

在环境保护领域的废水处理技术上，随着工业发展，废水、废气对环境的污染日益严重。一些排放量极大、浓度又低的物料，很难用常规分离方法进行处理。若用有机溶剂萃取含重金属离子的废水，溶剂与废水的比例高达 1:10，且萃取后的分相和溶剂再生都很困难。为此，提出了液膜萃取技术。该技术以萃取技术为基础，但大大提高了传质比表面积，且可利用化学反应和载体促进传质，具有非常高的选择性和传质速率。1968 年，美国 Exxon 公司黎念之首先提出了液膜分离技术，后来成功地应用于胶黏纤维工业废水中去除锌，尤其是支撑液膜技术在废水处理、湿法冶金、石油化工等领域得到重视和研究。液膜萃取集萃取和再生于一体，传质比表面积大，且可利用化学反应和载体促进传质，具有非常高的选择性和传质速度。例如，以 NaOH 为内相的乳化液膜进行含酚废水的脱酚，几分钟内即可将废水内酚含量降低到排放标准以下。因此在 20 世纪 60 年代液膜技术提出后，即在废水处理、湿法冶金、石油化工等领域得到重视和研究。

上述新型萃取过程与传统的溶剂萃取相比，主要差别是萃取剂或有机相组成改变了。但其基本原理、所用萃取设备及过程的计算、设计方法等与溶剂萃取基本相似。从原理上说，都是利用组分在两相的分配差进行分离。从分离用设备看，都可以用填料塔、筛板塔等塔式传质设备，也都可以用简单的混合澄清槽进行萃取和分相，设备高度也可通过传质单元数、传质单元高度或理论板的计算得到。但由于所用萃取剂及被萃取组分物理化学性质上的差异，因此塔内的流体力学和传质性能各有其独特处，需要对这些新型萃取过程传质设备内的流体力学和传质性能进行研究。一种新技术能否用于实际生产，除与该技术对目的产物的分离、提纯能力有关外，还取决于分离的速度，后者决定了过程的经济性和实际可行性。分离速度当然取决于设备的传质性能，因此对这些新型萃取过程传质及流体力学性能的研究，是当前这些新型萃取技术从实验研究走向工业生产的关键之一。而这些模型的建立，需要密度、黏度、界面张力、扩散系数、分配系数等物理量及其关联式，因此必须同时加强对这些新体系基础数据测定和关联的研究工作。

1.4.1.2 基于色谱分离技术的新型分离技术

色谱分离技术基于传统的吸附平衡机理，利用组分在固定相上和流动相内的分配平衡差异进行分离的。吸附色谱的分离原理与吸附分离相似，而分配色谱则与精馏相似。色谱比吸收及精馏有高得多的分离效率是由于流动相和固定相之间不断的接触平衡所造成的。装填好的色谱柱可从几百到上千的平衡级，特别适用于精馏等过程难以分离体系的分离。

目前工业规模色谱主要应用于三方面：一是以模拟移动床形式进行分离操作的固液吸附色谱，通称 Sorbex 过程，所用柱填料多为合成沸石分子筛，分离对象是二甲苯异构体、油品脱蜡、果糖-葡萄糖分离等多个体系；二是生化产品分离的吸附色谱及凝胶色谱；三是用于香料等提取的气液分配色谱。

对色谱分离的研究和传质模型的建立，以前大多是对线性色谱进行的，而用于工业规模分离的色谱多为非线性色谱，对非线性色谱虽也提出过许多传质模型，但到目前为止尚无法对建立的模型求得一般的数学解，因此难以指导过程的优化和放大，这也是色谱技术迟迟难以从分析规模进入工业规模分离应用的原因之一。目前常从化学工程的角度出发，对影响放大的各因素进行定性分析，以指导色谱过程的优化和放大。就目前的状况看，要通过传质模型进行非线性色谱的优化和放大还有很大差距，对非线性色谱还必须加强理论研究。

1.4.1.3 基于蒸馏等分离技术的新型分离技术

分子蒸馏又称短程蒸馏，是在高真空（一般为 10^{-4}Pa 数量级）下进行的蒸馏过程，其蒸发面和冷凝面的间距小于或等于被分离物蒸气分子的平均自由程，由蒸发面逸出的分子相互间无碰撞、无阻拦地喷射到冷凝面并在其上冷凝，在这种特殊的传质条件下分子蒸馏的蒸发速率可高达 $20\sim40g/(m^2 \cdot s)$。分子蒸馏具有温度低、受热时间短、分离程度高等特点，适合于浓缩、纯化或分离高分子量、高沸点、高黏度及热稳定性差、易氧化的物料。

泡沫分离和磁分离技术早就在选矿中应用，目前其分离范围从不溶性固体扩展到可溶解性组分，从分离单纯的表面活性物质，扩大到金属离子等非表面活性物质。因其设备简单，处理容量大，又特别适合溶液中低浓度组分的分离、回收，非常适合某些工业废水中重金属离子的脱除。如冶金与原子能工业废水的处理，照相、电镀和宝石生产废水中回收有价值组分。

泡沫分馏的操作及所用设备与精馏过程很相似，但泡沫分离是利用组分在气液界面即气泡上的选择吸附进行分离的过程，是表面化学的一种成功应用。泡沫是一多相非均匀体系，影响泡沫分离的因素极其复杂，早期的研究多为定性分析，随着电子计算机的应用，过程的动力学及数学模型的研究有了很大进展。

1.4.2 基于材料科学的发展形成的分离技术——膜分离技术

随着科学技术的发展，人们模仿生物膜的某些功能，制备出各种合成膜，并开拓出相应的膜技术应用于日常生活与生产过程中。由于膜与膜技术的应用范围不断扩大，因此，它的应用价值与重要性也逐渐被人们所认识。

膜分离技术是利用膜对混合物各组分选择渗透性能的差异来实现分离、提纯或浓缩的新型分离技术。组分通过膜的渗透能力取决于分子本身的大小与形状，分子的物理、化学性质，分离膜的物理化学性质以及渗透组分与分离膜的相互作用。由于渗透速率取决于体系的许多性质，这就使膜分离与只取决于较少物性差别的其他分离方法相比，具有极好的分离能力。

膜分离技术的主体是膜，而膜涉及多个学科，因此在膜的分类上也不统一，但概括起来大致可按膜的性质、结构、材料、功能及作用机理等分为五大类。在化工过程中，通常为具有分离或反应功能的合成膜，这类膜可按作用机理、推动力及膜组件结构细分。

按作用机理可分为有孔膜的筛分机理、无孔膜的溶解扩散机理、活性基团的反应或亲和吸附机理等；按推动力可分为压力差、浓度差、电位差、温度差等；按膜组件结构可分为板框（盒）式、螺旋卷式、中空纤维式、管式四大类。由于膜的种类很多，除了用于分离的膜外，还有用于分子识别、能量转换、电光转换等的功能膜。

另外还有两类正在开发与推广应用的新型膜技术：

一类目前称为膜接触器，包括膜基吸收、膜基萃取、膜蒸馏、膜基汽提等。在这些过程中，膜介质本身对待处理的混合物无分离作用，主要利用膜的多孔性、亲水性或疏水性，为两相传递提供较大而稳定的相接触面，可克服常规分离中的液泛、返混等影响，因而近十余年来，深受化工界的关注。

另一类是以膜为关键技术的集成分离过程，包括膜与蒸馏、膜与吸附、膜与反应等相结合的集成过程，具有常规分离过程所不能及的优点，也正在受到重视和发展。随着科学技术的发展，人们模仿生物膜的某些功能，研制出各种功能的合成膜，应用于日常生活与工业生产过程中。可以认为，膜产业将成为 21 世纪初发展最快的高新技术产业。

1.4.3　基于多种分离方法耦合与集成的新型分离技术

多数分离过程都是由多个分离单元操作构成的。也就是说单纯依靠一种技术或一个单元操作是很难达到高效分离目的的。要取得效果更好，也更经济的分离，多种分离方法的耦合和集成是主要的发展方向。集成过程的最大特点是：实现物料与能量消耗的最小化、工艺过程效率的最大化，或为达到清洁生产目的，或为实现混合物的最优分离和获得最佳的产物浓度。

（1）传统分离与膜分离集成技术

膜分离技术与常规的反应或分离方法相耦合的集成技术。如膜分离分别与蒸馏、吸收、萃取等常规化工分离技术相结合，以使分离过程在最佳条件下进行；膜分离与化学反应相结合，能在反应的同时不断移去过程中的生成物，使反应不受平衡的限制，以提高反应转化率。采用这种集成技术比单独应用膜分离技术更有效、更经济。

① 精馏-渗透汽化集成技术：采用亲水性渗透汽化膜与常规的精馏过程集成可将醇-水混合物中的水脱除，得到无水醇。该集成工艺过程中不会带入萃取剂或恒沸剂，可使产物杂质降低。以此醇类产品作食品或药物溶剂，则最终产品也可认为是安全的。渗透汽化与汽提集成生产无水乙醇试剂，乙醇的损失几乎为零，没有环境污染。

② 渗透汽化-萃取集成技术：从有机物水溶液中萃取有机物或污水中除去有机毒物，常用亲水和亲有机物渗透汽膜与萃取结合过程，如利用水-甲基乙基酮（MEK）体系的溶解度特性，水溶液层（底部）含 23%（质量分数）MEK，富有机物层（上层）含 89%（质量分数）MEK，从水溶液中回收 MEK，其纯度可达到 99%。

③ 错流过滤和蒸发集成技术：一般润滑油不能用于低温，因其中含蜡易固化，因此，石油炼制中常用溶剂来脱除原料中的蜡，再冷却，将沉淀的蜡滤去，除蜡后的溶剂用蒸馏法回收，其能耗很大，是整个工艺过程中最主要的部分。1998 年 5 月 Mobil 炼油厂采用膜技术与蒸馏法结合，先用错流过滤分离至少 50%的溶剂，然后用蒸馏法处理。提高润滑油产率 25%（体积分数），运行成本为常用技术的 1/3。

④ 膜渗透与变压吸附集成技术：商业上所选用的膜，其 O_2/N_2 分离系数在 3.5～5，富氧浓度为 30%～45%，而氮浓度不高。若以氧富集为目的，在低流率、低浓度时，膜法有利；对于超纯氮的生产，以变压吸附（PSA）有利。以膜法和 PSA 结合的集成工艺在大规模高纯氮生产中具有较大的竞争力，特别对生产 35%的 O_2 和 95%

以上的 N_2 时，比较经济。

（2）反应-分离耦合集成技术

在化学反应中，常由于产物的生成而抑制反应过程的进行，甚至导致反应的停止。及时将产物（副产物）移出，可促进反应的进一步进行，提高转化率，采用反应-分离集成技术具有十分重要的意义。

① 催化反应-蒸馏集成技术：反应蒸馏是化学反应和蒸馏结合的新型分离技术，其过程可在同一个蒸馏设备内实现。与反应、蒸馏分别进行的传统方法相比，具有投资少、流程简单、节能、产品收率高等优点。反应蒸馏的一般性规律始于 20 世纪 60 年代末，后来扩大到非均相反应，特别是通过有关反应蒸馏的计算数学模拟研究，促进了反应蒸馏过程的开发。

② 酯化反应-渗透汽化集成技术：渗透汽化与酯化反应相结合，可以利用渗透汽化亲水膜移去酯化反应过程中产生的水分，促使反应向酯化方向进行，提高转化率，也提高转化速率，节省能耗。近年来已有较多体系被工业开发或采用，例如二甲脲（DMU）生产中，以合成反应辅助以渗透汽化分离器，过程中可移去水，回收并循环使用甲胺和 CO_2，使转化率提高，生产费用降低。

③ 膜基化学吸收集成技术：天然气中的 CO_2、H_2S 和水汽含量一般很高，为防止输运管道腐蚀和冻结堵塞，需将其及时除去。采用膜基化学吸收可很快渗透除去碳氢化合物混合气中的酸性气体，且无环境污染和防火问题，其投资费用较低，可在井头上处理，避免送料管路的腐蚀和不安全问题。

1.5　选择分离技术的一般规则

分离方法的选择首先需从产品纯度和回收率入手；其次是了解混合物中目标产物与共存杂质之间在物理、化学与生物性质上的差异；然后比较这些差异及其可利用性；最后确定其工艺可行且最为经济的具体分离方法。

产品纯度依据其使用目的来确定，主要起质量导向作用，是确定分离技术的前提条件。因为质量不合格，就没有市场，就实现不了价值。而回收率则取决于当时能实现的技术水平，与经济性和环境保护要求相关，是成本导向和环境导向的主要考虑因素。

1.5.1　选择的基本依据

混合物的宏观和微观性质的差异是选择分离方法的主要依据，这些宏观或微观的性质差别反映了分子本身性质的不同。物质的分子性质对分离因子的大小有重要的决定作用。利用目标产物与其他杂质之间的性质差异所进行的分离过程，可以是单一因素单独作用的结果，也可以是两种以上因素共同作用的结果。

（1）待处理混合物的物性

分离过程得以进行的关键因素是混合物中目标产物与共存杂质的性质差异，如在物理、化学、电磁、光学、生物学等几类性质方面存在着至少一个或多个差异。利用混合物中目标产物与共存杂质的性质差异为依据来选择分离方法是最为常用的。若溶液中各组分的相对挥发度较大，则可考虑用精馏法；若相对挥发度不大，而溶解度差别较大，则应考虑用极性溶剂萃取或吸收法来分离；若极性大的组分浓度很小，则用极性吸附剂分离是合适的。

（2）目标产物的价值与处理规模

处理规模通常指的是处理物或目标产物量的大小，由此可将工程项目的规模分为大、中、小、微型四类，其间没有明确的界限。但目前常用投资额度大小来言其工程的规模。一般说来，较大项目的工程投资与其规模的 0.6 次方成正比，当规模小到某一程度后，由于工艺过程所必需的管道、仪表、泵类、贮罐等部分的投资与其关联不太大，基本上为定值，但却常占工程投资的较大部分，由此导致较小规模的投资比例增大。另外，与大规模操作相比较，小规模需投入的操作费用却不会相应减少很多。

目标产物的价值与规模大小密切相关，常成为选择分离方法的主要因素。对廉价产物，常采用低能耗、无需分离剂，或廉价分离剂，以及大规模生产过程，如海水淡化、合成氨生产、聚乙烯生产、聚丙烯生产等；而高附加值产物则可采用中小规模生产，如药物中间体。另外，规模大小也与所采用的过程有关，如大规模的空气分离用深冷蒸馏法最经济，而对小规模或中等规模的空气分离，则采用中空纤维式膜分离法较为合适。

（3）目标产物的特性

目标产物的特性是指热敏性、吸湿性、放射性、氧化性、光敏性、分解性、易碎性等一系列物理化学特征。这些物理化学特性常是导致目标产物变质、变色、损坏等的根本原因，因此成为分离方法选择中的一个重要因素。

对热敏性目标产物，当采用精馏技术会使其因热而损坏时，采用缩短物料在高温下的停留时间的方法，或采用减压（膜）蒸馏等。

在对某些目标产物的提取、浓缩与纯化过程中，不能将有关分离剂夹带到目标产物中，否则将会严重损害产品质量。对易氧化的产物需要考虑解吸过程所用气体中是否有氧存在；对生物制品则需要注意由于深度冷冻可能导致生物制品的不可逆破坏等因素。

（4）产物的纯度与回收率

产物的纯度与回收率二者之间存在一定的关系。一般状况下，纯度越高，提取成本越大，而回收率则会随之降低。因此在选用分离方法时常需综合考虑。

（5）工艺可行性与设备可靠性

通常应尽可能避免在过程中使用很高或很低的压力或温度，特别是高温和高真空状态。如一些膜分离工艺过程，其对进料体系的预处理有一定的要求，否则，随着过程的进行，透过膜的通量将会不断下降，最后达到无法运行的地步，导致膜的清洗或更换频繁。另外，膜种类与膜组件结构形式选择不当，不仅关系到过程的操作成本，而且影响产出效率。

在分离方法选定以后，分离设备的能力与可靠性也是一个重要因素，某些方法由于设备的限制而难以实现工业应用。如膜组件的形式有毛细管式、卷式、板式以及陶瓷管式等多种，它们单位体积内的比表面积差异很大，导致组件传质特性参数的差异。为此，需要考虑所选膜组件的适用范围和长期稳定性问题。

1.5.2　过程的经济性

过程的经济性是基于技术可行性之上，过程能否商业化，取决于其过程的经济性。如膜技术虽具有特色，但尚不能取代某些常规过程，将膜与某些常规过程相结合，则可得到最优方案，使得过程具有更好的经济效益。

过程经济性在很大程度上取决于待处理物的回收率和目标产物的质量。待处理物的回收率的高低是过程经济性的主要指标；而提高目标产物的质量，意味着其使用价值的提高，也体现了产品的经济价值。

采用级联分离是化工过程常用的技术之一。膜分离过程较难实现多级过程，而精馏则可在一个塔内实现多级过程，对于色谱分离，则实际上是多级过程的极限。因此，膜分离适用于分离因子较大、目标产物纯度不太高的体系，精馏次之，而色谱适用于分离因子小、产品纯度要求高的体系。

以燃料酒精的生产为例，其发酵液中酒精的浓度仅为 3%～7%，采用蒸馏方法制取 95%的酒精，需将大量的水脱除，能耗极大；无水酒精若选用萃取或恒沸精馏法制取，则过程需用物质分离剂。选用新型的渗透汽化膜技术，对稀酒精段采用透醇膜将酒精增浓，而在浓酒精段采用透水膜将少量的水脱除，既降低能耗，又提高产物质量。

1.5.3　组合工艺排列次序的经验规则

将一个多组分混合物分离成几个产品时，常常有多种不同的分离方法可以采用。同一混合物按不同的分离方法分离时，所获得的产物顺序也不相同。在这种条件下，选择哪一条组合工艺路线比较合理和具有最优化是需要重点考虑的问题。

为此，我们通常采用的步骤为：先确定项目的分离目的，其次分析所需的能量及其来源，接着评估生产规模及产物纯度等。在此基础上再来选择分离方法。一般条件下首选反应分离技术，其次为多级分离技术；先处理量大的，尽可能选择自动化操作程度高且简单的分离方法。

新型分离技术的发展与科学技术的研究水平、人类对自然界的探索及生活需求密切相关。如生物技术的迅速发展，大大地促进了新型分离技术的开发和应用研究。因为生物产品分离具有对象复杂、产物浓度低、产品易变性等特点。迫切需要更合适的分离技术，以提高产品质量，降低成本。这就使膜技术、超临界萃取、色谱分离等技术在生物大分子物质的提取与纯化方面备受关注。又如航天载人空间飞行器及空间实验室中的生命保障系统是宇航员生活与工作的前提，该系统中的 CO_2 收集与浓缩、水电解产氧、卫生保健用水的再生处理、微重力下气液两相分离以及空间高等植物栽培过程中营养物的供给、温度与湿度的调节等方面均需攻克来自分离方面的技术难关。已有探索研究结果表明，一方面，膜基吸收与气提，促进传递等新型分离技术有可能在以上某些应用中获得成功；另一方面，环保和节能日益成为全世界关注的焦点，更促进某些具有低能耗、无污染特点的新型分离技术的发展和应用。

1.6 分离技术在各领域的应用

1.6.1 冶金分离与材料制备

金属及其化合物是应用最为广泛的材料，包括结构材料和功能材料。不同的材料对其纯度的要求是不同的，因此，需要获取各种纯度的化合物和金属材料来研究材料纯度与其功能性质的关系，并基于这种关系和材料性质要求来确定材料的纯度要求。

冶金分离是制备材料的关键步骤，包括湿法冶金和火法冶金。这里需要用到各种分离技术，包括选矿、浸取、除杂、萃取或离子交换分离、沉淀结晶、电解与沉积、废水废气处理等等。在我国，冶金分离技术是既有水平又有特色的一个技术领域。在铜、钨钼、钛锆铪、钽铌、稀土、铀钍、钴镍、铅锌、金银和铂铑钯等的分离和高纯化方面都形成了很有优势的工业化基础，所用矿物原料来自世界各地。

以离子吸附型稀土资源的开发到材料制备为例，我们从 20 世纪 80 年代就开始了离子吸附型稀土资源的开采技术和分离提纯与新材料制备技术的研究与产业化工作。完成了多套技术并广泛应用于工业生产，取得了显著的经济和社会效益。在这一系列的科研工作内容中，分离技术占有重要的地位。图 1-4 为稀土资源到最终材料的一个产业链过程示意图。

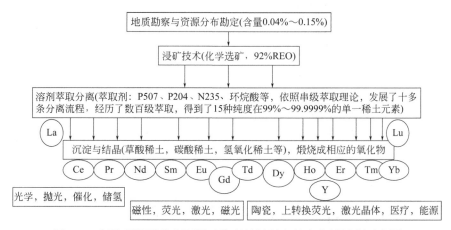

图 1-4 离子吸附型稀土资源开发到材料制备的产业链过程示意图

1.6.2　有机化学合成与药物分离

每年成千上万的新化合物的合成与鉴定都需要有可靠的分离技术做保障。因此，化学和医药工业的发展离不开先进分离技术的使用。以药物的合成与分离为例，无论是生物制药、化学合成药还是中药制药，均包括原料药的生产和制剂药生产两个阶段。原料药的生产一般包括两个阶段：第一阶段是将基本的原料通过化学合成、微生物发酵或酶催化反应或提取而获得含有目标药物成分的混合物；第二阶段是下游加工过程，主要是采用适当的分离技术，将反应产物和重要提取物中的药物成分进行分离纯化，使其成为高纯度的，符合药品标准的原料药。原料药的化学合成与化工生产没有差别，但就分离纯化而言则有诸多差异，一是有效药物成分的含量极低，从 0.0001%到 3%不等；二是药物成分的稳定性差，特别是生物活性物质对温度、溶剂、酸碱度都十分敏感；三是药物对产品的纯度要求高。因此，所用的分离技术要求相当高。就原料药的生产成本而言，分离纯化的步骤多、要求严，其费用所占产品生产总成本的比例高，一般在 50%～70%之间。化学合成药的分离纯化成本一般是合成成本的 1～2 倍；有机酸和氨基酸则为 1.5～2 倍；抗生素分离成本为发酵部分的 3～4 倍，特别是基因工程药物，分离纯化成本占总成本的 80%～90%。因此，研究和发展新的分离纯化技术，对提高药品质量和降低生产成本非常重要。

1.6.3　环境保护领域的废水废气处理

在工业发展水平达到一定程度之后，生产过程的废水废渣排放对环境的影响将十分显著。加上人们的生活水平的提高，对环境保护也提出了更加严格的要求。近几年以来，国家对环境保护的要求提高了很多。例如：对稀土工业而言，从 2011 年 10 月 1 日起实施了更加严格的稀土工业污染物排放标准。与一般化学工业和有色金属冶炼行业相比，重金属含量、COD、总氮和氨氮等的要求严格了不少。例如：最常见的氨氮含量控制标准就从原来的 25～30μg/mL 下调到 15μg/mL 以下；按照这一要求，用原来的水处理技术，或在其他一些行业使用的技术很难达到标准要求。企业需要采用投资更高、运行成本更高的水处理技术，花费更高的能耗和成本才能达到要求。为了满足这一要求，许多企业采用了不够先进的使用非铵原料的落后生产技术，回避了铵的使用，但增加了成本，降低了产品质量，也带来了一些更加严重的新污染。针对这些问题和挑战，我们认为更好的途径是在降低原料消耗的基础上对所有物料进行回收再利用，减小废水排放量，确保污染物排放量的减少。

1.7　现状、挑战与本书的内容安排

我国在传统分离技术和一些现代分离技术的研究开发与应用方面已经有很

好的工作基础。在有色金属提取与湿法冶金技术上拥有一些具有国际先进和领先水平的技术成果，也为我国的有色金属工业和材料发展做出了很大贡献。而在新型分离方法的研究和利用上与国外目前的水平相比，有不少差距，这些差距不但表现在对这些方法的基础理论研究较为欠缺，而且在对这些方法的利用上差距也极为突出。

在资源越来越贫乏，材料纯度和环境要求越来越高的当今，资源、环境、材料、生物、能源技术领域的高速发展对分离技术已经提出了十分迫切而又严格的要求。因此，我们必须加快新型分离技术的研究开发速度，从方法原理和装备水平等方面急起直追。尤其是一些新的分离方法和分离原理的提出与工程化应用对于未来中国的化学制造水平起着十分关键的作用。

本课程将在掌握分离的一般原理和传统分离技术的基础上，对各分离技术的化学原理、影响因素和条件优化进行讨论和归纳；将化学原理与工业技术相结合，介绍当今工业生产线上广泛应用的一些典型的分离技术。重点是基本原理、过程、工业应用及发展动向，而对设备只作简要介绍。目的在于使学生了解分离科学和技术发展的新动向，掌握现代分离技术与这些新技术的基本知识和应用对象，拓宽分离技术的知识面。

参 考 文 献

[1] 刘茉娥，陈欢林. 新型分离技术基础. 杭州：浙江大学出版社，1999.

[2] 陈欢林. 新型分离技术. 北京：化学工业出版社，2000.

[3] 胡小玲，管萍. 化学分离原理与技术. 北京：化学工业出版社，2006.

[4] 丁明玉，等. 现代分离方法与技术. 北京：化学工业出版社，2006.

[5] 应国清，易喻，高红昌，万海同. 药物分离工程. 杭州：浙江大学出版社，2011.

[6] 中国化工防治污染技术协会. 化工废水处理技术. 北京：化学工业出版社，2000.

[7] 徐东彦，叶庆国，陶旭梅. 分离工程. 北京：化学工业出版社，2012.

[8] 刘茉娥，等. 膜分离技术. 北京：化学工业出版社，2000.

[9] 王湛. 膜分离技术基础. 北京：化学工业出版社，2000.

[10] 董红星，曾庆荣，董国君. 新型传质分离技术基础. 哈尔滨：哈尔滨工业大学出版社，2005.

[11] 刘家祺. 传质分离过程. 北京：高等教育出版社，2005.

[12] 戴猷元，秦炜，张瑾. 溶剂萃取体系定量结构-性质关系. 北京：化学工业出版社，2005.

[13] 朱自强. 超临界流体技术——原理和应用. 北京：化学工业出版社，2000.

[14] 李洲，秦炜. 液-液萃取. 北京：化学工业出版社，2012.

[15] 徐光宪，袁承业. 稀土的溶剂萃取. 北京：科学出版社，1987.

[16] 李永绣，等. 离子吸附型稀土资源与绿色提取. 北京：化学工业出版社，2014.

[17] 张启修，曾理，罗爱平. 冶金分离科学与工程. 长沙：中南大学出版社，2016.

[18] 尹华，陈烁娜，叶锦韶，等. 微生物吸附剂. 北京：科学出版社，2015.

[19] 廖春生，程福祥，吴声，严纯华. 串级萃取理论的发展历程及最新进展. 中国稀土学报，2017，35（1）：1-8.

[20] 刘郁，陈继，陈厉. 离子液体萃淋树脂及其在稀土分离和纯化中的应用. 中国稀土学报，2017，35（1）：

9-18.

[21] 李永绣，周新木，刘艳珠，等. 离子吸附型稀土高效提取和分离技术进展. 中国稀土学报，2012, 30(3)：257-264.

[22] 许秋华，孙园园，周雪珍，等. 离子吸附型稀土资源绿色提取. 中国稀土学报，2016, 34（6）：641-649.

[23] 李永绣，张玲，周新木. 南方离子型稀土的资源和环境保护性开采模式. 稀土，2010，31（2）：80.

[24] 吴文远，边雪. 稀土冶金技术，北京：科学出版社，2012.

[25] 杨遇春，江丽都，钱九红. 稀土在中国高新材料研制开发中的应用. 中国稀土学报，1996, 14（1）：72-78.

[26] 徐光宪. 稀土（上册）. 第 2 版. 北京：冶金工业出版社，1995.

[27] 孙园园，许秋华，李永绣. 低浓度硫酸铵对离子吸附型稀土的浸取动力学研究. 稀土，2017, 38（4）：61-67.

第2章

溶剂萃取分离

2.1 概述

2.1.1 溶剂萃取技术及其重要性

溶剂萃取，又称液液萃取，它是利用溶质在两种互不相溶或部分互溶的液相之间的分配差异来实现混合物分离或提纯的方法。溶剂萃取法具有选择性好、回收率高、设备简单、操作简便、快速、分离效果好、适应性强、易于实现自动化和实现大规模连续化生产等特点。基于这些特点，溶剂萃取已经得到广泛应用，而且随着科技发展的需要，溶剂萃取在能源和资源利用、生物和医药工程、环境工程和高新材料的开发等方面的应用将更加广泛。当然，也面临着新的机遇和挑战。

溶剂萃取具有悠久的历史。人们很早就利用萃取方法来提取草药。萃取技术的研究可以追溯到 19 世纪中期，而首次具有重要意义的工业应用是 20 世纪初在石油工业中的芳烃抽提。随后又用于菜油的提取和青霉素的纯化等。随着石油炼制和化学工业的发展，液液萃取已广泛应用于石油化工的各类有机物分离和提纯工艺之中。更为广泛和更具有意义的是开发了具有螯合配位功能的有机化合物作为萃取剂，并基于它们与金属离子所形成的憎水性配合物的可萃性差异来实现金属离子的分离。这是原子能工业成功实现萃取法分离铀、钚和放射性同位素的基础。目前，在核燃料的加工和后处理领域，溶剂萃取法几乎完全代替了传统的化学沉淀法。

由于有色金属使用量剧增，开采的矿石品位又逐年降低，进而促进了萃取法在这一领域的迅速发展。用 LIX63、LIX64、LIX65 等螯合萃取剂从铜的浸取液中提取铜是 20 世纪 70 年代以来湿法冶金的重要成就之一。一般认为，只要价格与铜相当或超过铜的有色金属如钴、镍、锆、铂等，都应该优先考虑用溶剂萃取法进行提取，因而，有色金属冶炼已逐渐成为溶剂萃取应用的重要领域。稀土元素的萃取分离更是溶剂萃取施展才华的重要应用领域。从 20 世纪 40 年代开始的金属元素分离研究中,稀土就是人们关注的焦点。到 70 年代,萃取分离稀土的技术已经得到广泛应用,从 70 年代到 90 年代的这几十年时间里,稀土萃取技术达到了前所未有的水平,几乎所有的稀土元素都可以用这一方法来实现分离和纯化,产品纯度也从原先的99.9%提高到 99.999%。只要应用需要,各种纯度要求的稀土产品都可以通过溶剂萃取法获得。

生化药物制备过程生成的复杂有机液体混合物中,大多为热敏性物质,选择适当的溶剂进行萃取分离,可以避免受热分解或降解,提高有效物质的收率。溶剂萃取在天然植物有效成分提取上的应用潜力大,如麻黄素的萃取分离、咖啡因的萃取分离、银杏黄酮的提取和浓缩等。用正丙醇从亚硫酸纸浆废水中提取香兰素是香料工业中应用萃取方法的例证。在食品工业中,液液萃取方法也是一种常用的分离提纯手段。在油脂加工过程中可以利用萃取手段脱除游离脂肪酸和脱蜡,油脂生产的副产品中的有价物质,如维生素 E、磷脂等常用萃取法提取分离。食品中的功能性成分或风味物质以及香料的提取一般采用浸取或水蒸气蒸馏得到粗产物,然后利用萃取方法从提取液中分离纯化某种特定成分。

溶剂萃取方法在环境工程领域,特别是水处理工程方面也得到了广泛的应用。废水成分复杂多变,包括各种有机物或汞、镉、铬等重金属化合物。溶剂萃取具有很强的适应性和有效的分离效果,可以根据分离对象的不同和处理要求,选择适当的萃取剂和萃取工艺流程。另外,溶剂萃取通常在常温或较低温度下进行,能耗比较低,易于实现连续化操作,是一种常用的废水处理方法。在工业水处理中,废液萃取脱除酚类是溶剂萃取应用于环境工程的典型范例。

随着现代工业的发展,人们对分离技术提出了越来越高的要求。高纯物质的制备、各类产品的深加工、资源的综合利用、环境治理严格标准的执行,极大地促进了分离科学和技术的发展。面对新的分离要求,作为"成熟"的单元操作,萃取分离也面临着新的挑战。在传统萃取单元操作的基础上,萃取分离与其他单元操作过程的耦合、萃取分离与反应过程的耦合、利用化学作用或附加外场强化萃取分离过程,发展耦合技术实现萃取过程强化,已经成为萃取分离领域研究开发的重要方向,并已经展现了广阔的应用前景。

2.1.2　溶剂萃取的基本原理和过程

当向液体混合物(原料液)中加入一个或多个与其基本不相混溶的液体,形成第二相,并利用原料液中各组分在两个液相中的溶解度不同而使原料液混合物得以分离的方法称为溶剂萃取法。实现液液溶剂萃取的关键是被萃物在两相之间存在着选择性分配。一般的萃取过程需要有两个液相,而且通常是一个有机相和一个水相。这两个液相是基本不互相混溶的,因此,在非搅拌条件下它们能够很好地实现相分离。任何一种物质在这两个相之间都有一个分配系数,这种分配是遵循相似相溶规则的。因此,一种物质的分配系数大小与其分子结构特点相关联。例如:有机化合物和非极性化合物容易被有机相溶解,而在水相中的溶解很少。如果将有机相中的浓度与水相中的浓度之比称为分配系数,则这些有机化合物和非极性化合物就有较大的分配系数。相反,对于一些极性化合物和无机化合物,它们在水中的溶解性会更好。这样,它们的分配系数就小。因此,在这样一个两相体系中,可以利用不同物质在两相之间的分配系数差别来实现分离。

萃取操作的基本过程如图 2-1 所示。将一定量萃取剂或溶剂(有机相)加入到原料液(水相)中,然后加以搅拌使原料液与萃取剂充分混合,溶质通过相界面由原料液向有机相中扩散,所以萃取操作与精馏、吸收等过程一样,也属于两相间的传质过程。搅拌停止后,两液相因不相混溶和密度不同而分层:一层以 S(溶剂和萃取剂)为主,并溶有较多的溶质,称为萃取相,以 E 表示;另一层以水相 B 为主,且含有未被萃取完的溶质和其他伴生组分,称为萃余相,以 R 表示。若溶剂 S 和 B 为部分互溶,则萃取相中还含有少量的 B,萃余相中亦含有少量的 S。

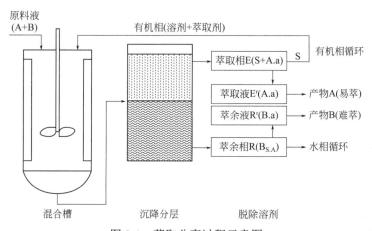

图 2-1 萃取分离过程示意图

由上可知,萃取操作并未得到纯净的组分,而得到的是新的混合液:萃取相(液)E 和萃余相(液)R。为了得到产品 A,并回收溶剂以供循环使用,尚需对这两相中的组分分别进行分离。可以采用蒸馏或蒸发的方法,更多的是采用结晶或反萃后再沉淀或结晶的方法,得到产品 A。分离 A 后的有机相可以循环使用。萃余相中的 B 也可以用沉淀结晶等方法与水溶液分离,得到 B 产品。

2.1.3 液液萃取平衡及相关的参数

绝大多数的萃取分离技术是基于平衡的萃取过程,是溶质分子在两相之间的分配达到平衡后才通过相分离来实现的。因此,需要对萃取的平衡过程及其表达有个系统的掌握。液液萃取中的基本概念包括分配常数、分配比(系数)、萃取率、相比、萃取比(因子)、萃取分离因数等。

2.1.3.1 能斯特定律与分配常数

1891 年 Nernst 提出了分配定律，用以阐明液液分配平衡关系。Nernst 分配定律的基本内容可以表述为：某一溶质 A 溶解在两个互不相溶的液相中时，若溶质 A 在两相中的分子形态相同，在给定的温度下，两相接触达到平衡后，溶质 A 在两相中的平衡浓度的比值为一常数，且不随溶质浓度的变化而改变。

$$\Lambda = \frac{[A]_{org}}{[A]_{aq}} = \text{Cons}\tan t \quad （\text{Cons 表示常数}） \tag{2-1}$$

这一常数称为分配常数。研究在平衡条件下存在于每一相中的热力学条件，对了解分配定律的近似公式的实质是有用的。Nernst 定律可以用热力学方法来证明。在温度和压力不变的条件下达到平衡时，每一相中被溶解物质的化学位 μ 是相等的：

$$\mu_{aq} = \mu_{org}$$

$$\mu_{aq} = \mu_{aq}^0 + RT \ln \alpha_{aq} ; \quad \mu_{org} = \mu_{org}^0 + RT \ln \alpha_{org}$$

$$\mu_{aq}^0 + RT \ln \alpha_{aq} = \mu_{org}^0 + RT \ln \alpha_{org}$$

$$RT(\ln \alpha_{org} - \ln \alpha_{aq}) = -(\mu_{org}^0 - \mu_{aq}^0)$$

$$\Lambda^0 = \frac{\alpha_{org}}{\alpha_{aq}} = e^{-(\mu_{org}^0 - \mu_{aq}^0)/(RT)} = \Lambda \frac{r_{org}}{r_{aq}} \tag{2-2}$$

在萃取过程中，若被萃取溶质 A 在两相中的分子形态相同，分配常数保持为常数值是有条件的，即被萃取溶质 A 在料液相的活度系数与其在萃取相的活度系数之比为常数时，分配常数 Λ 才保持恒定。实验研究结果表明，满足 Nernst 分配定律、保持为常数的条件一般是被萃取溶质 A 在两相内的存在状态相同，而且均处于稀溶液状态。例如，溴在水和四氯化碳中分配时，只有当溴的浓度很低时（水相浓度低于 0.5g/L，有机相浓度低于 15g/L），才满足 Nernst 定律，Λ 为 27。随着溴浓度的增大，Λ 增大，即一般的简单分子萃取平衡中的分配常数 Λ 随着两相平衡浓度的增大而增大。

从式（2-2）可以看出，Λ^0 的变化是任一相中活度系数改变的结果。实际的分配平衡并不能都满足分配定律严格的热力学条件。只有当被溶解物质的浓度很小时，活度系数比近似等于 1，此时 Λ 才是常数。其次，分配定律以在任一相中分配着的物质都具有同等大小的质点为前提条件。

2.1.3.2 萃取过程的参数表达

（1）分配比

实际上，对于大多数萃取体系和萃取过程来说，被萃取组分在两相内的存在状态相同及均处于低浓度状态的前提条件往往是不成立的。一方面，在复杂的萃取体系内被萃取组分因解离、缔合、水解、配位等多种原因,很难在两相中以相同的状态存在;另一方面,由于工艺研究和生产中处理物料的总量比较大,被萃取组分在两相内不可能总是处于浓度很低的状态。在实际的萃取过程中,被萃取组分在两相平衡时的浓度比值不可能保持常数,而往往是随被萃取组分浓度的变化而改变的。也很难确定两相中的组分是否一致,或存在的多种组分的实际浓度。为此,引入分配比(D,又称分配系数)来表征被萃取组分在两相的平衡分配关系。被萃取物质A 在两相中的分配行为可以理解为被萃取物质 A 在两相中存在的多种形态 A_1,A_2,$\cdots$,A_n 的分配的总效应。在通常情况下,实验测定值代表每相中被萃取物质多种存在形态的总浓度。体系的分配系数或分配比 D 可以定义为:当萃取体系在一定条件下达到平衡时,被萃取物质在萃取相(org)中的总浓度与在料液水相(aq)中的总浓度之比:

$$D = \frac{[A_1]_{org} + [A_2]_{org} + \cdots + [A_i]_{org}}{[A_1]_{aq} + [A_2]_{aq} + \cdots + [A_i]_{aq}} = \frac{c_{org(tatol)}}{c_{aq(tatol)}} \tag{2-3}$$

分配比一般由实验测定。显然,只有在比较简单的体系中(如上边举出溴在两相中分配的例子),才可能出现 $D = \Lambda$ 的关系。而对于大多数实际的萃取过程,分配比不等于分配常数,即 $D \neq \Lambda$。分配比随被萃取物质的浓度、料液相的酸度、料液相中其他物质的存在、萃取剂的浓度、稀释剂性质和萃取温度等条件的改变而变化。在实际应用中,分配比更具有实用价值。D 值越大,即被萃取物质在萃取相中的浓度越大,被萃取物质越容易进入萃取相中,表示在一定条件下萃取剂的萃取能力越强。极端情况下,$D=0$ 表示物质完全不被萃取,$D=\infty$ 表示物质完全被萃取。

分配比 D 值的大小既与被萃取物质与萃取剂相结合而进入萃取相的能力强弱有关,又与建立分配平衡时的外界条件有关。控制一定的条件可以使被萃取物质尽可能多地从料液相转入萃取相,实现萃取。反之,也可以通过改变条件使被萃取物质从萃取相进入到水相,完成反萃取,实现有价物质的分离、富集和萃取剂的再生。

(2)萃取率

萃取率表示萃取过程中被萃取物质由料液相转入萃取相的量占被萃取物质在原始料液相中的总量的百分比,萃取率 q 为萃取相中被萃取物质的量与原始料液相中被萃取物质的总量的比值×100%,即

$$q = \frac{Q_{org}}{Q_{org} + Q_{aq}} \times 100\% = \frac{c_{org}V_{org}}{c_{org}V_{org} + c_{aq}V_{aq}} \times 100\% = \frac{DR}{DR+1} \times 100\% \tag{2-4}$$

式中,R 为相比。对于间歇萃取过程,萃取相体积 $V(m^3)$ 和料液相体积 $L(m^3)$ 之比称为相比;对于连续萃取过程,萃取相体积流量 $V(m^3/s)$ 和料液相体积流量 $L(m^3/s)$

之比也称为相比或两相流比。根据这一定义，相比 R 为：

$$R = \frac{V_{org}}{V_{aq}} \tag{2-5}$$

则分配比和萃取率之间的关系可表示为：

$$D = \frac{q}{R - qR} \tag{2-6}$$

当 $R=1$，则：

$$D = \frac{q}{1-q} \tag{2-7}$$

一般 D 值变化范围很大，而 q 只从 $0\sim100$ 之间变化。D 值的大小是由被萃取物质本身的性质及萃取剂等多种因素决定的。相比越大，即萃取剂的相对用量越多，萃取率也就越高，这是由萃取过程的操作条件决定的。

（3）萃取比

为了分析和计算的方便，通常将分配比 D 值和相比 R 的乘积定义为萃取因子或萃取比 E。萃取比表示被萃取物质在两相间达到分配平衡时在萃取相中的量与在水相中的量之比，也称为"质量分配系数"。萃取因子在萃取过程的工艺参数计算中经常使用。

$$E = \frac{M_{1org} + M_{2org} + \cdots + M_{iorg}}{M_{1aq} + M_{2aq} + \cdots + M_{iaq}} = \frac{M_{org(tatol)}}{M_{aq(tatol)}} = \frac{c_{org}V_{org}}{c_{aq}V_{aq}} = DR \tag{2-8}$$

（4）分离系数（因数）

上面讨论了单一物质在两相间的分配。通常情况下，萃取分离过程不只是把某一组分从料液相中提取出来，而是要将料液相中的多个组分分离开来。以两种待分离物质的萃取分离为例，在一定条件下进行萃取分离时，两种待分离物质在两相间的萃取分配比的比值，称为萃取分离系数（因数），常用 β 表示。若 A 和 B 分别表示两种待分离物质，则有：

$$\beta_{A/B} = \frac{D_A}{D_B} \tag{2-9}$$

β 即称为分离因数。一般来说，β 值越大，说明分离效果越好。但应注意，分离因数并不能在所有的情况下都能确切地反映出分离效果。因为 β 值只取决于分配比，反映分配的浓度关系，而与两相体积比无关。有时虽然 β 值很大，但其中分配比较小者，其值亦足够大时，分离效果并不好。此时，分离系数也可以用两种物质的萃取比之比来计算。当相比为 1 时，两种计算的结果一致。

$$\beta_{A/B} = \frac{E_A}{E_B} \qquad (2\text{-}10)$$

萃取分离系数定量表示了某个萃取体系分离两种物质的难易程度。β 值越大，分离效果越好，即萃取剂对某一物质分离的选择性越高。$D_A=D_B$，则 $\beta=1$，表明利用该萃取体系完全不能把 A、B 两种物质分离开。通常情况下，把易萃取物质的分配系数 D_A 放在萃取分离因数表达式的分子位置，而把难萃取物质的分配系数 D_B 放在分母位置，所以，一般表达的 $\beta > 1$。

（5）萃余率

萃余率是指萃取后某物质在萃余液中的量与起始量之间的比值。根据物料平衡关系，萃取率与萃余率之和应为 100% 或 1。它们与分配比、萃取比和相比之间的关系为：

$$\varPhi = 1 - q = 1 - \frac{DR}{1+DR} = \frac{1}{1+DR} = \frac{1}{1+E} \qquad (2\text{-}11)$$

（6）萃取等温线、饱和容量与饱和度

在一定温度下，测定萃取平衡时有机相和水相中被萃取物的浓度，然后以有机相的浓度对水相浓度作图，可以得到该温度下该有机相对被萃取物的萃取等温线。该曲线在开始时，有机相浓度随水相浓度的增大而迅速增大，但当水相浓度高到一定程度后，有机相的浓度趋向平稳，说明有机相萃取达到饱和，增加水相浓度，有机相也不再多萃取了。也说明一定浓度的有机相对被萃物的萃取容量是一定的，这个趋于饱和的容量就称为饱和容量。但在实际的萃取过程中，我们并不会使有机相的萃取达到饱和萃取，因为饱和萃取时，对不同物质之间的分离选择性不高，而且有机相的密度增大，黏度增大，分相性能变差，对萃取分离过程不利。实际生产过程的萃取容量一般是饱和容量的 50%～90%，这个比例称为饱和度，这与萃取体系的性质有关。需要通过实验研究来确定，在保证分相性能和分离系数最好的前提下，饱和度越大越好，这样可以获得大的生产能力。

2.1.3.3 萃取反应的平衡常数及热力学函数

研究萃取机理的主要内容包括萃取反应的确定和萃取平衡常数及相关热力学函数的测定。以酸性萃取剂萃取金属离子为例，其萃取反应及对应的平衡常数可写成：

$$M^{n+} + n(HR)_2 \Longrightarrow M(HR_2)_n + nH^+ \qquad (2\text{-}12)$$

$$K = \frac{[M(HR_2)_n]_{org}[H^+]^n}{[M^{n+}]_{aq}[(HR)_2]_{org}^n} \qquad (2\text{-}13)$$

为此，需要先确定反应方程式中的 n 值，再计算平衡常数 K。

具体方法是在一定温度下，通过改变反应物浓度和酸度，测定萃取平衡时的分

配比 D，该 D 值相当于式（2-13）中的一部分：

$$D = \frac{[M(HR_2)_n]_{org}}{[M^{n+}]_{aq}} \qquad (2\text{-}14)$$

因此有：

$$K = D\frac{[H^+]^n_{aq}}{[(HR)_2]^n_{org}} \qquad (2\text{-}15)$$

$$\lg K = \lg D + n\lg[H^+]_{aq} - n\lg[(HR)_2]_{org} \qquad (2\text{-}16)$$

$$\lg D = \lg K + npH + n\lg[(HR)_2]_{org} \qquad (2\text{-}17)$$

按照式（2-17），在固定酸度下，测定不同萃取剂浓度下的萃取比，以 $\lg D$ 对 $\lg[(HR)_2]_{org}$ 作图，应该得到一直线，其斜率为 n，利用截距值求 K。同样地，在固定萃取剂浓度下，测定不同酸度下的萃取比，以 $\lg D$ 对平衡 pH 作图，应该得到一直线，其斜率为 n，利用截距值求 K。

基于不同温度下的萃取平衡常数值，可以根据式（2-18）求出不同温度下的自由能变化，并通过式（2-19）～式（2-22）求出其他热力学函数值，用于讨论萃取过程机理和影响萃取的因素。

$$-RT\ln K = \Delta G^{\ominus} \qquad (2\text{-}18)$$

$$\Delta G^{\ominus} = \Delta H^{\ominus} - T\Delta S^{\ominus} \qquad (2\text{-}19)$$

$$\left[\frac{\partial\left(\dfrac{\Delta G^{\ominus}}{T}\right)}{\partial T}\right]_p = -\frac{\Delta H^{\ominus}}{T^2} \qquad (2\text{-}20)$$

$$\frac{\partial\ln K}{\partial T} = \frac{\Delta H}{RT^2} \qquad (2\text{-}21)$$

$$\lg K_2 - \lg K_1 = \frac{\Delta H}{2.303R}\frac{T_2 - T_1}{T_1 T_2} \qquad (2\text{-}22)$$

2.1.3.4　液液萃取技术的研究内容及方法

液液萃取技术的研究内容主要包括萃取剂种类和组成的筛选、萃取平衡特性和动力学特性研究、萃取方式及工艺流程和条件的建立、萃取设备的选型及设计、新型萃取分离技术的研究开发等。

液液萃取单元操作的研究发展过程中，形成了两种基本的研究方法，即实验研究方法和数学模型方法。实际的液液萃取过程涉及的影响因素很多，各种因素的影响还不能完全用迄今已掌握的物理、化学和数学等基本原理定量地预测，必须通过实验方法来分析。通过小型实验确定各种因素的影响规律和适宜的工艺条件，然后应用研究结果指导生产实际，进行实际生产过程与设备的设计与改进。

数学模型方法是液液萃取研究的另一种方法。用数学模型方法研究萃取过程时，首先要分析过程的机理，在充分认识的基础上，对过程机理进行不失真的合理简化，得出反映过程机理的物理模型；然后，用数学方法描述这一物理模型，得到数学模型，并用适当的数学方法求解数学模型，所得的结果一般包括反映过程特性的模型参数；最后通过实验求出模型参数。这种方法是在理论指导下得出的数学模型，同时又通过实验求出模型参数并检验模型的可靠性，属于半理论半经验方法。由于计算技术的发展，特别是计算机技术的发展，使复杂数学模型的求解成为可能。

2.2 溶剂萃取化学

2.2.1 物理萃取和化学萃取

如果按照萃取过程中是否发生了化学反应来进行分类的话，萃取分离可以分为物理萃取和化学萃取两大类。

（1）物理萃取

被分离物在萃取过程中不发生化学反应的物质传递过程称为物理萃取。它利用溶质在两种互不相溶的液相中的不同分配关系将其分离开来。其基本依据是"相似相溶"规则。在不形成化合物的条件下，两种物质的分子大小与组成结构越相似，它们之间的相互溶解度就越大。物理萃取过程比较适合于用有机溶剂回收和处理疏水性较强的溶质体系，如含氮、含磷类有机农药，除草剂以及硝基苯等。物理萃取对极性有机物稀溶液的分离常常是不理想的，选择对极性有机物有较大分配系数的溶剂来萃取时，该溶剂在水中的溶解度也大。这无疑会在工艺过程中带来较大的溶剂流失和二次污染，或加重残液脱溶剂的负荷。

（2）化学萃取

许多液液萃取体系，其过程常伴有化学反应，即存在溶质与萃取剂之间的化学作用。而且也正是这些化学反应的存在才使不同物质之间的差异性得以显现，并扩大了物质之间的分离差异。这类伴有化学反应的传质过程，称为化学萃取。无机酸、金属离子（或金属配位离子）等的化学萃取曾经是十分活跃的领域，有关该类过程的化学萃取机理已形成了比较成熟的系列成果。

基于可逆配位反应的萃取分离方法（简称配位萃取法）对金属离子、无机化合物和极性有机物稀溶液的分离具有高效性和高选择性。在这类工艺过程中，稀溶液中待分离溶质与含有配位剂的萃取溶剂相接触，配位剂与待分离溶质反应形成配合物，并使其转移至萃取相内。相分离后再进行逆向反应使溶质与有机相分离并得以回收，萃取溶剂也得到循环使用。

待分离溶质的配位萃取过程机理有其特定的复杂性。例如，由于配位剂之间、配位剂与稀释剂之间、配位剂与待分离溶质之间、配位剂与水分子之间都有出现氢键缔合的可能，这就使有机相内萃合物组成的确定十分复杂。又如，配位萃取法分离过程中的配位剂、稀释剂及待分离溶质都是有机化合物，这些有机分子所拥有的特殊官能团带来的诱导效应、共轭效应以及空间位阻效应等都将影响萃合物的成键机理等。

从萃取机理分析，液液萃取过程可以分为简单分子萃取、中性配位萃取、酸性配位萃取、离子缔合萃取和协同萃取 5 个类型。在众多的萃取体系中，简单分子的萃取和分离属于物理萃取范畴。但决定物质萃取能力的因素还是其化学组成和结构特征，需要从分子间的相互作用和界面相互作用来加以理解。而中性溶剂化配位萃取、酸性配位萃取、离子对缔合萃取和协同萃取等则属于化学萃取。这些萃取中，尽管萃取反应对萃取的发生和差异化起着重要的和决定性的作用，但还是需要通过形成产物的物理性能差异来实现相间传质过程。因此，所有萃取过程都涉及化学问题。即萃取化学研究的核心内容是掌握溶质分子的组成和结构与萃取分配的相关性，并通过调控和改变溶质分子的组成和结构来调控其萃取性能，实现物质之间性质差异的最大化。

2.2.2　物理萃取中的化学问题

在物理萃取过程中，被萃溶质在水相和有机相中都是以中性分子的形式存在，且萃取溶剂与被萃溶质之间没有发生化学缔合。但在物理萃取过程中，并非完全没有化学反应的存在。例如，水相中弱酸、弱碱的解离，羧酸分子在有机相发生自缔合等。

2.2.2.1　物质的溶解特性

溶质在两相中的分配是与两相中溶质分子及溶剂分子之间的相互作用密切相关的。全面考虑溶剂-溶剂之间、溶质-溶质之间、溶质-溶剂之间的相互作用，讨论物质的溶解度规律，是研究物质在液液两相中的分配及其影响因素的重要内容。

溶解就是两种纯物质生成它们的分子混合物溶液的过程。这一溶解过程能够进行，其自由能的变化必须是负的。由于溶解过程包含两种纯物质的混合，所以溶解过程总是伴随着正的熵变。从公式 $\Delta G = \Delta H - T\Delta S$ 可以看出，如果溶解过程的吸热不是太大，即正值不太大时，正的熵变过程可以产生负的自由能变化。溶质分子之间存在相互作用，而溶解是这些分子被分割成单个分子或离子的过程，是吸热过程。所需能量按溶质分子间力的增大而增大，其能量大小呈现出的顺序为：

非极性溶质<极性溶质<可相互形成氢键的溶质<离子型溶质

由于溶剂分子之间也存在相互作用，溶剂为了接纳溶质分子的进入同样需要吸收能量，破坏分子间的结合。这个过程所需的能量依溶剂分子间相互作用的增强而增大，其能量大小呈现出的顺序为：

非极性溶剂<极性溶剂<可相互形成氢键的溶剂

同时，当溶质分子的体积增大时，容纳溶质的空间亦增大，需要破坏更多的溶剂分子间的结合，所需的能量也增大。

当溶质分子分散进入溶剂，它们与邻近的溶剂分子相互作用，这一相互作用过程是放热的。释放的能量依据溶质分子与溶剂分子相互作用的增强而增大，其能量大小呈现出的顺序为：

溶剂和溶质分子都是非极性物质<溶剂和溶质分子中一种是非极性物质，另一种是极性物质<溶剂和溶质分子都是极性物质<溶质分子是可以被溶剂分子溶剂化的物质。

如果分开溶质分子或溶剂分子所需能量较小，而溶质与溶剂相互作用释放的能量较大，那么总的焓变就可能是负值（放热）或焓变的正值不太大（吸热不是太大），此时物质的溶解过程就容易实现。反之，当溶质分子彼此的结合力很强时，溶质就仅仅可能溶于与溶质相互作用较大的溶剂中；当溶剂分子之间自缔合作用很强时（例如，水为溶剂），溶剂仅仅可能溶解与其形成很强的溶质-溶剂相互作用的溶质分子。

物质在溶剂中的溶解度是衡量溶液中溶质分子和溶剂分子之间的相互作用的最简单、最方便的量。从溶解度数据估计溶质-溶剂的相互作用时，破坏溶质-溶质间相互作用所造成的能量损失及破坏溶剂-溶剂间相互作用所造成的能量损失都必须考虑在内。

物质的溶解特性分析需要全面考虑溶剂-溶剂之间、溶质-溶质之间、溶质-溶剂之间的相互作用。溶质-溶质之间、溶剂-溶剂之间和溶质-溶剂之间都存在范德华力，也可能存在氢键作用。范德华力存在于任何分子之间，其大小随分子的极化率和偶极矩的增大而增大。氢键作用比范德华力强得多。氢键可以是一个氢原子和两个氧原子形成的桥式结构，O—H…O，如水溶液中水分子的氢键缔合；氢键也可以是 A—H…B 桥式结构，其中，A 和 B 是电负性大而半径小的原子，如 O、N、F 等。氢键 A—H…B 的形成有赖于液体分子具有给电子原子 B 和受电子的 A—H 键。

（1）物质在水中的溶解特性

溶质分子进入水中，需要破坏水分子间的缔合氢键。因此，大多数在水中具有较大溶解能力的物质，总有一个或几个基团能与水形成氢键，补偿破坏水分子间的氢键所需的能量。如果溶质分子和水分子间的相互作用仅仅是范德华力，那么，获得的能量将不能补偿已经消耗的能量，溶解过程就难以进行了。

直链烷烃的极化率较小，溶质分子和水分子的相互作用很弱，溶解混合时相互作用所获得的能量不足以补偿拆散水分子氢键所造成的大量的能量损失。直链烷烃分子越大，溶解所需的"空腔"越大，破坏水中氢键所需的能量越大，其在水中的溶解度越小。在直链烷烃分子中引入羟基取代基，形成的直链醇在水中的溶解度比直链烷烃在水中的溶解度明显增大。直链醇分子间形成的氢键增强了溶质-溶质间的相互作用，因而导致破坏这一结合时能量损失的增大。直链醇分子进入水相后，生成氢键所获得的能量足以抵消破坏溶质-溶质、溶剂-溶剂结合的能量损失，从总的效果看，溶解度增大了。此外，如果醇类中的烃基部分增大，溶解度将减小，这是因为分子体积增加会使破坏溶剂-溶剂结合的能量损失增加。

一系列单取代基苯在水中的溶解度数据证明：在苯中引入一个亲水基，如—OH、—NH$_2$、—NO$_2$等，单取代基苯的亲水性会提高。然而，这种溶质亲水性的提高并不一定都可以从溶解度数据中体现出来。取代基引入增大了溶质与水之间的相互作用，但是，溶质分子极性的增大同样也导致溶质-溶质分子间相互作用的增大。例如，苯中引入取代硝基成为硝基苯，极性增强。然而，硝基的引入不仅增大了溶质与水的相互作用，而且也增大了溶质间的相互作用，后者的效应大于前者的效应，而且溶质体积的增大也不利于其在水中的溶解。所以，硝基苯在水中的溶解度反而小于苯在水中的溶解度。

水分子依据其极性与金属离子或其他离子相互作用，称作水合。以金属离子（M^{n+}）为例，水分子中氧的孤对电子与 M^{n+}形成配位键。水合金属离子可表达为[M·mH$_2$O]$^{n+}$，代表离子周围有 m 个水分子，这些水分子是以配位键直接与中心离子结合的，称作内层水分子，反映水合作用的强弱。水分子还可以以氢键作用与内层水结合，这部分水分子称作外层水。离子的水合作用是随离子势 Z^2/R 的增加而增强的。离子电荷 Z 越大，离子的水合作用越强；对于电荷数相同的离子，其离子半径 R 越小，离子的水合作用越大。在水中以中性分子存在的物质，其水合作用很弱。

（2）物质在有机溶剂中的溶解特性

物质在有机溶剂中的溶解过程和在水溶液中的溶解过程是相同的。为了使溶质分子进入有机溶剂，必须克服溶剂-溶剂间的相互作用。与水相比，有机溶剂中的分子间力通常要小得多，破坏溶剂-溶剂间的相互作用的过程焓变要小一些。当溶剂分子的极性增大时，过程焓变也会增大。当溶剂间有氢键作用（如醇类）时，过程焓变就会更大。溶质与溶剂相互作用的大小和它们的性质密切相关。若溶质和溶剂都是非极性物质，则其相互作用最小，分子的极性增大，其相互作用增大，若能形成氢键或实现化学缔合，其相互作用更强。

徐光宪等指出，有机物或有机溶剂可以按照是否存在受电子的 A—H 键或给电子原子 B 而分为四种类型。

① N 型溶剂，或称惰性溶剂，既不存在受电子的 A—H 键，也不存在给电子原子 B，不能形成氢键。如烷烃类、苯、四氯化碳、二硫化碳、煤油等。

② A 型溶剂，即受电子型溶剂，含有 A—H 键，其中 A 为电负性大的元素，如 N、O、F 等。一般的 C—H 键，如 CH$_4$ 中的 C—H 键不能形成氢键。但 CH$_4$ 中的

H 被 Cl 取代后，由于 Cl 原子的诱导作用，碳原子的电负性增强，能够形成氢键。

③ B 型溶剂，即给电子型溶剂，如醚、酮、醛、酯、叔胺等，含有给电子原子 B，能与 A 型溶剂生成氢键。

④ AB 型溶剂，即给、受电子型溶剂，分子中同时具有受电子的 A—H 键和给电子原子 B。AB 型溶剂又可细分为三种，其中，AB Ⅰ 型溶剂为交连氢键缔合溶剂，如水、多元醇、氨基取代醇、羟基羧酸、多元羧酸、多元酚等；AB Ⅱ 型溶剂为直链氢键缔合溶剂，如醇、胺、羧酸等；AB Ⅲ 型溶剂为可生成内氢键的分子，如邻硝基苯酚等，这类溶剂中的 A—H 键因已形成内氢键而不再起作用，因此，AB Ⅲ 型溶剂的性质与 N 型溶剂或 B 型溶剂的性质比较相似。

两种液体混合后形成的氢键数目或强度大于混合前氢键的数目或强度，则有利于物质在有机溶剂中的溶解或两种液体的互溶；反之，则不利。因此，

① AB 型与 N 型，如水与苯、四氯化碳、煤油等几乎完全不互溶。

② AB 型与 A 型、AB 型与 B 型、AB 型与 AB 型，在混合前后都存在氢键，溶解或互溶的程度以混合前后氢键的强弱而定。

③ A 型与 B 型，在混合后形成氢键，有利于溶解或互溶，如氯仿与丙酮可完全互溶。

④ A 型与 A 型、B 型与 B 型、N 型与 A 型、N 型与 B 型，在混合前后都没有氢键形成，液体溶解或互溶的程度取决于混合前后范德华力的强弱，与分子的偶极矩和极化率有关，一般可利用"相似相溶"原理来判断溶解度的大小。

⑤ AB Ⅲ 型可生成内氢键，其特征与一般 AB 型不同，与 N 型或 B 型的特征相似。

值得提及的是，离子在其他极性溶剂（如乙醇）中也可能发生类似水合的过程，溶剂分子给体原子的电子对与离子形成配位键，这一过程称为离子的溶剂化。

2.2.2.2 物理萃取的各种影响因素

（1）空腔作用能和空腔效应

物理萃取过程可以看作被萃溶质 F 在水相和有机相中两个溶解过程的竞争。化学萃取过程也涉及萃取配位化合物分子在两相之间的分配和传质过程，只是被萃取的化合物是通过化学反应形成的。在水相中，水分子之间存在范德华力和氢键作用，可以用 Aq-Aq 表示这种作用。F 溶于水相，首先需要破坏水相中某些 Aq-Aq 的结合，形成空腔来容纳溶质 F，同时形成 F-Aq 的结合。同样，在有机相中，溶剂分子之间也存在范德华力。一些溶剂分子间还有氢键作用，溶剂分子间的相互作用以 S-S 表示。溶质 F 要溶于有机相，首先必须破坏某些 S-S 结合，形成空腔来容纳 F，同时形成 F-S 的结合。萃取过程可以表示为：

$$S\text{-}S + 2(F\text{-}Aq) \longrightarrow Aq\text{-}Aq + 2(F\text{-}S) \qquad (2\text{-}23)$$

如果令 $E_{S\text{-}S}$、$E_{F\text{-}Aq}$、$E_{Aq\text{-}Aq}$、$E_{F\text{-}S}$ 分别代表破坏 S-S 结合、F-Aq 结合、Aq-Aq 结

合及 F-S 结合所需要的能量，其中，E_{S-S}、E_{Aq-Aq} 分别为有机相空腔作用能和水相空腔作用能。萃取能 ΔE_0 可以表示为：

$$\Delta E_0 = E_{S-S} + 2E_{F-Aq} - E_{Aq-Aq} - 2E_{F-S} \tag{2-24}$$

空腔作用能与空腔表面积 A 成正比。如果被萃溶质 F 在水相中和有机相中均以同一分子形式存在，并近似将溶质分子看作半径为 R 的球形分子，则

$$E_{Aq-Aq} = K_{Aq}A = K_{Aq} \times 4\pi R^2 \tag{2-25}$$

$$E_{S-S} = K_S A = K_S \times 4\pi R^2 \tag{2-26}$$

$$E_{Aq-Aq} - E_{S-S} = K_{Aq}A - K_S A = 4\pi(K_{Aq} - K_S)R^2 \tag{2-27}$$

式中，K_{Aq}、K_S 为比例常数。K_S 的大小随溶剂类型的不同而不同。在 N 型溶剂、A 型溶剂和 B 型溶剂中，溶剂分子之间只存在范德华力，所以，K_S 值较小。其中非极性、不含易极化的 π 键，且分子量又不大的溶剂的 K_S 值最小。在 AB 型溶剂中，由于存在氢键缔合作用，K_S 值较大，其中 AB I 型溶剂的 K_S 值最大。水是 AB I 型溶剂中氢键缔合能力最强的。因此，$K_{Aq} > K_S$。

设 $K_S/K_{Aq} = \gamma$，则：

$$E_{Aq-Aq} - E_{S-S} = 4\pi K_{Aq}(1-\gamma)R^2 \tag{2-28}$$

$E_{Aq-Aq} - E_{S-S}$ 的值越大，表示空腔效应越大，越有利于萃取。

很明显，如果其他条件相同，则被萃溶质分子 F 越大，越有利于萃取。因为，被萃溶质分子 F 越大，空腔效应越明显。例如，有机同系物在异丁醇-水体系或乙醚-水体系的分配系数数据随分子量的增大而增大，大约每增加一个—CH₂—，分配系数增大 2~4 倍。$\alpha = D_1/D_0 = D_2/D_1 = \cdots = D_n/D_{n-1}$，即 α 为每增加一个—CH₂—后分配系数增大的倍数。在化学萃取中，萃合物分子比相应的萃取剂和被萃物要大很多。这也是化学萃取能够大大提高萃取效果的原因。

（2）被萃溶质亲水基团的影响

亲水基团是指能与水分子形成氢键的基团，如—OH，—NH₂，=NH，—COOH，—SO₃H 等。被萃溶质 F 如含有亲水基团，其分配系数要比不含亲水基团的溶质小得多。因为溶质的亲水基团与水分子形成氢键，使 E_{F-Aq} 增大，从而使萃取能增大，不利于萃取。例如：苯乙酸在异丁醇-水体系中的分配系数为 28，而羟基苯乙酸在同一体系中的分配系数则仅为 5.1，两者的比值 $\alpha = 28/5.1 = 5.5$，即溶质分子中增加了一个—OH 取代基，分配系数降低到原来的 1/5.5。在乙醚-水体系中，同样是这两种溶质，其 α 值比异丁醇-水体系的 α 值要大。这是因为异丁醇是 AB 型溶剂，有很强的氢键作用，可以和溶质形成—O—H⋯B—A 和 H—O⋯A—B 两种氢键；乙醚是 B 型溶剂，仅可能和溶质形成—O—H⋯B 类型的氢键。正丁醇与溶质的氢键作用要比乙醚与溶质的氢键作用大，由于溶质-溶剂的作用能 E_{F-S} 可以部分抵消水相中溶质-

溶剂的作用能 E_{F-Aq}，所以，同样是在苯乙酸中引入—OH，异丁醇-羟基苯乙酸的作用能大于乙醚-羟基苯乙酸的作用能，分配系数减小的倍数 α 在异丁醇-水中要比乙醚-水中小。

由于—NH_2 基团的碱性强度比—OH 的要大，增加—NH_2 基团的影响会更大。例如，在羧酸中引入—NH_2 基团，可以形成分子内电离，大大增强了 F-Aq 的结合力，分配系数降低的倍数 α 特别大；有的分子中引入—NH_2 基团后，由于自身能形成内氢键（如邻氨基苯甲酸），所以 F-Aq 作用的变化不显著；在吡啶中，F-Aq 的作用已经很大，再引入一个—NH_2 基团，对 F-Aq 作用的影响不大。

当甲基或次甲基被—COOH 取代后，对于异丁醇-水体系 $\alpha=1.6\sim21$，对于乙醚-水体系 $\alpha=4.4\sim172$，引入—COOH 能够形成氨基酸的，由于强烈的分子内电离，其分配系数减小的倍数 α 特别大。当—COOH 基团被—$CONH_2$ 取代时，分子的亲水性增大，分配系数下降。总之，亲水基团的引入，增强了 F-Aq 的结合力，使 E_{F-Aq} 增大，从而使萃取能 ΔE^0 也增大，不利于萃取。另外，通过分析物质在有机溶剂中的溶解度数据或在水中的溶解度数据，有时不能直接得出物质疏水性的大小顺序，因为溶质-溶质间、溶剂-溶剂间的相互作用以及体积效应也是溶解度的影响因素。

（3）被萃溶质疏水基团的影响

乙酰丙酮及其苯基取代物（苯甲酰丙酮、二苯甲酰甲烷）在苯中及在 0.1mol/L $NaClO_4$ 溶液中的溶解度数据说明：虽然苯基取代甲基会增加溶质分子的疏水性，但溶质在苯中及在 0.1mol/L $NaClO_4$ 溶液中的溶解度都降低了。苯基取代使溶质在苯中的溶解度降低的原因主要是体积效应，溶质分子与苯分子之间的相互作用可能没有多少差别。乙酰丙酮及其苯基取代物苯甲酰丙酮的亲水基团主要是分子中的两个羰基氧，或由于互变异构作用而生成的羟基。一个苯基取代一个甲基后，并未明显地改变两个羰基氧的基本性质。苯基取代甲基，溶质在水中的溶解度降低的主要原因是体积效应，即一个较大的分子进入水中，破坏水分子间的相互作用需要更大的能量。而且，体积效应对溶质在水中溶解度的影响要比对溶质在苯中溶解度的影响明显得多，因为溶质进入水中时，需要克服大得多的分子间力。十分明显的是，苯基取代甲基大大增加了平衡两相的分配系数，一个苯基取代一个甲基后，分配系数增大了 200 余倍。因此，可以得到的结论应该是：疏水性的增强意味着平衡两相分配系数的提高，但并不一定说明溶质和有机溶剂间有较强的相互作用；一般来说，具有较低平衡两相分配系数的亲水性溶质，应与水分子有较强的相互作用，溶质与水的相互作用大致相同时，较大溶质分子的体积效应是使平衡两相分配系数增大的主要原因。

（4）水合作用的影响

水合作用越强，式中的 E_{F-Aq} 就越大，越不利于萃取。离子电荷 Z 越大，离子的水合作用越强，E_{F-Aq} 就越大，越不利于萃取。例如，利用四苯基钾氯$(C_6H_5)_4AsCl/$

氯仿作萃取剂可以萃取 MnO_4^-、ReO_4^-、TcO_4^-，但不能萃取 MoO_4^{2-}、MnO_4^{2-} 等二价离子。对于电荷数相同的离子，其离子半径 R 越小，离子的水合作用越大，E_{F-Aq}就越大，越不利于萃取。例如，四苯基钾氯$(C_6H_5)_4AsCl$ 萃取 ReO_4^- 时实际上是小半径的 Cl^-进入水相，而水化作用弱的大半径的 ReO_4^- 进入有机相。

中性分子的水合作用很弱，容易被萃取。例如，I_2 在水中以可溶性分子存在，容易被惰性溶剂 CCl_4 和苯等萃取。

（5）溶质与有机溶剂相互作用的影响

十分明显，萃取过程的式（2-24）中的 E_{F-S} 值越大，就越有利于萃取。E_{F-S} 的大小取决于溶质与溶剂结合作用的强弱。被萃溶质与溶剂存在氢键作用时，有利于溶质的萃取。例如，乙酸与 N 型溶剂不存在氢键作用，其在 N 型溶剂-水体系中的分配系数很小；乙酸与 AB 型溶剂或 B 型溶剂的同系物存在氢键缔合作用，其在 AB 型溶剂-水体系或 B 型溶剂-水体系中的分配系数较大。在 AB 型溶剂或 B 型溶剂的同系物中，随着分子中碳原子数的增大，其性质进一步向 N 型溶剂的性质靠拢。

2.2.3 化学萃取中的萃取剂

化学萃取是当单纯依靠被分离对象本身在油水两相之间的分配比还不能达到理想萃取率和分离效果时采取的一类通过化学反应来对分离体系进行改造，从而使被萃物的可萃性增强或可分离性增大的一类方法。该类方法主要用于解决极性有机化合物和无机金属离子及非金属离子的萃取和分离问题。我们把那些能够与被萃物反应，形成可萃取配合物（萃合物）的物质称为萃取剂。在极性有机化合物的萃取中，往往用一些能够与它们形成酸碱加合物的功能化合物作为萃取剂，而在金属离子的萃取分离中，加入的是能与金属离子形成有机配位化合物的有机配体作为萃取剂。

金属离子与极性分子由于水合作用很强，直接萃取是较难完成分离任务的。而利用一些萃取剂与待分离物质的特殊作用，破坏待分离物质的水合作用影响，可以达到萃取分离的目的。例如，萃取剂与待分离的金属离子形成中性螯合物，使金属离子的配位数达到饱和，消除"水合"的可能性；根据空腔作用规律，生成螯合物的分子体积大，有利于萃取；形成的螯合物稳定性大，其外缘基团为疏水基团，能够使萃取进行得比较完全。

中性含磷类萃取剂、酸性含磷类萃取剂和胺类萃取剂等作为化学萃取中的典型萃取剂，可以分别通过氢键缔合、离子交换和离子对缔合等反应机制与待萃溶质形成一定组成的萃合物，使 E_{F-S} 值明显提高，有利于萃取过程的实现。按照空腔效应，形成的萃合物分子较大，有利于萃取；萃合物的外缘基团大多是 C—H 化合物，根据相似相溶原理，更易溶于有机相中而不易溶于水中；萃合物的外缘基团把亲水基团包藏在内部，阻止了亲水基团的"水化"作用，有利于萃取的进行。

　　根据不同体系的分离要求，已经出现了许多种类的工业用萃取剂，一些新型的萃取剂也在不断开发过程中。一种工业用萃取剂应该满足如下的要求：①萃取能力强、萃取容量大；②选择性高；③化学稳定性强；④溶剂损失小；⑤萃取剂基本物性适当；⑥易于反萃取和溶质回收；⑦安全操作；⑧经济性强。

　　事实上，上述条件很难同时满足。一般需要根据实际工业应用的条件，综合考虑这些因素，发挥某一萃取体系的特殊优势，设法克服其不足之处。对于工业上的大规模应用，萃取剂的高效性和经济性则是选择萃取剂的两个关键条件。对于有机废水萃取处理过程及生物化工产品分离中使用的萃取剂，还需要重点考虑萃取溶剂的溶解损失，避免二次污染，选择毒性低的、可生物降解的萃取溶剂。

　　常用的萃取剂按其组成和结构特征，必须具备以下两个条件：

　　① 萃取剂分子中至少有一个萃取功能基，它们含有 O、N、P、S 等原子，有孤对电子，是电子给予体或配位原子，能与被萃取溶质结合形成萃合物。

　　② 萃取剂分子中必须有相当长的烃链或芳环，一方面是使萃取剂难溶于水相而减少萃取剂的溶解损失；另一方面，可与被萃物形成难溶于水而易溶于有机相的萃合物，实现相转移。如果碳链过长、碳原子数目过多、分子量太大，则使用不便，且萃取容量降低。因此，一般萃取剂的分子量介于 350～500 之间为宜。

　　常用的萃取剂按其组成和结构特征，可以分为中性配位萃取剂、酸性配位萃取剂、胺类萃取剂和螯合萃取剂。后面将根据具体的萃取体系和要求来分别介绍。

2.2.3.1　中性配位萃取剂

　　中性配位萃取剂主要包括中性含氧类萃取剂、中性含硫类萃取剂、取代酰胺类萃取剂和中性含磷类萃取剂等。

　　① 中性含氧类萃取剂：包括与水不互溶的醇（ROH）、醚（ROR）、醛（RCHO）、酮（RCOR）、酯（RCOOR）等，其中以醇、醚、酮最为多见。严格地说，中性含氧类萃取剂与待分离溶质之间存在一定的化学缔合作用，主要表现为 C—O···H—O 类型的氢键。与中性含磷类萃取剂和待分离物之间的化学作用相比较，C—O···H—O 类型氢键的键能比 P—O···H—O 类型氢键的键能要弱得多。因此，在有机物稀溶液萃取分离领域，许多研究者都将中性含氧类萃取剂对待分离有机物的萃取归并在物理萃取中讨论。特别是中性含氧类萃取剂作为配位萃取剂的助溶剂或稀释剂使用时，可忽略中性含氧类萃取剂与待分离有机物之间存在的化学缔合作用。

　　② 中性含硫类萃取剂：硫醚（R_2S）和亚砜是两种可以用作萃取剂的含硫化合物，如二辛基硫醚、二辛基亚砜等。亚砜同时具有氧原子和硫原子，在萃取贵金属时以硫为给体原子。石油硫醚和石油亚砜都是石油工业的副产物，便宜易得，是用途很广的工业萃取剂。

　　③ 取代酰胺类萃取剂：此类萃取剂在国内作为工业萃取剂的应用已经出现多年。例如，取代乙酰胺的通式 $R^1CONR^2R^3$，它是以羰基作为官能团的弱碱性萃取剂，

这类萃取剂的羰基上的氧的给电子能力比酮类强，抗氧化能力比酮类及醇类强。取代酰胺类萃取剂具有稳定性高、水溶性小、挥发性低、选择性好等优点。N,N-二甲庚基乙酰胺已用于含酚废水的萃取处理过程。

④ 中性含磷类萃取剂：以磷酸三丁酯（TBP）为代表的中性含磷类萃取剂是研究及应用最为广泛的中性配位萃取剂。与中性含氧类萃取剂、中性含硫类萃取剂和取代酰胺类萃取剂相比较，中性含磷类萃取剂的化学性能稳定，能耐强酸、强碱、强氧化剂，闪点高，操作安全，抗水解和抗辐照能力较强。中性含磷类萃取剂的萃取动力学性能良好，其萃取容量比酸性含磷类配位萃取剂和胺类萃取剂的萃取容量要大。

中性含磷类萃取剂的通式可以表示为 G_3PO，其中，基团 G 代表烷基 R、烷氧基 RO 或芳香基。由于磷酰基极性的增加，它们的黏度和在非极性溶剂中的溶解度按 $(RO)_3PO < R(RO)_2PO < R_2(RO)PO < R_3PO$ 的次序增加。中性含磷类萃取剂均具有 P=O 官能团，通过氧原子上的孤对电子与待萃溶质形成氢键缔合物和配位键，实现萃取。中性含磷类萃取剂是中等强度的路易斯碱，如果基团 G 代表的是烷氧基 RO，由于电负性大的氧原子的存在，烷氧基 RO 的拉电子能力强，P=O 官能团上氧原子的孤对电子有被拉过去的倾向，碱性减弱，与待萃溶质形成氢键的能力相应减弱。随分子中 C—P 键数目的增加，烷基 R 拉电子的能力明显减弱，P=O 官能团上氧原子的孤对电子与待萃溶质形成氢键的能力相应增强，即碱性增大，因而，萃取剂的萃取能力也增强。中性含磷萃取剂的萃取能力按下述顺序递增：

$$(RO)_3PO < R(RO)_2PO < R_2(RO)PO < R_3PO$$

如果将 $(RO)_3PO$ 中的 R 由烷基改变为吸电子能力较强的芳香基，如磷酸二丁基苯基酯或磷酸三苯基酯，其萃取能力会进一步降低。中性含磷类萃取剂包括磷酸三烷基酯、烷基膦酸二烷基酯、二烷基膦酸烷基酯、三烷基氧膦四类。它们的结构通式分别为：

（其中，R、R′、R″为烷基、芳香基或环烷基）

在磷酸三烷酯类萃取剂中，应用最广泛的是 TBP。TBP 结构中的 P=O 键上氧原子的孤对电子具有很强的给电子能力。烷基膦酸二烷酯以甲基膦酸二甲庚酯（P350）为代表，是一个比 TBP 萃取能力更强的萃取剂。二烷基膦酸烷基酯类萃取剂因为较难合成，工业上尚无应用。三烷基氧膦类萃取剂以三丁基氧膦（TBPO）、三辛基氧膦（TOPO）为代表。特别是 TOPO，由于它在水中的溶解度很小，是很好的萃取剂。三烷基氧膦，烷基碳数为 $C_7 \sim C_9$，常温下为液体，经常和稀释剂煤油混合使用。三烷基氧膦比磷酸三烷酯具有更强的碱性。表 2-1 列出了磷酸三丁酯（TBP）、丁基膦酸二丁酯（DBBP）和甲基膦酸二甲庚酯（P350）的物理化学性质。

表 2-1 TBP、DBBP、P350 的物理化学性质

项目	TBP	DBBP	P350
分子量	266.3	250.3	320.3
沸点/℃	121(1mmHg)	116～118(1mmHg)	120～122(0.2mmHg)
密度（25℃）/(kg/m³)	976.0(水饱和)	949.2	914.8
折射率（25℃）	1.4223	1.4303	1.4360
黏度（25℃）/mPa·s	3.32	3.39	7.568
表面张力（25℃）/(mN/m)	27.4	25.5	28.9
介电常数（20℃）	8.05	6.89	4.55
溶解度（25℃）/(g/L)	0.39	0.68	0.61
凝固点/℃	−71	−70	−73
闪点/℃	145	134	165
燃点/℃	212	203	219
红外吸收光谱 $v_{P=O}/cm^{-1}$	1265，1280	1250	1250

注：1mmHg = 133.32Pa。

2.2.3.2 酸性配位萃取剂

常用的酸性配位萃取剂主要包括羧酸类萃取剂、磺酸类萃取剂、酸性含磷类萃取剂。在酸性配位萃取剂中以二(2-乙基己基)磷酸（P204 或 D2EHPA）为代表的酸性含磷萃取剂的应用最为广泛，而且酸性含磷类萃取剂的研究也比较深入。

① 羧酸类萃取剂：主要包括有机合成的 Versatic 酸和石油分馏副产物环烷酸和脂肪酸。Versatic 酸，又称叔碳酸。叔碳酸的结构特征在于羧基的 α 碳位上与 3 个烃基相连（其中至少有一个甲基）。α 碳上叔碳化的高度支化结构，使叔碳酸有良好的耐水解性和防腐性，是性能良好的金属萃取剂。例如，Versatic 9 是 2,2,4,4-四甲基戊酸（质量分数 0.56）和 2-异丙基-2,3-二甲基丁酸（质量分数 0.27）及其他 9 个碳的叔碳酸异构体的混合物。又如，Versatic 911 是叔碳酸（C_9～C_{11}）的异构体的混合物。Versatic 酸作为萃取剂在稀土分离、氨溶液中的镍钴分离中有较多研究和应用。

石油分馏副产的脂肪酸，碳链多在 7～9 个碳，水溶性较大，已很少作为萃取剂使用。专门合成的脂肪酸萃取剂用于稀土金属分离，碳链为 16～17 个碳。α-卤代脂肪酸由于 α 碳位上取代卤素的介入，其酸性比相应的脂肪酸明显增强。最常见的 α-溴代十二烷基酸，又称 α-溴代月桂酸，在萃取研究工作中涉及较多。

环烷酸萃取剂主要为环戊烷的衍生物，结构为：

其中，n = 6～8，R 为(CH₂)H 或 H，各个 R 基可以是相同的烷基，也可以是不

同类别的烷基。环烷酸萃取剂在稀土分离中主要用于钇的分离。

② 磺酸类萃取剂：磺酸的通式为 RSO_2OH，是一类强酸性萃取剂。磺酸由于分子结构中存在—SO_3H，具有较大的吸湿性和水溶性。作为萃取剂，需要引入长链烷基苯或萘作为取代基。具有代表性的萃取剂是双壬基萘磺酸（DNNSA）。磺酸根离子常常是强表面活性剂，故与其他萃取剂混合使用，很少单独作萃取剂用。

③ 酸性含磷类萃取剂：此类萃取剂为弱酸性有机化合物（可以用 HA 代表），它既溶于有机相，也溶于水相，通常在有机相的溶解度大。酸性含磷类萃取剂在两相之间存在一定的分配，且与水相的组成，特别是水相的 pH 值密切相关。

酸性含磷类萃取剂的种类很多，大体上可以分为三类：

第一类为一元酸，其中包括：

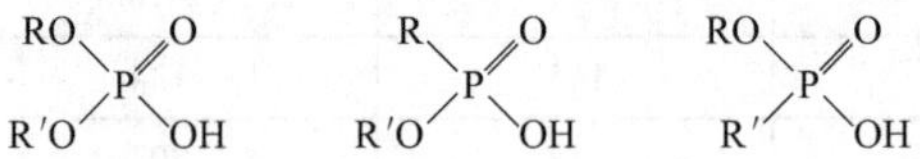

第二类为二元酸，其中包括：

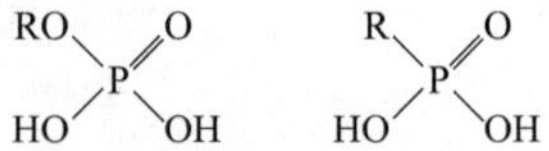

第三类为双磷酰化合物，其中包括：

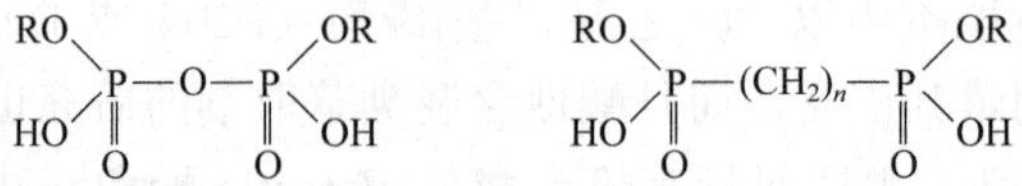

这三类萃取剂中，最主要的是一元酸，P204 和 P507 就属于这一类，都是工业上广泛应用的酸性磷氧型萃取剂。另外，TBP 的水解产物膦酸二丁酯（DBP）以及 2-乙基己基膦酸单(2-乙基己基酯)（P507）等也属于这一类。在酸性含磷类萃取剂中，二(2-乙基己基)磷酸（P204）是一个典型的代表，英文缩写为 D2EHPA 或 HDEHP。P204 是一种有机弱酸，在很多非极性溶剂（如煤油、苯等）中，通过氢键发生分子间自缔合，它们在这些溶剂中通常以二聚体形式存在，其表观分子量为 596。二(2-乙基己基)磷酸中的一个烷氧基被烷基取代后，即生成 P507。酸性磷氧型萃取剂分子中仍保留有一个羟基未被烷基或烷氧基代替，分子呈酸性。该类萃取剂在反应中会放出氢离子，这将阻止金属离子萃取交换。因此，为增加有机相的萃取负载量，须先用氢氧化钠或氨水中和，这个步骤称为皂化。它们的结构式为：

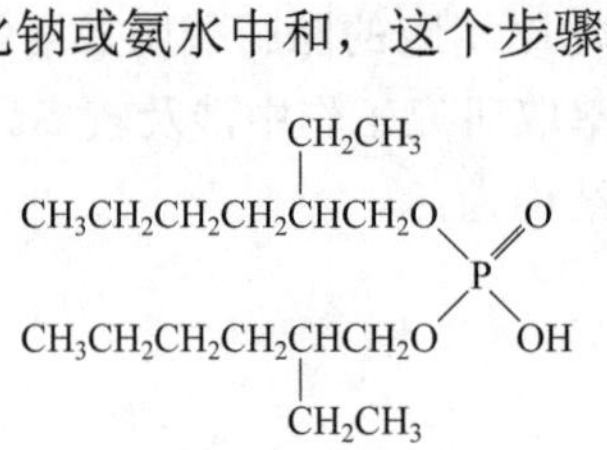

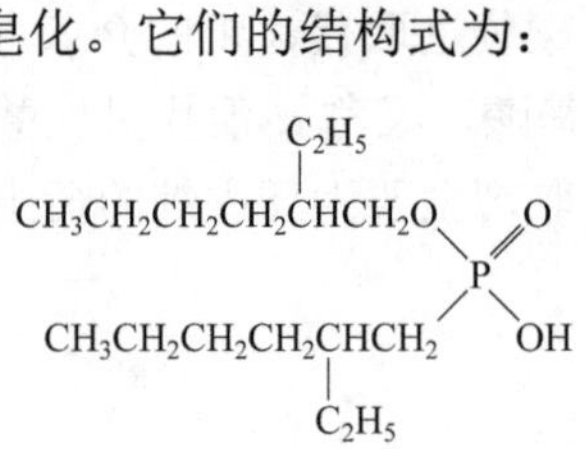

P204 和 P507 的萃取能力都随溶液酸度的增大而降低，随金属阳离子电荷数的增大而降低。P507 受烷基 R 的斥电子性影响，酸性比 P204 弱，萃取比更小，萃取所需水相酸度和反萃酸度较低，酸碱消耗更少，稀土的分离效果更好，20 世纪 80 年代后逐渐替代 P204 被广泛应用于稀土的分离。为了比较，表 2-2 列出了二(2-乙基己基)磷酸（P204）、2-乙基己基膦酸单(2-乙基己基酯)（P507）和二(2,4,4-三甲基戊基)膦酸（Cyanex 272）的物理化学性质。

表 2-2　P204、P507 和 Cyanex 272 的物理化学性质

项目	P204	P507	Cyanex 272
分子量	322.43	306.43	290.43
沸点①/℃	233	235	>300
密度（25℃）/(kg/m³)	970.0	947.5	920
黏度（25℃）/mPa·s	34.77	36.00	14.20
溶解度（25℃）/(g/L)	0.012	0.010(pH = 4)	0.038(pH = 4)
燃点/℃	233	235	
折射率	1.4417	1.4490	1.4596
毒性（小白鼠口服）LD$_{50}$/(g/kg)		2.526	4.9

① 在 1.013×10^5Pa 下的沸点。

2.2.3.3　胺类萃取剂

随着萃取化学及工艺的发展，20 世纪 40 年代开始，溶剂萃取过程中研究使用了胺类萃取剂。与磷类萃取剂相比较，胺类萃取剂的发展较晚，但胺类萃取剂的选择性好、稳定性强，能适用于多种分离体系。

胺类萃取剂可以看作是氨的烷基取代物。氨分子中的三个氢逐步被烷基所取代，生成三种不同的胺（伯胺、仲胺和叔胺）及四级铵盐（季铵盐）。

一级胺(伯胺)　　二级胺(仲胺)　　三级胺(叔胺)　　四级铵盐(季铵盐)

用作萃取剂的有机胺分子量通常为 250～600，分子量小于 250 的烷基胺在水中的溶解度较大，造成萃取剂在水相中的溶解损失。分子量大于 600 的烷基胺则大部分是固体，在有机稀释剂中的溶解度小，往往会带来分相困难及萃取容量小的缺陷。在伯胺、仲胺和叔胺中，最为常用的萃取剂是叔胺。伯胺和仲胺含有亲水性基团，使伯胺和仲胺在水中的溶解度比分子量相同的叔胺大。另外，伯胺在有机溶剂中会使有机相溶解相当多的水，对萃取不利。所以，直链的伯胺一般不用作萃取剂，但带有很多支链的伯胺、仲胺可以作为萃取剂。

与含磷类萃取剂相比，胺类萃取剂具有选择性好、辐照稳定性强的特点，能适

用于多种分离体系。胺类萃取剂的不足之处在于胺类萃取剂本身并不是其与待分离溶质形成的萃合物的良好溶剂，使用时必须增添极性稀释剂与之形成混合溶剂。例如，有机羧酸与三辛胺缔合形成的萃合物不易溶于三辛胺-煤油中，萃取过程会有第三相出现，影响萃取效率，需要加入醇类来增大萃合物在有机相的溶解度，以提高萃取能力。

表 2-3 列出了我国工业生产中使用的伯胺（N1923）、三辛胺(TOA)、三烷基胺（N235)与季铵盐（N263）这几种胺类萃取剂的物理化学性质。

表 2-3　N1923、TOA、N235、N263 的物理化学性质

项目	N1923	TOA	N235	N263
分子量	280.7	353.6	349	459.2
沸点/℃（压力/mmHg）	140～202（5）	180～202（3）	180～230（3）	
密度（25℃）/(kg/m^3)	815.4	812.1	815.3	895.1
折射率（20℃）	1.4530	1.4459	1.4525	1.4687
黏度（25℃）/mPa·s	7.77	8.41	10.4	12.04
表面张力（25℃）/(mN/m)		28.35	28.2	31.1
介电常数（20℃）		2.25	2.44	
溶解度（25℃）/(g/L)	0.0625（0.5mol/L H$_2$SO$_4$）	<0.01	<0.01	0.04
凝固点/℃		−46	−64	−4
闪点/℃		188	189	150
燃点/℃		226	226	179
毒性（小白鼠口服）LD$_{50}$/(g/kg)	2.938		4.42	

胺类萃取剂的自身结构对其萃取能力有十分明显的影响。胺类萃取剂分子由亲水性部分和疏水性部分构成。当烷基碳链增长或烷基被芳基取代时，其疏水性增大，有利于萃取，但这一因素往往是次要的。胺类萃取剂的萃取能力主要取决于萃取剂的碱性和它的空间效应。当氨分子中的氢逐步被烷基取代后，由于烷基的诱导效应，氮原子带有更强的电负性，更容易与质子结合，即萃取剂碱性增强，萃取能力增大。但是，随烷基数目的增多，体积亦增大，受空间效应的影响，对胺与质子的结合起到了阻碍作用，使萃取能力下降，而增加了萃取剂的选择性。总之，胺类萃取剂的萃取能力一般随伯、仲、叔胺的次序及烷基支链化程度的增加而增强；其诱导效应增大，萃取能力也增强；同时，随着这个次序的变化，空间效应也增大，萃取能力会减弱，萃取剂的选择性会加大。

在惰性稀释剂中，胺类萃取剂容易发生自身的氢键缔合，降低萃取能力；在极性稀释剂中，特别是质子化稀释剂中，胺类萃取剂的自身氢键缔合受到抑制，萃取剂的萃取能力得以增强。另外，稀释剂的极性大或稀释剂的介电常数大，可以为胺类萃取剂与待萃取溶质形成的离子对缔合物提供稳定的存在环境，从而提高萃取

的萃取能力。

2.2.3.4　螯合萃取剂

螯合萃取剂有极高的选择性，在分析和工业上都可应用。在工业中应用的螯合萃取剂仅在铜及少量稀有金属的萃取工艺中出现。螯合萃取剂按其结构可以分为羟肟萃取剂、取代 8-羟基喹啉、β-二酮、吡啶羧酸酯。

羟肟萃取剂的基本结构如下：

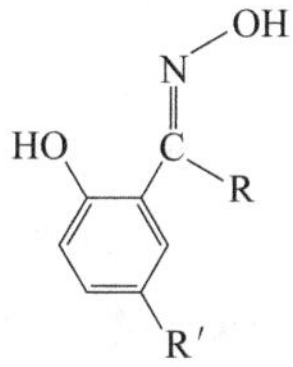

其中，R 在萃取剂的开发过程中不断变换，包括苯基、甲基和氢，分别构成了二苯甲酮肟、苯乙酮肟、苯甲醛肟；取代基 R′为壬基或十二烷基。羟肟萃取剂与铜形成稳定的螯合物，具有很高的选择性，因而广泛应用于铜的萃取工艺中。取代 8-羟基喹啉萃取剂的典型代表是代号为 Kelex 100 的油溶性萃取剂，结构式为：

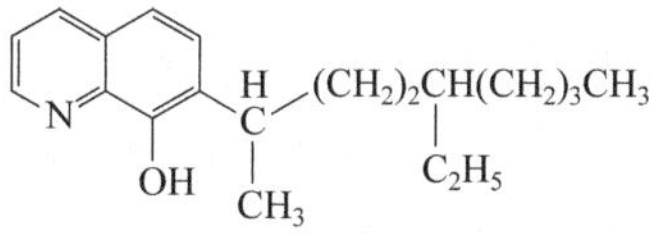

喹啉中的 N 和 O 为给体原子。两个萃取剂分子的 H^+ 与 Cu^{2+} 交换，生成中性萃合物。使用 Kelex 100 萃取剂的铜提取分离工艺，铜的萃取速度和反萃取速度均快于二苯甲酮肟萃取剂。工业用 β-二酮萃取剂的代表是汉高公司出品的 LIX54 萃取剂，其结构式为：

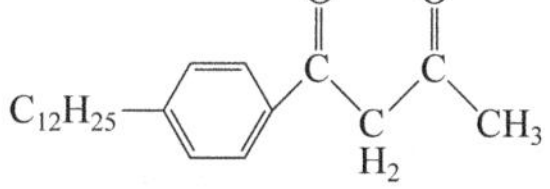

这一萃取剂已用于从氨溶液中萃取铜。

其他一些常用的溶剂和萃取剂的物理参数可以在有关的溶剂萃取手册中查到。

2.2.4　极性有机化合物萃取分离的化学问题

2.2.4.1　分离对象、要求及特点

适合于配位萃取分离的极性有机化合物主要是那些带有 Lewis 酸或 Lewis 碱官能团的极性有机物，例如，羧酸、磺酸、酚、胺、醇以及其他多官能团有机物，它们可以与对应的共轭酸碱发生配位反应，形成配位键酸碱加合物。

需要采用这一方法才能达到很好分离效果的萃取对象多为亲水性强，且在体系中浓度低的物质，使用物理萃取分离提取难以奏效。或者是低挥发性的溶质，其溶

液不能通过蒸汽提馏加以分离。例如：醋酸、二元酸（丁二酸、丙二酸等）、二元醇、乙二醇醚、乳酸及多羟基苯（邻苯二酚、1,2,3-苯三酚）稀溶液等。添加一些路易斯碱即可与这些分子形成配位化合物，或者说形成油溶性更好的加合物，使两相平衡分配系数达到相当大的数值，分离过程得以完成。

因此，该类分离体系一般包含配位剂、助溶剂以及稀释剂等组分。萃取剂应具有特殊的官能团参与和待分离物质的反应，因为配位萃取的分离对象一般是带有 Lewis 酸或 Lewis 碱官能团的极性有机物。它们与待分离物质所形成的配位键应具有一定强度，其键能一般为 10～60kJ/mol，便于形成萃合物，以实现相转移。当然，配位剂与待分离物质间的化学作用键能也不能过高，过高的化学键能虽能使萃合物容易生成，但后续反萃困难，回收再生配位萃取剂也困难。中性含磷类萃取剂、叔胺类萃取剂经常被选作分离带有 Lewis 酸性官能团极性有机物的配位剂。酸性含磷类萃取剂则经常被选作分离带有 Lewis 碱性官能团极性有机物的配位剂。为了实现好的萃取和分离效果，所用配位剂还必须：

① 具有良好的选择性：由于待分离物质的浓度低，因此，萃取剂在发生配位反应、萃取分离溶质的同时，必须要求其萃水量尽量减少或容易实现溶剂中水的去除。

② 配位萃取过程中应无其他副反应：配位剂不应在配位萃取过程中发生其他副反应，同时配位剂应是热稳定的，不易分解和降解，以避免不可逆损失。

③ 反应速率快：在正常条件下应有足够快的动力学机制，以便在生产实践过程中不需要过长的停留时间和过大的设备体积。

在配位萃取过程中，助溶剂或稀释剂的作用是十分重要的。助溶剂作为配位剂的良好溶剂，解决一些配位剂本身很难形成液相直接使用的问题，并促进配位物的形成和相间转移。常用的助溶剂有辛醇、甲基异丁基酮、醋酸丁酯、二异丙醚、氯仿等。常用的稀释剂有脂肪烃类（正己烷、煤油等）、芳烃类（苯、甲苯、二甲苯等）。助溶剂的作用如下。

稀释剂的主要作用是调节形成的混合萃取剂的黏度、密度及界面张力等参数，使液液萃取过程便于实施。在一些配位萃取过程中，若配位剂或助溶剂的萃水问题成为配位萃取法使用的主要障碍时，加入的稀释剂可起降低萃取水量的作用。

总之，选择适当的配体、助溶剂和稀释剂，优化配位萃取体系中各组分的配比是有机物配位萃取过程得以实施的重要环节。针对极性有机物稀溶液分离过程的自身特点，配位萃取与其他分离方法相比，具有明显的优点。包括：①具有高效性；②具有高选择性；③实现反萃取和溶剂再生过程相对比较简单；④二次污染小、操作成本低。

配位萃取法也有它的不足之处。例如，配位萃取过程需要正确选择合适的配位剂、助溶剂和稀释剂；配位萃取剂的萃取能力受溶剂中配位剂浓度的限制，对于稀溶液，平衡分配系数较高，对于高浓度溶液，平衡分配系数会下降；配位萃取过程用于生物制品的分离时，需要考虑配位剂和稀释剂的生物相容性等。

2.2.4.2 萃取反应机制

除了极端情况外，极性有机化合物的配位萃取过程并不是由单一的反应机制决定的。例如，胺类萃取剂对有机羧酸的萃取既包含离子缔合机制，又包含氢键缔合机制；酸性磷氧类萃取剂对有机胺类的萃取既包含离子缔合机制，也包含氢键缔合机制；中性磷氧类萃取剂对有机羧酸的萃取则仅包含氢键缔合机制。当然，反应机制也并不是总能清晰分类的，这使得对萃取过程模型的描述可能出现不同的形式。

（1）萃取反应类型

相对而言，胺类萃取剂对有机羧酸的配位萃取机理比较复杂。例如：胺类配位剂萃取有机羧酸的反应是典型的酸碱加合反应，但可区分为四种作用机制。

① 离子缔合萃取：萃取剂首先质子化，再与待萃物阴离子形成离子缔合型萃合物。

② 阴离子交换萃取：萃取剂与强酸形成离子缔合体，再与待萃物发生阴离子交换。

③ 氢键缔合萃取：萃取剂与被萃物质间通过形成氢键而形成加合物。

④ 溶剂化萃取：待测物质在萃取溶剂中溶剂化而转移至有机相中。

（2）萃合物的结构

萃合物的组成和结构可以通过组成分析或各组分对萃取的影响程度来判别。在羧酸的萃取过程中，不同萃合物的组成和结构可以用红外光谱来判定。其依据是离子缔合体中羧酸根呈负离子，羰基与碳氧负离子呈离域的共振态，羰基的吸收峰特征不明显，而以氢键结合时，羧酸未离子化，羰基特征明显。

在三乙胺的四氯化碳溶液或氯仿溶液萃取醋酸时，采用红外光谱数据推证出 $2:1$ 和 $1:1$ 型的酸-胺配合物的存在。发现第一个醋酸分子与胺形成 $1:1$ 离子缔合型萃合物后，其 COO^- 基团中共轭的 $-C-O$ 基团可以与第二个醋酸分子上的 $-OH$ 基团以氢键缔合，从而形成 $2:1$ 萃合物 $(HA)_2B$，其结构为：

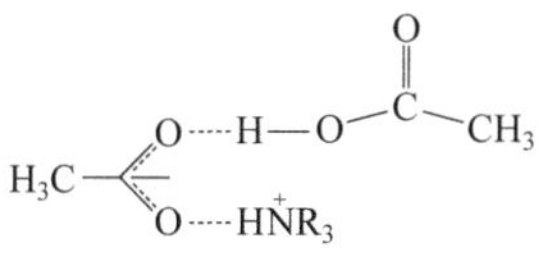

对醋酸-三癸胺（四氯化碳）萃取体系的红外光谱研究表明，萃取中存在 $3:1$ 结构的萃合物 $(HA)_3B$：

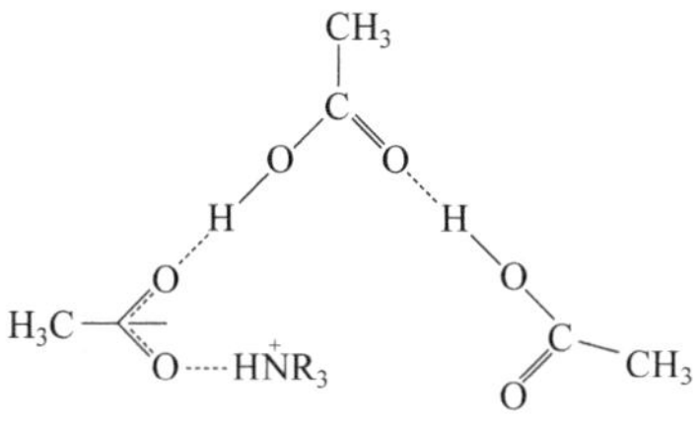

此外，二元酸与胺可形成 1∶2 和 2∶2 型萃合物。例如：富马酸与叔胺生成的 1∶2 和 2∶2 萃合物的构型为：

研究还发现，在极性稀释剂（用 D 表示）存在时，如果稀释剂同萃合物之间有很强的相互作用，可以出现如下的萃合物结构：

$$m\text{HA} + n\text{B} + r\text{D} \rightleftharpoons \text{H}_m\text{A}_m\text{B}_n\text{D}_r \qquad (2\text{-}29)$$

例如，在醋酸-三乙胺（氯仿）体系，当酸胺浓度配比达到一定程度时，氯仿同 1∶1 醋酸-三乙胺配合物作用生成 1∶1∶1 型萃合物：

一般认为：胺类配位剂与待萃取极性有机物之间是以离子缔合的形式键合的，而待萃取的极性有机物之间，以及待萃取极性有机物与稀释剂之间的键合则是通过氢键缔合作用实现的。

（3）萃取历程

① 中性磷氧配位萃取有机羧酸的历程：萃合物的红外谱图证明中性磷氧类配位剂和有机羧酸之间存在氢键缔合历程。负载有机羧酸的中性磷氧类配位萃取剂的红外谱图在 $1700 \sim 1780\text{cm}^{-1}$ 处存在 C=O 特征峰，在 $1550 \sim 1620\text{cm}^{-1}$ 处并不存在 COO^- 特征峰。另外，负载羧酸的中性磷氧类萃取剂的红外谱图中在 1250cm^{-1} 附近的代表 P=O 的特征峰向低波数发生明显移动。表明中性磷氧类配位剂对有机羧酸的萃取机制为氢键缔合机制，即

$$\text{HA} + (\text{RO})_3\text{PO} \rightleftharpoons (\text{RO})_3\text{PO} \cdots \text{H} \cdots \text{A}$$

② 胺类配位剂萃取有机羧酸的两种历程：胺类萃取剂和有机羧酸萃合物的红外谱图表明存在着氢键缔合和离子缔合成盐两种结合的可能。但不同的历程对萃取平衡常数及萃取平衡分配系数 D 有着直接的影响。在惰性稀释剂条件下（如四氯化碳），叔胺萃取剂与强酸或弱酸的结合行为差别很大。当强酸与叔胺的摩尔比为 2∶1 时，叔胺萃取剂同强酸的萃取行为与其同弱酸的相类似。负载羧酸的叔胺萃取剂的红外谱图在 $1745 \sim 1780\text{cm}^{-1}$ 处存在 C=O 特征峰，并在 $1610 \sim 1680\text{cm}^{-1}$ 处存在 COO^- 特征峰。但是，当叔胺萃取剂的浓度提高，强酸与叔胺的摩尔比为 1∶1 和 1∶2 时，负载羧酸的叔胺萃取剂的红外谱图中不会在 $1700 \sim 1780\text{cm}^{-1}$ 处出现 C=O 特征峰，而 COO^- 特征峰的强度增大，且向高波数移动 $20 \sim 40\text{cm}^{-1}$，即出现

在 1650～1690cm^{-1} 处。酸的 pK_a 值越低，即酸性越强，负载羧酸的叔胺萃取剂的红外谱图中 COO$^-$ 特征峰的强度越大，C＝O 特征峰的强度越小，离子缔合萃取的特征明显。

离子缔合成盐与氢键缔合形成 1∶1 萃合物之间可以用下面的平衡关系来表达：

$$H_3C-\overset{1660cm^{-1}}{\underset{O\cdots HNR_3^+}{C\!\!\diagdown\!\!O}} \quad \rightleftharpoons \quad H_3C-\overset{1720cm^{-1}}{\underset{O\cdots HNR_3^+}{C\!\!\diagdown\!\!O}} \tag{2-30}$$

可以认为，对于强酸，平衡向左移动，即以离子缔合成盐结构形式存在；对于弱酸，在惰性稀释剂萃取体系中，平衡向右移动，即以氢键缔合结构形式存在；对于弱酸在质子化稀释剂（如氯仿）萃取体系中，平衡向左移动，即以离子缔合成盐结构形式存在。

若 1∶1 型萃合物在 1720cm^{-1} 处有 C＝O 峰的产生，酸胺结合形成的萃合物应该是右侧的结构。在酸胺比大于 1∶1 的条件下，平衡中的两种形式同时存在。温度对此平衡的影响研究结果发现：在高温下，平衡移向右侧一端，胺与酸之间的作用是氢键缔合，应该形成右侧的第二种结构。因此，胺与酸之间的萃取反应过程同时存在两种不同的历程，即下面所示的离子缔合成盐历程和氢键缔合：

$$R'-\overset{O}{\underset{}{C}}\!\!-\!OH + NR_3 \longrightarrow R'-\overset{O}{\underset{}{C}}\!\!-\!O^-HNR_3 \tag{2-31}$$

$$R'-\overset{O}{\underset{}{C}}\!\!-\!OH + NR_3 \longrightarrow R'-\overset{O}{\underset{}{C}}\!\!-\!O-H\cdots NR_3 \tag{2-32}$$

胺类萃取剂负载有机羧酸的红外光谱中出现的 COO$^-$ 特征峰以及 NH$^+$ 特征峰来自于离子缔合成盐历程产生的萃合物；而 C＝O 特征峰来自于酸与胺之间氢键缔合历程产生的萃合物。

③ 胺类萃取剂萃取苯酚的两种历程：叔胺类萃取剂三辛胺（TOA）萃取苯酚的过程也可以采用红外光谱法来研究。在三辛胺负载苯酚的红外光谱图中，有波数为 2500～2700cm^{-1} 范围内出现的 NH$^+$ 特征吸收宽峰，而相应的苯酚羟基特征峰由原来的 3352.0cm^{-1} 处明显地向低波数位移 50～220cm^{-1}，如果三辛胺负载苯酚时，苯酚溶液呈酸性，负载有机相的红外光谱图中 NH$^+$ 特征吸收宽峰更为明显，表明三辛胺配位萃取苯酚存在如下的平衡：

$$PhOH + R_3N + H^+ \rightleftharpoons PhOH(R_3NH^+) \tag{2-33}$$

$$PhOH + R_3N \rightleftharpoons PhO^-(R_3NH^+) \tag{2-34}$$

$$PhOH + R_3N \rightleftharpoons PhO\cdots H\cdots NR_3 \tag{2-35}$$

在酸性条件下，萃取反应平衡以式（2-33）和式（2-34）为主；在中性或弱碱性条件下，萃取反应平衡以式（2-35）为主，三辛胺与苯酚之间同时存在着离子缔合成盐机制和氢键缔合机制。

④ 酸性磷氧类萃取剂萃取有机胺类的两种历程：为了探索酸性磷氧类配位剂萃取有机胺类稀溶液的过程机理和萃合物结构，对二(2-乙基己基)磷酸-煤油配位萃取芳香胺和脂肪胺的过程开展了萃取相平衡的实验研究工作。采用 PE-1600 型傅里叶红外光谱仪分别测定负载芳香胺和脂肪胺的有机相的红外谱图并进行机理分析。

酸性磷氧类萃取剂的红外光谱图中包含的官能团特征吸收峰为 1231.5cm^{-1} 处的 P═O 伸缩振动峰和 1682.0cm^{-1} 处的 P—OH 伸缩振动峰。一般认为，含有—POOH 基团的化合物，在 2700～1560cm^{-1} 波数区域内呈现出宽大的吸收峰，该化合物溶解于非极性溶剂中时，这一宽大的吸收峰保持不变。但是，当含有—POOH 基团的化合物成盐后该吸收峰消失。研究结果表明，在负载有机胺浓度很高时，负载有机相的红外光谱在 1682.0cm^{-1} 处的—POOH 伸缩振动峰几乎完全消失，证明 P204 与有机胺分子之间存在着较强的离子缔合成盐机制：

$$RNH_2 + HA \Longrightarrow RNH_3^+A^- \tag{2-36}$$

在红外光谱图中，P═O 键的伸缩振动峰为中强峰，一般出现在 1350～1160cm^{-1} 处，常裂为双峰。研究结果表明，在负载的有机胺浓度并不是很高的条件下，P204 负载有机胺的红外谱图中可以发现 P204 的 P═O 吸收峰，随有机胺浓度的增大，其偏移也随之增大，证明 P204 与有机胺之间同样存在着氢键缔合作用，可表示为：

$$RNH_2 + HA \Longrightarrow RNH_2 \cdots HA \tag{2-37}$$

总之，P204 负载有机胺红外谱图的特征吸收峰的研究表明，P204 与有机胺之间同时存在着离子缔合成盐机制和氢键缔合机制。

2.2.4.3　有机物配位萃取的特征性参数

（1）溶质的疏水性参数 lg$P$

疏水性是有机物质的基本物性，可以用疏水性常数来度量物质的疏水性。疏水性常数通常是用有机化合物在两种互不相溶的液相中的分配系数表示的。目前，疏水性参数的主要用化合物在正辛醇/水体系中的分配系数 P 来描述，定义为：

$$P = \frac{c_o}{c_w}$$

式中，c_o 是平衡时有机物在正辛醇相中的浓度；c_w 是平衡时有机物在水相中的浓度。由于不同的有机物在正辛醇/水之间的分配系数 P 在数值上的跨度很大，相差十多个数量级，所以一般用它的常用对数形式来表示。

$$\lg P = \lg \frac{c_o}{c_w} \tag{2-38}$$

$\lg P$ 是有机溶质疏水性的重要物性参数，在分子的跨膜转运特性、蛋白质键合、受体亲和性、药理活性以及药物代谢中有着重要应用。人们测定了许多物质的正辛醇/水分配系数 $\lg P$，主要的实验方法是摇瓶法、薄层色谱法和高效液相色谱法。这些测量方法各有优势，也都存在一些局限。影响物质疏水性常数的因素既有分子的整体因素，如取代基所处的化学环境、分子的体积、形状等；也有分子的局部因素，如取代基的极性、大小、形状等。

（2）溶质的特征参数 pK_a

溶质的酸碱性是有机物配位萃取过程中的一个十分重要的特征参数，用溶质的 pK_a 值来表示其酸性强弱。一些物质的 pK_a 值可以从手册中查到。但是，一些物质 pK_a 值难以测定，需要建立分子结构参数与 pK_a 的定量关联式来进行预测。在配位萃取过程中，溶质 pK_a 的大小决定了配位反应的计量比及萃合物的稳定性，从而影响萃取平衡的分配结果。同时，溶质 pK_a 的大小也会影响溶液中待萃取溶质自由分子的摩尔分数。在配位萃取平衡的数学模型中，pK_a 作为一个重要参数出现。物质的 pK_a 值受分子外部因素和内部因素的影响。外部因素包括溶剂环境（溶剂极性、离子强度等）和温度；内部因素则是指分子组成及结构带来的诱导效应、场效应、共振效应、氢键影响、立体效应以及杂化作用等。

① 诱导效应：对于有机物 HA，吸电子基能使 H—A 键减弱，并能稳定阴离子，从而使酸性增强，pK_a 减小。当分子中吸电子取代基数目增加时，诱导效应也增强，分子的酸性增强。供电子基，如烷基、氨基，能增强 H—A 键，从而增加对质子的亲和力，这将使碱性增强，pK_a 增大。

② 场效应：场效应是通过空间而不是通过成键起作用的电子效应。对大多数分子来说，区分诱导效应和场效应是很不容易的，因为二者时常同时作用，而且对物质酸性强弱的影响是一致的。一般常把诱导效应和场效应合并考虑，当作"极性效应"。

③ 共振效应：官能团，如 P—NO$_2$，通过减弱 O—H 键并使阴离子稳定，可使苯甲酸或苯酚的酸性增加；官能团，如—NH$_2$，通过共振提供电子，因此，会增强 O—H 键，促进阴离子和质子的结合，所以，酸性会相应减弱。

④ 氢键：分子内部氢键形成能够显著影响酸性的强弱。例如，邻羟基苯甲酸由于—OH 和—COOH 间形成了氢键，电荷离域化，稳定性增强，结果增大了分子的酸性。

⑤ 立体效应：由于质子较小，质子酸-碱反应对立体压缩不太敏感。但具有较多分支的酸，其阴离子会由于较小的溶剂化程度变得不太稳定，导致酸性减弱。

2.2.5 金属离子萃取分离及其配位化学

2.2.5.1 概述

金属离子的萃取分离是湿法冶金的主体内容之一。特别适用于共生矿中含量极微的稀贵金属的提炼。采用湿法冶金技术,将大多数难溶于水的金属化合物转变为相应的可溶性盐类,再通过萃取技术使该金属从浸出液中萃取或再次反萃,最终得到该金属的化合物。

根据离子的性质,大部分金属盐是强电解质,它们在水中有较大的溶解度。只有当金属离子或其盐类与有机溶剂分子生成一种在有机溶剂中比在水中更易溶解的化合物时才有可能实现萃取。因此,当物质由水溶液相向有机溶剂相转移时,应该是在生成能够被萃取到有机溶剂中的化合物成为可能之前,配位于金属离子周围的水分子部分地或全部地被除掉。生成不带电荷的化合物是使金属离子萃取到有机溶剂中的先决条件。它们具有很低的介电常数,容易被有机相萃取。

萃取分离技术最为成功的应用是在稀土分离中的应用。这一应用使得稀土的分离化学得以迅速发展。为寻找选择性更高的萃取剂,开展了大量的稀土溶液配位化学的研究工作。可以说稀土配位化学的发展就是从这里开始的。将配合物引入稀土元素的分离是配位化学和分离化学的成功结合。溶液中的分离方法如萃取法、离子交换法都与配合物的形成及其稳定性有着密切的关系。绝大部分的萃取过程是配合物的形成过程,而研究萃取过程的化学,必须研究溶液中配合物的问题。

2.2.5.2 萃取体系及萃取反应机理

金属的溶剂萃取绝大部分情况下均伴随有化学反应发生。根据萃取剂类型,尤其是萃取反应的机理可以对萃取体系进行分类。按照萃取化学反应的不同,萃取体系主要可以分成四类。它们的萃取机理和主要特点为:

(1)中性配位萃取体系(中性溶剂化配位萃取)

中性萃取体系是无机物萃取中最早被发现和利用的,也是最早用于稀土元素提取分离的萃取体系。

① 特征。当组分以生成中性溶剂化配合物的机理被萃取时,具有以下三个特征:

a. 被萃取的金属化合物以中性分子存在,如 $UO_2(NO_3)_2$。

b. 萃取剂本身是中性分子,也是以中性分子如 TBP 等形式发生萃合作用。

c. 被萃化合物与萃取剂组成中性溶剂合物,其中萃取剂的功能基直接与中心原子(原子团)配位的称为一次溶剂化,如 $UO_2(NO_3)_2 \cdot TBP$;通过与水分子形成氢键而溶剂化的称为二次溶剂化,如 $UO_2(NO_3)_2 \cdot (H_2O)_4 \cdot 2R_2O$。

② 基本反应

a. 与水分子的反应:中性磷氧萃取剂能与水生成 1:1 的配合物,它是由氢键缔合而成的。

　　b. 与酸的反应：中性磷氧萃取剂能萃取酸，通常生成 1∶1 的配合物。不少人研究了 TBP 萃取硝酸的机理，证明了 HNO_3 在 TBP 中的电离度小于 1%。徐光宪等利用对应溶液法原理研究了这一体系，求得未解离的 HNO_3 在两相中的 Nernst 分配平衡常数很小。这说明在有机相中基本上没有自由的硝酸分子存在。红外光谱证明 TBP 萃取 HNO_3 是以分子形式结合，属中性配位萃取机理。

　　c. 萃取稀土硝酸盐的反应：中性磷（膦）氧萃取剂萃取稀土是通过磷酰氧上未配位的孤电子对与中性稀土化合物中的稀土离子配位，生成配位键的中性萃取配合物，其中萃取三价硝酸稀土的反应为(以 TBP 例)：

$$RE^{3+}+ 3NO_3^- +3TBP_{(org)} = RE(NO_3)_3 \cdot 3TBP_{(org)} \tag{2-39}$$

　　式中，TBP 亦可为 P350 等其他中性磷（膦）氧萃取剂。红外光谱研究表明：P350 萃取稀土元素时，磷氧键参与配合，而与磷氧碳键无关。

　　硝酸稀土在硝酸盐底液中以 RE^{3+}、$RE(NO_3)^{2+}$、$RE(NO_3)_2^+$、$RE(NO_3)_3$ 等形式存在，其中中性的 $RE(NO_3)_3$ 有利于萃取，3 价稀土离子 RE^{3+} 的配位数可在 6～12 间变化，NO_3^- 中有两个氧原子可与稀土离子配位，三个硝酸根用于 6 个配位数，尚余 0～6 个配位数，所以 $RE(NO_3)_3$ 在水溶液中是水化的 $RE(NO_3)_3 \cdot x H_2O$，它不能直接被惰性溶剂，如煤油等所萃取。此种情况下，若添加 TBP 或 P350 等中性萃取剂，就能挤掉原先配位的水分子，形成丧失亲水性的 $RE(NO_3)_3 \cdot 3TBP$。其中 TBP 也可以是 P350 等其他中性磷(膦)氧萃取剂。黄春辉等测定了 $La(NO_3)_3 \cdot 3Ph_3PO$ 的结构，结果表明其中 La^{3+} 的配位数是 9，即硝酸根采取通常的双齿配位形式，而每个三苯基氧膦则是单齿配位，分子具有 C_s 对称性。中性磷(膦)氧萃取剂在 HNO_3 介质中萃取稀土时，在发生萃取稀土反应的同时，体系内还发生萃取 HNO_3 生成 $HNO_3 \cdot TBP$ 配合物的反应。用 100%TBP 在无盐析剂的硝酸介质中萃取稀土元素的体系中，存在着稀土与硝酸的竞争萃取。镧的配合能力最弱，HNO_3 与 $La(NO_3)_3$ 竞相配合 TBP 的竞争作用比较明显。但铕与原子序数大于铕的重稀土元素与 TBP 的配合能力较强，它们不但能与 TBP 配合，而且还能把 $TBP \cdot HNO_3$ 配合物中的 TBP 夺过来而释放出 HNO_3，如下式所示：

$$Eu^{3+}+ 3NO_3^- +3TBP \cdot HNO_{3(org)} = Eu(NO_3)_3 \cdot 3TBP_{(org)}+3HNO_3 \tag{2-40}$$

即 HNO_3 的竞争作用相对较弱。

　　在其他条件一定时，萃合物的稳定性与稀土离子半径有关。同价稀土离子，半径越小，萃合物越稳定，分配比 D 越大。如用 TBP 在 10mol/L HNO_3 介质中萃取镧系元素时，其分配比 D 随原子半径减小依次增大。但在多数情况下，中性磷(膦)氧萃取剂萃取稀土元素的分配比并不随原子序数的增加而单调变化。

　　萃取反应的通式：

$$M^{m+} + mL^- + eE = ML_m E_e （E：萃取剂） \tag{2-41}$$

$$K = \frac{[\text{ML}_m\text{E}_e]_{\text{org}}}{[\text{M}^{m+}]_{\text{aq}}[\text{L}]_{\text{aq}}^m[\text{E}]_{\text{aq}}^e} = D\frac{1}{[\text{L}]_{\text{aq}}^m[\text{E}]_{\text{aq}}^e} \tag{2-42}$$

$$\lg K = \lg D - m\lg[\text{L}] - e\lg[\text{E}] \tag{2-43}$$

$$\lg D = \lg K + m\lg[\text{L}] + e\lg[\text{E}] \tag{2-44}$$

对酸的萃取：

$$a\text{H}^+ + a\text{A}^- + e\text{E} \Longrightarrow (\text{HA})_a\text{E}_{e(\text{org})} \tag{2-45}$$

③ 中性配合萃取剂。中性萃取剂有以下几种类型，其中配位基 X═O（X 可以是 N, P, S, C）中氧原子对中心金属离子的萃取能力顺序如下：$\text{R}_3\text{NO} \geqslant \text{R}_3\text{PO} > \text{R}_2\text{SO} > \text{R}_2\text{CO}$。当 R 基团相同时，萃取能力随着 X 原子半径增加、电负性降低而增加。

a. 中性含磷萃取剂：中性配位萃取剂最重要的是中性磷氧萃取剂。中性磷氧萃取剂的通式为 $\text{G}_3\text{P}═\text{O}$，G 表示烷氧基 R—O 或烷基 R—，有以下几类：

磷酸酯：$(\text{RO})_3\text{PO}$（磷酸三烃基酯），TBP，磷酸三丁酯。

膦酸酯：$\text{R}(\text{RO})_2\text{PO}$（烃基膦酸二烃基酯），P350，甲基膦酸二甲庚酯。

次膦酸酯：$\text{R}_2(\text{RO})\text{PO}$（二烃基膦酸烃基酯）。

膦氧化物：R_3PO（三烃基氧化膦），TOPO（三辛基氧膦）。

b. 中性含氧萃取剂：酮类，酯类，醇类，醚类，如仲辛醇，甲基异丁基酮（MIBK）。

c. 中性含硫萃取剂：亚砜$(\text{R})_2\text{S}═\text{O}$，硫醚 R—S—R，如石油亚砜。

（2）离子缔合萃取体系

指由阳离子与阴离子相互缔合进入有机相而被萃取的体系。离子缔合萃取体系的特点是被萃取金属离子与无机酸根形成配阴离子，它们与萃取剂的阳离子形成离子对共存于有机相，而被萃取离子与萃取剂无直接键合。

① 特点

a. 萃取剂以阳离子（阴离子）形式存在。

b. 金属离子以络阴离子（阳离子）或金属酸根形式存在。

c. 萃取反应为萃取剂阳离子和金属配阴离子相缔合，或相反的情况。

② 萃取剂　取剂是含氧或含氮的有机物，含氮萃取剂最有实际意义的是胺类萃取剂。

a. 胺类萃取剂，又称碱性萃取剂，可以看作是氨分子中三个氢逐步地被烷基取代生成的三种胺及四级铵盐：RNH_2、$\text{RR}'\text{NH}$、$\text{RR}'\text{R}''\text{N}$、$\text{RR}'\text{R}''\text{R}'''\text{NX}$，分子中 R、R'、R''、R'''代表不同的烷基或芳基，X 代表无机酸根，如 SO_4^{2-}、Cl^-、NO_3^- 和 CNS^-等。

伯胺（RNH_2），如 N1923；仲胺（R^1R^2NH），如 N7201；叔胺（$R^1R^2R^3N$），如 N235；和季铵盐[$R^1R^2R^3R^4N$]X，如 N263。

b. 大环多元醚萃取剂，如冠醚、穴醚、开链醚等。

c. 中性螯合萃取剂，如邻菲咯啉等。

③ 萃取反应

a. 胺与酸的反应：萃取酸是胺的基本性质，被称为两相中和反应。

$$R_3N_{(org)} + H^+ + NO_3^- \Longrightarrow [R_3NH^+NO_3^-]_{(org)} \qquad (2\text{-}46)$$

$$K_{11} = \frac{[R_3NH^+NO_3^-]_{org}}{[R_3N][H^+][NO_3^-]} \qquad (2\text{-}47)$$

b. 金属配阴离子的生成反应：

$$M^{m+} + nX^- \Longrightarrow MX_n^{(n-m)-} \qquad (n>m) \qquad (2\text{-}48)$$

$$K_{MX_n} = \frac{[MX_n^{(n-m)-}]_{org}}{[M^{m+}][X^-]^n} \qquad (2\text{-}49)$$

c. 阴离子的交换反应：生成的铵盐能与水相中的阴离子进行离子交换。

$$[R_3NH^+X^-]_{(org)} + A^- \Longrightarrow [R_3NH^+A^-]_{(org)} + X^- \qquad (2\text{-}50)$$

$$(n-m)[R_3NH^+X^-]_{(org)} + MX_n^{(n-m)-} \Longrightarrow [(R_3NH^+)_{n-m}(MX_n)^{(n-m)-}]_{(org)} + (n-m)X^- \qquad (2\text{-}51)$$

$$K_{交} = \frac{[(R_3NH^+)_{n-m}(MX_n)^{(n-m)-}]_{(org)}[X^-]^{n-m}}{[R_3NHX]_{org\ (org)}^{n-m}[MX_n^{n-m}]} \qquad (2\text{-}52)$$

d. 总的萃取反应：

$$M^{m+} + nX^- + (n-m)[R_3N]_{(org)} + (n-m)H^+ \Longrightarrow [(R_3NH^+)_{n-m}(MX_n)^{(n-m)-}]_{(org)} \qquad (2\text{-}53)$$

$$K_{ex} = \frac{[(R_3NH^+)_{n-m}(MX_n)^{(n-m)-}]_{(org)}}{[M^{m+}][R_3N]_{org}^{n-m}[X^-]^n[H^+]^{n-m}} = K_{交}K_{11}^{n-m}K_{MX_n} \qquad (2\text{-}54)$$

$$D = \frac{[(R_3NH^+)_{n-m}(MX_n)^{(n-m)-}]_{(org)}}{[M^{m+}]} = ([R_3N]_{org}^{n-m}[X^-]^n[H^+]^{n-m})K_{交}K_{11}^{n-m}K_{MX_n} \qquad (2\text{-}55)$$

$$\lg D = (n-m)\lg[R_3N]_{org} + n\lg[X^-] + (n-m)\lg[H^+] + \lg K_{交} + (n-m)\lg K_{11} + \lg K_{MX_n} \qquad (2\text{-}56)$$

随着萃取机理研究的深入，认为有一种情况，萃取剂是与水化质子结合再与阴离子形成离子对，例如从氢氟酸溶液中萃取钽（或铌），发生下述反应：

$$[H^+ \cdot (H_2O)_n R_m] + TaF_6 \Longrightarrow [(H_2O)_n R_m]TaF_6 + H^+ \qquad (2\text{-}57)$$

故称之为水化或溶剂化机理。尽管有各种不同的诸如此类的看法，但并不妨碍我们研究这种萃取平衡的本质及其影响因素。这类萃取的基本特点是高酸萃取（NH₄SCN 体系除外），低酸反萃，作为反萃取剂的可以是水、稀酸或碱。

④ 影响因素

a. 萃取剂：两相中和常数，阴离子交换反应常数，阴离子浓度；

b. 金属离子：形成配阴离子的能力；

c. 伴随阴离子的浓度及其与金属配位能力；

d. 酸度：一方面是保证胺质子化；另一方面也存在与金属络阴离子的竞争而起反萃取作用。

⑤ 机理及例子　烷基胺或季铵盐萃取稀土盐类的反应一般认为有两种：

$$(n-m)R_3NH^+X_{(org)} + REX_{n(n-m)} \Longrightarrow (n-m)(R_3NH)_n + REX_{n-m(org)} \qquad (2\text{-}58)$$

$$(n-m)R_3NHX_{(org)} + REX_m \Longrightarrow (R_3NH)_{n-m}REX_mX_{n-m(org)} \qquad (2\text{-}59)$$

式（2-58）表示萃取过程中胺盐中的 X 和带负电的配合物 $REX_{n(n-m)}$（$m<n$）的交换过程。而式（2-59）表示的萃取过程是中性配合物 REX_m 加合到胺盐上的过程。大多数研究工作中，碱性萃取剂用于萃取酸性溶液中的金属离子，这时有机相中胺呈铵盐形式。季铵盐对稀土的萃取受水相介质影响很大，如图 2-2 所示。在硝酸介质中，其萃取分配比随原子序数增加而减小，即所谓"倒序"，而在硫氰酸盐介质中，分配比随原子序数增加而增大。研究结果表明，这与稀土离子与水相中的配位数 $Y(1)$ 有很大的相关性。当以硝酸甲基三烷基胺萃取硝酸稀土，加入 $LiNO_3$ 作盐析剂，可增大稀土的萃取率，此即助萃配合作用。季铵盐萃取硝酸稀土，因为萃取配合物 $[(R_4N^+)RE(NO_3)_6^{3-}]$ 中有硝酸根，在水相中添加硝酸盐，由于其助萃配合作用和盐析作用可以大大提高分配比 D。

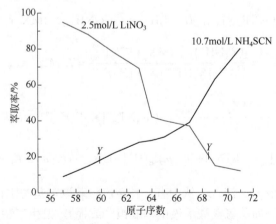

图 2-2　Aliquot-335 在 NO_3^- 和 SCN^- 体系中稀土萃取率
随原子序数的变化及 Y 位置变化

在 N263-RE(NO$_3$)$_3$/LiNO$_3$ 萃取体系中，萃取率呈现随原子序数的增大而减小的"倒序"现象。当存在二乙三胺五乙酸(DTPA)配合剂时，水相中形成的稀土配合物是随原子序数的增大而增大的，因而更减小了原子序数大的元素的萃取率，从而可增大元素之间的分离系数。例如，季铵盐优先萃取 Pr^{3+}，而 DTPA 在水相中优先螯合 Nd^{3+}，从而使 Pr/Nd 的分离系数大大增加。像这样使水相中螯合的 Pr 与有机相中的 Nd 交换的反应称为配合交换萃取（亦把这类萃取体系称为推拉萃取体系）。配合交换萃取体系的特点在于水相中的配合剂对稀土有配合作用，同时有机相稀土与水相的稀土之间有交换作用，即水相中有正序配合的抑萃配合剂，水相和有机相间又存在着稀土的交换。

在 N263-DTPA 配合交换体系中，盐析剂的作用是重要的，因为在 DTPA 配合了较多的难萃组分之后，希望不配合的部分尽可能地被萃入有机相，以充分发挥"推拉"作用。通过单级最优条件试验，即改变一些条件如萃取剂浓度、起始稀土浓度、相比及盐析剂的种类和浓度、酸度等来考察什么条件下分离系数 β 最大，以获取好的分离效果。如在盐析剂浓度为 6.0mol/L，相比 O/A = 3，DTPA 浓度为 0.180mol/L 时，实际测得分离系数 $\beta_{Pr/Nd}$ 为 5.8。

（3）酸性配位萃取体系（阳离子交换萃取体系）

① 酸性配位萃取体系的特点是：

a. 萃取剂是一种有机酸 HA 或 H$_m$A，它既溶于水相又溶于有机相，在两相间有一个分配。

b. 被萃物是金属阳离子 M^{n+}。

c. 它与 HA 作用生成配合物或螯合物 MA$_n$ 而进入有机相被萃取。或者说水相的被萃金属离子与有机酸中的氢离子之间通过交换机理形成萃取配合物。

② 萃取反应：

$$M^{n+}(aq) + nHA(org) \rightleftharpoons MA_n(org) + nH^+(aq) \tag{2-60}$$

$$K = \frac{[MA_n]_{org}[H^+]_{aq}^n}{[M^{n+}]_{aq}[HA]_{org}^n} = D\frac{[H^+]_{aq}^n}{[HA]_{org}^n} \tag{2-61}$$

$$\lg K = \lg D + n\lg[H^+]_{aq} - n\lg[HA]_{org} \tag{2-62}$$

$$\lg D = \lg K - n\lg[H^+]_{aq} + n\lg[HA]_{org} = \lg K + n pH_{aq} + n\lg[HA]_{org} \tag{2-63}$$

酸性配位萃取体系中的以(2-乙基己基)膦酸单(2-乙基己基)酯为代表的酸性磷（膦）酸萃取体系和以环烷酸为代表的羧酸萃取体系在稀土分离工业生产中得到广泛的应用。酸性配位萃取剂萃取稀土的过程较复杂，整个过程包括四个平衡过程：

萃取剂在两相中的溶解分配平衡，如式（2-64）所示；

$$HA \Longrightarrow HA_{(org)} \qquad K_d = \frac{[HA]_{org}}{[HA]} \tag{2-64}$$

萃取剂在水相中的解离，如式（2-65）所示：

$$HA \Longrightarrow H^+ + A^- \qquad K_a = \frac{[H^+][A^-]}{[HA]} \tag{2-65}$$

水相稀土离子与解离的萃取剂阴离子在水相中配合，如式（2-66）所示：

$$M^{n+} + nA^- \Longrightarrow MA_{n(org)} \qquad \beta_n = \frac{[MA_n]_{org}}{[M^{n+}][A^-]^n} \tag{2-66}$$

在水相中生成的萃取配合物溶于有机相，如式（2-67）所示：

$$MA_n \Longrightarrow MA_{n(org)} \qquad K_D = \frac{[MA_n]_{org}}{[MA_n]} \tag{2-67}$$

总的萃取反应如式（2-60）所示。综合上述各种反应，萃取平衡常数为：

$$K_{ex} = K_D \beta_n \frac{K_a^n}{K_d^n} \tag{2-68}$$

式中，K_a 为酸性萃取剂的解离常数；β_n 为萃取配合物 REA$_3$ 的稳定常数；K_D 为萃取配合物 REA$_3$ 的两相间的分配常数；K_d 为萃取剂在两相间的分配常数。当然，以上讨论的情况属最简单的一类。除此之外萃取剂还可能有聚合平衡，萃取配合物也可能不止一种。一个萃取体系往往是一个多种配位平衡同时存在的一个复杂体系。

③ 酸性配合萃取剂

a. 酸性含磷萃取剂：一元酸有二烃基磷酸酯(RO)$_2$POOH（P204），烷基膦酸单烷基酯(RO)RPOOH（P507）；二烷基膦酸 R$_2$POOH，它们在有机相中常以二聚体形式存在。

在一元酸类萃取剂中，目前获得最广泛应用的有磷酸二异辛酯，又称磷酸二(2-乙基己基)酯，代号 P204，缩写为 HDEHP 或 D2EHPA；异辛基膦酸单异辛酯，又称2-乙基己基膦酸-2-乙基己基酯，代号 P507，缩写为 HEH（EHP）。这些萃取剂在有机相中以二聚形成存在：

它们与金属配位后生成的萃合物具有螯环结构：

这类萃合物的结构中有三个八原子环，其中四个氧原子在一个平面上，但是这种螯环中有氢键存在，故稳定性不如螯合萃取剂生成的螯环。

b. 螯合萃取剂：它们有两种官能团，即酸性官能团和配位官能团。金属离子与酸性官能团作用，置换出氢离子，形成一个离子键。而配位官能团又与金属离子形成一个配位键，从而生成疏水螯合物而进入有机相，在选择合适的条件下，能达到很完全的萃取,且分离系数也较大，但它们的萃合反应速度一般较慢，萃合物在有机溶剂中的溶解度不够大，萃取剂的价格也较贵。在冶金中目前较有应用前途的螯合萃取剂主要是含氮螯合萃取剂。如羟肟类萃取剂、异羟肟酸类萃取剂及 8-羟基喹啉类萃取剂。8-羟基喹啉类萃取剂在酸性介质和碱性介质中有不同的配位方式，因此，可以在碱性介质中与金属阳离子配位生成螯合物，而在酸性介质中借助氢键萃取金属离子。还有 β-二酮类，如：噻吩甲酰三氟丙酮，TTA，1-苯基-3-甲基-4-苯甲酰基吡唑啉酮（PMBP），肟类，羟氨衍生物，双硫腙类，酚类，二硫代甲酸等。

c. 有机羧酸，RCOOH，羧酸类萃取剂中应用最多的是异构羧酸及环烷酸。如：环烷酸（带支链的羧酸）是石油工业的副产品，价廉易得，使用更为广泛。

上述三类萃取剂中，就酸性而言，酸性磷型萃取剂比螯合萃取剂与羧酸萃取剂均要强，故能在较酸性的溶液中进行萃取；就螯合物的稳定性而言，羧酸最差而 P204 居中，因为它们的萃取机理相同，所以影响萃取的因素也是相似的。

酸性磷型萃取剂（如 P204）在低酸度下以 $>$P(O)(OH) 为反应基团，萃取稀土离子主要以羟基的 H^+ 与稀土离子进行阳离子交换来实现，故它的萃取能力主要取决于其酸性强弱。在萃取稀土离子的反应中，磷酸酯萃取剂的磷酰氧原子也参加配位。当被萃取稀土离子价数相同时，半径越小，萃取配合物越稳定，分配比越大。由于"镧系收缩"，稀土元素离子半径随原子序数增加而减小，其萃取反应的平衡常数、配合物稳定性和分配比均随原子序数增加而增加。如 P204 萃取三价稀土元素离子是正序萃取。

水相中酸浓度不仅影响分配比（$\lg D$ 对 pH 作图可得一组斜率为 n 的直线，如图 2-3 所示）和分离系数，还影响 P204 萃取稀土离子的机理。在低酸度或中等酸度下，是按阳离子交换反应进行萃取。在水相无机酸浓度较高时，P204 的解离受到抑制，

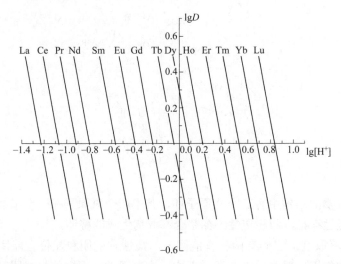

图 2-3　HDEHP 萃取稀土时 lg$D$-pH 关系（1mol/L HDEHP-甲苯-0.05mol/L LnCl$_3$）

按阳离子交换反应进行的萃取也受到抑制。萃取是由磷酰基（P=O）的氧原子成为电子给予体而实现的。酸根阴离子如 Cl$^-$、NO$_3^-$、SO$_4^{2-}$ 对分配比和分离系数也有影响，并且以它们在水相中与稀土离子配合能力的强弱表现出来。

在稀土分离的工业实践中，当稀土料液量过大时，常常因为这种高聚物的析出而发生乳化。红外光谱表明，过量的(RO)$_2$POOH 加入，磷（膦）酸酯以中性分子通过 P=O 单齿配位，从而破坏高聚物的结构，使乳化层消失。因而使用酸性磷酸酯萃取稀土时，一般均应使萃取剂与稀土的比例保持 6∶1 的水平，以免高聚物的析出而发生乳化。工业中应用最为广泛的羧酸萃取剂是环烷酸。环烷酸对稀土萃取时分配比对原子序数的依赖关系的数据表明环烷酸萃取混合稀土时，重稀土比轻稀土容易萃取；离子半径在 Er^{3+}、Tm^{3+} 之间的 Y^{3+} 落在轻稀土部分。

在环烷酸萃取体系中，分离系数明显地随水相组分不同而不同。这一点有别于萃取体系的分离系数 $\beta_{A/B}$ 可近似地视为常数的一般情况，即 $\beta_{A/B}$ 不随水相中 A 和 B 的浓度变化而变化。如从环烷酸萃取 La/Y 二元体系的分离系数 $\beta_{La/Y}$ 对平衡水相中镧钇摩尔比 N 所作的图上可以看到 $\beta_{La/Y}$ 随 N 增大而减小。而且只有当假设以下萃取平衡同时存在时，试验曲线与拟合数据符合得很好。

$$2La^{3+} + 6HA \Longrightarrow La_2A_6 + 6H^+ \qquad K_{11} \qquad (2\text{-}69)$$

$$2Y^{3+} + 6HA \Longrightarrow Y_2A_6 + 6H^+ \qquad K_{22} \qquad (2\text{-}70)$$

$$La^{3+} + Y^{3+} + 6HA \Longrightarrow LaYA_6 + 6H^+ \qquad K_{12} \qquad (2\text{-}71)$$

这一结果说明：镧钇环烷酸萃合物主要以二聚物存在于有机相;三个平衡常数中 $K_{12} > K_{22} > K_{11}$，说明镧钇异核配合物要比镧镧或钇钇同核配合物更稳定。这已为实验所证明。当以 LaCl$_3$ 和 YCl$_3$ 为 1∶1 混合物与环己乙酸反应培养单晶时，所得的萃合物是镧钇异核萃合物,而不是 La-Y、La-La、Y-Y 三种萃合物的混合物。镧钇双核配合物的存在,说明萃取中分离系数随被分离元素的组成变化而变化的本质,为正确使用环烷酸萃取分离体系提供了理论依据。

④ 影响因素:

a. 酸度:根据式(2-60)和式(2-63)可知,提高水相溶液的酸性会抑制萃取反应的进行,导致萃取能力(分配比)下降。

b. 萃取剂的影响由配合物稳定常数和萃取剂酸电离常数决定:根据式(2-66)看不出 K_a、K_d 和 K_{ex} 的关系。根据式(2-68),K_a 越大,将导致 K_{ex} 增加,K_d 越大,对 K_{ex} 增大有利。一个配体如果酸性强(K_a 增大),则其配位能力降低(β_n 减小)。但由于平衡常数与酸电离常数的关系是指数关系,其影响比稳定常数的贡献大。因此,提高萃取剂的酸性可以提高萃取能力。

c. 萃取剂在两相中的分配:根据式(2-68),萃取剂和萃合物在两相的分配对萃取平衡常数的影响程度也是不同的。萃合物的分配常数越大越好,而萃取剂则相反。要取得好的萃取效率,萃取剂在水相中要有一定的分配。

(4)协同萃取体系

① 定义:当两种或两种以上的萃取剂混合物同时萃取某一金属离子或其化合物时,如其分配比显著大于每一萃取剂在相同浓度等条件下单独使用时的分配比之和,即 $D_{协同} > D_{加和} = D_1 + D_2$,称这一体系有协同效应。

如:$D_{协同} < D_{加和}$,则称反协同效应;

$D_{协同} \approx D_{加和}$,则称无协同效应。

常用协萃系数 R 表示协同效应的大小:$R = D_{协同}/D_{加和}$。

② 解释:协同萃取效应产生的直接原因是形成的萃合物更稳定,油溶性更好。可以从下面几个原理来解释。

a. 配位饱和原理:该原理是基于形成配合物的稳定性与被萃能力之间的关系提出来的。即根据配位化学理论,任何一种金属离子都倾向于满足其最大配位数要求,形成稳定的配位化合物。因此,配位饱和的配合物对应于稳定性好的配合物,其萃取能力也强。当采用一种萃取剂萃取时,由于配体的空间位阻问题,常常使金属离子的配位达不到饱和,形成的配合物的稳定性不够好,萃取能力弱。而当加入第二配体时,可以克服空间位阻的限制而形成配位数饱和的配合物,其稳定性和可萃取性能得到大大提高,产生协同萃取效果。

b. 疏水性原理:与配位饱和相关联,当一种萃取剂萃取时,未饱和的配位数可以由溶剂水来占据,此时虽然达到了配位饱和,但由于水的存在,其亲油性不够,萃取能力不够。当加入第二配体时,可以将配位水分子取代出来,形成疏水性更好的稳定配合物,大大提高萃取性能。

c. 电中性原理:该原理认为,被萃配合物在有机相要稳定存在,需要是电中性的。一般来说,被萃物的电荷越低,越分散,其萃取能力越强。因此,当一种萃取剂萃取金属离子时，形成的配合物是带电的，则其萃取能力弱。加入第二配体后，可以形成不带电的稳定配合物，使萃取能力得到大大提高。

d. 空间位阻效应：该原理与疏水性原理中所述的配体空间位阻导致的配位不饱和相关，当加入第二配体，能够克服空间位阻的影响而形成饱和配位的萃合物，使萃取能力大大提高。

协同萃取现象的实质是存在于水相中的被萃取金属离子在两种以上萃取剂(配体)的作用下，生成了一种在热力学上更稳定、在有机相溶解度更大的混合配体的萃取配合物，因而使金属离子由水相转入有机相的标志即分配比大幅度提高的一种表现。产生协同萃取的原因主要是加入另一萃取剂后生成憎水性更大的稳定萃合物。其机理可以是上述原理中的一个或多个因素作用的结果。可能有三种历程：一是打开一个或几个螯合环，空出的配位由另一萃取剂所占据；二是稀土的配位尚未饱和，占据剩余配位的水分子被加入的另一萃取剂所取代；三是加入另一萃取剂时，水分子并未被取代，而是稀土离子的配位界扩大了，增大了配位数。

研究最多的酸性螯合剂 HX 与中性萃取剂 S 组成的协萃体系其反应为：

$$Ln^{3+} + aHX(org) + bS(org) \Longrightarrow LnX_aS_b(org) + aH^+ \qquad (2-72)$$

其中 $b = 1$ 或 2。

$$Ln^{3+} + 3HTTA(org) + bTBP(org) \Longrightarrow Ln(TTA)_3(TBP)_b(org) + 3H^+ \qquad (2-73)$$

三价稀土离子半径较大，其配位数可以是 6～12。当生成 $Ln(TTA)_3 \cdot (H_2O)_n$ 时，其中 $n=1$ 或 2，配位尚未饱和。因此还可以发生去水合作用，第二个萃取剂 S 把水分子挤走而与稀土离子配合，形成配位数为 7 的 $Ln(TTA)_3(TBP)$，还可以进一步扩大稀土离子的配位数而生成配位数为 8 的 $Ln(TTA)_3(TBP)_2$。

又如三种 β-双酮（HA）萃取剂：HPMTFP、HPMBP 和 HTTA 分别与中性膦类萃取剂 TPPO(S)对钕的协同萃取。三个协萃体系对钕的萃取分配比随 β-双酮（HA）与 TPPO(S)的摩尔分数变化而变化：当 TPPO 的摩尔分数为零时，即三种 β-双酮单独萃取钕时，其萃取能力的次序为 HPMTFP ＞HPMBP ＞ HTTA；当加入 TPPO 后，由于协萃作用，钕的总分配比均不同程度地增加，但萃取次序未发生变化。HPMTFP萃取稀土时，斜率法和饱和法都证明萃合物中稀土与 HPMTFP 的比例为 1∶3，对固体萃合物的研究表明萃合物的分子式为 $Nd(PMTFP)_3 \cdot (H_2O)_2$，通过对其单晶 X 射线结构分析证明：萃合物中钕与 8 个氧原子配位,其中 6 个氧原子来自 3 个双齿的 β-双酮，$Nd(PMTFP)_3 \cdot (TPPO)_2$ 的合成及结构研究也证明了这一点。由于萃合物中不再含有水分子，萃合物的油溶性大大增加，钕的分配比得到大幅度的提高。

（5）添加剂的作用机制

① 稀释剂：稀释剂的种类和性质对萃取平衡有影响，因为稀释剂对萃取剂的热力学活度有影响，因而导致平衡常数改变。例如，胺类萃取剂，使用的稀释剂的

介电常数越大，萃取率就越高。

② 盐析剂与盐析效应：加入某种电解质，可以增加可萃合物的浓度，提高分配比，这种电解质称为盐析剂。因为加入的盐类对分配的物质活度有影响，例如增加阴离子浓度，导致可萃取配位物浓度的增加；电解质的阳离子强烈地联结水分子，降低水相中自由水分子的浓度，减少水分子的溶剂化作用。

此外，稀土盐与同类型碱金属盐、碱土金属盐和铵盐等在水溶液中有配位倾向。虽然这种配位物的稳定性很弱，但其稳定性随稀土的原子序数的增大而减小，它的作用与 D-Z 关系曲线相辅相成，不是同等地增加分配比，而是显著地增大了分离因数。通常使用锂盐、铵盐、钠盐、铝盐等。显然，增加稀土浓度，同样会起到"自盐析"的效果。但有时稀土浓度过高会带来不利的影响。同时，提高原液中稀土的浓度有时并不一定是很容易办到的。

③ 助萃和抑萃剂：在萃取体系中，萃取剂与被萃取物结合而萃取到有机相形成萃合物，极大部分的稀土萃取过程是配合物的形成过程。而在水相中除含有待分离的物质外，还可能含有配位剂、盐析剂、无机酸等。水相中存在的配位剂对稀土萃取可以产生抑萃配合和助萃配合作用。为了阻止溶液中某些金属离子生成可萃取配位物，改善萃取过程的选择性，可使用掩蔽剂。这种掩蔽剂本身就是一种配位剂。例如乙二胺四乙酸等，它们的作用是与溶液中某些金属离子生成较稳定的带电荷(大部分是带负电荷)的络离子，将金属离子掩蔽起来而不被萃取。但这种弱酸性配位剂对强酸性溶液的萃取则不能起到功效。

2.2.6　萃取过程动力学

萃取反应的速度即达到平衡所需时间对于选择萃取设备的类型、萃取设备的大小及溶剂的用量有明显的影响，甚至当两种金属的反应速度相差较大时，还可利用这种差异实现动力学分离。但实际上与萃取的工业应用及萃取化学的其他分支相比较，萃取动力学的研究是相当不足的。因为对大部分实际应用的萃取体系而言，反应速度一般很快，在几分钟内就能达到平衡，因而在相当一段时间内对动力学研究重视不够。

萃取动力学研究的影响因素复杂，而且受实验技术的影响，采用不同的研究方法往往会得到不同的结论，因此至今无法得出统一的结论，甚至对不同的萃取体系，也无法得到适合这一类体系的一致结论。

2.2.6.1　萃取动力学过程分类

由于萃取涉及在两个液相中进行的带有化学反应的传质过程，可将萃取过程按动力学特征分为三类，即动力学控制萃取过程、扩散控制萃取过程和混合类型萃取过程。事实上，萃取反应既可能发生在相内也可能发生在相界面上，从而使萃取过程的动力学变得更加复杂。

① 扩散控制的萃取过程：当化学反应发生在相界面上且速度快时，界面上反

应物及生成物的比例与界面反应平衡表示式中各物质的浓度关系相一致。萃取速度与搅拌强度及界面积有关，而且扩散慢的物质浓度也有影响。

② 化学反应控制的萃取过程：这类过程的化学反应速度相当慢，因此研究控制萃取速度的一个或若干个化学反应发生的位置很重要，即判明反应是发生在相内或者是相界面上还是在界面附近很薄的一个相邻区域内。

相内化学反应控制的情况：此时萃取剂的溶解度和分配常数随稀释剂的种类及水相离子强度不同而变化，萃取剂在水相的解离常数及相比是重要的影响参数。

界面化学反应控制的情况：此时界面积、反应物的界面活度及与界面上分子优先取向有关的分子的几何排列是研究动力学的重要参数。

2.2.6.2　不同萃取体系的动力学特征

迄今为止，对不同萃取体系的动力学研究极不平衡。相对而言，阳离子交换体系的动力学研究，特别是对螯合萃取剂的动力学行为研究较为集中。

① 酸性萃取剂：现有对酸性有机磷萃取金属离子的动力学资料表明，多数具有界面化学反应控制特征，也有一些存在混合扩散-化学反应动力学特征。

② 螯合萃取剂：用非水溶性的打萨宗萃取二价锌离子的速度控制步骤随 Zn^{2+} 浓度变化而变化，在高 Zn^{2+} 浓度条件下，打萨宗扩散至界面是控制步骤。而在低 Zn^{2+} 浓度下，界面上打萨宗阴离子与 Zn^{2+} 的化学反应是控制步骤。

胺萃取酸的情况可以三月桂胺的甲苯溶液萃取盐酸的结果来说明：萃取具有两个慢的过程，一为界面化学反应，二为生成的铵盐从界面离去的过程，即

$$H^+ + R_i \rightleftharpoons (RH)_i^+ \quad （慢） \tag{2-74}$$

$$Cl^- + (RH)_i^+ \rightleftharpoons (RHCl)_i \quad （快） \tag{2-75}$$

$$(RHCl)_i + R \rightleftharpoons RHCl + R_i \quad （慢） \tag{2-76}$$

下标 i 代表界面浓度。对于胺盐萃取金属的情况，由于铵盐的界面活性很大，有理由相信在这一体系内界面反应也占有优势。

在中性溶剂化配位体系，动力学研究的主要对象是中性有机磷萃取剂，对 HNO_3-TBP、HSCN-TBP、HNO_3-TOPO、HSCN-TOPO 体系以水反萃的动力学研究表明，其传质过程为界面化学反应所控制，而随着反应的进行变为扩散控制，在扩散控制的情况下，萃取剂从有机相内向界面的扩散是控制步骤。而对 $HClO_4$-TBP 体系而言，在整个过程传质似乎均为扩散所控制。

2.2.6.3　影响萃取速度的因素

在动力学研究中，需要从各种影响萃取速度的因素和程度来判别究竟是哪种速度控制的反应过程。

① 搅拌强度及界面积：扩散控制的萃取过程速度与搅拌强度、界面积大小均

有关系，随搅拌强度增加其速度呈规律性地上升。
而化学反应控制的情况则比较复杂。在相内化学反
应控制的情况下，萃取速度与界面大小及搅拌强度
均无关系。在界面化学反应控制的情况下，萃取速
度与搅拌强度无关，但随界面积增大而增大。若被
萃金属的萃取反应为一级反应，其他组分大大过量
的条件下，控制步骤的 $K_v = f(S)$ 的关系为直线关系
（K_v 为速率常数）。图 2-4 为一级化学反应的 K_v 与比
表面积 S 的关系。

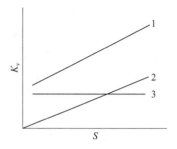

图 2-4 化学反应控制下应
控制的 K_v 与 S 的关系

如图 2-4 所示，界面化学反应控制时，直线 2 通过原点，表示界面积影响很大。
相内化学反应控制时，直线 3 与横轴平行，表示与界面积无关。如为混合控制过程，
则出现如直线 1 所表示的关系。根据变更表面积大小的方法对 81 种螯合萃取体系进
行研究的结果表明，大多数萃取过程属于界面化学反应控制，只有极少数属于相内
反应和混合控制过程。

② 温度：如果是扩散控制，温度上升，则黏度与界面张力下降，萃取速度会
有所上升，但影响不是那么明显，而对于化学反应控制的过程，则温度影响非常显
著。一般而言，化学反应控制的萃取活化能大于 42kJ/mol，但也并非绝对如此，有
的化学反应控制的萃取活化能也很小。

③ 水相成分：由速率表示式可见，被萃金属离子浓度对萃取速度有直接影响，
随其浓度的变化，速度的控制步骤会发生变化；其次由速率表示式也可以看出，水
相酸度对萃取过程也有影响。除此之外，水相中其他阴离子配位体对萃取速度有重
要影响。例如用烷基磷酸萃取铁时，氯离子能加速 Fe^{3+} 的萃取，这是因为氯离子可
取代 Fe^{3+} 的水化层水分子而生成动力学活性被萃物；又如 TTA-苯从 $HClO_4$ 中萃铁
的反应很慢，往水相中加入 NH_4SCN 后，由于 SCN^- 与 Fe^{3+} 生成 $Fe(SCN)_3$,它能立即
被萃入有机相，而后有机相中的 TTA 将 SCN^- 取代出来，从而使反应速度大大增加。

④ 有机相组成：由速率表示式可见，萃取剂浓度对萃取速度有影响，稀释剂
对萃取速度也有影响，因为它影响萃取剂的聚合作用，从而影响有机相内各组分的
活度系数及反应的活化能。因而同一萃取剂用不同稀释剂时对同一水相同一金属离
子萃取时的反应级数是不相同的。萃取剂分子在相界面上的几何排列情况对萃取速
度也有影响。

2.2.6.4 铜萃取的动力学研究

由于肟类萃取剂萃铜的速度较慢，因此在金属萃取领域内，对铜萃取动力学的
研究最为活跃。研究动力学的方法主要有三种：AKUFVK 仪器，Lewis 池，单液滴
法。但不同方法测定的肟类萃取剂 LIX65N 及 LIX64N 萃铜的表观反应级数的结果
并不一致。例如：对于 LIX65N，采用 AKUFVK 仪器、Lewis 池、单液滴法测定的

对 Cu^{2+} 的级数都是 1，但对 RH 的反应级数分别为 1.01、1.10、0.5，对于 H^+ 的级数，前两种方法测定的分别为-0.9 和-0.6；对于 LIX64N，采用 AKUFVK 仪器和单液滴法测定的对 Cu^{2+} 的级数都是 1，但对 RH 的反应级数分别为 1.5 和 0.5，对 H^+ 的级数分别为-1 和 0。这种差别，除实验方法和实验条件外，萃取体系本身也存在一些造成萃取速度不同的因素。例如：a. 萃取剂中的杂质；b. 萃取剂的分子构型；c. 萃取剂在有机相内的聚合状态；d. 水力学因素。

现行的研究结果比较一致的意见认为界面化学反应是速度的控制步骤。实验观察到，从氯化物溶液中萃取铜比从硫酸溶液中萃取铜快，这与动力学活性物质铜氯络离子的配位体氯离子比水化铜离子的配位水容易交换密切相关。这一实验事实间接地支持了配位水的交换反应是速度控制步骤的观点。羟肟首先与水合铜离子反应形成带电的共轭酸$[(HR)_2Cu]^{2+}$，然后释放出氢离子，即从共轭酸中释放出 H^+，形成电中性螯合物是整个过程中的决定性一步。但是，从共轭酸中释放出 H^+ 的反应也应分两步进行，其中每一步分别释放出一个 H^+。萃取历程用下列各式表示：

$$HR \Longrightarrow HR_{interface} \tag{2-77}$$

$$2HR_{interface} + Cu(H_2O)_6^{2+} \Longrightarrow [Cu(HR)_2]_{interface}^{2+} + 6H_2O \tag{2-78}$$

$$[Cu(HR)_2]_{interface}^{2+} \Longrightarrow [CuR(HR)]_{interface}^+ + H_{aq}^+ \tag{2-79}$$

$$[CuR(HR)]_{interface}^+ \Longrightarrow [CuR_2]_{interface} + H_{aq}^+ \tag{2-80}$$

$$[CuR_2]_{interface} \Longrightarrow [CuR_2] \tag{2-81}$$

反应（2-81）是决定速度的一步，与正反应速度常数与 Cu^{2+} 及 LIX65N 浓度的一次方成正比，与水相 H^+ 浓度的一次方成反比的关系相符合。

最早在工业上获得广泛应用的铜萃取剂是 LIX64N，它是 LIX65N 与 LIX63 按一定比例配成的混合物。LIX65N 的学名是 2-羟基-5-壬基-二苯甲酮肟，它有很好的萃铜能力，但是萃取速度太慢，往其中加入 5,8-二乙基-7-羟基-6-十二烷基酮肟（LIX63）后，萃取动力学得到了明显的改善，这种效应称为动力学协萃。有研究结果认为，LIX64N 产生动力学协萃的原因是在界面上形成了 LIX65N 与 LIX63 的混合配体化合物 CuR65R63。这种中间配位物转入有机相后随即发生与 LIX65N 的取代反应，生成最终产物 CuR265。也有研究结论认为是由 LIX63 的肟基氮原子与 LIX65N 的羟基氢原子发生质子化所引起的。这种质子化作用使得 LIX65N 的羟基上的氢解离增强，加速萃取反应。

中国科学院上海有机化学研究所合成了一种适合在高铜浓度、低 pH 值下使用的铜萃取剂 N530，其学名为 2 -羟基-4-仲辛氧基-二苯甲酮肟。并研究了分别添加各种有机碱类化合物及有机酸类化合物的协萃效应。他们认为，由于带电共轭酸

[CuR(HR)]界面+释放质子形成中性螯合物是速度的决定步骤，而添加的有机碱能吸收质子，故可以使反应加速。添加酸性较强的有机酸，如烷基磷酸与磺酸也有动力学协萃作用，原因在于相转移催化作用。即在靠近界面的水相边，发生有机酸（HR′）与铜离子的快速交换反应，形成 CuR'_2，它进入有机相后，发生螯合萃取剂（HR）置换出（HR′）酸生成电中性螯合物 CuR_2 的反应。由于把相间反应转化成有机相内部的反应，故反应大大加速。

2.3 萃取过程的界面化学与胶体化学

溶剂萃取过程是一相分散在另一相中而发生的传质过程，巨大的表面积对传质速率有重要的意义。因此了解界面物理化学性质对于认识萃取机理、过程动力学及传质的影响因素是至关重要的。

2.3.1 萃取体系的界面性质

萃取有机相中的萃取剂、助溶剂、合成萃取剂时残存的原料、使用过程中的降解产物都是一些表面活性剂，由于它们在界面上的吸附及相互作用，界面性质与主体相有很大的差别，这些界面性质包括界面张力、黏滞能、电位、黏度等。

（1）界面张力

界面张力与溶液中被吸附的表面活性物质浓度有关。在低浓度萃取时界面张力降低较少，δ 与 $\ln c$ 关系呈凸形。随着界面吸附萃取剂分子浓度的增加，界面张力降低。当浓度进一步增加，界面张力呈线性关系下降。被吸附的分子以单分子层紧密堆集，分子面积为常数。当浓度更高时，情况变得更复杂，将会出现生成胶团的情况，此时界面张力停止随萃取剂浓度而变化。

界面张力数据能用于估计平衡界面的表面浓度，在金属萃取中通常用吉布斯等温线进行估算，以吉布斯公式表示为：

$$\Gamma = -\frac{1}{RT}\frac{d\sigma}{d(\ln c)} \tag{2-82}$$

式中，Γ 代表表面过剩值，它比相内浓度高很多，因而可以假设它等于表面浓度。最大的 $d\sigma/d(\ln c)$ 值可从 σ 与 $\ln c$ 的线性关系获得。当然也可用微分 σ 与 c 之函数而得到这种关系。

（2）界面电位

在油水界面上吸附的表面活性物质，其亲水基穿过界面朝向水相一边，引起附近水的偶极分子取向，进而产生一个横跨界面的相体积的位差 φ。φ 的大小随体系不同而异，并与温度、pH、离子强度等有关。正因为界面位与分子取向及它们与水相中金属离子的相互反应有关，故界面位差可作为界面张力研究的补充，用于研究萃取过程。

（3）界面黏度

液液界面上的吸附达到饱和时，将产生一个黏滞的单分子层。界面黏度数据对解释萃取机理是有价值的。例如，当单分子层沿液体表面流动时，它下面的一些液体被带着一起移动。反过来，运动的主体相将拖住均匀的单分子层，最终两个相反的作用力将达到平衡。而测量液液界面上的黏度是很困难的。

2.3.2　界面现象与传质

无论萃取机理如何，无论动力学反应的位置是在相内还是在界面，传质过程必须通过界面。在研究通过界面的相间传质时，通常假设界面上萃取达到平衡，没有传质阻力。事实上，即使在清洁界面的情况，由于萃取是通过非均相反应进行，而且这种反应速度有时还很慢，所以分配并未达到平衡，故消耗了部分传质推动力。

（1）界面扰动

在两相接触后的液液界面处往往存在着激烈活动的区域。在两相接触后的几秒内，界面开始表现出很强的活动能力。一般认为，界面上发生传质时，界面浓度不可能完全均匀，因此界面张力也不完全相等。根据热力学原理，界面张力较低的表面面积扩展而使整个表面趋于表面能最低的稳定状态是自发过程，因而产生界面扰动。

（2）相间传质

界面扰动现象总是和同时发生的传质联系在一起。当传质过程很快时，这种效应就更为明显。反过来，当存在显著的界面扰动时，传质速率也特别高。实验表明，界面扰动可能使传质速率提高几倍。但是界面扰动现象的产生与传质方向密切相关，当溶质从分散相朝着连续相方向传递时，界面活性加强。当溶质朝相反方向传递时，却不产生界面扰动。一方面，表面活性物质会抑制界面的不稳定性，制止界面扰动，其原因可能是它们在水面形成的单分子层堵塞传质表面，形成传质的界面阻力，降低了界面活性，使界面运动变弱，故传质系数降低。但另一方面，由于表面活性剂降低液滴表面张力，使液滴容易变形，对传质又可能产生一些有利影响。

2.3.3　萃取体系中胶体组织的生成及影响

（1）概述

在油-水体系中，溶液中表面活性剂的浓度增大到一定值时，这些表面活性剂会形成一定数目的聚集体并且使溶液主体的很多物质性质发生变化。常见的聚集体组织有胶团、反胶团和微乳状液。简单分子缔合时，存在如下平衡：

$$n\text{S} \rightleftharpoons \text{S}_n \qquad K = [\text{S}_n]/[\text{S}]^n \qquad\qquad (2\text{-}83)$$

式中，$[\text{S}_n]$代表胶团浓度；n为聚集数，是胶团大小的一种量度，一般n为50～100。经典胶团的结构类型认为胶团近似球形，表面活性剂分子的极性头向外，疏水基团向内自由接触，这样使界面能降至最低，胶团核心几乎没有水存在。形成胶团时溶液中表面活性剂的浓度称为临界胶团浓度或 CMC 值，一般在 0.1～1.0mol/L 之间。而聚集数随烷基链长度的增加而增加，同时也随温度的升高而增加。这表明聚集数随溶解度参数的增加或溶剂的极性减小而增加，盐的种类和浓度及表面活性剂浓度均影响聚集数。

胶团有离子型与非离子型之分，其形状可以是球形，也可以是柱形。当表面活性剂浓度超过临界值，长的可变形的柱状胶团可以缠绕起来形成胶束有机凝胶，并伴随黏度增加。有机凝胶的胶冻组织如果由许多晶粒构成，则成为结晶有机凝胶。在一定的条件下，油水体系中还会有液晶及无定形沉淀生成。胶团能增加许多难溶于水的化合物的溶解度，利用此特点发展了胶团萃取技术。相反，表面活性剂分子的极性头可向内排列，而非极性头向外朝向有机相，因此聚集体内有水存在，故称之为反胶团。图 2-5 为阴离子表面活性剂二(2-乙基己基)磺基琥珀酸钠（简称 AOT）的反胶团示意图。

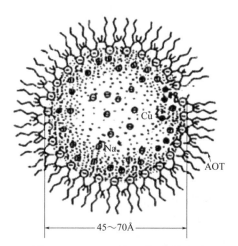

反胶团一般小于 10nm，比胶团要小。它们依据表面活性剂的类型可以单层分散或多层分散的形式存在，其形状可以从球形到柱形，一般随被加溶水量的增加从非对称球形向球形转变。研究表明，其形状与平衡离子种类及它们的水合离子半径有关。反胶团的大小还取决于盐的种类和浓度、溶剂、表面活性剂的种类和浓度以及温度等。

图 2-5 二 2-(乙基己基)磺基琥珀酸钠的反胶团示意图

反胶团内的水与主体水相中的水具有不同的物理化学性质。反胶团内水的黏度是主体水的 200 倍，其极性与氯仿相似。另外，反胶团内的水由于表面活性剂分子的极性头电离具有很高的电荷浓度，有能力加溶更多的水形成更大的聚集体，生成所谓 W/O 型微乳状液。虽然反胶团与微乳状液之间有一定的差别，早期的胶体化学研究发现液珠大小范围为 100～600nm 的乳状液是透明的，后称为微乳状液。而反胶团也是透明的，因而有些文献中认为反胶团就是微乳状液。徐光宪教授研究环烷酸萃取机理时，总结了微乳状液的特征：①其外观为透明或半透明的一相；②其分散颗粒的体积通常在 100～200Å（$1Å = 10^{-10}$m）之间，比一般胶体颗粒（> 2000Å）小，但比典型的胶团（<100Å）大；③是热力学稳定体系，用超速离心也不易使它分相。而一般胶体是不稳定体系；④界面张力很低，趋近于零，大约为 10^{-9}N/cm；⑤形成时经常需两种或更多种表面活性剂存在，而且表面活性剂的浓度也要求比较大，如 10%～20%或更大。

微乳状液也有 W/O 型或 O/W 不同类型。胶团、微乳状液、反胶团三者均为热力学稳定体系，相互间有天然的内在联系，有许多相似之处，但并不是一回事。在一定的条件与范围内，反胶团与微乳状液同时存在，它们之间的界限确实很模糊。在实际工作中关心的是这些含水胶体组织的增溶作用，即它对提高萃取能力的影响，及由此而引起的萃取体系的一系列性质和行为的变化。

（2）界面絮凝物

连续萃取作业中，常常在两相界面之间出现一些稳定的高黏度胶体分散组织，有时也部分漂浮在有机相的上部。通常将其视作多相乳状物，常被称为絮凝物或污物。文献中也有用泥流、凝块或凝团等术语来表述。这种多相乳状物一般由固体微粒、水相、有机相共同组成。这些胶体组织有：

① 胶冻，或水凝胶。常出现在含有机磷萃取剂及 Si、Zr 等元素的萃取体系中。

② 胶束有机凝胶：例如 D2EHPA 钠盐有可能形成这种胶体组织。

③ 结晶有机凝胶：例如 D2EHPA/$Cu(OH)_2$/癸烷/水体系中，$Cu(OH)$D2EPHA 碱式盐会生成一种在有机相中的胶冻（即有机凝胶）。$Cu(OH)$D2EPHA 有机凝胶粒子一般小于 0.1mm，呈蓝色，透明或稍微发暗，属于非触变性胶体，能生成萃取中的污物。

④ 松散无定形沉淀：在 D2EHPA (工业级)/镧系氢氧化物/癸烷/水体系中，在一定的 D2EHPA 与氯氧化物浓度比范围内会产生这种沉淀，例如对 $Nd(OH)_3$，在 [D2EHPA]/$Nd(OH)_3$ < 1.5（D2EPHA 浓度为 0.3mol/L）时，相应有于 D2EPHA 的单取代碱式盐 $Nd(OH)_2$D2EHPA 存在，此时会有松散无定形沉淀产生，如果[D2EPHA]/[$Nd(OH)_3$]的比例较高，则产生致密结晶沉淀和有机溶液，参与污物的形成。

⑤ 水凝胶或结晶有机凝胶或无定形沉淀所稳定的乳状液参与污物的形成。如果从乳状液的稳定性理论来分析这种多相乳状物，认为它是乳状液的“分层”现象，此时一个乳状液分裂成两个乳状液，在一层中分散相比原来的多，在另一层中则相反。对铜萃取中絮凝物的研究表明，稳定这种分层乳状液的乳化剂有：a. 由浸出液带来的微细的矿粒，例如：云母、高岭土、α-石英结晶等；b. 在萃取过程中由于化学反应产生的沉淀，例如：胶体硅、黄钾铁矾等；c. 料液中腐植酸含量过高也可导致絮凝物生成；d. 有机相的组分也可能是稳定乳状液，形成絮凝物的主要因素。

（3）界面絮凝物的影响

界面絮凝物如果被压缩在澄清室的相界面处，如伯胺萃钍时出现的界面污物及钽铌矿浆萃取时产生的“黑皮”，它们并不影响萃取作业的连续进行，故不需特殊处理。但在铜的萃取作业中絮凝物却是一个必须注意预防和处理的问题，因为絮凝物不但造成昂贵萃取剂损失，而且处理絮凝物也要增加操作成本；若要采取降低料液流量使萃取槽内有机相的保留量增加的方法破坏絮凝物，会造成铜产量下降；絮凝物如进入反萃液，则会使电解液质量下降，进而影响阴极铜质量；絮凝物引起分层速度下降，澄清时间减小，造成分离效果降低。

（4）界面絮凝物的处理

一般采取如下措施：①选择混合室中有机相为连续相，可使絮凝物体积尽量小，因为絮凝物大部分情况为水包油系；②尽量预先除去进入萃取槽的料液中夹带的微小固体数量；③减少空气进入萃取槽：预先充满溶液，降低搅拌速度，在混合室液面处增加筛板；④长期使用过的有机相可用添加的黏土进行处理，对于系统中存在的絮凝物，通常采用定期从萃取槽中抽出进行离心过滤或压滤的办法处理，也可在一个存放有机相的贮槽内将絮凝物加入搅拌，从而使乳状液破裂，残留的固体再进行过滤处理。

2.3.4 溶剂萃取中微乳状液（ME）的生成及对萃取机理的解释

一些重要的萃取剂和许多表面活性剂的结构非常相似，分子中都有一个亲油基团和亲水基团，因此萃取剂本身就是一种典型的表面活性剂，有形成 ME 的必要条件。

（1）皂化环烷酸及其微乳状液

环烷酸用于萃取金属离子之前必须先用氢氧化铵或氢氧化钠进行皂化处理。但皂化后萃取剂体积显著增大，皂化环烷酸萃取金属离子后，相体积又明显减少，油相中大量水又重新回到水相；有机相中的碱含量比环烷酸的含量高出许多。

进一步的研究证明：皂化环烷酸的含水量从 5%起可达 20% (K、Na、Li 皂)或 50%(NH_4 皂)，而外观始终保持清澈透明。用重水（D_2O）代替 H_2O 配碱并皂化环烷酸，对皂化环烷酸进行红外光谱研究，通过取代 H_2O 在近红外区的振动吸收定量测出的水量证实了有机相中存在水。皂化有机相的光散射实验证实，从不同角度观察，有机相呈现不同的颜色，证明它不是真溶液体系。

用二甲酚橙进行显色，用 1600X 显微镜（分辨率为 2000～3000Å）的观察结果证明分散水滴直径小于 2000Å。在 0℃用超速离心机（42000r/min）离心皂化有机相 5min，没有任何水相析出，表明它不是一般乳状液，而是异常稳定的一种液液分散体系，是水以自由水滴形式分散于油相中的微乳状液，其结构模型如图 2-6 所示。

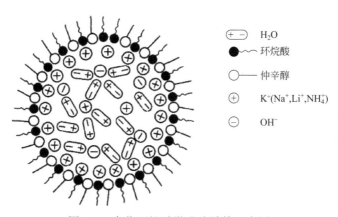

图 2-6 皂化环烷酸微乳液结构示意图

（2）皂化萃取剂萃取稀土的机理

皂化成环烷酸盐后形成微乳状液，二聚环烷酸分子已不存在。皂化环烷酸萃取稀土离子的过程实际上是油水界面上的离子交换反应：

$$3NH_4R + RE^{3+} \Longleftrightarrow RER_3 + 3NH_4^+ \qquad (2-84)$$

此时，由于离子型表面活性剂 RCOONH$_4$ 的消失，微乳状液破乳，其中所含的大量水从有机相析出，返回水相。近红外光谱研究证明，皂化萃取剂萃取稀土时，稀土离子被萃取多少，微乳状液相应破乳多少，当稀土离子浓度小于皂化萃取剂的饱和萃取容量时，过剩的萃取剂仍以微乳状液状态存在于有机相中。

皂化环烷酸对大部分二价金属离子萃取的情况与稀土类似，但萃取饱和后有机相的含水量有所差别。如 Ni^{2+}、Zn^{2+}、Cu^{2+} 等饱和萃取时有机相含水量小于万分之二，Mn^{2+}、Cd^{2+}、Pb^{2+} 等的饱和有机相中水量稍高，为千分之几，而 Ca^{2+} 与萃取稀土离子的情况有所不同，饱和萃取后，有机相还含有 1%以上的水，且对温度十分敏感，高于 30℃时，有机相析出水而变浑浊，温度降低，体系又重新变成透明相。

P204(1mol/L)-15%仲辛醇-煤油及 P204(1mol/L)-15%TBP-煤油有机相的皂化和萃取情况与环烷酸类似。皂化后有机相含浓度 20%甚至 50%的 NH$_3$·H$_2$O 或 NaOH 水溶液，外观清澈透明，不析出水相。皂化 P204 萃取剂同样是生成了一个油包水型的微乳状液体系。此时 P204 形成离子缔合物（RO）$_2$PONH$_4$(Na)，用它萃取稀土离子时，萃取反应发生在微乳状液界面上。同样萃取稀土离子后生成稳定的螯合物，而螯合物不具有表面活性剂性质，故引起 ME 破乳，水进入水相中。

N263-仲辛醇-煤油体系萃取分离稀土时，属于离子缔合体系萃取机理。如使用有机相与含盐析剂（如 NH$_4$NO$_3$）的水相互平衡，有机相的含水量可达百分之几。用这种含水萃取剂与稀土料液(同样含盐析剂)平衡，发现萃取稀土的过程也是一个析出水的过程，当稀土含量达到饱和时，有机相中含水量小于 0.02%，表明季铵盐萃取过程同样伴随有机相中微乳状液的生成和破乳。

2.3.5 乳化的形成及其消除

为了保证萃取过程有正常的传质速率，要求两相有足够的接触面积，这样势必有一个液相要形成细小的液滴分散到另一相中。在正常情况下，当停止搅拌后，由于两相的不互溶性及密度差，混合液会自动地分为两个液层，这一过程的速度很快，因此萃取作业才能实现连续化。

（1）乳化的产生

在实际萃取作业中，由于搅拌过于激烈，分散液滴直径达到 0.1μm 至几十微米，形成乳状液。一定条件下，这种乳状液会变得很稳定或需经过很长时间才分相，使连续萃取作业无法进行，这一现象就称为乳化。乳状液通常可分为水包油型和油包水型：如分散相是油，连续相是水溶液，称作水包油型（O/W）乳状液；如分散相是水溶液，连续相是油，叫作油包水型（W/O）乳状液。在萃取作业中，一般称占据设备整个断面的液相为连续相，以液滴状态分散到另一液相的称为分散相。到底哪一相成为分散相，哪一相成为连续相，视具体情况而定，一般存在如下规律：

① 假设液珠是尺寸均一的刚件球体，作紧密堆积时，分散相的体积分数（分散相体积对两相总体积的比值）不能超过 74%，因此对于一定的萃取体系，如相比小于 25/75 则有机相为分散相，相比大于 75/25 则水相为分散相。

② 搅拌桨叶所处的一相易成为连续相。

③ 亲混合设备材料的一相易成为连续相。

实际上，界面张力对决定乳状液的类型有很大影响，因为表面活性剂能使界面张力降低。如果表面活性剂使水的界面张力降低，则形成 O/W 型乳状液；如果表面活性剂使油的界面张力降低，则形成 W/O 型乳状液。但是表面活性剂并不一定能使乳状液都很稳定，造成乳化的关键因素是界面膜的强度和紧密程度。当表面活性物质使界面张力降低，并在界面上发生吸附，其结构和足够的浓度使得它们能定向排列形成一层稳定的膜，就会造成乳化。此时的表面活性物质就是一种乳化剂。因此，表面活性物质的存在，是乳化形成的必要条件，界面膜的强度和紧密程度是乳化的充分条件。研究萃取过程乳化的成因就是要寻找什么成分是乳化剂。

有机相中的组分具有表面活性物质的特征，可能成为乳化剂。这些物质来源于：①萃取剂本身；②萃取剂中存在的杂质及在循环使用过程中由于无机酸和辐照等的影响使萃取剂降解所产生的一些杂质；③稀释剂、助溶剂中的杂质。

这些表面活性物质可以是醇、醚、酯、有机羧酸和无机酸酯（如硝酸丁酯、亚硝酸丁酯)以及有机酸的盐和铵盐等。它们在水中的溶解度大小不一，有可能成为乳化剂。如果它们是亲水性的，就可能形成水包油型乳状液，如果它们是亲油性的，就可能形成油包水型乳状液。但决不能认为所有这些表面活性物质一定都是乳化剂，否则，萃取作业将无法进行。是否能成为乳化剂，还与下列因素有关：

① 萃取过程实际哪一相是分散相，如表面活性物质亲连续相，则乳状液稳定，它有可能成为乳化剂，如果它刚好亲分散相，反而会有利于分相；

② 存在的表面活性物质能否形成坚固薄膜，即它们的结构和浓度如何，如果亲连续相的表面活性物质又能形成坚固的界面膜，则可能成为乳化剂；

③ 体系中存在的各种表面活性物质之间的相互影响。

极细的固体微粒也可能成为乳化剂，这与水和油对固体微粒的润湿性有关。固体也分为憎水和亲水两类，这与它们的极性有关。在萃取过程中，机械带入萃取槽中的尘埃、矿渣、碳粒以及存在于溶液中的 $Fe(OH)_3$、$SiO_2 \cdot H_2O$、$BaSO_4$、$CaSO_4$ 及繁殖的细菌等都可能引起乳化。例如 $Fe(OH)_3$ 是一种亲水性固体，水能很好地润湿它，所以它降低水相表面张力，是 O/W 型的乳化剂，此时固体粉末大部分在连续水相中而只稍微被分散相——有机相所润湿；而炭粒是憎水性较强的固体粉末，是 W/O 型乳化剂。

固体如不在界面上而是全部在水相中或有机相中，则不产生乳化。当能润湿固体的一相恰好是分散相而不是连续相时，则可能不引起乳化。所以萃取体系中，如有固体存在，应能使润湿固体的一相成为分散相。这就是矿浆萃取时，往往控制相比在 3/1～4/1，甚至更高的原因。

絮状或高度分散的沉淀比粒状的乳化作用强。当用酸分解矿石时，表面看起来是清澈的滤液中，实质上有许多粒度<1μm 的 Fe(OH)$_3$ 等胶体粒子存在。当两相混合时，这部分胶体微粒就在相界面上发生聚沉作用，生成所谓触变胶体(胶体粒子相互搭接而聚沉，产生凝胶，但不稳定，在搅拌情况下又可分散)，它们是很好的水包油型乳化剂，由于界面聚沉而产生的这种触变胶体越多，则乳化现象越严重。

由于电解质可以使两亲化合物溶液的界面张力降低，所以可能造成乳化。因此，少量电解质可以稳定油包水型乳状液。当水相酸度发生变化时，一些杂质金属离子，例如铁，可能水解成为氢氧化物而导致乳化。脂肪酸与金属离子生成的盐是很好的乳化剂，如 K、Na、Cs 等一价金属的脂肪酸盐是水包油型乳状液的稳定剂。与其相反，Ca、Mg、Zn、Al 等二价和三价金属离子的脂肪酸盐都是油包水型乳状液的稳定剂。有些萃取剂，由于它们极性基团之间的氢键作用，可以相互连接成一个大的聚合物分子，例如用环烷酸铵作萃取剂时由于分子间的氢键作用而发生聚合作用，使有机相在混合时整个分散系的黏度增加，从而使乳状液稳定，难于分层。所以用这类萃取剂时，一定要稀释，萃取剂的浓度不能太高。

激烈的搅拌常常使液珠过于分散，强烈的摩擦作用又使液滴带电，难于聚结，因而有利于稳定乳状液的生成。此外，温度的变化也有影响。升高温度，液体的密度下降，黏度也下降，因此在温度不同时，两相液体的密度差和黏度会发生变化，从而影响分相的速度，如用 P350 萃取时温度太低，则有机相发黏，难于分相。

（2）乳状液的鉴别及乳化的预防和消除

乳状液的鉴别是预防和消除乳化的第一步。防乳和破乳分三步进行：首先，观察乳状液的状态，鉴别乳化物的类型；其次，分析乳状物的组成；最后，进行必要的乳化原因探索试验，提出消除乳化的方法。

根据乳状液分散相和连续相的性质差别，可以有多种鉴别方法。包括：a. 稀释法；b. 电导法；c. 染色法；d. 滤纸润湿法，等等。根据乳状液的类别和可能产生的原因分析，可从以下几个方面来进行处理和消除乳状液：a. 去除原料中的胶体和固体颗粒；b. 调整有机相的组成，以消除萃取乳化产生的一些乳化剂；c. 转相破乳法；d. 化学破乳；e. 控制工艺条件破乳，包括酸度、温度、搅拌强度等。

2.3.6 萃取过程三相的生成与相调节剂

（1）形成三相的原因

在溶剂萃取过程中，有时在两相之间形成一个密度居于两相之间的第二有机液层的现象称为三相。产生三相的主要原因在于有机相对萃合物或其衍生物的溶解能力问题，包括：①第二萃合物的形成；②被萃取金属离子浓度过高时，萃合物在有机相中的溶解度有限；③萃合物在有机相内的聚合作用；④反应温度过低；⑤水相阴离子的种类。生成三相的倾向有下列次序：硫酸盐 > 酸式硫酸盐 > 盐酸盐 > 硝酸盐。

有关形成三相的报道已涉及有机磷酸酯、醚及胺等萃取剂，而 TBP 是最易形成三相的一种萃取剂。研究证明，对高酸与高金属盐浓度的溶液，TBP 的萃合物以离子对形式存在，这种离子对化合物是具有两亲性的表面活性剂，与典型表面活性剂一样，它本身能参与非极性有机溶剂中反胶体的生成。随着酸与金属萃取量的增加，黏度急剧增加；体系电导发生激烈变化，水分子被萃取使有机相体积增大是体系中存在反胶团及微乳状液的证据。而在油相中存在的反胶团之间会发生交互作用，引起这种交互作用可能是溶解的水滴之间的范德华力或者是疏水的表面活性剂链之间的空间交互作用力，在这种交互作用力足够大的情况下，反胶团开始产生聚结作用而"挤"出油分子，甚至发生相分离和沉淀或者凝胶作用。其结果是有机相分裂为两相，上部为无胶团有机相，而下部为较重的富集有胶团的有机相。

（2）相调节剂及其对萃取过程的影响

相调节剂又称之为极性改善剂。加入相调节剂是克服三相的主要办法。异癸醇及壬基酚是国外普遍采用的相调节剂，而国内却多采用仲辛醇，尽管仲辛醇中含有具有腐烂苹果臭味的 2-辛酮，但由于价廉易得，故仍获得较广泛的应用。

在萃取过程中加入相调节剂，在解决三相问题的同时也会影响有机相的萃取性能。例如，TBP 浓度对 N263 萃取钼、钨的萃取率变化规律，随 TBP 浓度增加，钼萃取率下降幅度很小，而钨萃取率下降很快，因而钨钼分离系数明显增加。

相调节剂也会影响从有机相中洗涤共萃的杂质元素，例如 D2EHPA 萃取钴，用钴盐作洗涤剂时，相调节剂异癸醇及 TBP 对从有机相中洗涤共萃镍的影响。以异癸醇作相调节剂时，有机相的金属总负荷虽高，但有机相的钴镍比小，而用 TBP 作相调节剂时，却得到完全相反的情况，即低的总金属负载量和高的钴镍比。

2.3.7 稀释剂与相调节剂的选择

无论是对传质和动力学，还是对相澄清分离和溶剂夹带的影响，稀释剂与相调节剂在萃取段的影响有可能与它们在洗涤段和反萃段的影响有很大不同。而归根结底，选择相调节剂与稀释剂的决定性因素是相澄清分离速度。

到目前为止，我们还只能依靠实验方法进行选择。因此，既要考虑试剂成本，也要考虑它们的物理性质，同时还要考虑它们对萃取、洗涤、反萃各方面的影响。选择合适的稀释剂与相调节剂，最终对萃取过程的成本会有实质性影响。因为稀释剂与相调节剂对动力学有显著的影响，故会影响到萃取设备类型的选择和设备大小；相澄清分离速度影响澄清器面积，因此会影响到溶剂的储备量及成本；由于它们影响萃取平衡，故也会影响萃取级数的多少及投资成本。

因此，正确选择稀释剂与相调节剂是实现工厂最经济设计的前提条件。一般要求稀释剂与被萃物不发生直接的化学结合作用，但稀释剂对萃取过程的影响非常复杂，很多现象还不能从理论上进行系统解释。

（1）稀释剂的组成

稀释剂中芳香烃含量对肟类萃取剂萃铜的影响已作了广泛的研究。一般而言，芳香烃含量高，相分离好，澄清时间缩短，萃取剂的稳定性也增加。但是过高的芳香烃含量却会使有机相的平衡负荷量降低，萃取速度和反萃情况均会变差。所以工业上一般采取折中办法，在直链烷烃中加入少量壬基酚等。

但是稀释剂中芳香烃含量对不同类型的萃取剂却有不同的影响，例如对 D2EHPA、LIX 和 Kelex 类萃取剂，稀释剂中芳烃含量超过 25%时会导致金属萃取量下降，但对胺类和 TBP 的影响却相反。随稀释剂中芳香烃含量增加，稀释剂的惰性减弱，稀释剂有可能以某种方式进入萃合物。单壬基磷酸酯从含铝的酸浸液中萃取铝时，芳香烃含量相差很大的稀释剂可以得到完全相同的萃取结果。这至少说明稀释剂对萃取的影响并不能完全归因于芳香烃含量的差别，必须从不同的角度去考察研究这一问题。

（2）稀释剂的物理性质

稀释剂的物理性质是黏度、密度及闪点。它们一方面决定了分相性能；另一方面也影响生产安全、设备投资及溶剂存储量，而有机相的物理性质却有赖于用稀释剂进行调节。众所周知，有机相金属负荷高，则密度增加，萃取剂浓度增加，有机相的密度也增加。因此，随着萃取过程进行，有机相与水相的密度差会缩小，因而会影响到分相性能。目前工业上常用的稀释剂密度均小于 1，芳香族的密度要高于脂肪族。随有机相金属负荷量的增加，黏度显著增加。在这种情况下，为了减少黏度的影响和增加分相速度，可以提高操作温度或用稀释剂降低黏度。稀释剂的闪点是保证萃取过程安全运行的基本条件，早期采用的低闪点稀释剂现在均已被淘汰。

（3）稀释剂的极性与有机相中萃取剂的聚合作用

极性的影响可以归因于稀释剂与萃取剂分子之间存在氢键与范德华力，因而产生溶剂化作用。例如用氯仿作 TBP 的稀释剂，它们之间形成分子间氢键，从而削弱磷氧键的电子云密度或者降低游离 TBP 浓度，故分配比显著下降。

不同的溶剂对胺的碱性次序的影响也说明了稀释剂分子与萃取剂分子之间的相互影响。介电常数和偶极矩分别是溶液和分子极性的一种量度，因此人们试图寻找它们与萃取参数之间的某种关系。但研究结果却不一致，甚至得出完全不同的结论。

萃取剂在有机相中可能以单体分子形态存在，也可能以聚合形态存在。而稀释剂对聚合程度有明显影响，这也可能是稀释剂的极性对萃取过程有重要影响的原因。D2EHPA 在极性稀释剂中以单分子形态存在，而在非极性稀释剂中则以二聚合形态存在，有报道认为还有聚合形态化合物存在。脂肪羧酸和磺酸在非极性稀释剂中一般是二聚的，分子间氢键对提高它们的二聚合作用有利。烷基胺也有聚合作用，而稀释剂的性质和它的溶剂化能力是影响烷基胺聚合的两个主要因素。当然聚合程度并不全取决于稀释剂的性质，它也与萃取剂分子的碳链长度、萃取剂的浓度有关。萃取剂在有机相的聚合作用如果导致能生成金属可萃配位物的那种形式的萃取剂的成分降低，会对萃取过程造成不利影响。当然这还要取决于聚合物和萃合物的相对稳定性。

以 D2EHPA 为例，在二聚合情况下，萃取反应为：

$$M^{n+} + n(HA)_2 \rightleftharpoons M(A \cdot HA)_n + nH^+ \tag{2-85}$$

而对单分子占优势的情况，萃取反应：

$$M^{n+} + nHA \rightleftharpoons MA_n + nH^+ \tag{2-86}$$

而一般 MA_n 的被萃能力低于 $M(A \cdot HA)_n$，所以总的趋势是在非极性溶剂中的萃合常数大于在极性溶剂中的萃合常数。

稀释剂对中性磷型萃取剂萃取金属的能力有类似的影响。如 TBP 萃取金属时，在低负载情况下，用非极性稀释剂时的分配比比用极性稀释剂时的分配比高。

（4）萃取剂与萃合物在稀释剂中的溶解

一般希望萃取剂与萃合物在稀释剂中溶解度大一些，在水中溶解度小一些。为此，常采取增大萃取剂碳链长度或支链化程度的措施。显然，同一萃取剂在同一水相与不同的稀释剂之间的分配常数不同。按常规，其值大一些对萃取过程是有利的。但就酸性配位萃取体系而言，则不尽然，分配比 D 与 Λ/λ^n 有关，根据相似相溶原理，一般 λ 大，Λ 也大，但 λ 有 n 次方，所以萃取剂的两相分配常数越大，分配比越小。

从有机物的互溶性出发，有许多工作都将注意力放在金属萃取程度与溶解度参数的关系方面，溶解度参数以 δ 表示，它来源于正规溶液理论，是相似相溶规则的理论依据，它是一个溶液性质的综合性指标。其一般表示式为：

$$\delta = \left(\frac{\Delta H - RT}{M/D} \right)^{1/2} \tag{2-87}$$

式中，ΔH 为蒸发焓；M 为相对分子量；D 为密度。δ 与稀释剂的表面张力（σ）之间的关系为：

$$\delta = 3.75 \left[\frac{\sigma}{(M/D)^{1/3}} \right]^{1/2} \tag{2-88}$$

因此可以根据表面张力数据估计溶解度参数，并研究金属萃取程度与 δ 的关系。

2.4 萃取分离技术的应用

2.4.1 金属离子萃取分离

萃取分离在金属提取与纯化上的应用非常广泛，也非常有效，是湿法冶金中的关键技术。比较有代表性的应用包括稀土元素的分离提纯以及有色金属铜钴镍、锆铪、铌钽、贵金属金银铂铑钯、轻金属铝锂等相近元素之间的分离。

2.4.1.1 稀土萃取分离

稀土萃取分离技术的发展是以稀土配位化学的发展为基础的。在 1940 年以前人们只知道 β-双酮类配合物。到 20 世纪 40 年代，在离子交换法分离裂变产物中镧系元素时，需要选择合适的淋洗剂，为此，人们比较研究了各种淋洗剂与各稀土的配合能力强弱。

要实现稀土的萃取分离，首先要选用合适的萃取剂。稀土配位数为 $3\sim12$ 的配合物均已合成得到，其中最常见的配位数为 8 和 9。对稀土化学键及电子结构的研究结果表明：大多数稀土化合物中的化学键属于极性共价键。一些萃取剂与稀土金属配合物的稳定性随金属阳离子体积的增大而下降，配合物稳定常数与金属离子半径的倒数呈线性关系，但也不一定呈单调的变化。当配合物主要为静电键合时，稳定常数与 Z^2/r 值有关，其中 Z 和 r 分别为金属离子的电荷与半径。Pearson 以原子（或离子）半径大小、正电荷多少、极化率大小及电负性高低来划分酸碱软硬。据此，根据金属离子(酸)与配位原子(碱)的软硬或交界属性的匹配原理，稀土元素属硬酸，所以它们易为属硬碱的含氧配体所萃取。

1949 年，Warf 成功地用磷酸三丁酯（TBP）从硝酸溶液中萃取 Ce^{4+}，使它与三价稀土分离。1957 年，Peppard 首次报道了用二(2-乙基己基)磷酸（HDEHP，P204）萃取稀土元素，到 20 世纪 60 年代后期在工业生产上实现了 P204 萃取分离稀土元素。与此同时，还研究了用 2-(乙基己基)磷酸单（2-乙基己基）酯［HEH（EHP），P507］萃取锕系元素和钷，直至 20 世纪 70 年代初中国科学院上海有机化学研究所成功地在工业规模上合成了 P507，为 P507 萃取分离稀土元素的工艺研究奠定了物质基础。大量的研究结果表明：P507 是萃取分离稀土元素的优良萃取剂，但对重稀土的萃取能力很强，反萃不容易。因此，后续又研究了萃取能力更弱一些的萃取剂 C272、P227 等萃取剂分离重稀土的性能，期望能够开发出性能全面优于 P507 的萃取剂。在氧化钇的生产上，广泛采用了环烷酸作萃取剂。但由于其稳定性问题，开发出了性能优于环烷酸的新型羟酸萃取剂 CA-12（仲辛基苯氧基取代乙酸），有可能用于制备高纯氧化钇。甲基膦酸二甲庚酯(P350)、仲碳伯胺 N1923 是具有我国资源特点的萃取剂，从 20 世纪 60 年代开始就有较多的研究，取得了一些可以工业化应用的成果。

（1）稀土萃取分离技术

目前，中国的萃取分离技术已经形成了自己的体系和特点，在国际上具有独特的优势。在工业上，环烷酸、P507、Cyanex 272 等萃取剂的配合使用可以实现稀土元素的全分离提纯，单一稀土氧化物纯度也可达 99.999%。在这些技术中，广泛使用的萃取剂是酸性配合萃取剂。图 2-7 所示的离子吸附型稀土分离流程中使用了 P507、Cyanex 272 和环烷酸这几种萃取剂。其中最主要的是酸性磷类萃取剂，从最早的 P204，到广泛使用的 P507，以及后来为降低反萃酸度而开发的 Cyanex 272、P227 等萃取剂，都属于这一类萃取剂。其中，P204 的萃取能力强，但萃取的重稀土不易反萃，给后续处理带来了困难。而 P507 的萃取能力不如 P204，但萃取稀土的分离系数较大。由于萃取能力的减弱，重稀土的反萃性能要比 P204 好。因此，在中、重稀土含量高的稀土分离工艺上，使用 P507 更为有效。尽管 P507 价格高，但由于分离效果好、反萃容易等突出优点，其取代 P204 用于萃取分离稀土的应用得到广泛的应用。 如图 2-7 和图 2-8 所示，在高纯氧化钇的生产上，广泛使用的是环烷酸等羧酸类萃取剂。该类萃取剂的萃取能力弱，尤其是对钇的萃取能力是所有稀土中最弱的。因此，可以先把所有其他稀土萃入有机相，而钇留在水相。这对富含钇的重稀土资源或富集物的萃取分离非常有利。

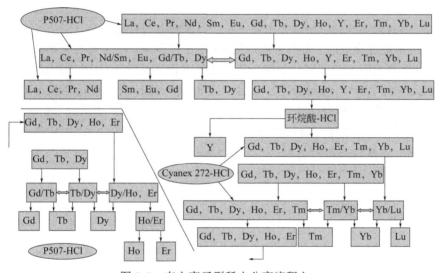

图 2-7 南方离子型稀土分离流程之一

从 20 世纪 90 年代开始，人们一直在寻求萃取综合性能优于 P507 的新型萃取剂。这一工作的主要出发点是在保证萃取分离系数不降低的前提下，解决重稀土的反萃酸度高和反萃不完全的技术问题。为此，有两条基本研究路线一直在开展：一是从萃取剂的分子设计和合成、萃取剂的结构与萃取性能关系的研究入手，开发新型萃取剂，并相继推出了 Cyanex 272、P227、P229 等萃取剂。这几种萃取剂的酸性均比 P507 弱，因此，对稀土的萃取能力也弱，相反，对重稀土的反萃率就高。这几种萃取剂的不足在于价格高，稳定性低。像 Cyanex 272，已经在重稀土分离上得

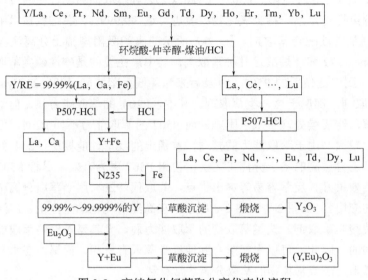

图 2-8　高纯氧化钇萃取分离代表性流程

到应用，但其稳定性和价格高是主要问题，有被淘汰的可能。

P227 是最近确定的一种有可能取代 P507 的萃取剂。上海有机化学研究所和长春应用化学研究所对该萃取剂的综合萃取性能进行了系统研究，并与 P507 和 Cyanex 272 进行比较。P507、Cyanex 272 与 P227 萃取剂的稀土（La～Lu，Y）分离性能的对比研究（见图 2-9 和表 2-4）结果表明：Cyanex 272 和 P227 的萃取平衡常数相近，比 P507 的萃取平衡常数低 4 个数量级。P227、Cyanex 272 和 P507 对重稀土（Ho～Lu）的平均分离系数分别为 2.72、2.33 及 1.85。因此，P227 在重稀土分离方面具有较大优势。

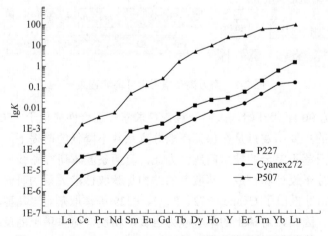

图 2-9　P507、Cyanex 272、P227 对稀土萃取的平衡常数

表 2-4　P507、Cyanex 272、P227 对稀土的萃取分离因数 $\beta_{A/B}$ 对比

A/B	Ce/La	Pr/Ce	Nd/Pr	Gd/Eu	Tb/Gd	Dy/Tb	Y/Ho	Er/Y	Tm/Er	Yb/Tm	Lu/Yb
P507	10.55	2.21	1.63	2.07	6.26	2.74	2.47	1.16	2.03	1.12	1.40
Cyanex 272	6.33	1.91	1.20	1.30	3.38	2.39	1.31	1.90	2.66	2.96	1.20
P227	6.04	1.41	1.50	1.51	2.92	2.62	1.23	1.80	2.33	3.04	2.38

按照工业萃取剂的要求，中科院上海有机化学研究所和长春应用化学研究所分别从萃取效率、萃取分离系数、萃取容量、反萃酸度、萃取平衡速度、稳定性、水中溶解度、安全性等方面进行了系统的评价。证明该萃取剂有以下主要优点：

① 对重稀土的反萃酸度低：用盐酸完全反萃负载有机相（以 Lu 为例）时，P227 和 Cyanex 272 的反萃酸度分别为 1.5mol/L 和 1.3mol/L；而 P507 的负载有机相，即使用 6mol/L 盐酸也不能完全反萃。

② 萃取容量高：有机相浓度为 1mol/L 时，P227 和 Cyanex 272 饱和容量分别为 0.150mol/L 和 0.088mol/L。由此可见，P227 的饱和容量与 P507（0.156mol/L）相当，远大于 Cyanex 272 的饱和容量。

③ 萃取平衡时间适中，温度对 P227 的萃取平衡速率影响较小。在 25℃下，La、Sm 的萃取在 5min 内即达到平衡，而 Yb 的萃取率随时间的延长而增加，需要 20min 以上才达到平衡。

④ 水中溶解度低：P227、Cyanex 272、P507 室温下在纯水中的溶解度分别为 4.79mmol/L、7.30 mmol/L、9.93mmol/L，显然，P227 在水中的溶解度最小，具有良好的经济和环境效益。

⑤ 萃取剂稳定，循环使用寿命长，抗杂质离子的干扰能力强，在硅、铝、铁等容易造成萃取过程乳化的杂质离子存在下，萃取分相性能良好。

⑥ 萃取剂的毒性低，使用安全。

与此同时，为克服格氏试剂法合成 P227 的条件苛刻、产率低和成本高的缺点，上海有机化学研究所还开发了 P227 微波辅助自由基加成合成路线［式（2-89）］，降低了反应温度，缩短了反应时间，减少了副反应的发生，有效提高了反应的转化率和产物的纯度。机理研究表明，微波的作用促进该反应在非均相体系中进行，实现了水相体系下二烷基亚膦酸的合成。

$$\text{NaPH}_2\text{O}_2 + \text{（结构式）} \xrightarrow[\text{H}_2\text{O,MW(300W)}]{\text{DTBP,AcOH}} \text{（产物结构式）} \qquad (2\text{-}89)$$

此外，为避免实验室阶段的柱色谱分离提纯，开发了其钠盐、Co 盐的重结晶提纯工艺，从而实现了 P227 的 50L 规模的合成。

综上所述，P227 对重稀土（Ho～Lu）的平均分离系数为 2.72，大于 P507 的平

均分离系数（1.85），对重稀土的反萃酸度为 1.5mol/L，比 P507 的反萃酸度低 3.5mol/L；饱和容量为 0.15mol/L（P227 浓度为 1mol/L），与 P507 相当；对轻中稀土的萃取可在 5min 内平衡，对重稀土需 20min 平衡，与 P507 相当；化学性质稳定，30 次循环后依然保持良好的萃取/反萃性能；在水中的溶解度为 13.9mg/L，较 Cyanex 272（21.2mg/L）及 P507（24.9mg/L）更低；具有较好的抗杂质性能；沸点>300℃，闪点为 174℃，不易燃，使用较为安全；其大鼠经口 LD_{50} 为 6810mg/kg，为实际无毒级，较相对的 P507 大鼠经口 LD_{50} 为 4940mg/kg 和 Cyanex 272 大鼠经口 LD_{50} 值为 3500mg/kg 更高，毒性更小。皮肤刺激测试、眼睛刺激性测试、Ames 试验、哺乳动物微核测试结果都显示出较佳的生物安全性；合成方法简便，易于规模化制备；P227 的主要原料为异辛醇和次磷酸钠，来源广泛，直接生产成本仅约 5 万元/t。综上所述，P227 在重稀土分离方面综合性能优于 P507，有望推动重稀土分离产业的技术升级。

另一种途径是对 P507 萃取体系进行改造，通过加入第二组分来调节 P507 对稀土的萃取能力，尤其是下调对中稀土的萃取能力。中国科学院长春应用化学研究所和北京大学在这方面都开展了很好的工作。李德谦团队的工作策略是通过加入异辛醇等来降低稀土的萃取能力，促进其反萃能够更加完全，这一研究已经得到工业化应用。严纯华团队的工作是通过加入胺类萃取剂或在 P507 上接上胺类萃取剂，通过促进氢离子在两相之间的传递来提高反萃性能。

环烷酸是一种石油化工中的副产品，其组分不确定，稳定性也不够好，但由于其价格低，在工业上还是得到了广泛应用。随着我国炼油技术的进步，环烷酸这一产品可能会消失。因此，研究开发能够替代环烷酸用于高纯氧化钇分离的萃取剂得到了广泛关注。其中，上海有机所合成的 CA12 对分离钇有很好的性能。其化学组分稳定可控，分离系数大，尤其是钇与钬、铒之间的分离系数大，有利于高纯钇的萃取法生产。这一工作由长春应化所李德谦团队完成了大量的研究，而且在江西金世纪开展了工业中试实验。但由于价格高和萃取过程副反应的发生而没有推广到工业生产上。

新型萃取剂的设计与合成对于发展新的萃取分离体系具有重要意义。因此，萃取剂结构性能关系一直受到了广泛的研究。定量结构-性质关系在现代合成化学、药物化学、环境化学等领域的应用已经比较广泛，但在液液萃取体系的应用还需要加强，尤其是对化学萃取过程的结构-性能关系研究。在物理萃取方面，平衡分配系数与溶质疏水性常数 $\lg P$ 的研究较多，也比较成熟。但对于化学萃取，涉及的分子间相互作用很复杂，除了 $\lg P$ 外，溶质和萃取剂的酸碱性也是决定萃取性质的关键因素。对于酸性磷类萃取剂，最主要的内容是建立磷类萃取剂 pK_a 预测模型。因为酸性磷（膦）萃取剂的萃取和反萃性能与酸解离常数（K_a）直接相关。一般情况下，pK_a 值越低，其萃取能力越强。如 P204、P507、Cyanex 272 的 pK_a 值依次升高，对镧系金属的萃取能力也依次降低。而化合物的 pK_a 值由结构确定，选择磷中心的结构参数，用多元线性回归的方法，拟合描述符与 pK_a 值之间的数值关系式，可以预测酸性磷（膦）类萃取剂的 pK_a。这种模型在数学上是有效的，所选择的描述符包括氢原子的电荷、磷酰氧原子电荷以及分子 LUMO 轨道能，定量地反映了这些描述符与 pK_a 之间的关系，可以用于类似结构 pK_a 值的预测。

萃取剂的分离能力与金属离子的配位情况有直接关系，可通过实验确定。通常酸性膦类萃取剂对稀土离子的萃取平衡如下：

$$Ln^{3+}(aq) + 3(H_2L_2)(org) \longrightarrow [Ln(HL_2)_3](org) + 3H^+(aq)$$

由于萃合物存在大量能量优势不确定的构象，准确计算该萃合物的能态存在很大困难，难以用于结构性能关系研究。然而，对于多配体配合物，总体平衡常数与逐级平衡常数之间存在相似的变化规律。故简化了萃取反应和对应的萃合物，试图用该反应的能量变化来反映萃取剂与金属离子的配位情况。

$$[Ln(H_2O)_9]^{3+}(aq) + \frac{1}{2}(H_2L_2)(aq) \longrightarrow [LnL(H_2O)_8]^{2+}(org) + (H_3O)^+(aq) \quad （2\text{-}90）$$

对比了简化萃取反应的能量变化与实验测得的萃取效果，发现两者在趋势上吻合很好。结果表明，简化模型在趋势上反映了萃取剂结构与分离性能的关系。

除了上述新型萃取剂的分子设计与萃取性能研究外，近年来有关离子液体的萃取研究也引起了人们的重视，长春应用化学研究所对此进行了系统的工作。其他一些单位也有些研究报道，一些基于单个萃取剂和多个萃取剂对金属离子的萃取性能的研究可以在很多文献上找到。

（2）稀土提取及含稀土废水的处理

近十年来，人们对稀土资源的贫化和含稀土废水的处理问题十分关注。因此，研究从低品位稀土资源的浸出液中和各种工业废水中提取稀土具有十分重要的意义。然而，在低浓度稀土溶液除含有稀土离子，还含有大量的 Al^{3+}、Fe^{3+}、Ca^{2+}、Pb^{2+} 等杂质离子。杂质离子的存在对稀土提取率、产品纯度都会有不利影响。为此，应该在提取稀土时尽可能除去溶液中共存的杂质离子。在杂质离子含量不高的情况下，可以通过水解预处理除杂技术来实现。例如，在第 4 章中介绍的从离子型稀土浸出液中预处理除杂技术，该法的优势在于原料易得、操作简单、处理量大。但是由于稀土离子也会被中和沉淀，沉淀渣中还有少量稀土沉淀，需要进一步处理。在用中和法对低浓度稀土溶液进行预处理除杂时，有两点需要特别注意：一是要严格把控沉淀剂的用量；二是沉淀渣的回收处理。但是当杂质离子含量太高时，这两个问题难以取得好的效果。所以，现行稀土矿山的产品中铝含量很高，达到 3%甚至更高。分离厂使用这种原料来分离稀土时，铝和铁会从水相中优先被萃入有机相，既降低了稀土萃取率又降低了稀土产品纯度。当水相 pH 值大于离子水解 pH 值时，铁和铝以氢氧化物的形式存在而引起乳化。

在处理高杂质含量低稀土浓度溶液时，萃取法具有明显的优势。

　　许多萃取剂可以用于从含稀土的浸出液或废水中提纯富集稀土。一些常用萃取剂，例如：酸性萃取剂、中性萃取剂、离子缔合萃取剂等等都可用于萃取富集。已经报道的富集稀土的萃取剂主要有环烷酸、P204、P507、N1923 等。环烷酸、P204、P507 等都是酸性萃取剂，萃取效率受酸度的影响较大，在酸性环境下的稀土萃取率不高，而多数低浓度稀土溶液如尾矿酸盐浸出液，非稀土矿浸出液都呈酸性，因此酸性萃取剂在此类稀土溶液的富集方面有劣势。

　　环烷酸是一种重要的羧酸萃取剂，其来源广泛，价格低，萃取平衡酸度低，易被反萃。长春应用化学所利用环烷酸离心萃取法，通过往萃取体系中加入添加剂，利用离心萃取技术克服了有机相乳化问题，设计了从稀土浸出液中提取氯化稀土工艺。环烷酸用于萃取稀土的另一个优势在于可控制条件来萃取铁、铝，从而实现稀土溶液的除杂。韩旗英等采用环烷酸单级萃取，使稀土收率大于 90%，料液中铝含量低于 10mg/L。何培炯等利用离心萃取的方法，确定了从高浓度的稀土溶液中去除铁、铝的工艺。曾青云等通过控制萃取条件除去了稀土料液中 95% 的铝。虽环烷酸可去除铁、铝，但由于环烷酸对杂质的敏感度高，易引起乳化，也会造成资源的浪费。

　　P204 与 P507 相比，价格相对更低，对低浓度稀土溶液的富集仍有一定的实际应用价值。但 P204 萃取剂受杂质离子影响大，尤其是铝离子易引起乳化。需要除去稀土母液中的铝，再用 P204-煤油萃取稀土，稀土收率可达到 95%。陈儒庆等用 P204 将浓度约 10g/L 的稀土溶液富集到 25g/L 以上。池汝安等利用 P507 成功从浸出液提取稀土元素，稀土浸出液经除杂、多级逆流萃取再到离心萃取器内逆流萃取，萃取率达 93%，低浓度的稀土溶液达到了较高的富集倍数。这类酸性磷氧型萃取剂能有效地富集低浓度的稀土，但是杂质离子易引起萃取剂的乳化。研究显示，在 P507 的反萃中，由于铝的反萃率不高，在有机相中积累引起乳化，从而影响生产连续性与生产效率，这也是 P507 用于生产亟需解决的问题之一。P204 也存在同样的类似问题，受杂质离子影响大，这也是制约酸性磷氧型萃取剂用于富集低浓度稀土且含较多杂质溶液的主要问题所在。黄小卫等为解决 P204 萃取重稀土不易反萃的问题，提出了分别用 P507 和 P204 两种萃取剂分两步分别萃取重稀土和轻稀土的富集流程。

　　表 2-5 为盐酸体系中 P227 萃取稀土和杂质金属的半萃取 pH 值。由表 2-5 可见，在盐酸体系中 P227 可实现铁、钙与稀土的分离。但铝的半萃取 pH 介于稀土的镧与镥之间，处于重稀土的范围，因此，分离重稀土时需要先将铝除去，这与 P507 工艺相似。

表 2-5　盐酸体系中 P227 萃取杂质金属及稀土的半萃取 pH 值

元素	Fe	Lu	Al	La	Ca
$pH_{0.5}$	0.31	2.01	2.01	3.21	4.37

在 1mol/L 的萃取剂浓度下，P507 在负载 9.5g/L 铁的时候发生乳化，而 Cyanex 272 在负载 15.8g/L 铁时发生乳化现象，P227 可以负载 19.2g/L 铁且分相好，具有更高的抗铁杂质能力。在 P507 萃取体系中，由于铁难以反萃，导致萃取剂中毒，影响萃取剂的使用寿命。P227 萃取铁的最佳反萃酸度为 2mol/L，在此条件下，有机相负载较少的情况下（0.519g/L），单级反萃率为 98%，负载较多时（3.198g/L），其反萃率为 80%，通过 2 级反萃，可将有机相中负载的铁完全反萃。铝的最佳反萃酸度为 2~3mol/L，此时反萃率为 98%，通过两级可以完全反萃负载有机相中的金属。

为了克服酸性萃取剂在萃取分离稀土与杂质离子时的上述不足，我们认为胺类萃取剂可以发挥更好的作用。例如：萃取剂 N1923 对酸和稀土的萃取率较高，在杂质离子的去除方面也有较好的效果，在低浓度稀土溶液尤其是酸性溶液的富集方面有优势。胺类萃取剂在稀土溶液中杂质离子的去除方面有较佳的表现，N235 就曾用于稀土中杂质离子的去除，可将稀土浸出液中的铁从 2.115g/L 降低至 6mg/L，N235 的混合醇体系还可避免第三相的产生，分离稀土中的铁和铅。

伯胺 N1923 是一种国产的仲碳伯胺萃取剂，是胺类萃取剂中离子选择性最高的萃取剂，在低浓度含杂质的稀土溶液的富集方面更有优势。其分子结构式为：

$$\mathrm{H_2N-CH} \begin{array}{c} C_9H_{19}{\sim}C_{11}H_{23} \\ \\ C_9H_{19}{\sim}C_{11}H_{23} \end{array}$$

N1923 对稀土和钍的分离系数较大，最初用于从硫酸焙烧水溶液中钍的分离检测。20 世纪 80 年代初，王应玮于硫酸介质中用 N1923 成功萃取了铈、钕等稀土元素。N1923 对盐酸、硫酸、硝酸、柠檬酸等无机酸和有机酸的萃取能力都较强，这使得用 N1923 富集酸性的稀土溶液更具优势，再加上 N1923 对杂质离子的选择性较高，在低浓度稀土溶液的富集上有很大的潜力。

N1923 在酸性条件下与稀土是以离子缔合的形式实现萃取的。李德谦等提出在不同浓度的硫酸介质中，N1923 将以如下不同的形式萃取：

低酸度：
$$2RNH_2(org) + 2H^+ + SO_4^{2-} \Longrightarrow (RNH_3)_2SO_4 \tag{2-91}$$

高酸度：
$$RNH_2(org) + H^+ + HSO_4^- \Longrightarrow RNH_3HSO_4 \tag{2-92}$$

硫酸介质中 N1923 萃取对三价和四价稀土离子（Ce^{4+}）萃取机理不同。水相酸度不同时，由于对酸的萃取形式不同，N1923 对同价态的稀土离子萃取机理也不同，对三价稀土离子的萃取机理如下：

水相低酸度时：
$$RE^{3+} + 1.5SO_4^{2-} + 1.5(RNH_3)_2SO_{4org} \Longrightarrow (RNH_3)_3RE(SO_4)_3(org) \tag{2-93}$$

水相高酸度时：

$$2RE^{3+} + 3SO_4^{2-} + 6RNH_3HSO_4(org) \Longrightarrow 2(RNH_3)_3RE(SO_4)_3(org) + 3H_2SO_4 \quad （2-94）$$

N1923 对四价稀土离子萃取机理类似，在低浓度硫酸介质中萃取 Ce^{4+} 机理如式（2-93）所示，此机理同样适用于四价的钍离子（Th^{4+}）：

$$Ce^{4+} + 2SO_4^{2-} + 2(RNH_3)_2SO_4(org) \Longrightarrow (RNH_3)_4Ce(SO_4)_4(org) \quad （2-95）$$

总之，在硫酸介质中，N1923 萃取稀土的机理与溶液酸度和稀土价态有关，但总体看来稀土都是以络阴离子的形式被萃入有机相，属于离子缔合萃取体系。稀土的萃取率同样也与酸度和稀土元素种类有关，N1923 对各种稀土元素的萃取率随水相中 H_2SO_4 浓度的增加而降低，其降低的幅度随稀土元素的原子序数增加而增大；同样的酸度条件下的萃取结果显示，稀土的萃取率随原子序数增加而降低，呈"四分组效应"和倒序排列。

李永绣等采用未质子化 N1923 直接萃取稀土，在 pH=6 时 N1923 配位于稀土原子时有较高的萃取率。接着还研究了多种近中性介质中 N1923 对稀土的萃取行为。结果显示，在中性高氯酸介质中，未质子化 N1923 以溶剂化形式萃取稀土，对稀土元素的萃取率随着高氯酸根浓度的增大而增大，随着稀土原子序数的增大而增大，呈上升的"四分组效应"。在中性硫酸盐介质中，水相 pH<6 时以离子缔合形式萃取，pH>6 时稀土与 N1923 中的 N 原子配位形成 $(RNH_2)_9La_3(SO_4)_2(OH)_5$ 形式的配合物而被萃取。伯胺 N1923 在中性氯离子介质中仍以溶剂化形式萃取稀土，萃取机理如下：

$$RNH_2 + RE(OH)_{3-n}^{n+} + nCl^- \Longrightarrow (RNH_2)RE(OH)_{3-n}Cl_n \quad （n=1\sim3） \quad （2-96）$$

从已有的研究看来，伯胺 N1923 能有效地萃取稀土，萃取率与水相介质浓度和稀土元素的种类有关，其萃取机理与萃取条件有关。酸性条件下稀土以络阴离子形式被萃取，属于离子缔合萃取机理；近中性条件下伯胺中的 N 配位于稀土而实现萃取。此外，伯胺 N1923 对 Sc、Th、Fe 和稀土的萃取能力强，而对稀土溶液中的 Al 及其他二价金属杂质离子的萃取弱，可以通过条件的控制实现稀土与这些杂质的分离。与环烷酸、P204、P507 等酸性萃取剂不同，伯胺 N1923 的显著优点是在酸性条件下对稀土也有较强的萃取，对铝的萃取能力弱。多数低浓度稀土溶液如尾矿酸盐浸出液、非稀土矿浸出液都呈酸性，因此，在低浓度的稀土浸出液、酸性浸出液、非稀土矿的酸浸出液富集方面表现更出色。

南昌大学李永绣团队系统考察 N1923 的萃取分离稀土与铝的条件，提出了利用 N1923 的多级萃取与反萃来分离富集稀土并实现与铝的彻底分离，生产出基本上不含铝杂质的碳酸稀土和氧化稀土的混合稀土氧化物，为稀土分离厂提供高质量的稀土原料，解决了稀土分离过程中铝的干扰问题，具有很好的工业生产应用价值。采用这一技术萃取富集低浓度的稀土溶液，制备高浓度的稀土料液，可直接沉淀得稀土产品，或进入萃取分组步骤分离提纯，从而缩短生产流程。此外，萃余液也是酸性的盐溶液，这种萃余液补加浸矿剂后可返回浸矿，从而降低生产成本，实现资源的循环利用。

2.4.1.2 铜的萃取分离

（1）铜的萃取剂

酮肟萃取剂是一种能力较弱的萃取剂，需要在料液 pH 2 左右的条件下萃取铜。Cu/Fe 选择性较差，但容易反萃，而且容易分相，稳定性很好。早期的萃取工厂大都采用这种萃取剂，虽然这种萃取剂需要的萃取级数多一些，但那时对铜萃取工艺发展起了很大作用。它证明了溶剂萃取稀酸性溶液中回收铜的可行性。

最先面世的酮肟类萃取剂有美国 General Mill 公司开发并首先生产出的萃取剂 LIX63（5,8-二乙基-7-羟基-6-十二烷基酮肟），这种萃取剂在酸性介质中萃取铜时，有两个致命的缺点：一是萃取料液需要的 pH 要大于 2，这样高的 pH 浸出作业很难达到。二是对铜的选择性差，铜铁分离不好。后来经过一系列的改进开发了 LIX64(2-羟基-5-十二烷基二苯甲酮肟)，其基本配方是 LIX65N(2-羟基-5-壬基二苯甲酮肟) 加 1% LIX63N 的混合物。由于 LIX65N 有顺式和反式，而只有反式才有活性，因此它的有效容量只有 50%，不能满足生产要求。后来荷兰壳牌公司加以改进，推出了 SME529(2-羟基-5 壬基-乙酰苯甲酮肟)，它用甲基（CH_3）取代 LIX65N 中其中一个苯环上的氢使酮肟摆脱顺反式羟肟的困境，萃取剂容量大大提高。20 世纪 70 年代 General Mills 公司推出的 LIX64N 萃取剂和荷兰壳牌公司的 SME529 先后被德国 Henkel 公司收购，并改名为 LIX84。Henkel 公司以后又被 Cognis 公司收购。此后，LIX84 取代 LIX64N 成为酮肟萃取剂的主要产品。

20 世纪 70 年代末出现的醛肟萃取剂，由英国帝国化学公司（ICI）和非洲英美矿业公司（现在的 Cytec 公司）研究合成并取得专利。基本试剂是 Acoiga P50（5-壬基水杨酸醛肟）。后来 Henkel 公司也推出了 LIX860（5-十二烷基水杨酸醛肟）。醛肟萃取剂具有很强的萃铜能力，可以在较高的酸度下萃取铜，甚至可以达到化学计量的负载能力。Cu/Fe 选择性好，但反萃困难，需要用很高的酸度，难以用常规的贫电解液反萃。最终导致铜的净迁移量低。所以商业应用的醛肟萃取剂都需要添加改质剂改善其反萃性能。醛肟萃取剂的出现，使铜萃取工艺产生了革命性的变化，减少萃取/反萃级数，极大地降低了萃取工厂萃取剂的一次投入量。迄今为止，除铜萃取剂外，还没有出现一种对某种特定金属离子具有高选择性的萃取剂。40 多年来，羟肟类萃取剂还在不断发展。目前 95%以上的铜萃取工厂，都是采用改进的醛肟或醛肟/酮肟混合物萃取剂。

商业铜萃取剂的种类有多种，总的来说可划分为醛肟和酮肟两大类，其分子结构通式如图 2-10 所示。它们与铜形成的配合物如图 2-11 所示。

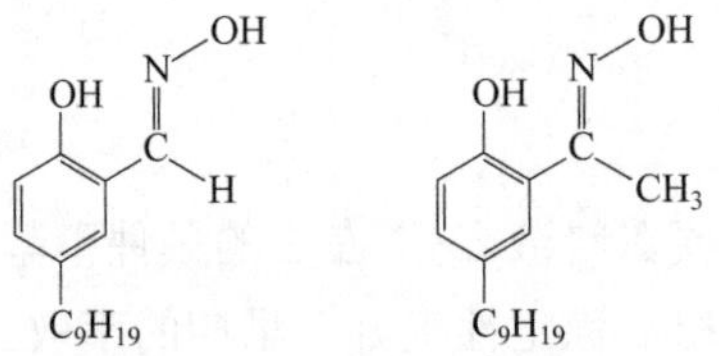

P50 醛肟类
(强)

酮肟类
(弱)

图 2-10　铜萃取剂

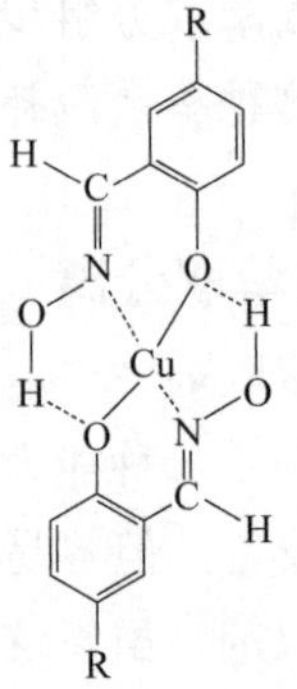

图 2-11　肟-铜配合物

（2）铜的萃取机理及工艺

羟肟类萃取剂在硫酸和铵溶液中萃铜的反应分别为：

$$Cu^{2+} + (HR)_2 \rightleftharpoons CuR_2 + 2H^+ \qquad (2\text{-}97)$$

$$Cu(NH_3)_4^{2+} + 2HO^- + 2HR \rightleftharpoons CuR_2 + 4NH_3 + 2H_2O \qquad (2\text{-}98)$$

20 世纪 60 年代末美国亚利桑那州兰乌矿和兰彻斯的巴格达矿开创了用溶剂萃取-电解生产金属铜的先河，至今全世界用此工艺生产的铜大约占全球铜产量的 20%。2000 年用此生产工艺生产的高质量电解铜达 220 万吨，目前全世界最大规模的溶剂萃取-电解生产铜的工厂为美国的 Phelps Dodge Morenci Ariz，年产铜能力 284400t，以及智利的 EL Abra，其产铜能力为 225000t/a。萃取设备均为混合-沉清器，其处理能力从最初的 100m³/h 到目前可达 2000m³/h 规模。最简单的萃取工艺只需二级萃取一级反萃，复杂的增加一级洗涤。

肟类萃取剂的铜铁选择性可以大于 2000（分离系数），故萃取时，铁留在萃余液中，返回浸出时水解进入滤渣。因此无废水产生是其显著的优点。该流程有三个闭路循环，因而三大工序之间互相有所制约。为防止细菌中毒，返回浸出的萃余液的游离酸含量及夹带的有机相量必须严格控制，以免影响电解铜质量；反过来电解工序必须慎重选择酸雾产生而添加的表面活性剂的种类与用量，以免返回作反萃剂时混入的有机物恶化萃取及反萃作业的分相。

铜萃取中稀释剂的选择更具特殊重要地位，一般含有 25%以下的芳烃，例如国外常用的稀释剂为 Escaid 100，其芳烃含量为 20%。芳烃存在可以加快相分离速度，提高萃合物溶解度，增加萃取剂稳定性。但芳烃含量过高会使平衡负荷及饱和容量降低，使动力学速度及反萃效率降低，削弱 pH 影响，降低对 Fe 的选择性。稀释剂的用量远远大于萃取剂用量，国内因为无专用的稀释剂，工厂一般使用磺化煤油，少数利用 260 号煤油。由于综合指标不符合萃铜要求，严重削弱了铜萃取的经济效益。据此，研究了铜萃取稀释剂的国产化问题。选择炼油厂的含硫低的原油，经蒸馏后得到含一定芳烃的中间产品，经加氢精制使烯烃双键打开，再经化学处理，得到芳烃、硫及烯烃含量均合格的产品，它们与 M5640 及 LIX984 配制的有机相与这两种萃取剂与 Escaid 100 等所配制的有机相有类似的萃取性能。

铜溶剂萃取过去一般适用于低品位矿，处理溶液的铜浓度较低。但目前已经发展为用铜精矿高压浸出的浸出液进行溶剂萃取，萃取料液浓度达 25~30g/L，甚至更高一点，料液 pH 值允许降至 0.8~1.2，萃取温度允许提高至 45~50℃。使用的萃取剂为 M5640。铜的溶剂萃取规模大，发展快，对萃取设备及传质研究，萃取动力学及表面化学的发展都有重大影响，成为当今湿法冶金的标志性成就。

2.4.1.3 其他有色金属的萃取分离

（1）铀钍分离

中国是铀资源相对贫乏的国家，目前我国核电正处在高速发展时期，对铀燃料的供应提出了挑战。作为一种潜在的核资源，钍的储量约是铀的三倍。^{232}Th 吸收中子后可转换为易裂变的 ^{233}U，该转换过程中产生较少的钚和长寿命次锕系核素，不仅有助于防止核扩散，而且还利于乏燃料后处理。目前，钍基熔盐堆已被列为第四代核能系统六大候选堆之一，钍铀燃料循环在核能中的应用亦再次获得广泛关注与深入研究。铀/钍分离是钍基乏燃料后处理中至关重要的一个环节。

溶剂萃取方法是铀/钍工艺中浓缩和纯化的主要方法之一，目前研究最多的萃取剂主要有酸性磷类、亚砜类、酰胺类。而这些萃取剂有各自的优缺点。

① 磷酸三丁酯。国际上一般使用磷酸三丁酯(TBP)作为铀的萃取剂提取及回收铀。但在使用过程中会发生化学辐射降解，其降解产物有很强的配合能力，从而使锕系元素的反萃取不完全。此外，TBP 在水相的溶解度较大，使萃取率大大降低。

② 酰胺。酰胺具有耐辐射、不易水解、辐解产物易洗涤、不影响萃取过程、酰胺能完全燃烧、产物不含固体物质、容易合成等优点。但酰胺的萃取能力与其结构的关系很密切，取代基的支链化程度越高，其萃取能力越低。这些不足激发人们不断寻找其他类型的新萃取剂，以替代 TBP 和酰胺等萃取剂。

③ 中性含硫萃取剂。中性含硫萃取剂具有容易合成、热稳定性好、毒性低、不挥发、不腐蚀等优点，被认为是有应用前景的萃取剂。亚砜含有亚磺酰基，对金属离子有较强的配位能力，其萃取能力也与 TBP 相近，能萃取各种金属离子。亚砜类萃取剂的吸引力主要在于其辐解产物对铌、锆的萃取能力很弱，因而引起许多学者的兴趣。对其萃取机理，配位形式，曾有许多学者作了深入细致的研究。

④ 冠醚和杯芳烃等超分子化合物。随着对冠醚化合物研究的深入，利用冠醚萃取废液中铀酰盐的研究受到普遍关注。大量研究表明，利用冠醚萃取溶液中铀酰离子具有重要的应用前景。冠醚具有一般铀酰萃取剂所不及的优点。首先冠醚具有较强的配位能力，能够和金属离子形成较稳定的配合物，该类配合物大多都能溶解于有机溶剂而被萃取。其次冠醚种类繁多，冠醚环的个数不同，环的大小不同，环

上杂原子种类不同，冠醚环连接的侧链结构不同等，使不同冠醚对不同的金属离子具有不同的配位能力，即它们具有选择性配位的能力，可通过选择不同的冠醚对溶液中各种离子选择性地进行萃取。冠醚化合物大多数是固体，易于加工成粉状、粒状或制成薄膜，适合各种需要。

^{232}Th、^{233}U 的分离回收工艺大多采用以 TBP 为萃取剂的 Thorex 流程。TBP 虽对铀/钍分离有较好的效果，但因其存在水中溶解度相对较大、辐照稳定性一般，萃取高浓四价锕系如 Th^{4+}、Pu^{4+}等时易出现三相等缺点，对 Thorex 流程的改进十分必要。Thorex 流程改进的一个重要方向是寻找能够替代 TBP 的萃取剂。近年来，研究发现，中性磷类萃取剂磷酰基上不同取代基，对其萃取 U(VI) 和 Th(IV)的能力有极大影响。Siddall 发现单烷基膦酸酯萃取 U(VI) 和 Th(IV)的能力强于相应的磷酸三烷基酯，原因在于与 P 原子直接相连的烷基斥电子效应增大了 P=O 键电子云密度，从而增强了对金属离子的配位能力。Suresh 等对 TPB 的几种同系物的萃取能力及三相形成做了对比研究，结果表明，靠近中心 P 原子的首个 C 原子上有取代支链存在时，对萃取 U(VI) 的分配比影响不大。但却能显著降低萃取 Th(IV)的分配比，增加萃取分离铀/钍的选择性。这是由于中性磷类萃取剂通常与 U(VI) 和 Th(IV)分别形成 2:1 和 3:1 型萃合物，Th(IV)的萃取受取代基位阻的影响比 U(VI)更大。此外还发现，随碳链增长，萃取剂不仅在水相中的溶解度降低，而且萃取 Th(IV)的极限有机相浓度亦增加。

单烷基膦酸酯——甲基膦酸二甲庚酯(P350)在分子结构上有如下特点：首先，与 P 原子直接相连的甲基有斥电子作用，能增大—P=O 键的电子云密度。P350 比 TBP 及其同系物磷酸三烷基酯有更强的萃取能力。其次，靠近中心 P 原子的第 1 个 C 原子上有一个甲基取代基，对 P350 萃取 Th(IV)可产生较大的位阻影响，有利于提高铀/钍萃取分离的选择性。另外，P350 分子中还含有 2 个甲基庚基长链，对提高其脂溶性，降低水相中的溶解度也是十分有利的。因此，预期 P350 在铀/钍分离方面有比 TBP 更好的效果。

TBP 的一种同系物磷酸三异戊酯 TiAP 由于具有水溶解度较低、萃取不易出现三相等优点，引起了科学家们的重视并得到深入研究。现有望用于快中子增殖堆湿法后处理中铀/钚的分离回收。李方等发现以煤油作稀释剂，P350、TiAP 和 TBP 能有效地从 HNO$_3$ 溶液中萃取分离 U(VI) 和 Th(IV)。从水相中溶解度、对 U(VI) 和 Th(IV)的萃取能力、萃取选择性以及三相形成等方面综合评价，P350 与 TiAP 均优于 TBP。尤其是 P350，不仅从 HNO$_3$ 溶液中萃取 U(VI) 的能力强，而且铀/钍分离的选择性亦最好，极有希望作为 TBP 的替代品用于 Thorex 流程中。

溶剂萃取的水法后处理技术无法满足高燃耗、强放射性的乏燃料后处理要求，因此，如何妥善地解决这个问题已成为当前核能发展面临的巨大挑战。为了应对这个挑战，需要研发新型材料或者开发新的化学分离技术。其中，新型材料的研发被认为在核能可持续发展中处于非常重要的地位。离子液体是目前受到人们广泛关注的一种新型的绿色材料。离子液体由一些特定的阳离子和阴离子组成，在近室温条件下呈现液态的熔融盐体系。由于其结构的特殊性，离子液体具有传统溶剂无法比拟的优异特性：无色无味，基本没有蒸气压，没有因挥发而造成的健康问题和环境问题；良好的热和化学稳定性，高电导率；不可燃，热容量大；对各类萃取剂具有良好的溶解能力；宽的液态温度范围；结构具有可设计性等，被广泛应用于催化合成、液液萃取、电化学等多个领域。离子液体克服了诸多传统有机溶剂在使用过程中的缺点，是一种非常适合于做分离提纯的溶剂。随着核能的迅速发展，人们开始将离子液体作为"新一代绿色溶剂"用于乏燃料后处理。近年来，离子液体在溶剂萃取分离方面的应用研究也受到人们的普遍关注。以离子液体作为稀释剂，与各种不同的萃取剂组成的液液萃取体系对用于乏燃料水法后处理的相关研究已有很多报道，取得了很多有价值的研究成果。

（2）钴镍分离

溶剂萃取技术在镍钴湿法提取工艺中取得了迅速的发展，已证明溶剂萃取是简化工艺、降低成本及环境友好的镍钴提取技术。而这种进步与萃取剂、材料与设备的成就息息相关，同时也得益于铜、铀溶剂萃取实践经验的积累。

早期镍钴工艺均采用各种沉淀的方法分离钴、镍。但是在今天，萃取法在镍钴湿法冶金中已占据了统治地位，而且由于新萃取剂的研究进展，萃取法的分离效率更加显著，镍钴湿法冶炼工艺也因此得到了极大的改进。

萃取法分离钴镍的工艺分为三大类：

① 氯化物体系　用氯或盐酸浸出镍铜锍、中间产品或二次资源的浸出液。

② 氨-铵盐系统　红土镍矿还原焙烧浸出及氧化矿和镍钴氢氧化物沉淀的浸出。

③ 硫酸盐系统　硫化物精矿及沉淀、铜锍和红土矿的氧压浸出液。

其中以硫酸盐系统的应用最受关注。表 2-6 为硫酸盐系统中使用的五种萃取剂及其特点。第一个溶剂萃取分离钴镍的工程是在 20 世纪 60 年代中叶出现的 D2EHPA 萃取技术。开始实际上是用于氨体系，70 年代初期才用于硫酸盐体系。有机相预先皂化处理，萃取后以硫酸反萃产生适合于电解的硫酸钴溶液。此体系的缺点是 D2EHPA 萃铁能力很强，需采用还原反萃或盐酸反萃法，钴镍选择性很差，锰、镁、钙的萃取顺序在钴、镍之前，因此偶尔还需从萃取系统除去石膏。

20 世纪 70 年代后半期，日本推出了新的有机磷萃取剂 PC-88A（即 P507），它对镍的萃取能力较弱，对钴有较好选择性，钴镍分离系数至少比 D2EHPA 高 1 个数量级。

1982 年美国氰化物公司推出了另外一种膦酸型萃取剂，即 Cyanex 272。它基本不萃镍，其钴镍分离系数相当高，pH = 5.6 时分离系数达 2500 以上。因此所需级数很少，分离效果好，1985 年投入工业应用，至 1995 年年底，大约世界上 50% 钴的精炼均采用 Cyanex 272 作萃取剂。其最大缺点是价格贵，应尽量减小萃取剂的夹带损失。

20 世纪 70 年代中期推出的另一类萃取剂是 Versatic 10，它是一种有机酸，价格便宜，对镍的选择性优于钴、钙、镁，但对钴的选择性不是很大，所以未能用于实际工业分离。另外，它的酸性很弱，需在 pH = 7 左右萃取镍，故使其水溶性的缺点更为突出。其相分离性能较差也是一个缺点。它在工业上的一种应用方式是将钴、镍的硫酸溶液转变成盐酸溶液，以便用叔胺进行分离。另外的应用方式是经过 Cyanex 272 的萃余液再用 Versatic 10 萃镍，使镍与钙、镁分离。

表 2-6 硫酸盐系统中 Co/Ni 分离的几种萃取剂

萃取剂	结构式	应用特征	应用年代
D2EHPA(P204)	RO—$P(=O)(OH)$—OR	Co 的选择性优于 Ni，需要多级	20 世纪 60 年代
Versatic 10	C_9H_{11}, CH_3, C_7H_8, C—$COOH$	Ni 比 Co 易萃取，但分离因素不大	20 世纪 70 年代
PC-88A (P507)	RO—$P(=O)(OH)$—R	Co 的选择性大于 Ni，分离系数高于 P204 体系	20 世纪 80 年代
Cyanex 272	R—$P(=O)(OH)$—R	Co 的选择性大于 Ni，分离系数特高	20 世纪 90 年代
Cyanex 301	R—$P(=S)(SH)$—R	Ni-Co 先萃取，与 Mn、Ca、Mg 等杂质彻底分离，HCl 反萃后，叔胺分离 Co、Ni	现在

最新发展的萃取剂是 Cyanex 301，它以 S 原子取代了 Cyanex 272 中的氧原子。因此其萃取强度及对碱金属的选择性均不同于 Cyanex 272，其主要特征是动力学性能好，萃取钴和镍而不萃取锰、镁、钙杂质，且不需要消耗碱以控制平衡 pH。反萃需强酸，用盐酸反萃的反萃液再用叔胺进行分离。Cyanex 301 的水溶性比以上四种萃取剂均低，且萃取与反萃的相分离情况均比其他四类萃取剂好，故萃取剂的溶解与夹带损失均小。但其在有空气存在的条件下可能被金属催化氧化而降解成 $R_2P(S)$-$S(S)PR_2$，现已开发了一些将其转化回 $R_2P(S)SH$ 的方法。在工业试验厂的长期运行证明，在排除氧气气氛的情况下，其降解基本可忽略不计，每天 12t 干矿的工业试运行表明，Cyanex 301 是一种理想的萃取剂。

红土镍矿是一种重要的镍资源，其浸出液酸度一般较高，除了含有镍、钴、铜等有价金属外，还含有大量的铁、铝、锰以及钙、镁等杂质。目前，处理这类含镍溶液常有"沉淀-重溶-萃取"法和直接萃取法两种方法。

① "沉淀-重溶-萃取"法：该法是为解决金属共沉淀严重导致主金属回收率低及产品不纯的问题而提出来的。萃取原料液含锰 45g/L、镁 25g/L、锌 1g/L、钴 0.2g/L，由于料液中锰浓度太高，采用传统的萃取工艺很难使钴、锌和锰、镁、钙分离。而 0.31mol/L LIX63/0.5mol/L Versatic 10 混合体系则使钴和锌的 $\Delta pH_{1/2}$ 分别达到 4.24

和1.62。在原料液pH 4.5、相比1:2条件下，经过一级萃取，几乎100%的钴和80%的锌被萃取，锰的萃取率仅为1.55%（即负载有机相含1.37g/L锰），镁和钙不被萃取。为进一步降低锰的萃取率，研究人员对有机相组成进行了优化，用0.24mol/L LIX63和0.33mol/L Versatic 10在pH 5.5的条件下，经过一次接触，钴和锌的萃取率分别达到93%和70%，负载有机相中锰浓度仅为0.28g/L。钴和锌的萃取与反萃动力学均很快。

② 直接萃取法：成楚永等通过进一步研究发现，Versatic 10/LIX63体系中添加TBP能显著改善镍的萃取与反萃动力学，当TBP在0.5mol/L Versatic 10/0.28mol/L LIX63体系中的浓度为0.5mol/L时，负载有机相用硫酸反萃，2min内镍的反萃率由未加TBP时的17.7%增加到91%。如图2-12所示，该三元协萃体系的$\Delta pH_{1/2}$(Mn-Ni)和$\Delta pH_{1/2}$（Mn-Co）分别为2.62和2.11，在改善镍的萃取与反萃动力学基础上，同样保持了优良的镍锰和钴锰分离性能。TBP的加入不仅可以改善镍的反萃动力学，也可以大大改善其萃取动力学。研究结果表明，TBP的加入可以导致表面张力增大，其浓度在0～0.5 mol/L时，TBP主要参与形成金属-Versatic 10萃合物，浓度在0.5～1.0mol/L时，TBP更多的是参与形成Ni-LIX63萃合物，使其亲水性变弱，表面活性增强，从而改善其反萃动力学。

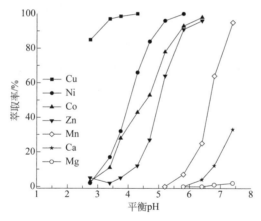

图2-12　0.5mol/L Versatic 10/0.28mo/L LIX63/0.5mol/L TBP三元体系从合成的红土镍矿酸浸液中萃取金属的pH等温线（相比1:1，40℃）

应用该协萃体系从含4g/L Ni^{2+}，0.1g/L Co^{2+}，1g/L Mn^{2+}，10g/L Mg^{2+}，0.7g/L Ca^{2+}和30g/L Cl^-的工厂浸出液中萃取镍钴的半连续工业试验结果表明：经过三级萃取，镍、钴萃取率分别达到99.9%和99.1%以上，用含2g/L镍的溶液在相比5:1和pH=5.6时进行两级洗涤，负载有机相中锰、镁浓度均降到1mg/L，钙浓度降到3mg/L，从而实现镍与锰镁的优良分离。根据该协萃体系的试验结果以及红土镍矿酸溶液的特点，提出了一个全新的直接萃取法从红土镍矿酸浸液中回收钴镍的原则流程，如图2-13所示。

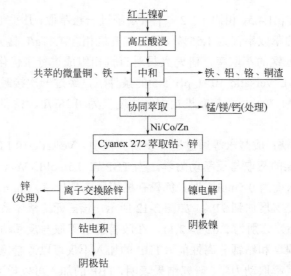

图 2-13 溶剂萃取法从红土镍矿酸浸液中回收镍钴的原则流程

冶金分离科学与工程重点实验室应用此协萃体系对红土壤镍矿酸浸液直接提取镍也进行了较为深入的研究。直接萃镍新工艺原则流程如图 2-14 所示。萃取原料液含镍 4g/L，铁 17g/L，铝 1.6g/L，镁 44g/L，其他金属杂质均为微量。在原料液 pH 2.0、相比 11.25 条件下，采用五级逆流萃取，萃余液中镍浓度低于 0.05g/L，铁萃取率仅为 0.8%，铝、镁几乎不被萃取。负载有机相按相比 6∶1 经四级逆流反萃，反萃液中镍浓度达 40g/L 左右，铁浓度仅为 1g/L，除铁率达 99.41%，其他金属杂质含量如铝、镁、锰、钙、铬等均远低于传统提镍工艺中萃取除杂后得到的电解液的标准。镍的萃取与反萃动力学均很快。

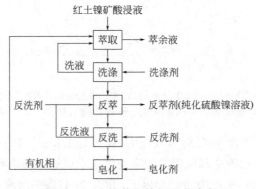

图 2-14 直接萃取镍新工艺流程

（3）钽铌分离

钽铌的溶剂萃取分离自 1956 年应用于生产至今已有五十多年的历史。我国自 1964 年开始在工业生产上采用溶剂萃取法分离钽铌，先后应用过 HF-H$_2$SO$_4$-TBP、

HF-H$_2$SO$_4$-乙酰胺、HF-H$_2$SO$_4$-MIBK、HF-H$_2$SO$_4$-仲辛醇四种萃取分离体系。这四种萃取分离体系都先后生产过高纯钽、铌氧化物，其中乙酰胺和仲辛醇萃取分离体系还具有我国自主知识产权。如今，地处北方的宁夏厂继续使用 MIBK 体系，南方其他各厂都使用仲辛醇体系。这种地域差别与所用萃取剂的物理性质与天气的匹配有关。

钽铌湿法冶炼的过程通常分为四块工序。①分解工序：包括矿石的球磨、氢氟酸分解和矿浆萃取过程，得到负载有机相；②萃取分离过程，习惯称为清萃工序，其产品是铌液与钽液；③钽产品的生产过程，生产 K$_2$TaF$_7$ 或氧化钽，一般称为结晶工序或钽工序；④铌产品的生产过程，包括氨沉淀、压洗、烘干煅烧等过程。而萃取分离工艺过程是纯化、分离钽铌最有效的方法之一，是所有工艺过程中最为关键的部分。

MIBK、仲辛醇萃取分离体系的工艺流程大体相同。整个萃取分离工艺过程分为四段，第一段为钨铌分离段，通常称其为酸洗段，有机相进料，采用分馏萃取过程，用酸洗液将杂质钨从负载有机相中洗掉，贫有机相萃取，以保证钽铌有较高收率。第二段是铌钽分离段，即反铌提钽段，有机相进料，仍采用分馏萃取过程，一般采用试剂硫酸配反铌剂，用精制有机萃取，最大限度地保证钽、铌的分离效果。第三段为反钽段，采用逆流反萃取过程，用纯水反萃钽。第四段是精洗有机段，也称作有机再生段，还是采用逆流反萃取过程，洗液的成分各厂家不一，目的是洗干净贫有机中杂质，避免在铌钽分离段中有机相带进杂质影响铌产品的质量。

MIBK 与仲辛醇都属中性含氧萃取剂，它们对钽铌的萃取机理与过程属离子缔合萃取机理。即钽、铌在 HF-H$_2$SO$_4$ 溶液中，与 F$^-$ 结合成钽、铌的氟配阴离子或氟氧配阴离子；MIBK、仲辛醇在大量的 H$^+$ 的作用形成质子化阳离子，与钽、铌的氟络阴离子作用形成离子缔合体而完成萃取过程。该萃取过程的特点是在高酸度溶液中萃取。在一定的酸度条件下，钽、铌氟配阴离子或氟氧配阴离子以及其他金属的配阴离子在有机相与水相之间进行反复的交换-平衡，再交换-再平衡过程而达到分离；在低酸度条件进行反萃取，使有机相再生。多年的试验与生产表明，仲辛醇在 HF-H$_2$SO$_4$ 同一体系中，对常见金属元素萃取的易萃程度有如下排序规律：Ti < W < Nb < Ta，即钨是该萃取体系所要分离的边界杂质元素，它与铌的分离系数最小，与其他杂质元素相比，其萃取率最高。因此，若钨在该萃取体系内能达到分离要求，则其他杂质元素都可合格。

（4）稀散元素分离

稀散金属主要从冶金、化工、火力发电和机械工业等部门生产过程中的副产品或边角废料中综合回收。例如从铝土矿、铅锌矿、煤、锗石和铁矿中回收镓；从铅矿、铜矿以及其他矿中回收铟和铊；从锗石、铅锌矿、煤、铁矿以及其他矿中提取锗；从阳极泥、酸泥和其他矿物中回收硒和碲；从辉钼矿、铜矿和其他物料中提取铼。溶剂萃取在分离提取稀散金属方面一直吸引着众多的研究者。我国在 20 世纪 70 年代初用 P204 萃取法从油头水的盐酸介质中提取铟和锡，又在焦结氧化锌硫酸介质中用 P204 萃取铟，还从硫酸盐加 NaCl 处理铅浮渣反射炉烟尘浸出液中用 P204 萃取回收了铟，使铟的回收率有很大的提高。在从火法炼铜电收尘烟灰中用 P204 萃取法回收铟时，料液中 In 含量很低（0.01～0.05g/L），而杂质很多（Fe、Zn、As、Cd、Bi、Sb 的总量比 In 高 1000 多倍）。在萃取后，选择 H_2SO_4 + NaCl 混合溶液为洗杂剂，实现了 In 和 Bi 的良好分离，In 富集 800～1000 倍。从反萃取液中，经置换制得了 98%的金属铟。用三烷基胺（R = C_7～C_9）的二(2-乙基己基)磷酸酯二元萃取剂从铅-锌生产的冶金灰尘的浸出后配合物多组分溶液中萃取铟，用稀 H_3PO_4 反萃铟，从锌电解液中排除 Cl^-，改善了电解锌的质量，降低了电耗。确定了 $In_2(SO_4)_3$ + Na_2SO_4 + D2EHMTPA + n-C_8H_{18} + H_2O 萃取体系的热力学平衡和各个热力学量 ΔH、ΔS、ΔG。也研究了用 N503 从盐酸体系萃取分离 Se(IV)和 Te(IV)，用羟基肟 LIX63 和羟基喹啉 Kelex 100 从酸性溶液中萃取回收锗。

20 世纪 80 年代中期，先后合成出新萃取剂二(2-乙基己基)二硫代磷酸、二(2-乙基己基)单硫代磷酸、1-庚基-辛基-二(乙醇胺)（TAB-194）和二(甲基庚基)乙醇胺(TAB-182)等，并研究了这些萃取剂萃取稀散金属及伴生元素离子的情况。最近几年也报道了用胺类萃取剂萃取回收铼（VII）、P5708、P350 萃取分离铟和铁的工艺，以及乳状液膜法提取铟的研究。

（5）锆铪分离

溶剂萃取法是目前工业上分离锆铪的主要方法。所用萃取剂包括 MIBK、TBP、N235、P204 等。其中 MIBK 法具有萃取容量大、锆铪分离效果好、分离系数大等优点，全球约三分之二核级锆的生产均采用 MIBK 法。

MIBK-HSCN 体系：MIBK 为饱和脂肪一元酮，分子式为$(CH_3)_2CHCH_2COCH_3$。在 MIBK 的分子结构中，羰基及邻接的氢原子化学性质非常活泼。MIBK 萃取剂是一种中性含氧类萃取剂，在萃取分离锆铪过程中，萃取机理为配位萃取。在用 MIBK 萃取分离锆铪时，通常都是在硫氰酸盐溶液中，原因主要是锆和铪与 SCN^- 生成配合物的稳定性不同，其中铪与硫氰酸盐的配合能力更大，萃取过程中优先进入有机相，而锆则以硫氰酸盐的形式留在水相，从而实现二者有效分离。在 MIBK-HSCN 体系中，水相加 NH_4SCN，而有机相则用 HSCN 来饱和。锆和铪与 SCN^- 生成配合物的化学反应方程式为：

$$HfO^{2+} + 2SCN^- + H_2O \Longrightarrow Hf(OH)_2(SCN)_2 \qquad (2\text{-}99)$$

$$ZrO^{2+} + 2SCN^- + H_2O \Longrightarrow Zr(OH)_2(SCN)_2 \qquad (2\text{-}100)$$

此外，锆铪的分配比及分离系数都随溶液中 SCN^- 含量的增加而增大。同时，硫酸盐对 MIBK 萃取分离锆铪的能力有促进作用。

通常是先将锆英石在流态化床反应器内加炭直接氯化，得到粗 $ZrHfCl_4$，再将粗 ZrHfCl₄ 转移到 MIBK-HSCN 体系中进行萃取分离,锆铪分离因子能达到 80。MIBK 在水中具有较高的溶解度,溶解损失较大,而且 MIBK 易挥发,容易引起火灾或爆炸,且配合物硫氰酸不稳定,易分解出硫化氢、氢氰酸等有毒气体,对环境污染较大。随后,国内外学者对 MIBK 法进行了一系列的改进,在环境保护和污染物减排上取得了进步。

TBP-HNO₃-HCl 体系:TBP 是一种磷酸酯,是一种中性含氧类萃取剂,萃取分离锆铪机理也为络合萃取。TBP 法是除 MIBK 法以外,工业上用得最多的方法。在用 TBP 萃取分离锆铪时,通常都是在硝酸溶液中,主要是因为锆的离子半径略小于铪,与 NO₃⁻ 的结合能力比铪大,萃取分配比大于铪的萃取分配比。萃取过程中锆以硝酸盐的形式转入有机相中,而铪则留在萃余液中,最终实现锆铪分离。

工业上采用的萃取体系多是 TBP-HNO₃-HCl 体系,此体系中锆铪的分离系数可达到 30。其中,酸根的种类对 TBP 萃取分离锆铪的影响非常明显,如用 20% 的 TBP 溶液分别在硝酸和硫酸溶液中萃取分离锆铪,锆的分配比分别为 4.25 和 2.15,锆铪的分离系数随 TBP 的浓度增大而增大,但高浓度的 TBP 黏度大,不利于分相,一般 TBP 的浓度选在 50% 左右。分配比受锆初始浓度的影响也较大,浓度越大,分配比越小,由于浓度增加,锆离子在水相中易于聚合,使得分配比降低。

TBP 法具有萃取容量大、锆铪分离系数大、产能大等优点。但由于强酸的存在,对设备腐蚀太严重。此外,该工艺最致命的弱点是会产生乳化现象。

N235-H₂SO₄ 体系:我国在 20 世纪 70 年代开始对 N235-H₂SO₄ 体系在萃取分离锆铪方面进行了研究,80 年代又对其进行了改进,90 年代才将其成功应用于工业生产。

具体过程如下:先将锆英石碱溶,再用 N235-H₂SO₄ 进行萃取。N235 萃取剂优先萃取溶液中的锆,经淋洗得到较纯的锆液,后经过多次萃取分离,最终得到核级氧化锆。锆铪分离系数在 3 左右,随着酸浓度的增加,锆铪分离系数急剧增加。通过改变有机相的浓度及组成,例如降低 N235 的浓度,并由 β-支链伯醇代替二辛醇作添加剂;改变洗涤液,用无铪硫酸锆溶液代替纯硫酸作洗涤剂,这样既可得到高质量的产品,也能保证萃取有机相中锆的浓度等。通过改进后,锆的萃取率达到了 94.7%。

N235 法虽具有萃取分相好,劳动环境优良,环境污染小等优点,但由于 N235 萃取容量小,为了更好地分相,需较小浓度的 N235,由此导致萃取设备大,生产车间占地面积大。

P204-H₂SO₄ 体系:由于 P204 在 H₂SO₄ 介质中对铪的萃取能力远大于锆,因此通常用 N235 法萃取分离锆铪制备核级氧化锆的萃余液作 P204 法的原料来制备核级氧化铪。有机相中氧化铪的浓度与原水相中氧化铪的浓度成正比,体系中 P204 的浓度和水相中氧化铪的浓度对分离效果影响较大,萃铪能力随 P204 浓度的增大而增大。考虑到分相效果,P204 的浓度在 10%~15% 为宜,分离效果比较理想,分离系数最小值大于 4.5。P204 法的缺点是萃取所需 P204 的浓度较低，导致萃取设备较大，而且萃取过程中需消耗大量硫酸，因此中和废水所需的碱量也很大。

虽然现有的溶剂萃取法能实现锆铪的有效分离，但仍存在生产周期长、投资较大、"三废"处理难、环境污染严重等缺点，因此成本低、污染小的新型萃取体系是近年来溶剂萃取分离技术的研究热点。

2.4.1.4　污染物的萃取处理和回收

随着环境科学的发展，溶剂萃取法在治理环境污染方面已显示出其独特的功效。用溶剂萃取法处理含重金属废水已进行了广泛研究并有工业规模的应用。例如：在含重金属污染物的处理——铬和铜污泥处理上，可以解决大多数含重金属污染物废水的处理问题。

在电镀厂废水中常含有铬及少量其他有价金属如铜、锌、镉等。为了防止污染环境，许多工厂采用加铁盐等共沉淀的方法将这些金属沉淀下来，使废水达到国家排放标准。然而，处理产生的污泥仍存在着污染问题，对这种成分复杂的电镀厂污泥，可采用溶剂萃取法处理，回收其中的铬和铜。

首先将电镀厂产生的污泥进行氧化酸溶，使 Cr^{3+} 转变为 Cr^{6+}，并使 Cr^{3+}、Cu^{2+}、Fe^{3+} 及其他元素尽可能完全转入溶液，采用高锰酸钾作氧化剂，硫酸作溶剂，加热反应。另外污泥中 Ni、Zn、Cd 等也以硫酸盐形态转入溶液，反应完后过滤，滤液进行萃铬。胺类萃取剂和 TBP 在硫酸体系中均能萃取 Cr^{6+}，高价铬在酸性溶液中一般以 $HCr_2O_7^-$ 或 $Cr_2O_7^{2-}$ 形式存在。用 N235 作萃取剂，按阴离子交换的离子缔合萃取机理进行。在萃取 Cr^{6+} 时，负载有机相不可避免地夹带或少量萃取一些 Fe、Mn、Ni 等杂质，可用温水、稀硫酸、稀盐酸等进行洗涤。

铬的反萃：以 NaOH 溶液作为反萃剂，负载铬的有机相含 Cr 12.4g/L，采用 2～2.5mol/L NaOH 进行反萃，反萃相比 2∶1，温度 30～40℃。反萃液用浓缩结晶法处理，先用 30% H_2SO_4 调整 pH 2～3，然后经二次浓缩结晶，使 Na 以硫酸盐形式结晶除去，即可得到重铬酸钠溶液或晶体，用此法可使铬的回收率达到 96%。

我们针对离子吸附型稀土矿山大量低浓度废水和沉淀渣的处理要求，研究了以伯胺萃取剂为主的萃取分离方法回收稀土并使铝得到循环利用，用于离子吸附型稀土的浸矿，申报了多项专利。这些专利技术不仅可以使废水废渣中的有价元素得到回收，而且解决了环境污染问题，所生产的产品纯度高，更适合于稀土分离企业使用。

2.4.2　有机化合物的萃取与分离

有机化合物的萃取和分离主要应用到有机化工分离、生物制药和环境保护三个方面。

（1）有机化工分离

萃取法的早期应用主要是有机化工中各种产物的分离和纯化。现行的有机化工中仍然使用许多萃取技术来实现各种化工产品的生产。可以参考有机化工和精细有机化学品生产手册。

（2）生物制药

氨基酸稀溶液的萃取分离：氨基酸是具有两性官能团的物质，都含有一个氨基、一个羧基和一个侧基。根据侧基的不同可分成酸性、碱性和中性3类。其突出特点是分子所带电性及其分布可以通过调节pH来调控。

通常采用两种基本形式的离子交换反应来萃取：一种是在低pH下萃取氨基酸阳离子，另一种是在高pH下萃取氨基酸阴离子。酸性磷类萃取剂（如P204）和季铵盐［三辛基甲基氯化铵（TOMAC）］是两种典型的萃取剂。围绕P204萃取氨基酸的研究已经有很多报道，包括不同稀释剂（煤油、正庚烷、正辛醇等）、不同氨基酸、不同萃取剂浓度和氨基酸浓度、不同酸度和离子强度下的萃取平衡常数，为氨基酸的萃取分离奠定了基础。不同氨基酸阴离子和季铵盐萃取剂的离子交换反应平衡常数有较大差异，色氨酸的萃取平衡常数是甘氨酸的260倍。因此，采用萃取方法很容易将它们分离。

赤霉素的萃取：赤霉素是一种重要的植物生长调节剂，具有效果好，用量少，见效快等特点。但其结构复杂，化学合成困难，目前由稻恶苗菌经培养发酵制取。而从发酵液中萃取赤霉素则是该技术的关键。其主要过程和方法是：对发酵液进行预处理，把赤霉素萃取到有机相；通过酸化、过滤去除菌丝体和蛋白，得到清液；清液经真空蒸发浓缩得浓缩液；再用乙酸乙酯进行两级错流萃取，有机相通过蒸发回收乙酸乙酯，浓缩结晶得到产品。

麻黄素的萃取：麻黄是传统的中药材，其药用成分是生物碱，草麻黄中含生物碱1.3%以上。生物碱中的麻黄碱又占总生物碱的60%以上，其次是伪麻黄碱，两者都是肾上腺素药，具有发汗和平咳止喘的功用。临床上多制成盐酸盐使用。其生产方法主要是用甲苯和二甲苯溶剂萃取法从麻黄草浸出液中萃取麻黄碱和伪麻黄碱，随后用草酸反萃取。利用伪麻黄碱-草酸加合物难溶于水，而麻黄碱-草酸加合物溶于冷水的差别达到分离黄麻碱和伪黄麻碱的目的。

（3）环境保护

环境保护领域废水的处理是萃取法应用的主要领域之一，随着环保要求的不断提高，对水质的要求也高，萃取技术的应用也越广泛。

含酚废水的处理：含酚废水来源广泛，这种废水对水生物和农作物都有危害。消除酚害是治理"三废"的重点。酚也是重要的化工原料，其回收利用有经济价值。溶剂萃取是废水脱酚的主要方法，适合于从高浓度含酚废水中回收酚类物质，包括挥发酚和不挥发酚。萃取脱酚的萃取剂主要有苯、重溶剂油、取代乙酰胺N503，乙酸乙酯、异丙醚、苯乙酮、磷酸三甲酚等。其中，N503的萃取效率最高，损耗低、无毒、水溶性小，长期运行不老化。它可以使含酚量在每升几千微升的工业废水降低到每升几百微升或几十微升。因此，一般需要采取萃取加生化处理或加吸附等多级回收方法，使高浓度含酚废水降到允许的排放浓度。

N503萃取酚的机理是形成氢键缔合物，酰基氧与酚羟基上的氢之间形成氢键。

采用碱，例如 NaOH，可以将萃取的酚反萃下来，形成酚钠。反萃后的有机相得到循环使用，含酚钠的溶液通过加入酸或通入二氧化碳酸化而获得粗酚。采用这种方法可以使酚含量由 6500μL/L 下降到 30～40μL/L。

通常的萃取脱酚工艺难以处理低浓度含酚废水，例如 1μL/L 的废水。为此，需要采用可逆的络合反应，利用复合萃取剂，通过 2～3 级错流萃取可以使酚含量下降到 0.5μL/L 以下，达到排放要求。

2.5 串级萃取理论与工艺

萃取工程的实施需要完成以下工作：①确定合适的萃取体系和萃取条件；②选择合适的工艺流程及技术条件；③萃取设备的选择和设计。前面已经讨论了第一个任务的内容，本节着重讨论后面两个任务的内容。

2.5.1 萃取分离的基本过程

萃取分离过程如图 2-15 所示，可分为以下三个步骤。

① 萃取：将待分离混合物水溶液与有机溶剂接触，此时通过相界面发生物质转移，达到平衡后分开；

② 洗涤：使有机萃出液与空白水溶液接触，再次平衡；

③ 反萃取：使被萃取物质从有机相转入水相中。

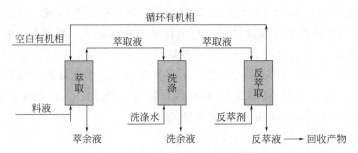

图 2-15 萃取分离的一般过程

将含有被萃组分的水溶液与有机相充分接触，经过一定时间后,被萃取组分在两液相间的分配达到平衡，两相分层后，把有机相与水相分开，此过程称为一级萃取。一般情况下，一级萃取常常不能达到分离、提纯和富集的目的，需经过多级萃取过程，将经过一级萃取的水相与另一份新的有机相充分接触，平衡后再分相，称之为二级萃取。依此类推，将这样的过程反复下去，称为三级、四级、五级等。多级萃取是经过多次的逐级平衡的过程，可以使分离效率倍增。对于较难分离的元素混合物来说，都是采用多级萃取。同样，也不难理解多级洗涤和多级反萃。这种水相与有机相多次接触，大大提高分离效果的萃取工艺称为串级萃取。

多级萃取是在多级萃取器中连续逐级进行的。级数多少，视分离效率而定。在确定了萃取体系和相关条件后的主要任务是考虑用何种方式和设备来实现分离。目前，在稀土萃取分离上广泛使用的是混合澄清槽，如图 2-16 和图 2-17 所示。

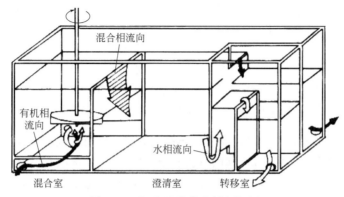

图 2-16　混合澄清萃取槽侧视图

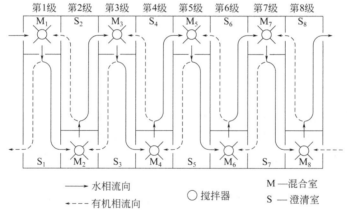

图 2-17　串级萃取槽体的液流方向

2.5.2　串级萃取及方式

无机金属离子，尤其是稀土元素之间由于性质非常类似而难以用单级萃取来实现分离目标。一般是把若干个萃取设备串联起来，有机相和水相多次接触，从而达到提高分离效果的目的。按照有机相和水相流动方式的不同可以分为错流萃取、逆流萃取、分馏萃取、回流萃取等，其中应用最广的是分馏萃取。对于 A、B 两组分分离体系，一般令 A 为易萃组分，进入有机相；B 为难萃组分，留在水相的趋势大。下面分别就几种基本的萃取流动方式及特点进行讨论。

2.5.2.1　错流萃取

如图 2-18 所示，一份新鲜料液与一份新鲜有机相混合萃取，完成一次萃取平衡。分相后，萃取相中含有被萃取的易萃组分 A，用于回收 A 和有机溶剂。萃余液中含

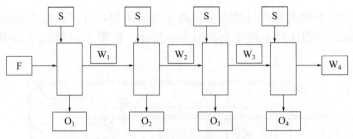

图 2-18　错流串级萃取示意图

F—料液；S—新鲜有机相；W—萃余液；O—萃取液

有 B 及未被完全萃取的 A，将其继续与新鲜有机相进行第二级萃取，A 继续被萃取，依次类推，每次萃取消耗一份新鲜有机相，产生一份主要萃取有 A 的萃取相和一份含 A 更少的、B 的纯度更高的萃余液。为了保证 B 的纯度，应使 A 尽量进入有机相，此时，B 也或多或少会进入有机相而损失。因此，对于 A/B 两组分体系，当分离系数 β 很大时可得纯 B，但收率低，有机相消耗大。

错流萃取的萃余分数公式：

$$\Phi_1 = C_1/C = 1/(1+E) \tag{2-101}$$

$$\Phi_N = C_1/C = 1/(1+E)^N \tag{2-102}$$

2.5.2.2　逆流萃取

错流萃取中每次萃取都要消耗一份新鲜有机相，浪费大。在逆流萃取中，则主要将后一级的有机相返回来作为其前一级的新鲜有机相使用，并使两个液相作逆向流动和依次相互接触萃取。如图 2-19 所示，新鲜有机相从右边最后一级进，料液从左边第一级进，依次作相向逆流接触。萃取有机相从进料级出，而萃余水相从新鲜有机相进口级出。在这种操作方式下，β 不大时也可得纯 B，有机相消耗不大，但收率低。对于逆流洗涤，则得到的是纯 A。

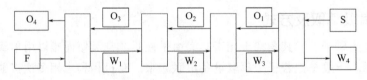

图 2-19　逆流萃取示意图

F—料液；S—新鲜有机相；W—萃余液；O—萃取液

其萃余分数为：

$$\Phi_A = [A]_1/[A]_F \tag{2-103}$$

$$\Phi_B = [B]_1/[B]_F \tag{2-104}$$

定义 B 的纯化倍数 b，则：

$$b = \frac{\text{水相出口中B与A的浓度比}}{\text{料液中B与A的浓度比}} = \frac{[B]_l / [A]_l}{[B]_F / [A]_F} = \frac{[B]_l / [B]_F}{[A]_l / [A]_F} = \frac{\Phi_B}{\Phi_A} \quad (2\text{-}105)$$

产品 B 的纯度 P_B 是出口水相中 B 的浓度$[B]_l$与总金属浓度之比：

$$P_B = \frac{[B]_l}{[B]_l + [A]_l} = \frac{[B]_l / [A]_l}{[B]_l / [A]_l + 1} = \frac{b[B]_F / [A]_F}{b[B]_F / [A]_F} = \frac{b_B}{b + (A)_F / (B)_F} \quad (2\text{-}106)$$

逆流萃取的基本公式：

$$\Phi_A = \frac{(A)_l}{(A)_F} = \frac{E_A - 1}{E_A^{n+1} - 1} \quad (2\text{-}107)$$

$$\Phi_B = \frac{(B)_l}{(B)_F} = \frac{E_B - 1}{E_B^{n+1} - 1} \approx 1 - E_B \quad (2\text{-}108)$$

$$\beta_{A/B} = \frac{E_A}{E_B} = \frac{D_A R}{D_B R} = \frac{D_A}{D_B} \quad (2\text{-}109)$$

如果：

$$E_A = \sqrt{\beta}, E_B = \frac{1}{\sqrt{\beta}} = \frac{1}{E_A} \quad (2\text{-}110)$$

则

$$n = \frac{\lg b}{\lg E_A} = \frac{2\lg b}{\lg \beta} \quad (2\text{-}111)$$

2.5.2.3　分馏萃取

分馏萃取的串级方式是把一组逆流萃取与一组逆流洗涤合并为一个整体，并使料液从它们之间的一级（n 级）进入。如图 2-20 所示，从第一级到第 n 级可看成是逆流萃取，从第 n 级到第 $n+m$ 级则为逆流洗涤。前一段称为萃取段，主要任务是把易萃组分 A 萃入有机相，而 B 组分留在水相，因此，A 的萃取比需大于 1，而 B 的萃取比应小于 1。后一段称为洗涤段，目的是要把萃入有机相的 B 组分洗下来并送回萃取段。所以，当 β 不大时也可得纯 A 和纯 B，而且收率高。纯 A 从 $n+m$ 级有机相出口，纯 B 则从第 1 级水相出口。新鲜有机相从第一级进入，而洗涤液从第 $n+m$ 级进入。

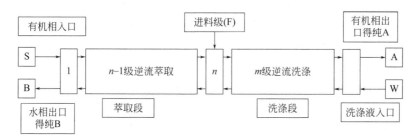

图 2-20　分馏萃取示意图

F—料液；S—新鲜有机相；W—洗涤液；A—萃取液；B—萃余液

2.5.2.4 回流萃取

一般来讲，在出口级的组分配分中一个组分接近 100%，而另一组分的含量很低。此时，两组分之间的分离系数比萃取段或洗涤段的要小很多。为了进一步提高纯度,需要增加更多的萃取级数。为克服这一缺点，采用了回流的萃取方法。即在分馏萃取中把空白有机相改为含纯 B 的有机相，或把洗涤液改为含纯 A 的洗液。如图 2-21 所示，当 β 很小时，可利用纯组分回流的方法来进一步提高纯度。在用酸性萃取剂萃取时，新鲜有机相多半是皂化的有机相。采用回流萃取时，可以用高纯的 B 来皂化。

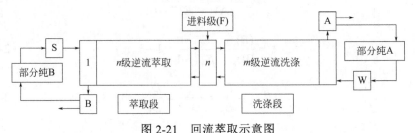

图 2-21　回流萃取示意图

F—料液；S—新鲜有机相；W—洗涤液；A—萃取液；B—萃余液

2.5.3　串级萃取理论

串级萃取理论是研究待分离物在两相之间的分配（或浓度）随流比、浓度、酸度等工艺条件的变化而变化的规律。建立分离效果和收率与级数、流比、分离系数等因素之间的关系，从而达到指导生产的目的。在前面讨论错流萃取和逆流萃取时实际上已经给出了它们的串级萃取理论的主要结论，即萃余分数公式及级数计算公式。下面主要讨论分馏萃取的串级萃取理论，这是实际应用中的主体。

2.5.3.1 概述

20 世纪 70 年代，北京大学徐光宪教授提出了串级萃取理论，为稀土溶剂萃取分离工艺的优化设计奠定了理论基础。在徐光宪先生的指导下，以李标国、金天柱、王祥云、严纯华、高松、廖春生为代表的两代研究者将计算机技术引入了串级萃取分离工艺最优化参数的静态设计和动态仿真验证,在 80 年代末实现了理论设计到实际工业生产应用的"一步放大"，促进了中国稀土工业的快速发展。至 90 年代，串级萃取理论从两组分体系拓展到多组分体系，从两出口工艺拓展到三出口和多出口工艺，适用范围也从恒定混合萃取比体系发展到非恒定混合萃取比体系，广泛适用于轻、中、重全部稀土元素的串级萃取工艺参数设计和流程优化。进入 21 世纪，化工过程的环境效应受到了前所未有的关注，降耗减排也成为稀土分离工艺的重要发展方向。近年来最新发展的联动萃取工艺在工业实践中取得了良好效果，已广泛应用于中国稀土分离行业。严纯华等已对北京大学在稀土分离理论及工业实践方面的工作进行了较为全面的综述，这里摘录了他们在阐述串级萃取理论在联动分离工艺设计的极值公式和流程优化研究方面的最新进展。

（1）串级萃取理论的提出和普及

早期适用于萃取体系理论分析的主要是 Alders 提出的分馏萃取理论，但该理论假定易萃组分和难萃组分在各级萃取器的萃取比分别恒定，这与稀土实际生产的工艺情况偏差较大，不能解决稀土分离工艺设计参数的计算问题。北京大学徐光宪教授通过合理假设和严密的数学推导，得到了分馏萃取过程的极值公式、级数公式、最优萃取比方程等一系列稀土萃取分离工艺设计中基本工艺参数的计算公式，建立了串级萃取理论。该理论在 1976 年包头召开的第一次全国稀土萃取化学会议上首次提出即引起极大关注。1977 年，北京大学在上海举办的主要面向我国稀土分离技术人员的"全国稀土串级萃取理论与实践讨论会"上对该理论做了系统、全面的介绍，之后，串级萃取理论迅速在全国推广应用，成为稀土分离工艺参数的基本设计方法，推动了中国稀土分离技术的快速发展。

（2）串级萃取理论的一步放大

串级萃取理论给出的分离工艺参数与工业实践结果完好符合，计算机技术的发展又使复杂化工过程的模拟仿真计算成为可能。徐光宪教授的团队适时提出了稀土串级萃取过程静态逐级计算和动态模拟计算方法，实现了两组分、三组分、多组分串级萃取分离体系的系列静态设计和动态计算。该方法可代替耗时费工的串级萃取"分液漏斗法"实验获取仿真数据。

实践表明，静态设计和动态计算可取代用于摸索、验证和优化工艺参数的串级萃取小试、中试和扩大试验，使新工艺参数可由计算机设计直接放大到实际生产规模，实现了萃取新流程从设计到工业应用的"一步放大"，大大缩短了萃取工艺从研究到应用的周期，节省了大量的试验投资，还能对已有工艺进行优化改造，提高生产效率和产品质量，并为在线监测和自动控制提供依据和指导。北京大学采用"一步放大"技术，先后为上海跃龙化工厂、广州珠江冶炼厂和包钢稀土三厂等稀土骨干企业设计并实施了稀土萃取分离新流程，分别建立了以"三出口"为主体工艺的新流程。自此，"一步放大"技术成为我国稀土分离生产线建设和改造的基本方法，加速了我国稀土分离技术的全面革新，对我国迅速成为国际稀土生产大国，打破美国、法国等国外生产商对稀土国际市场的垄断起到了关键作用。

（3）非恒定混合萃取比体系

由于 P507 体系随着被萃稀土元素原子序数的增加，萃取平衡常数随之增加，体系水相平衡酸度也随之提高，影响了整个分离体系有机相和水相稀土浓度，导致重稀土体系偏离"恒定混合萃取比"假设。为提高重稀土设计工艺的合理性，廖春生深入研究了现行萃取剂体系萃取平衡反应机制，将单一组分的反应平衡常数引入萃取平衡过程的计算，建立了非恒定混合萃取比体系的工艺设计方法。该方法使串级萃取理论同时适用于恒定混合萃取比体系和非恒定混合萃取比体系，提高了理论的通用性。

串级萃取理论的这一拓展在重稀土分离、不皂化萃取、反萃取过程，以及稀土与非稀土分离等方面具有重要的理论指导作用。非恒定混合萃取比体系设计方法和计算结果有助于加强对萃取分离过程的认知。比如，萃取有机相反萃取过程的计算结果纠正了关于稀土反萃取方面的一些传统认识，为高纯稀土产品和单一重稀土产品生产中反萃取困难问题的解决提供了重要依据；再如，将相转移催化原理引入萃取分离过程，利用均相反应与界面反应平衡的差异调整萃取平衡常数，可适应不同分离目的的实现。

2.5.3.2 分馏萃取的基本关系式

（1）基本假设

① 两组分体系：把多组分体系中的被分离对象按萃取能力分为 A、B 两个组分，其中更易进入有机相的（E 大于 1）元素为易萃组分 A，更易留在水相的（E 小于 1）的元素为难萃组分 B。通过萃取条件的控制可以有目的地使一些元素为易萃组分，而其他的为难萃组分。

② 平均分离系数：假设在萃取段和洗涤段的分离系数分别恒定，即

$$\beta_{A/B} = \frac{E_A}{E_B} \quad \beta'_{A/B} = \frac{E'_A}{E'_B} \quad\quad (2\text{-}114)$$

③ 恒定混合萃取比：假定在萃取段和洗涤段的混合萃取比分别恒定。

④ 恒定流比：假定水相和有机相的流量比恒定。

（2）物料平衡

在分馏萃取中各级萃取槽中金属总量和组分 A 和 B 的浓度或量的分布值如图 2-22 所示。料液中 A、B 组分的摩尔分数（或质量分数）分别为 f_A 和 f_B，则：$f_A + f_B = 1$。根据物料平衡关系有：$M_1 + M_{n+m} = 1$。

定义水相出口分数为 $f'_B = \frac{M_1}{M_F} = \frac{f_B Y_B}{P_{B_1}}$；有机相出口分数为；$f'_A = \frac{M_{n+m}}{M_F} = 1 - f'_B$。

当两头同时为高纯产品时，可近似认为：$P_{B_1} = 1$，$P_{A_{n+m}} = 1$，$Y_A = 1$，$Y_B = 1$，$f'_A = f_A$，$f'_B = f_B$。

级别	1		i		n		j		$n+m$	
萃取剂进口	$\frac{\overline{A_1}}{\overline{B_1}}$ $\overline{M_1}$		$\frac{\overline{A_i}}{\overline{B_i}}$ $\overline{M_i}$		$\frac{\overline{A_n}}{\overline{B_n}}$ $\overline{M_n}$		$\frac{\overline{A_j}}{\overline{B_j}}$ $\overline{M_j}$		$\frac{\overline{A_{n+m}}}{\overline{B_{n+m}}}$ $\overline{M_{n+m}}$	有机相出口
水相出口	A_1 B_1 M_1		A_i B_i M_i		A_n B_n M_n		A_j B_j M_j		A_{n+m} B_{n+m} M_{n+m}	洗液进口

料液进口（位于 n 级上方）

图 2-22 分馏萃取各级槽体中的物料分配

① 操作线方程:

洗涤段:
$$M_{j+1} = \bar{M}_j - \bar{M}_{n+m} \quad j=n+1, \cdots, n+m-1 \tag{2-113}$$

萃取段:
$$M_{i+1} = \bar{M}_i + M_1 \tag{2-114}$$

对于 A 和 B 也有类似的方程。

② 纯度平衡线方程:表示平衡两相之间 A 组分纯度的关系。

如有机相 A 组分的纯度随水相中 A 组分的纯度而变化的关系式为:

$$\bar{P}_A = \frac{\beta P_A}{1+(\beta-1)P_A} \tag{2-115}$$

或者说已知有机相中 A 组分的纯度,可以由下式求出水相中 A 组分的纯度:

$$P_A = \frac{\bar{P}_A}{\beta-(\beta-1)\bar{P}_A} \tag{2-116}$$

对于 B 组分,也有类似的公式:

$$\bar{P}_B = \frac{\beta \bar{P}_B}{1+(\beta-1)\bar{P}_B} \tag{2-117}$$

$$P_B = \frac{P_B}{\beta-(\beta-1)P_B} \tag{2-118}$$

③ 纯度平衡线与操作线的交点:在萃取段,当 A 组分的纯度足够大时,纯度平衡线与操作线相交,其交点坐标为:

$$P_A^* = \frac{\beta E_M - 1}{\beta - 1} \tag{2-119}$$

在洗涤段,当 B 组分的纯度足够大时,纯度平衡线与操作线相交,其交点坐标为:

$$\bar{P}_B^* = \frac{\beta'/E_M' - 1}{\beta' - 1} \tag{2-120}$$

(3)基本参数及关系式

① 萃取量、洗涤量、萃取比、回萃比、回洗比。有机相各级中的最大金属量称为最大萃取量,以 S 表示,通常在进料级附近达到最大萃取量。洗涤段水相各级金属量最大者称最大洗涤量,以 W 表示,通常在 $n+1$ 级达到最大洗涤量。由洗涤段的物料平衡得:$W = S - \bar{M}_{n+m}$(水相进料)

定义 $J_W = W/\bar{M}_{n+m}$ 为回洗比,则洗涤段萃取比 $E_M' = S/W = 1+1/J_W$。

萃取段各级水相中的金属量除第一级外接近一致,以 L 表示,由物料平衡可得:

$$L=S+M_1（水相进料）=W+\bar{M}_{n+m}+M_1=W+1$$

定义 $J_S=S/M_1$ 为回萃比。萃取段的萃取比等于：

$$E_M=S/L=S/(S+M_1)=J_S/(1+J_S)$$

而 E_M 与 E_M' 之间是相互关联的，其关系为：

$$E_M'=\frac{S}{W}=\frac{E_M M_1/M_F}{M_1/M_F-(1-E_M)} \tag{2-121}$$

最后得：

$$E_M'=\frac{E_M f_B'}{E_M-f_A'} \quad（水相进料） \tag{2-122}$$

② 纯化倍数。

$$a=\frac{有机相出口中A与B的浓度比}{料液中A与B的浓度比}=\frac{[A]_{n+m}/[B]_{n+m}}{[A]_F/[B]_F}=\frac{P_{A_{n+m}}/P_{B_{n+m}}}{f_A/f_B} \tag{2-123}$$

$$b=\frac{水相出口中B与A的浓度比}{料液中B与A的浓度比}=\frac{[B]_1/[A]_1}{[B]_F/[A]_F}=\frac{P_{B_1}/P_{A_1}}{f_A/f_B} \tag{2-124}$$

总纯化倍数为：

$$ab=\frac{P_{A_{n+m}}P_{B_1}}{(1-P_{A_{n+m}})(1-P_{B_1})} \tag{2-125}$$

通常 a、b 均远远大于1。

③ 收率、纯度及其关系：

$$\Phi_A=\frac{a-1}{ab-1}=\frac{a}{ab}=\frac{1}{b};\quad \Phi_B=1-\frac{b-1}{ab-1}=1-\frac{1}{a} \tag{2-126}$$

$$Y_A=\Phi_B=1-\frac{b-1}{ab-1}=1-\frac{1}{a};\quad Y_B=1-\Phi_A=1-\frac{a-1}{ab-1}=1-\frac{a}{ab}=1-\frac{1}{b} \tag{2-127}$$

对于两组分体系，分离指标有四个，即 Y_A、Y_B、$P_{A_{n+m}}$、P_{B_1}。

其中只有两个是自由变量，已知其中任何两个，则另外两个应由上述关系式求出。同时求出的还有纯化倍数 a、b 两个参数。

④ 出口分数。更进一步，可以求出水相和有机相出口分数：

$$f_B'=\frac{f_B Y_B}{P_{B_1}},\quad f_A'=\frac{f_A Y_A}{P_{A_{n+m}}} \tag{2-128}$$

（4）串级萃取工艺的计算

① 水相进料和有机相进料的物料平衡比较。图 2-23 对比列出了水相进料和有机相进料的物料平衡及萃取比计算式：

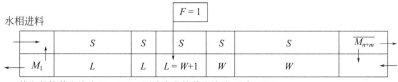

萃取段的萃取比为 $E_M = S/L$，而洗涤段的萃取比为 $E_M' = S/W$

萃取段的萃取比为 $E_M = S/W$，而洗涤段的萃取比为 $E_M' = (S+1)/W$

图 2-23　水相进料和有机相进料的物料平衡比较及萃取比计算式

萃取段和洗涤段的物质是相互交流的，它们的萃取比中只有一个是自由变量，已知其中一个则可依下面的关系式计算另一个：

$$E_M' = \frac{1 - E_M f_A'}{f_B'} \quad （有机相进料） \tag{2-129}$$

$$E_M' = \frac{E_M f_B'}{E_M - f_A'} \quad （水相进料） \tag{2-130}$$

在正常的萃取过程中，萃取设备是确定的，工人操作的主要任务是控制和调节料液进料速度、有机相进料速度和洗涤液进料速度，即控制它们的流量，从哪一级进，从哪一相进。这些参数都需要由技术人员或工艺设计人员根据分离要求预先设计和计算好。串级萃取工艺的设计和计算的主要任务是：根据原料中的元素配分和对产物的纯度和收率要求，从经济效益出发，确定合适的萃取比和萃取级数，进而为操作工人提供一套可行的操作方法和操作规程。为此，需了解和熟悉相应的计算和设计方法。

② 最小（大）萃取比方程。决定一条分离线是否能达到分离效果和运行成本的主要因素是萃取比的选择。围绕这一问题，推导出了相应的最小（大）萃取比方程和最优萃取比方程。前一类方程是指萃取体系中要使 A、B 两组分有分离效果所必须满足的萃取比。

对于水相进料有：

$$(E_M)_{min} = \frac{(\beta f_A + f_B) f_A}{\beta f_A} = f_A + f_B / \beta \tag{2-131}$$

实际的取值范围是：

$$(E_M)_{min} < E_M < 1 \tag{2-132}$$

相应地，洗涤段的最大萃取比方程为：

$$(E_M')_{max} = \beta f_A + f_B \tag{2-133}$$

实际的取值范围是：

$$1 < E_M' < (E_M')_{max} \tag{2-134}$$

还有对应的最小回萃比：

$$J_S \geqslant (E_M)_{min} / [1 - (E_M)_{min}] \approx \frac{\beta f_A + f_B}{f_B(\beta - 1)} \tag{2-135}$$

$$S > (S)_{min} = 1/(\beta - 1) + f_A \tag{2-136}$$

$$W > (W)_{min} = 1/(\beta - 1) \tag{2-137}$$

对于有机相进料有：

$$(E_M)_{min} = \frac{1}{\beta f_A + f_B} \tag{2-138}$$

实际的取值范围是：$(E_M)_{min} < E_M < 1$

相应地，洗涤段的最大萃取比方程为：

$$(E_M')_{max} = \frac{1}{f_B + f_A / \beta} \tag{2-139}$$

实际的取值范围是：$1 < E_M' < (E_M')_{max}$

还有对应的最小回萃比：

$$J_S \geqslant (J_S)_{min} = (E_M)_{min} / [1 - (E_M)_{min}] \approx \frac{1}{f_B(\beta - 1)} \tag{2-140}$$

$$S > (S)_{min} = (J_S)_{min} f_B = 1/(\beta - 1) \tag{2-141}$$

$$W > (W)_{min} = (S)_{min} + f_B = f_B + 1/(\beta - 1) \tag{2-142}$$

③ 最优萃取比方程。最优萃取比方程是指萃取分离达到经济效益最好的萃取比。对于不同的工厂可以有不同的最优化标准。但对于以一定设备和质量指标要求下的产量最大化要求来说，其最优化方程是：

萃取段控制的萃取线（料液中 B 为主要成分，水相出口产品 B 为高纯产品）：

$$E_M = \frac{1}{\sqrt{\beta}} \tag{2-143}$$

$$J_S = \frac{E_M}{1 - E_M} = \frac{1}{\sqrt{\beta} - 1} \tag{2-144}$$

洗涤段控制的萃取线（料液中 A 为主要成分，有机相出口产品 A 为高纯产品）：

$$E'_M = \sqrt{\beta'} \tag{2-145}$$

$$J_W = \frac{1}{E'_M - 1} = \frac{1}{\sqrt{\beta'} - 1} \tag{2-146}$$

在串级萃取工艺中，固定萃取级数不变，则回萃比或回洗比越大，被分离物在萃取器中循环分配的机会增加，分离效果越好，产品越纯，但出口量小，产量小。为了保证 B 的纯度，回萃比应该满足 J_S 式的计算结果值；如果要保证 A 的纯度，回洗比应该满足 J_W 式的计算结果值。

但在同一条分离线上，J_S 和 J_W 不是独立变量，为同时满足两个产品的要求，必须取其中较小者。当 J_S 较小时，则取 J_S 的计算公式来计算，并以此结果根据 J_S 与 J_W 的关系式求出对应的 J_W 值，而不能直接用 J_W 的关系式来计算。此时，称为萃取段控制。相反地，当 J_W 较小时，则取 J_W 的计算公式来计算，并以此结果根据 J_S 与 J_W 的关系式求出对应的 J_S 值，而不能直接用 J_S 的关系式来计算。此时，称为洗涤段控制。

实际上，我们不需先分别计算 J_W 和 J_S 值，再进行比较。而是根据下面的方法来进行判断。

对于水相进料，当 $f'_B > \dfrac{\sqrt{\beta}}{1 + \sqrt{\beta}}$ 时，为萃取段控制；

当 $f'_B < \dfrac{\sqrt{\beta}}{1 + \sqrt{\beta}}$ 时，为洗涤段控制。

对于有机相进料，当 $f'_B > \dfrac{1}{1 + \sqrt{\beta}}$ 时，为萃取段控制；

当 $f'_B < \dfrac{1}{1 + \sqrt{\beta}}$ 时，为洗涤段控制。

因此，萃取比的确定和计算可以根据水相出口分数的大小和相应的最优萃取比方程分三种情况来计算。

a. 萃取段控制：

当 $f'_B > \dfrac{\sqrt{\beta}}{1 + \sqrt{\beta}}$（水相进料）或 $f'_B > \dfrac{1}{1 + \sqrt{\beta}}$（有机相进料）时，为萃取段控制。

则用萃取段控制的最优化萃取比方程计算：$E_M = \dfrac{1}{\sqrt{\beta}}$

再根据 E_M 和 E'_M 之间的关系式求 E'_M：

$$E'_M = \frac{E_M f'_B}{E_M - f'_A} \text{（水相进料）}; \quad E'_M = \frac{1 - E_M f'_A}{f'_B} \text{（有机相进料）}$$

b．洗涤段控制：

当 $f'_B < \dfrac{\sqrt{\beta}}{1+\sqrt{\beta}}$（水相进料）或 $f'_B < \dfrac{1}{1+\sqrt{\beta}}$（有机相进料）时，为洗涤段控制。

则用洗涤段控制的最优化萃取比方程计算： $E'_M = \sqrt{\beta'}$

再根据 E_M 和 E'_M 之间的关系式求 E_M：

$$E_M = \frac{E'_M f'_A}{E'_M - f'_B} \text{（水相进料）}; \quad E_M = \frac{1 - E'_M f'_B}{f'_A} \text{（有机相进料）}$$

c．临界状态：

当 $f'_B = \dfrac{\sqrt{\beta}}{1+\sqrt{\beta}}$（水相进料）或 $f'_B = \dfrac{1}{1+\sqrt{\beta}}$（有机相进料），时：

$$E_M = \frac{1}{\sqrt{\beta}}, \quad E'_M = \sqrt{\beta'}$$

此时，计算的萃取比太接近于它们的最小萃取比或最大萃取比，分离效果不好。实际取值为稍大于最小萃取比或稍大于最大萃取比的计算值。水相进料与有机相进料时槽体中的物料分布比较见图 2-24。

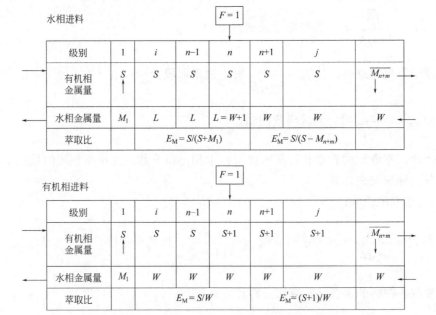

图 2-24　水相进料与有机相进料时槽体中的物料分布比较

④ 极值公式（最小或最大萃取比方程）及其应用。由于最优化的标准不同，因此，按上述最优化方程计算所确定的萃取比不一定就能满足所有工厂的要求。实际上，满足最小或最大萃取比方程要求的任何一套参数均可实现分离目标，只是投资大小和生产成本有所不同。所以，在实际工作中我们希望有多套方案可供选择。为此，我们可以采用一种较简单的方法来计算。

在最小或最大萃取比方程的讨论中，当两头均为高纯产品时，对于水相进料，W_{min} 是一常数，为 $1/(\beta-1)$；对于有机相进料，S_{min} 是一常数，也为 $1/(\beta-1)$。它们均与料液组成无关。而实际的取值一般都要比用该式计算的结果要大些，因此，我们可以对以下两个公式进行适当的改造，引入一系数 k 作为 β 的指数，其取值范围在 $0 \sim 1$ 之间。

$$W > (W)_{min} = 1/(\beta-1)$$

$$S > (S)_{min} = (J_S)_{min} f_B = 1/(\beta-1)$$

水相进料时有：

$$W = \frac{1}{\beta^k - 1} \quad\quad (2\text{-}147)$$

$$(E_M)_{min} = f_A + f_B / \beta^k \quad\quad (2\text{-}148)$$

$$(E'_M)_{max} = \beta^k f_A + f_B \quad\quad (2\text{-}149)$$

实际计算的方法是：设 k 为一具体值，如常取 $k=0.7$，按式（2-147）计算 W，再根据 $S = W + f'_A$ 计算出 S 值，则有：

$$E_M = S/(W+1); \quad\quad E'_M = S/W$$

有机相进料时有：

$$S = \frac{1}{\beta^k - 1} \quad\quad (2\text{-}150)$$

$$(E_M)_{min} = \frac{1}{\beta^k f_A + f_B} \quad\quad (2\text{-}151)$$

$$(E'_M)_{max} = \frac{1}{f_B + f_A / \beta^k} \quad\quad (2\text{-}152)$$

设 k 为一具体值，如常取 $k=0.7$，按式（2-150）计算 S，再根据 $W = S + f'_B$ 计算出 W 值，则有：

$$E_M = S/W; \quad\quad E'_M = (S+1)/W$$

k 取每一值时，就可以计算出一套相应的参数。

⑤ 级数计算公式。有近似公式和精确计算公式：

$$n = \frac{\lg b}{\lg \beta E_M} \qquad (2\text{-}153)$$

$$m+1 = \frac{\lg a}{\lg \beta' / E_M'} \qquad (2\text{-}154)$$

$$n = \frac{\lg b}{\lg \beta E_M} + 2.303 \lg \frac{P_A^* - P_{A_1}}{P_A^* - P_{A_n}} \qquad (2\text{-}155)$$

$$m+1 = \frac{\lg a}{\lg \beta' / E_M'} + 2.303 \lg \frac{\overline{P}_B^* - \overline{P}_{B_{n+m}}}{\overline{P}_B^* - \overline{P}_{B_n}} \qquad (2\text{-}156)$$

其中：

$$P_A^* = \frac{\beta E_M - 1}{\beta - 1} ; \quad \overline{P}_B^* = \frac{\beta' / E_M' - 1}{\beta' - 1}$$

⑥ 流比的计算。在上述计算中，S 和 W 量的计算都是以进料量为 M_F=1 为基础来进行的。假设料液中金属离子浓度为 c_F，有机相中的负载金属浓度为 c_S，洗涤酸的浓度为 c_H。当 M_F=1mmol/min，每分钟需加入的料液体积 V_F、洗液体积 V_W 和有机相体积 V_S 分别为：V_F=1/c_F，V_W=nW/c_H（n 为反萃 1mol 金属所需酸的当量数，对稀土而言一般为 3），V_S=S/c_S。定义以 V_F 为基础的流量比为流比，即 $V_F : V_S : V_W$=1:$V_S/V_F : V_W/V_F$。

实际的进料量是根据生产要求计算出来的，如年处理 1000t 氧化稀土的萃取分离线，按 300 个工作日计算，每天的处理量达 3.34t。按平均分子量 150g/mol 计算，合 22267mol，每分钟的进料量为 15.5mol。料液浓度为 1mol/L 时，每分钟的进料体积为 15.5L。根据上面所计算的流比，每一项均乘以 15.5 即得实际所需的流量。有了上述数据，还可以计算出每一级萃取槽中有机相或水相中的金属量或浓度，为操作过程的实时监测提供依据。

（5）串级萃取的计算机模拟与一步放大

计算依据：萃取平衡方程式和物料平衡关系

如：

$$\beta_{A/B} = \frac{Y_A X_B}{Y_B X_A} \qquad (2\text{-}157)$$

$$S = Y_A + Y_B; \quad W = X_A + X_B; \quad M_A = X_A + Y_A; \quad M_B = X_B + Y_B$$

式中，$B_{A/B}$、S、W、M_A、M_B 等均为已知值，由上述各式可得到一个 X 的一元二次方程式：

$$aX^2 + bX + c = 0 \tag{2-158}$$

X 可以是 X_A、X_B、Y_A、Y_B 中的任一个量。

令 $X = X_A$ 则:

$$a = \beta - 1 \tag{2-159}$$

$$b = (\beta - 1)(S - M_A) + M_T \tag{2-160}$$

$$c = (S - M_T)M_A \tag{2-161}$$

$$M_T = M_A + M_B \tag{2-162}$$

X 有两个根,其中以 $M_A > X > 0$ 为真根。将求得的 X_A 代入上面各式中求出平衡时 A、B 在两相中的量 Y_A、Y_B、X_B。

萃取操作的模拟(计算程序的设计):

两种程序:一是从第一级开始逐步向 n 级,再向 $n+m$ 级计算;二是从进料级开始分别向两头计算。

例如,以第 1 级为起始级,按规定的参数,首先确定第 1 级水相的 A、B 量,然后根据物料平衡和单级萃取平衡计算出有机相中的 A、B 的量。接着就可直接计算下去。随 i 的增大,各级中 A_i/B_i 随之增大,当第 i 级和 $i+1$ 级的 A、B 的量符合 $A_i/B_i < f_A/f_B < A_{i+1}/B_{i+1}$ 时就完成了对萃取段的计算,并令 $N = i$ 为萃取段所需的级数。接着以 $N+1$ 级为洗涤段的第一级,按上述方法逐级计算,以有机相中 A、B 组分的比值确定其纯度,当达到出口产品的纯度要求时所需的级数即为洗涤段所需的级数 M。总级数为 $N+M$。

2.5.4 稀土串级萃取工艺的应用与提升

2.5.4.1 以提高分离能力、降低原料消耗为目的的技术进步

串级萃取理论的提出与实践,推动了稀土萃取分离的大规模工业应用。但在工业化的设计和建设过程中,在分离系数取值和级效率的设置上都采用了保守的方法。使设计的级数和工艺参数远超过实际所需,运行成本高。所以,在早期设计和建设的一大批生产线中,尽管设计时采用的是最佳设计或最优化方程,但实际上并不一定达到最佳化要求。多数情况下是消耗较高,产能偏小。在经历了计算机模拟一步放大技术的应用之后,人们对串级萃取分离技术的了解更深入,加上现场技术人员长期的工作积累,经验越来越丰富。随着分离能力的不断扩大,产品价格急剧下降,促使工厂的技术人员想办法来扩大生产能力和降低生产成本。从 20 世纪 90 年代以来,发展了以生产现场检测数据为依据的串级萃取分离工艺优化方法。最为简单的是以出口前几级槽体中产品纯度的监测结果为依据,逐步降低萃取比或降低回萃比、回洗比来提高设备的产量。这种方法一般都能取得较好的结果,可以使生产能力大增,成本下降。

在串级萃取工艺的设计与建设中,起初人们都是把一条分离线独立起来进行考

虑的。而且，为了保证某一产品的纯度，一般不会让不同分离线的设备和萃取有机相交叉使用。这无形之中导致了部分物质和能量的浪费。随着竞争的进一步加剧，产品规格和品种增多，人们开始从系统工程的角度来重新考虑原来的工艺，以及它们之间如何协调的问题。以降低分离成本，提高整体分离效益为目的，对萃取分离过程进行了一些技术改进，包括：

（1）洗酸、反酸共用技术

洗酸是从分馏萃取的洗涤段加入的以反萃 B 组分为目的的低浓度酸，而反酸是用于将萃取有机相中的所有稀土 A 组分反萃下来的较高浓度的酸，反萃液用于回收 A。由于反酸的酸度较洗酸的酸度高，甚至在反萃液中的过量酸比洗酸的浓度还高。这些酸的存在对稀土 A 的沉淀和回收是不利的，作进一步分离的料液也不符合要求，需预先中和，所以消耗增加了许多。将反萃液用作洗酸，反萃的稀土不从原来的反萃段出，而是到分馏萃取的洗涤段出，这样，可以保证料液中稀土浓度高而酸度低。不仅节约了酸，而且可大大降低后处理成本。分馏萃取中洗酸、反酸的加入位置与洗酸-反酸共用技术示意见图 2-25。

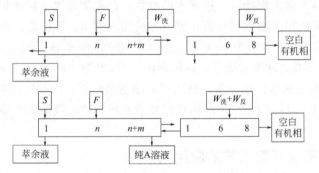

图 2-25　分馏萃取中洗酸、反酸的加入位置与洗酸-反酸共用技术示意图

（2）有机相出口分流技术

稀土的分离往往需要多条生产线才能达到基本的分离，一般是将前一分离线的出口有机相直接以有机相进料转入下一工序，或经反萃取后重新配料以水相进料进入下一工序。前一方法虽不增加酸碱消耗，但有机相进料的浓度太低，使后续分离设备的处理能力受到影响。后一方法虽可以保证进料的浓度，但需要增加酸的消耗。我们知道，在洗涤段各级有机相中，除了出口级的浓度由于反洗而大大降低外，其他各级的浓度基本恒定。因此，可在洗涤段增加 3～5 级，并从原出口级位置引出相当于出口金属量的部分有机相，使之可以以较高的浓度直接与下一分离工序的有机相进料相衔接。而剩余的有机相通过增加的几级槽子后与洗酸作用全部被反萃下来，作为洗涤量回到洗涤段，这些有机相以空白状态进入循环使用。

（3）负载稀土的有机相作为皂化有机相和稀土料液作为洗酸的分离技术

稀土萃取分离过程实际上是不同稀土离子之间的离子交换过程。由于萃取剂的酸性不是很强，直接对稀土的萃取需要在较低的酸度下进行，且交换出来的酸进入水相后使体系酸度增大，对进一步的萃取有抑制作用。有机相皂化的目的在于为稀土离子的交换提供一种更容易实现的条件。采用强碱使有机相皂化，形成萃取剂的钠盐或铵盐，用它们与稀土离子交换可以快速而定量地进行，在酸性水溶液中，未皂化的萃取剂在水相的分配量很少，一般不直接与稀土反应。

用负载稀土的有机相作为皂化有机相和以稀土料液作为洗酸的应用技术实际上是贯彻回流萃取的具体手段。把原来的段前快速钠皂或氨皂进一步提前到配料罐中进行，其皂化程度可以由平衡水相的酸度和金属量来调节。对于酸性弱的萃取剂，要实现稀土皂化的目的仍然需要消耗一定量的碱。而对于酸性较强的萃取剂，如P204，可以大大减小碱用量，甚至不用碱。这对降低碱的消耗非常有效。

（4）预分组（模糊）萃取技术

上述技术进步解决了段与段之间和分离线之间的相互衔接问题，不仅可以大大降低化工原材料的消耗，而且为我们重新考虑传统分馏萃取的设置思路提供了很大的空间，其中最主要的是对原分离线中切分元素的模糊化。

在一般的分馏萃取中，曾假定为双组分体系，并且通过萃取使这两组分得到干净而高效的分离。这一目标显然已经达到并得到广泛的应用，但成本偏高。与此同时，这两个组分的切分是在两相临元素之间实现的，分界明晰。在多组分体系中，为了能在一条分离线上多出产品，或使其中的某些含量低、价格高的元素在保证高收率的条件下得到富集，采用了三出口得到和多出口工艺。这一类工艺，可以在两头得高纯产品，而从中间出口得到的为富集物，或纯度不是很高的单一元素。

为了提高中间出口产品的纯度或优价元素在中间产品中的富集程度，需要较大的萃取量和洗涤量，因而酸碱消耗都很高。要使中间产品的纯度得到进一步提高，还需进一步分离，并且会有一个富集物返回配料或再进行两步分离的过程。分馏萃取三出口工艺见图2-26。

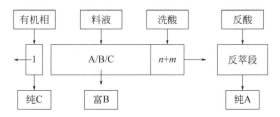

图 2-26　分馏萃取三出口工艺示意图

三出口工艺的第三出口根据原料组成和分离目标要求可以设在萃取段也可设在洗涤段。当设在洗涤段时，富 B 产物中不含 C，下一步分离是 A/B 分离，从水相出纯 B，反萃段得富 A 料，可返回配料或进一步分离。洗涤段第三出口富集物的再分离工艺见图2-27。

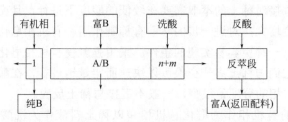

图 2-27　洗涤段第三出口富集物的再分离工艺示意图

当设在萃取段时,富 B 产物中不含 A,下一步分离是 B/C 分离,从有机相出纯 B,水相富 C 料,可返回配料或进一步分离。萃取段第三出口富集物的再分离工艺见图 2-28。

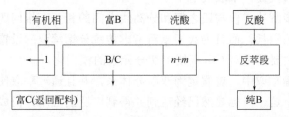

图 2-28　萃取段第三出口富集物的再分离工艺示意图

预分组(模糊)萃取可以看成是对过去的两元素间严格分离思想的解放,其基本思想是不求在一个分馏萃取线上一下就出纯产品,两组分的切分不仅可以落在两个相临元素之间,也可以落在某一个元素的头上,使切分元素一部分从有机相走,另一部分从水相跑。如 A/B/C 三组分体系,先暂时得两个富集物,此时的分离系数可以取较高的值,级数少,萃取量小,化工原料消耗少。接下来将两个富集物分别转入下一阶段的两个精分阶段,它们之间可以实现联动操作,分别得到三个纯组分。三组分模糊萃取分离工艺见图 2-29。

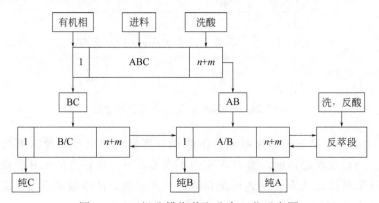

图 2-29　三组分模糊萃取分离工艺示意图

ABC 模糊分离后的出口水相 BC 进行 B/C 分离，有机相出口 AB 以有机相进料进行 A/B 分离。B/C 分离的出口有机相（负载纯 B）作为 A/B 分离的皂化有机相从第一级进入 A/B 分离线，而 A/B 分离的出口水相（纯 B）一部分作为产品引出，另一部分作为 B/C 分离的洗酸，直接进入 B/C 分离。对 A/B 和 B/C 分离系列而言，一个不进皂化有机相、一个不进洗酸，借助萃取过程的离子交换分离功能完成对 B 的反萃，因此，减少了酸碱消耗。在 A/B 和 B/C 分离时，虽然 A/B、B/C 之间的分离系数不变，但进料金属量减少了，因此，萃取分离设备的容积可以大大减小。预分组（模糊）萃取分离的特点是级数少，萃取量小，酸碱消耗低，相同的处理量所需的萃取设备容积小。北方氯化稀土分离方案比较见图 2-30。

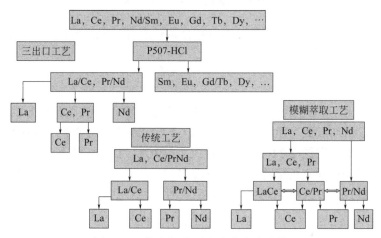

图 2-30　北方氯化稀土分离方案比较

2.5.4.2　联动萃取分离工艺

（1）联动萃取的提出

基于上述技术改造和预分组萃取方法的实施，北京大学以串级萃取理论为基础，提出了联动萃取及其理论计算方法。

传统萃取分离工艺包括皂化-稀土皂-萃取-洗涤-反萃取等工艺单元，其中皂化过程使用的碱和反萃取过程使用的酸是主要的化工试剂消耗，并产生相应量的含盐废水。皂化-稀土皂过程的主要功能是制造负载难萃组分的负载有机相，用于交换萃取分离对象中的易萃组分；反萃取过程的主要功能是难萃组分的转型和有机相再生以循环使用，转型的难萃组分用于沉淀得纯产品，或洗涤有机相中的易萃组分提纯难萃组分。

联动萃取分离工艺旨在充分利用串级萃取分离过程中由酸碱消耗所带来的分离功，其核心内容是通过将分离流程中某一分离单元产生的负载有机相与稀土溶液作为其他分离单元的稀土皂有机相和洗液/反萃液使用，避免重复的碱皂化和酸反萃取过程，减少酸碱消耗和含盐废水排放。以四组分分离为例，按如图 2-31 所示的联动衔接，A/B 分离段中负载 B 的有机相作为 C/D 分离段所需负载难萃组分萃取剂使用，同时 C/D 段中产生的含 C 水相作为 A/B 段所需反萃液使用，同时避免了 A/B 分离单元反萃过程的酸消耗和 C/D 分离单元皂化过程的碱消耗。

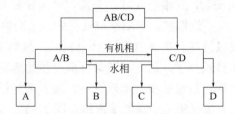

图 2-31　四组分萃取分离的一种联动衔接方式

两段衔接工艺参数需根据具体体系和分离对象用下式进行工艺参数设计：

$$\frac{P_B}{1-P_B}\frac{P_C}{1-P_C}=\beta_{C/B^n} \tag{2-163}$$

式中，P_B 和 P_C 分别为组分 B 和 C 的出口纯度指标；$\beta_{C/B}$ 为两组分的分离系数；n 代表衔接段所需级数。图 2-31 的四组分分离的联动工艺可进一步发展为图 2-32 所示的衔接方式。在图 2-32 中，(AB)/(BC)与(BC)/(CD)、A/B 与 B/C、B/C 与 C/D 分离单元之间分别建立的衔接交换段可较图 2-31 中的衔接方式进一步提高分离效率，工艺参数设计方法也完全有别于传统工艺。

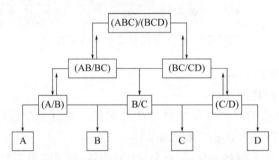

图 2-32　更为高效的四组分联动萃取流程衔接图

（2）联动萃取分离单元的优化

联动萃取工艺适用于三组分及以上体系的稀土分离。作为多入口、多出口的萃取分离工艺，联动萃取流程中相互衔接的分离单元具有与传统分馏萃取流程中的孤立分离单元所不同的特点。

联动工艺流程的设计，首先需研究图 2-32 所示流程中所含分离单元的极值计算方法。对于含有待分离组分为 A_t, A_{t-1}, $\cdots$, A_1（$t\geqslant3$，萃取顺序：$A_t<A_{t-1}<\cdots<A_1$）的分离单元，仅当采取$(A_tA_{t-1}\cdots A_2)/(A_{t-1}A_{t-2}\cdots A_1)$的切割方式进行分离时，才可能使萃取剂和洗液的分离功同时都不产生浪费。因此，联动萃取流程中所有分离单元均

须采用此种切割方式进行分离。对于图 2-32 所示采取$(A_tA_{t-1}\cdots A_2)/(A_{t-1}A_{t-2}\cdots A_1)$类型切割方式进行的(ABC)/(BCD)分离单元，最小萃取量和最小洗涤量可分别按以下两式计算。

$$S_{\min} = \frac{1}{\beta_{1-t}-1}\sum_{i=1}^{t}(\beta_{i/t}f_{i,\text{aq}}) \tag{2-164}$$

$$W_{\min} = \frac{f_{\text{aq}}}{\beta_{1/t}-1} \tag{2-165}$$

式中，$f_{i,\text{aq}}$ 代表组分 A_i 的水相和有机相料液流量；$\beta_{1/t}$ 和 $\beta_{i/t}$ 分别代表组分 A_1、A_i 与组分 A_t 间的分离系数。

对应于与(ABC)/(BCD)逐层级向下衔接的分离单元(AB)/(BC)，A/B 分离单元和(BC)/(CD)，C/D 分离单元，$S_{\min}$ 和 $W_{\min}$ 可按下式计算。

对于(AB)/(BC)，A/B 分离单元：

$$S_{\min} = \frac{\displaystyle\sum_{i=1}^{t}[\beta_{i/t}f_{i,\text{aq}}^{0}+(\beta_{i/t}-1)y_i]}{\beta_{1-t}-1} \tag{2-166}$$

$$W_{\min} = \frac{\displaystyle\sum_{i=1}^{t}[f_{i,\text{aq}}^{0}+(\beta_{i/t}-1)y_i]}{\beta_{1-t}-1} \tag{2-167}$$

对于(BC)/(CD)，B/C 分离单元：

$$S_{\min} = \frac{\displaystyle\sum_{i=1}^{t}[f_{i,\text{org}}^{0}-(\beta_{i/t}-1)x_i]}{\beta_{1-t}-1} \tag{2-168}$$

$$W_{\min} = \frac{\displaystyle\sum_{i=1}^{t}[\beta_{1/i}f_{i,\text{org}}^{0}+(\beta_{1/i}-1)x_i]}{\beta_{1-t}-1} \tag{2-169}$$

式中，$f_{i,\text{aq}}^{0}$ 和 $f_{i,\text{org}}^{0}$ 分别为不引出有机相流或水相流时 A_i 组分的初始水相流量和有机相流量；y_i 和 x_i 分别为自水相进料级和有机相进料引出的 A_i 组分有机相流量和水相流量。B/C 分离单元 $S_{\min}$ 和 $W_{\min}$ 的计算需根据(AB)/(BC)与(BC)/(CD)在实际体系中的衔接情况确定。

（3）联动萃取分离工艺设计优化

在计算分离单元 $S_{\min}$ 和 $W_{\min}$ 的基础上，通过联动衔接设计即可得到一个具有理论最小萃取量的多组分全分离工艺流程。工艺流程设计时，为使流程整体具有理论的最小萃取量，需遵循两个基本原则：①每个分离单元均按最优切割方式进行分离，萃取剂和洗液的分离功都不产生浪费；②分离单元间充分联动，相互利用分离功至极值。

以 Sm：Eu：Gd = 60：10：30 三组分水相料液为例，设计的分离流程如图 2-33 所示。该流程由(SmEu)/(EuGd)、Sm/Eu 和 Eu/Gd 三个分离单元组成，分别用 Ⅰ、Ⅱ 和 Ⅲ代表。图中 f_{aq}、S_{min}^{II}、S_{add}^{III}、W_{min}^{III} 为由分离流程外部输入的流量，$P_{Sm,aq}$、$P_{Eu,aq}$、$P_{Gd,aq}$ 为分离体系输出的流量(即产品纯度)，其他均为各分离单元间联动衔接时互相提供的流量。外部输入的萃取剂流量除分离单元Ⅱ所需的最小萃取量 S_{min}^{II} =0.9117 外，由于分离单元Ⅱ与Ⅲ的衔接不能满足分离单元Ⅲ的最小萃取量要求，还需额外补充萃取剂 S_{add}^{III} = 0.2783，因此图 2-33 中流程所需的总最小萃取量 $S_{min} = S_{min}^{II} + S_{add}^{III} =$ 1.1900；而分离单元Ⅲ输入的洗液可同时满足另两个分离单元最小洗涤量需求，无须额外补充，因而图 2-33 中流程的总最小洗涤量 $W_{min} = W_{min}^{III} = 0.8900$。图 2-33 是将给定原料分离为单一产品所需的理论最小消耗的流程，即：当萃取量低于流程的最小萃取量 1.1900 时，无论如何设计工艺都无法实现获得三个单一纯产品的分离目的。

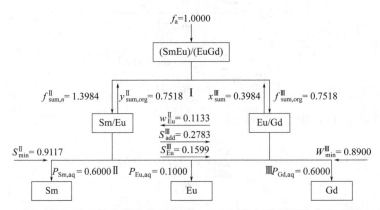

图 2-33　具有最小萃取量的 Sm/Eu/Gd 三组分联动萃取分离流程

其中：aq 和 org 分别代表水相和有机相；P 代表产品流量；S 和 W 代表输入的萃取剂和洗液中相应组分的流量；
上标Ⅰ、Ⅱ和Ⅲ分别代表(SmEu)/(EuGd)、Sm/Eu 和 Eu/Gd 三个分离单元；下标 sum 代表所有组分；下标 add
代表外部补充。流程的总最小萃取量 $S_{min} = S_{min}^{II} + S_{add}^{III} = 1.1900$，总最小洗涤量 $W_{min} = W_{min}^{III} = 0.8900$

萃取分离体系的静态计算必须从某一已知组成的单级开始，利用萃取平衡和物料平衡进行逐级递推运算，再根据分离指标判断分离所需的级数，最终获得稳态的组成分布。理论推导还给出了流程中各分离单元的出口各组分流量的公式计算方法，这也为分离体系的静态模拟计算提供了关键的基础数据。

（4）流程优化的极值计算

大量的模拟计算显示，将一个多组分料液分离为所有组分的单一产品时，流程所需的理论最小萃取量在数值上等于将原料以任意两相邻组分间切割进行两出口分离所需的最小萃取量中的最大者。例如，如将某一给定组分的 La/Ce/Pr/Nd 料液分离为所有单一组分的纯产品，具有理论最小萃取量流程的 S_{min} 数值上等于进行 La/(CePrNd)，(LaCe)/(PrNd)和(LaCePr)/Nd 三种两出口分离形式所需的 S_{min} 中的最大者。其中相邻组分间切割的两出口分离由于出口组分已知，可以较方便地通过静态模拟计算得到 S_{min}，进而通过比较即可获知联动全分离流程的理论最小萃取量。这种流程最小萃取量的计算方法已通过大量的例证进行对比，所有结果均完好符合。

2.6 萃取分离的未来发展

萃取分离技术已经成为物质分离中应用最为广泛的技术，在金属元素和各种类型的有机和无机化合物的分离中都占据有相当重要的地位。尽管已经有相当多的萃取分离技术得到了推广应用，但其发展潜力巨大，应用市场更加广阔。因为环境的要求、材料的要求和人们生活质量提高的要求都有赖于分离技术的进步，但自然资源在不断贫乏，人口密度在不断增加，生活用水及空气质量在不断下降，倒逼着分离技术的发展。因此，从未来的发展要求来看，今后的萃取分离技术将向以下几个方面发展：

一是针对分离的新要求，设计合成新的萃取剂，与各种稀释剂、改良剂相结合，构筑新的分离体系，用于不同对象和物质之间的高效分离，尤其是针对一些稀有金属和生物医药产品的生产要求，发展新的高效绿色分离流程。

二是更加注重分离流程的绿色化、高效化和低成本要求，与其他分离技术相互配合或耦合，发展新的分离技术，建立新的分离流程。其中，与传统分离技术（吸附、沉淀结晶、膜等）之间的耦合是实现绿色化和低成本的主要途径。

三是走理论与实践相结合的道路，在优化萃取工艺、选择最优分离条件方面开创新的理念，解决复杂体系中非平衡状态下的工艺设计与计算机模拟计算问题。提供可供选择的多角度多模式的计算和设计方法，并可与实验相结合，简化计算方法，实现可验证的过程最优化设计思想和方式方法。

参 考 文 献

[1] 邢云，王贵方，李全民. 分析化学中的溶剂萃取技术. 理化检验-化学分册，2005，41：694-696.
[2] 戴猷元. 液液萃取化工基础. 北京：化学工业出版社，2015.
[3] 汪家鼎，陈家镛. 溶剂萃取手册. 北京：化学工业出版社，2001.
[4] 徐光宪，王文清等. 萃取化学原理. 上海：上海科学技术出版社，1984.
[5] 关根达也，长谷川佑子. 溶剂萃取化学. 腾藤，等译. 北京：原子能出版社，1981.
[6] 朱屯，李洲. 溶剂萃取. 北京：化学工业出版社，2008.
[7] 胡小玲，管萍. 化学分离原理与技术. 北京：化学工业出版社，2006.
[8] 徐光宪，袁承业. 稀土的溶剂萃取. 北京：科学出版社，1987.
[9] 李永绣，等. 离子吸附型稀土资源与绿色提取. 北京：化学工业出版社，2014.

[10] 张启修, 曾理, 罗爱平. 冶金分离科学与工程. 长沙: 中南大学出版社, 2016.

[11] 刘家祺. 传质分离过程. 北京: 高等教育出版社, 2005.

[12] 徐东彦, 叶庆国, 陶旭梅. 分离工程, 北京: 化学工业出版社, 2012.

[13] 李洪桂, 等. 湿法冶金学. 长沙: 中南大学出版社, 2012.

[14] 游效曾, 孟庆金, 韩万书. 配位化学进展. 北京: 高等教育出版社, 2000.

[15] 黄春辉. 稀土元素的分离: 无机化学丛书. 第七卷. 北京: 科学出版社, 1992.

[16] 黄春辉. 稀土配位化学. 北京: 科学出版社, 1997.

[17] 中国科学技术协会, 中国稀土学会. 2014—2015 稀土科学技术学科发展报告. 北京: 中国科学技术出版社, 2016.

[18] 刘超. TODGA 在离子液体中对钍、铀的萃取分离. 上海: 上海交通大学, 2015.

[19] 李诗萌, 谈梦玲, 丁颂东, 等. 三种中性磷萃取剂萃取分离铀(Ⅵ)与钍(Ⅳ)的研究. 化学研究与应用, 2016, 28(3): 307-315.

[20] 韩建设, 周勇. 钽铌萃取分离工艺与设备进展. 稀有金属与硬质合金, 2004, 32(2): 15-20.

[21] 应国清, 易喻, 高红昌, 万海同. 药物分离工程. 杭州: 浙江大学出版社, 2011.

[22] 中国化工防治污染技术协会. 化工废水处理技术. 北京: 化学工业出版社, 2000.

[23] 李德谦. 稀土湿法冶金工业中的化工问题. 化学进展, 1995, 7(3): 209-213.

[24] Li D Q. A review on yttrium solvent extraction chemistry and separation process. J Rare Earths, 2017, 35(2): 107-120.

[25] 徐爱梅, 孙晓琦, 余振宝, 等. 室温离子液体在分离科学研究中的新进展. 分子科学学报, 2006, 22(5): 287-293.

[26] 倪嘉缵, 洪广言. 稀土新材料及新流程进展. 北京: 科学出版社, 1998.

[27] 肖吉昌. 新型高效稀土分离萃取剂研究. 中国化学会第九届全国无机化学学术会议. 2015: 7-25.

[28] 池汝安, 何培炯, 徐景明, 等. 萃取法从稀土矿浸出液中提取稀土的方法. 中国专利: CN1099072A, 1995-02-22.

[29] 庞伦, 席美云, 冯子刚, 等. 环烷酸萃取稀土元素的研究(Ⅱ)——皂化剂的影响及其红外光谱的研究. 暨南大学学报(自然科学版), 1981, 02: 53-60.

[30] 肖亦农, 王福善, 史恩栋, 等. 环烷酸离心萃取稀土矿母液工艺. 中国专利: CN1058995A, 1992-02-26.

[31] 陈儒庆, 姜举武, 胡君, 等. 从稀土分组液中富集稀土及回收酸. 湿法冶金. 2013; 32(6): 392-4.

[32] 李德谦, 纪恩瑞, 徐雯, 等. 伯胺 N1923 从硫酸溶液中萃取稀土元素(Ⅲ)、铁(Ⅲ)和钍(Ⅳ)的机理. 应用化学, 1987, 02: 36-41.

[33] 倪兆艾, 韩冬梅, 沈富良, 等. 伯胺 N1923 负离子混合萃取稀土元素. 杭州大学学报(自然科学版), 1989, 01: 48-53.

[34] 李永绣, 倪兆艾. 伯胺 N1923 对氯化稀土的萃取机理. 稀有金属, 1992, 05: 324-328.

[35] 李永绣, 陈志坚, 倪兆艾. 中性硫酸盐介质中 N1923 对镧的萃取[J]. 稀土, 1992, 06: 34-37.

[36] 李永绣, 何小彬, 辜子英, 等. 离子型稀土原地浸矿及酸性浸出液中杂质的去除与碳酸盐结晶方法. //中国稀土科技进展,中国稀土学会编. 北京: 冶金工业出版社, 北京, 2000: 131-136.

[37] 李永绣, 杨丽芬, 李翠翠. 一种以硫酸铝为浸取剂的离子吸附型稀土高效绿色提取方法: CN106367622 A. 2017-02-01.

[38] 李永绣, 杨丽芬, 李翠翠, 等. 用伯胺萃取剂从低含量稀土溶液中萃取回收稀土的方法: CN106367620 A. 2017-02-01.

[39] 李永绣, 李翠翠, 杨丽芬, 等. 从低含量稀土溶液和沉淀渣中回收和循环利用有价元素的方法: CN106367621 A. 2017-02-01.

[40] 廖春生, 程福祥, 吴声, 严纯华. 串级萃取理论的发展历程及最新进展. 中国稀土学报, 2017.

[41] 严纯华，吴声，廖春生，等. 稀土分离理论及其实践的新进展. 无机化学学报，2008，24（9）：1200.

[42] 严纯华，廖春生，易涛，等. 铽、镝、镥的溶剂萃取分离方法：CN95117986.1，2000-07-19.

[43] 廖春生，严纯华，贾江涛，李标国. 萃取分离生产高纯氧化镥的工艺：CN98100226.9，2003-02-12.

[44] 严纯华，张亚文，廖春生，贾江涛，王建方，李标国. 一种用萃取法连续浓缩稀土料液的方法：CN95117987.X. 2000-07-19.

[45] 吴声，廖春生，严纯华. 含不同价态的多组分体系萃取平衡算法研究. 中国稀土学报，2012，30（2）：163.

[46] 刘郁，陈继，陈厉. 离子液体萃淋树脂及其在稀土分离和纯化中的应用. 中国稀土学报，2017，35（1）：9-18.

[47] 许秋华，孙圆圆，周雪珍，等. 离子吸附型稀土绿色提取. 中国稀土学报，2016，34（6）：650-660.

[48] Huang X W, Dong J S, Wang L S, et al. Selective recovery of rare earth elements from ion-adsorption rare earth element ores by stepwise extraction with HEH(EHP) and HDEHP. Green Chem., 2017, 19(5):1345-1352

[49] 肖燕飞，黄小卫，冯宗玉，等. 离子吸附型稀土矿绿色提取技术进展，中国稀土学报，2015，36（3）：109-1154.

[50] 李永绣，周新木，刘艳珠，等. 离子吸附型稀土高效提取和分离技术进展. 中国稀土学报，2012，31（2）：30-33.

[51] 徐光宪. 稀土. 第2版. 北京：冶金工业出版社，1995.

[52] 池汝安，田君. 风化壳淋积型稀土矿化工冶金. 北京：科学出版社，2006.

[53] 黄小卫，李红卫，薛向欣，等. 我国稀土湿法冶金发展状况及研究进展. 中国稀土学报，2006，24（2）：129.

[54] 中国科协学会学术部. 稀土资源绿色高效高值化利用—新观点新学说学术沙龙文集 69. 北京：中国科学技术出版社，2013.

第3章

吸附、色谱及离子交换分离

3.1 概述

3.1.1 定义

吸附是溶质从液相或气相转移到固相的现象。如果吸附仅仅发生在表面上，就称为表面吸附；如果被吸附的物质遍布整个相中，则称为吸收。一种固体能将流动相（气体或液体）浓缩到固体表面的行为称为吸附作用，利用固体吸附的原理从液体或气体中除去有害成分或分离回收目标产物的过程称为吸附操作。吸附操作所使用的固体材料为多孔微粒或多孔膜，具有很大的比表面积，称为吸附剂或吸附介质。或者说在表面上能发生吸附作用的固体称为吸附剂，而被吸附的物质称为吸附质。

吸附分离技术广泛应用于化学化工、湿法冶金、环境保护和生物分离过程。在原料液脱色、除臭，废水处理，目标产物的提取、浓缩和粗分离等方面发挥着重要作用。例如，在药物发酵分离方面，早期的青霉素提取、链霉素精制、维生素 B_{12} 提取和精制、林霉素的分离、大环内酯类抗生素的分离和纯化、氨基酸发酵的脱色等都需要分别用活性炭、酸性白土、氧化铝、弱酸性离子交换树脂和大网格聚合物等吸附剂进行吸附。

与其他分离技术相比，吸附法一般具有操作简便、安全，设备简单，效果好，成本低，适用面广等特点，常用于从稀溶液中将溶质分离出来，回收有价元素或脱除有害杂质。但由于受固体吸附剂的限制，处理能力较小，溶质和吸附剂之间的相互作用及吸附平衡关系通常是非线性的，故设计比较复杂，实验的工作量大。在吸附分离法中，吸附剂对溶质的作用小，过程 pH 变化小，因此，尤其适合于稳定性较差的微生物药物和蛋白质的分离与纯化；可以直接从发酵液中分离所需的产物，成为发酵和分离的耦合过程，从而可以消除某些产物对微生物的抑制作用。

3.1.2 吸附的类型及特性

通常来说，吸附作用是根据吸附剂和吸附物相互作用力的不同来分类的。按照范德华力、分子间作用力或键合力的特性，吸附可以分为三种类型。

（1）物理吸附

吸附剂和吸附物之间通过分子间引力（范德华力）产生的吸附称为物理吸附。这是最常见的一种吸附现象，它的特点是吸附不局限于一些活性中心，而是整个吸附界面都起吸附作用。利用物理吸附来实现分离目标的原理可分为四种类型：

① 选择性吸附：吸附力为固体表面的原子或基团与外来分子间的引力，本质是范德华力。吸附力的大小与表面和分子两者的性质有关。由于不同分子的结构和功能基团的不同，被表面吸附的能力有很大差异，从而产生选择性吸附。

② 分子筛效应：多孔性固体的微孔孔径是均一的，而且与分子尺寸相当，小于微孔孔径的分子可以进入微孔而被吸附，比孔径大的分子则被排斥在外，这种现象称为分子筛效应。因此，基于分子筛效应可以将不同大小的分子进行分离。

③ 通过微孔扩散：气体在多孔性固体中的扩散速率与气体的性质、吸附剂材料的性质以及微孔尺寸等因素有关，利用扩散速率的差别可以将混合物分离。

④ 微孔中的凝聚：毛细管中液体曲面上的蒸气压与其正常蒸气压不同，毛细管上的可凝气体会在小于其正常蒸气压的压力下在毛细管中凝聚。

分子被吸附后，一般动能降低，故吸附是放热过程。物理吸附的吸热量较少，一般为 $20 \sim 42 kJ/mol$。物理吸附在低温下也可进行，不需要较高的活化能。其吸附和解吸速度都比较快，易达到平衡状态。有时吸附速率很慢，这是由吸附剂颗粒孔隙中的扩散速率控制所致。

物理吸附是可逆的，即在吸附的同时，被吸附的分子由于热运动会离开固体表面，分子脱离固体表面的现象称为解吸。物理吸附可以分成单分子层吸附或多分子层吸附。但由于吸附物性质不同，其吸附的量也有差别。物理吸附与吸附剂的表面积、孔分布和温度等因素有密切的关系。

（2）化学吸附

化学吸附是指吸附剂表面活性点与吸附物之间有化学反应而形成化学键的吸附。这是因为固体表面原子的价态未完全被相邻原子价所饱和，还有剩余的成键能力。化学吸附与通常的化学反应不同，即吸附剂表面的反应原子保留了原来的格子不变。化学吸附放出的热量大（一般在 $41.8 \sim 418 kJ/mol$ 的范围内），需要的活化能较高，需要在较高的温度下进行。化学吸附的选择性较强，即一种吸附剂只对某种或特定几种物质有吸附作用，因此化学吸附只能是单分子层吸附，吸附后稳定，不易解吸，平衡慢。

化学吸附与吸附剂的表面化学性质以及吸附质的化学性质直接有关。化学吸附是吸附物和吸附剂分子间的化学键作用所引起的吸附。与物理吸附比较，其结合力大得多，放热量与化学反应热数量级相当，过程往往不可逆。

（3）交换吸附

吸附剂表面如为极性分子或离子所组成，它会吸引溶液中带相反电荷的离子而形成双电层，这种吸附称为极性吸附。同时吸附剂与溶液发生离子交换，即吸附剂吸附离子后，同时有等当量的离子进入溶液中，因此也称为交换吸附。离子的电荷是交换吸附的决定因素，离子所带的电荷越多，它在吸附剂表面相反电荷点上的吸附力也就越强；电荷相同的离子，其水化半径越小，越易被吸附。离子交换的吸附物一般通过提高离子强度或调节 pH 值的方法洗脱。

吸附分离中常用的吸附操作主要基于物理吸附，而化学吸附现象的应用很少。另外，各种类型的吸附之间没有明确的界线，有时很难区别，有时几种现象同时发生。

3.1.3 影响吸附的因素

固体在溶液中的吸附比较复杂，影响因素也较多，主要有吸附剂、吸附物和溶剂的性质以及吸附过程的具体操作条件等。

（1）吸附剂的性质

吸附剂的结构决定其理化性质，进而决定其吸附效果。一般要求吸附剂的吸附容量大，速率快，机械强度好，易解吸。吸附容量主要与吸附剂的比表面积和吸附位点数量有关。比表面积越大，孔隙度越高，吸附容量就越大；吸附速率主要与颗粒度和孔径分布有关，颗粒度越小，吸附速率越快，孔径分布适当，有利于吸附物向空隙中扩散。所以要吸附分子量大的物质时，应选择孔径大的吸附剂；反之，要吸附分子量小的物质，则选择比表面积高及孔径小的吸附剂。极性吸附剂易吸附极性溶质；非极性吸附剂易吸附非极性溶质。如活性炭在水中吸附脂肪酸同系物时，吸附量随酸的碳原子数增加而增加；如吸附剂改为硅胶，介质仍为水，则吸附次序就完全相反。

（2）吸附质的性质

吸附质分子的结构与性质：分子的大小和化学结构对吸附有较大的影响。因为吸附速率受内扩散速率的影响，吸附质分子的大小与吸附剂孔径大小成一定比例。在同系物中，分子大的较分子小的易被吸附，不饱和链化合物较饱和链化合物易被吸附，芳香族有机物较脂肪族有机物易被吸附。吸附质若在介质中发生解离，其吸附量必然下降。吸附质若能与溶剂形成氢键，则极易溶于溶剂之中，就不易被吸附剂所吸附；如果吸附质能与吸附剂形成氢键，则可提高吸附量。

吸附质在溶液中的溶解度：溶解度愈小愈易被吸附。同一族物质的溶解度随链的加长而降低，而吸附容量随同系物的系列上升或分子量的增大而增加。有机化合物引入取代基后，由于溶解度的改变，吸附量也随之改变。

（3）溶剂的影响

一般地，吸附质溶解在单溶剂中易被吸附，而溶解在混合溶剂（无论是极性与非极性混合溶剂还是极性与极性混合溶剂）中则不易被吸附。所以一般用单溶剂吸附，用混合溶剂解吸。

（4）溶液 pH 值的影响

溶液 pH 值控制酸性或碱性化合物的解离度。通过调节溶液 pH 值可以控制某些化合物的解离度，使溶液中的化合物呈分子状态，有利于吸附。各种溶质吸附的最佳 pH 值可通过实验确定。如有机酸类溶于碱，胺类溶于酸。所以，有机酸在酸性条件下、胺类在碱性条件下较易被非极性吸附剂所吸附。溶液的 pH 值还会影响吸附质的溶解度，以及影响胶体物质吸附质的带电情况。

（5）温度的影响

吸附是放热反应。吸附热越大，温度对吸附的影响越大。物理吸附的吸附热较小，温度变化对吸附的影响不大；对于化学吸附，低温时吸附量随温度升高而增加。温度对吸附质的溶解度也有影响，若溶解度随温度升高而增大，则不利于吸附；相反，有利于吸附。

（6）其他组分的影响

当溶液中存在两种以上溶质时，根据溶质的性质，可以互相促进、干扰或互不干扰。一般来讲，当溶液中存在其他溶质时，往往会引起吸附而使另一种溶质的吸附量降低，对混合溶质的吸附较纯溶质的吸附效果差，但有时也有例外。用吸附技术分离药物植物活性成分时，通常提取液中不只是单一的活性物质，而是多组分的混合物。在吸附时，不同活性成分之间可以共吸附，互相促进或互相干扰。

3.2 吸附剂及其结构与性能

大多数固体能吸附气体和液体，但没有选择性。一般把对气体或液体混合物中某一组分具有选择性吸附且吸附能力较大的物质称为吸附剂。吸附剂的一个重要特征在于多孔结构，比表面积大。吸附剂有各种形状，如粉末、柱形、球形、薄片形等，粒度范围较宽。根据国际纯粹与应用化学联合会（IUPAC）有关孔大小的定义，微孔小于 2.0nm，介孔在 2.0～50.0nm 之间，大孔则大于 50.0nm。吸附剂的平均孔径大致在 1.0～10.0nm，孔隙率在 30%～85%之间。各种吸附剂的孔径分布见图 3-1。

固体可分为多孔性和非多孔性两类。非多孔性固体具有很小的比表面积，而多孔性固体由于颗粒内微孔的存在，比表面积很大，每克可达几百平方米。

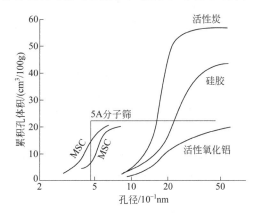

图 3-1　各种吸附剂的孔径分布

且多孔性固体的表面由"外表面"和"内表面"所组成，内表面积可比外表面积大几百倍，并且有较高的吸附势。因此，多孔性固体吸附剂的吸附更为有利。

固体表面分子（或原子）处于特殊的状态。固体内部分子所受的力是对称的，故彼此处于平衡。但在界面的分子同时受到不平等的两相分子的作用力，因此界面分子的力场是不饱和的，即存在一种固体的表面力，它能从外界吸附分子、原子或离子，并在吸附表面形成多分子层或单分子层。

固体表面的性质是决定溶质的吸附模式和程度的主要因素。吸附剂表面性质可以是以下三个基本类别中的一种或多种的组合：

① 基本上为非极性或疏水的表面；
② 极性的但不具有明显离散表面电荷的表面；
③ 具有较多的表面电荷。

例如：黏土矿物是自然界存在的最为广泛的一类吸附剂，其表面同时具备表面电荷和极性特质。其表面负电荷的形成主要有三种原因：结构内部的类质同象替换、边缘和外表面的键破裂及伴生羟基组分的分解。由矿物结构中的类质同象替换产生的负电荷与酸度和离子活度等条件无关，属于不可变的永久性负电荷。而由键破裂及裸露羟基产生的负电荷会随着酸度值和离子活度等外部条件的改变而变化，是一种可变的负电荷。阳离子交换吸附具有等电荷量交换的特点，例如在钙基膨润土经改造处理形成钠基膨润土的过程中，利用的就是膨润土的离子交换吸附机理，用两个 Na^+ 交换一个 Ca^{2+}，达到改性的效果。另外，阳离子交换吸附是一种吸附和解吸相互可逆的过程，而吸附和解吸的速度会受到阳离子浓度的影响。

同一种吸附剂对不同的吸附质离子会表现出不同的吸附能力。吸附能力的强弱一般受吸附质离子的离子价数、离子半径、离子浓度以及共存离子的影响。在离子浓度相近的情况下，离子价态越高，被吸附的能力越强。相应地，解吸也越困难，这与高价态的阳离子具有较强的内配位能力有关。研究表明：蒙脱石吸附剂对不同价态离子的吸附能力强弱次序为：$Fe^{3+}>Al^{3+}>Ca^{2+}>Na^+$。而对于相同价态的不同离子，在浓度相差不大时，离子半径越小，水化半径越大，离子中心离黏土表面的吸附点越远，吸附能力越弱；反之，对于离子半径大的阳离子，吸附能力强。

在水溶液中，具有带电基团的表面对电解质含量和液相的 pH 特别敏感。在较高电解质浓度的情况下，固体表面可能具有高度束缚的反离子，使得离子交换成为唯一可获得的吸附机理，而不是色散力或疏水性相互作用。此时，不仅表面的双电层将缩小到几纳米的厚度，而且表面和表面活性剂相异电荷基团之间的引力以及相同电荷表面活性剂分子之间的斥力都将被抑制。

3.2.1 吸附分离常用吸附剂

吸附剂按其化学结构可分为两大类：一类是有机吸附剂，如活性炭、淀粉、聚酰胺、纤维素、大孔树脂等；另一类是无机吸附剂，如白土、氧化铝、硅胶、硅藻土、碳酸钙等。常用的吸附剂有活性炭、碳分子筛、沸石分子筛、硅胶、活性氧化铝、吸附树脂以及其他特种吸附剂。代表性的商用多孔吸附剂的基本特性如表 3-1 所示。

表 3-1 商用多孔吸附剂的基本特性

吸附剂	表面特征	平均孔径 /nm	孔隙率 (ε_p)	颗粒密度 /(g/cm³)	比表面积 /(m²/g)	吸收水分 质量分数/%
活性氧化铝	亲水	1.0~7.5	0.4~0.5	0.9~1.25	150~320	7
小孔硅胶	亲水，疏水	2.2~2.6	0.4~0.5	0.8~1.3	650~850	11
大孔硅胶	亲水，疏水	10.0~15.0	0.5~0.7	0.6~1.1	200~350	—
小孔活性炭	疏水，无定形	1.0~2.5	0.4~0.6	0.5~1.0	400~1500	1
大孔活性炭	疏水，无定形	大于3.0	—	0.6~0.8	200~700	—
碳分子筛	疏水	0.2~2.0	0.35~0.41	0.9~1.1	400~550	—
4A 沸石分子筛	极性，亲水	0.48	—	0.9~1.3	800	20~25
5A 沸石分子筛	极性，亲水	0.55	—	0.9~1.3	750~800	—
13A 沸石分子筛	极性，亲水	1.0	—	0.9~1.3	1030	—
聚合物吸附剂	亲水，疏水	4.0~25.0	0.4~0.55	—	80~700	—

工业分离中常用的吸附剂种类繁多，其吸附分离的机理随吸附剂的种类有所不同。分别有按组分分子大小进行的筛分机理，按分子极性强弱的离子交换机理，按与吸附剂表面基团相互作用的亲和吸附机理，按吸附剂立体和化学结构作用的分子识别机理，按吸附剂表面基团的疏水性作用分离的疏水作用机理等。

无机吸附剂中，酸性白土是应用较多的一种以天然膨润土为原料经酸活化后所得的吸附剂。早期从链霉素发酵液中提取维生素 B_{12} 就是采用活性白土作为吸附剂的，它也是精炼油脱色用的吸附剂。氧化铝是另一种应用广泛的无机吸附剂，通常用作吸附色谱剂。其吸附能力很强，且再生容易，但有时会产生副反应。氧化铝有碱性、中性和酸性之分，碱性氧化铝适用于碱性条件下稳定的化合物，而酸性氧化铝适用于酸性条件下稳定的化合物。氧化铝的活性与含水量有很大关系。水分会掩盖活性中心，故含水量愈高，活性愈低。氧化铝一般可反复使用多次，用水或某些极性溶剂洗净后，铺成薄层，先放置晾干，再放入炉中加热活化。硅胶具有多孔性的硅氧烷交链结构，骨架表面具有很多硅醇 Si—OH 基团，能吸附很多水分，此种水分几乎以游离状态存在，加热即能除去。在高温下硅胶的硅醇结构被破坏，失去活性。

在有机类吸附剂中，活性炭具有吸附力强、分离效果好、价格低、来源方便等优点。但不同来源、制法和生产批号的产品，其吸附能力就可能不同，因此很难使其标准化。生产上常因采用不同来源或不同批号的活性炭而得不到重复的结果。另外，活性炭色黑质轻，容易污染环境。活性炭有三种基本类型：粉末状活性炭、颗粒状活性炭和锦纶活性炭。选用活性炭吸附生物物质时，根据生物质的特性，选择吸附力适当的活性炭是成功的关键，当欲分离的生物物质不易被吸附时，则选择吸附力强的活性炭；反之，则选择吸附力弱的活性炭。活性炭是非极性吸附剂，因此在水溶液中吸附力最强，在有机溶剂中吸附力较弱，对不同物质的吸附力也不同。

大孔吸附树脂是一种不含交换基团、具有大孔结构的高分子吸附剂。它是利用树脂能发生吸附、解吸作用的特性，达到物质分离纯化目的的一类可以反复使用的树脂。与传统吸附剂相比，大孔吸附树脂具有比表面积大、选择性好、吸附容量高、吸附速度快、易于解吸、物理化学稳定性高、使用周期长、再生处理简便、耐污染等优点。近年来，随着微滤膜的使用，对药液直接进行澄清处理为树脂吸附提供了可靠的预处理，进而使大孔吸附树脂在医药领域的应用更为广泛。

大孔吸附树脂是吸附性和分子筛性原理相结合的分离材料，它的吸附性是范德华引力或产生氢键的结果，分子筛性由其本身多孔性结构的性质所决定。以范德华力从很低浓度的溶液中吸附有机物，其吸附性能主要取决于吸附剂的表面性质，如表面的亲水性或疏水性决定了它对不同有机化合物的吸附特性，非极性化合物在水中易被非极性树脂吸附，极性树脂则易在水中吸附极性物质，中极性树脂既可由极性溶剂中吸附非极性物质，又可由非极性溶剂中吸附极性物质。另外，物质在溶剂中的溶解度大，树脂对此物质的吸附力就小，反之就大；分子量大、极性小的化合物与非极性大孔吸附树脂吸附作用强。影响大孔吸附树脂吸附作用的因素包括以下四方面。

① 树脂化学结构：大孔吸附树脂是一种表面吸附剂，其吸附力与树脂的比表面积、表面电性、能否与被吸附物形成氢键等有关。引入极性基团可以改变表面电性或使其与某些被分离的化合物形成氢键，影响吸附作用。

② 溶剂：被吸附的化合物在溶剂中的溶解度对吸附性能也有很大的影响。通常一种物质在某种溶剂中溶解度大，树脂对其吸附力就弱；酸性物质在酸性溶液中进行吸附，碱性物质在碱性溶液中进行吸附较为适宜。

③ 被吸附化合物的结构：被吸附化合物的分子量大小不同，要选择适当孔径的树脂以达到有效分离的目的。在同一种树脂中，树脂对分子量大的化合物吸附作用较大，化合物的极性增加时，树脂对其吸附力也随之增加，若树脂和化合物之间产生氢键作用，吸附作用也将增强。

④ 吸附温度：大孔吸附树脂吸附为一放热过程，故一般采用低温吸附、高温解吸的方式。但也有例外。

纤维素及其众多的衍生物已被广泛地用于蛋白类物质的纯化。其缺点是由微晶型结构和无定形结构两部分组成，物理结构不均一，并缺乏孔度，因此在生物大分子物质的分离中受到了限制。

3.2.2 色谱分离用固定相与流动相

一般色谱分离中最常用的两种吸附剂是微孔氧化铝和微孔硅胶，其次是活性炭、氧化镁和碳酸盐。氧化铝是一种极性吸附剂，适于分离弱极性或中等极性的混合物，极性较强的组分更容易被吸附剂吸附，所以在色谱柱中保留时间长。硅胶比氧化铝的极性弱，是酸性吸附剂，故对碱性组分如氨的选择性高。活性炭是一种非极性吸附剂，容易吸附非极性大分子化合物。

亲和色谱和手性色谱以其高度的选择性不可替代地应用于复杂生物体系的分离、分析中，正得到日益广泛的应用，其固定相也比较特殊。

（1）亲和色谱固定相

亲和分离过程中，所用的固定相表面偶联有用于分离与之特异结合物质的分子或离子，称为配体（或配基），可分为特异性和通用性配体两类。特异性配体只与特定的生物分子相结合，具有高度的专一性，如免疫亲和膜上以单克隆抗体为配体时，能高度选择性地吸附相应的抗原。如酶和其底物、抑制剂对、抗体与抗原、细胞受体与调节剂以及各种免疫试剂对等。常用亲和配体包括糖类、酶抑制剂、生物素及类似物、染料色素、金属离子螯合剂、疏水性配体、巯基还原基团甚至某些药物。

通用性配体又可细分为生物分子及非生物分子配体，前者如氨基酸，后者如疏水侧链分子、染料配体及金属离子配体等。通用性配体在一定条件下可与一种或几种生物分子作用，这种配体一般是简单小分子，用这种配体纯化具有容量高、费用低等优点。另外，通过改善吸附和脱附条件，可补偿通用性配体特异性较差的缺点。

对于直径较大的生物分子，其亲和吸附过程中常受分子空间位置效应的影响。因此，亲和配体需要通过一个手臂分子连接到固定相表面。手臂分子一般是烃类、聚胺类、多肽以及聚醚类等直链分子。通常选用 10 个碳原子以内，两端均含活性基团的小分子有机化合物作为手臂，以 3～6 个碳链为宜。常用的手臂分子包括：3,3'-二氨基丙基亚胺，6-氨基己酸，1,6-二氨基己烷，琥珀酸，乙二酸，戊二醛，等等。

另外，某些具有多个氨基可活化的氨基酸也可作为手臂，如赖氨酸、天冬氨酸、谷氨酸、半胱氨酸、甘氨酸、L-丙氨酸等。除了有机小分子，有时也可用聚合物作为手臂，如分枝的多聚 DL-丙氨酸聚赖氨酸，偶联在琼脂糖载体上，不仅增加偶联容量，还能提高偶联的稳定性，有利于分离配基亲和力较弱的生物大分子。

（2）手性色谱

色谱中最引人瞩目的应用领域之一是光学对映异构体的分离。描述光学对映异构体最简单而又生动的模型是人的左右手。因此，这一类对映异构体的色谱技术就被称为手性色谱。表 3-2 为常用的手性固定相。

在色谱分离过程中，尤其是亲和色谱分离，流动相的性质关系到色谱分离过程的成败。流动相也称清洗剂，在选取流动相时，不仅要考虑其黏度大小对流动性的影响，而且要确定是否会与分离对象或吸附剂起化学反应，同时还需满足以下两个基本条件：

① 选择系数应接近于1，以便流动相和待分离组分之间进行可逆的吸附交换；

② 易与被分离组分分离，如沸点差异较大，可用简单蒸馏分开。

常用的流动相有饱和碳氢化合物的己烷、庚烷、环己烷；芳烃的苯、甲苯；卤化物的四氯化碳、三氯甲烷、二氯甲烷；醇类的甲醇、乙醇、丙醇、异丙醇等。

表 3-2 常用的手性固定相

类型	代表性配基	分离对象
配体交换手性固定相	Cu（Ⅱ）、Ni（Ⅱ）冠醚类	氨基酸、胺类化合物
高分子型手性固定相	聚苯乙烯 聚氨基甲酸乙酯	氨基酸
键合及涂覆型手性固定相	二硝基苯-苯基甘氨酸 微晶纤维素三乙酸酯环糊精	芳环化合物 氨基酸
蛋白质手性固定相	牛血清白蛋白 糖蛋白	手性异构体

3.2.3 离子交换分离的离子交换剂

离子交换树脂是一种化学稳定性良好，不溶于酸、碱和有机溶剂的，具有网状立体结构的固态高分子化合物，也是目前最常用的离子交换吸附剂。该类大分子可分成两部分：一部分是不能移动的、多价的高分子(通常以 R 表示)，构成树脂的骨架，使树脂具有上述溶解度和化学稳定性。惰性不溶的网络骨架和活性基〔如—SO_3^-、—$N(CH_3)_3$〕是联成一体的，不能自由移动；另一部分是可移动的离子，称为活性离子（即可交换离子，如 H^+、OH^-），它在树脂骨架中进进出出，是发生离子交换的关键部分，这种交换是等当量进行的。离子交换剂又可分为疏水性骨架离子交换剂（如苯乙烯类、丙烯酸类、酚醛类等，也称离子交换树脂）和亲水性离子交换剂，如多糖类（葡聚糖、琼脂糖、纤维素等）、有机聚合物（聚乙烯醇、聚丙烯酰胺等）。前者是有机物聚合而成，骨架大多呈疏水性，孔度小，电荷密度大，主要适用于小分子的分离纯化；后者由多糖或亲水性的有机物交联而成，骨架呈亲水性，大多带有凝胶孔，孔度大，电荷密度小，方便大分子自由进出，因此主要应用于生物大分子的分离。

3.2.3.1 离子交换树脂

（1）组成、结构与类型

离子交换树脂通常是球形或颗粒状的固体凝胶，具有三维高分子网络结构以及附着在高分子网络上的离子功能基团、反离子以及溶剂。在离子交换树脂中，高分子的骨架和活性离子带有相反的电荷。活性基团决定离子交换树脂性能，如果活性基释放的是阳离子，称为阳离子交换树脂；如果活性离子是阴离子，则称为阴离子交换树脂。除了通用的均孔型离子交换树脂外，还有如图 3-2 所示的特种离子交换树脂。

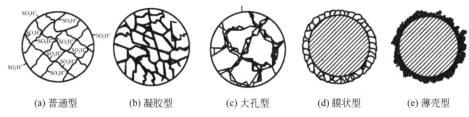

| (a) 普通型 | (b) 凝胶型 | (c) 大孔型 | (d) 膜状型 | (e) 薄壳型 |

图 3-2　具有不同表面结构的特种离子交换树脂

表 3-3 为离子交换树脂的主要类型和特征。表 3-4 则列出了螯合型离子交换树脂功能基团及其选择性。离子交换树脂按活性基团分类，可分为含酸性基团的阳离子交换树脂和含碱性基团的阴离子交换树脂。基于活性基团电离强度强弱的不同，又可分为强酸性和弱酸性阳离子交换树脂及强碱性和弱碱性阴离子交换树脂，还有含其他功能基团的螯合树脂、氧化还原树脂以及两性树脂等。

表 3-3　离子交换树脂的结构与性能

型式	功能基团	体积湿密度（沥干）/(kg/L)	湿含量（沥干）（质量分数）/%	交换容量/(mmol/cm³)	最高允许温度/℃	pH 值范围
阳离子型	磺酸基	0.75～0.85	44～70	1.7～1.9	120	0～14
	羧酸基	0.75～0.85	48～60	≤2.5	150	5～14
	丙烯酸基	0.70～0.75	70	≥3.5	120	4～14
	酚醛树脂	0.70～0.80	约 50	≤2.5	45～65	0～14
阴离子型	三甲基苯基铵	0.67～0.70	45～60	≥1.3	60～80	0～14
	二甲基羧基乙基铵	0.67～0.70	42～55	≥1.3	40～80	0～14
	氨基聚苯乙烯	0.67	55～60	≥1.3	100	0～9
	丙烯酸基	0.67～0.72	60～70	≥3.5	40～80	0～14

表 3-4　螯合型离子交换树脂功能基团及其选择性

功能基团	基团结构式	选择性大小次序
亚氨基二乙酸	$-N(CH_2COOH)_2$	$Hg^{2+}>Cu^{2+}>UO_2^{2+}>Pb^{2+}>Fe^{3+}>Al^{3+}>Cr^{3+}>Ni^{2+}>Zn^{2+}>Ag^+>$ $Co^{2+}>Cd^{2+}>Fe^{2+}>Mn^{2+}>Ba^{2+}>Ca^{2+}>Sr^{2+}>Mg^{2+}>Na^+$
聚胺（含聚乙烯亚胺）	$-(NHCH_2)_nNH_2$	$Au^{2+}>Hg^{2+}>Pt^{2+}>Pd^{2+}>Fe^{3+}>Cu^{2+}>Zn^{2+}>Cd^{2+}>Ni^{2+}>Co^{2+}>$ $Ag^+>Mn^{3+}>>Ca^{3+}, Mn^{3+}, Na^+$

续表

功能基团	基团结构式	选择性大小次序
磷酸	—PO₃H₂	$Th^{4+}>U^{4+}>UO_2^{2+}>Fe^{3+}>Be^{2+}>$稀土类$>H^+>Ag^+>Cd^{2+}>Zn^{2+}>$ $Cu^{2+}>Ni^{2+}>>Co^{2+}>Mn^{2+}>Ca^{2+}>Na^+$
氨基磷酸	—NHCH₂PO₃H₂	$Cu^{2+}>Ca^{2+}>Zn^{2+}\approx Fe^{2+}>Ni^{2+}>Cd^{2+}>Cr^{3+}>Na^+$
硫醇	—SH	$Ag^+>Cu^{2+}>Pd^{2+}>Cd^{2+}>Zn^{2+}>Ni^{2+}>Fe^{3+}>Na^{2+}$
二硫代氨基甲酸	＞NCS₂H	Hg^+, Au^{3+}, Ag^+, Cr^{6+}
偕胺肟	—C(NOH)NH₂	Cu^{2+}, Ru^{2+}, Au^{2+}, Rh^{2+}, V^{2+}, Pb^{2+}, U^{2+}, Pt^2, Fe^{3+}, Mo^{2+}, 对以上元素有较大选择性 $Cu^{2+}>Ni^{2+}>Co^{2+}>Zn^{2+}>Mn^{2+}$
葡萄糖胺	—N[CH₂(CHOH)₅H]CH₃	对 BO_3^{2+} 有特殊的吸附性

① 强酸性阳离子交换树脂：活性基团有—SO₃H（磺酸基团）和—CH₂SO₃H（次甲基磺酸基团）。它们都是强酸性基团，其电离程度大而不受溶液 pH 变化的影响，在 pH 0～14 范围内均能进行离子交换反应。

② 弱酸性阳离子交换树脂：活性基团有—COOH（羧基）、—OCH₂COOH（氧乙酸基）、—C₆H₅OH（酚羟基）等弱酸性基团。其电离程度受溶液 pH 的变化影响很大，在酸性溶液中几乎不发生交换反应，其交换能力随溶液 pH 的下降而减小，随 pH 的升高而递增。

③ 强碱性阴离子交换树脂：活性基团为季铵基团，如 RN⁺(CH₃)₃OH（三甲氨基）和二甲基-β-羟基乙基氨基 RN⁺(CH₃)₂(C₂H₅OH)OH。与强酸性离子交换树脂相似，其活性基团电离程度较强，不受溶液 pH 变化的影响，在 pH 0～14 范围内均可使用。强碱性阴离子交换树脂成氯型时较羟型稳定，耐热性亦较好，工业生产应用大多为氯型。

④ 弱碱性阴离子交换树脂：活性基团为伯胺（—NH₂）、仲胺（—NHR）或叔胺（—NR₂）等，碱性较弱。其基团的电离程度弱，与弱酸性阳离子树脂一样交换能力受溶液 pH 的变化影响很大，pH 越低，交换能力越高。

（2）离子交换反应

假设有一颗树脂放在溶液中，发生下列交换反应：

对于阳离子交换树脂有：A⁺+RB ⟹ RA + B⁺

对于阴离子交换树脂有：C⁻ + RD ⟹ RC + D⁻

离子交换树脂的离子交换过程与可塑型物质对染料分子的吸着、多孔聚合物中的吸附的对比示意如图 3-3 所示。图 3-3（a）为染料分子均匀地渗入固体吸着在可塑型物质内，内部存在浓度上的变化，其相互作用服从相似相溶原则；图 3-3（b）为多孔聚合物吸附剂，其离子交换能力一般较小，但其比表面积很大，大多数吸附树脂带有酚基和氨基，具有两性，能从溶液中吸附有色的有机化合物；图 3-3（c）为合成离子交换剂，其带有的固定离子或反应离子基团具有对溶液中反离子进行离子交换反应的能力。

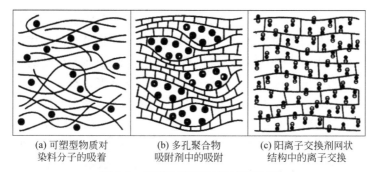

(a) 可塑型物质对
染料分子的吸着

(b) 多孔聚合物
吸附剂中的吸附

(c) 阳离子交换剂网状
结构中的离子交换

图 3-3　吸着与离子交换过程机理

吸着、吸附和离子交换在机理上有所不同。吸着过程比较复杂，包含吸收与吸附，主要依据于相似相溶性原则，即：极性物质容易进入极性可塑型物质里，而非极型物质更容易进入非极性可塑型物质里；在吸附过程中，溶质通过固体吸附剂内表面的物理力与溶质的相互作用使溶质滞留；在离子交换过程中，溶质与树脂上的离子交换基团发生缔合作用或化学作用而滞留在物体内。

（3）理化性质

离子交换树脂是一种不溶于水及一般酸、碱溶液和有机溶剂，并有良好化学稳定性的高分子聚合物。有使用价值的离子交换树脂必须具备一定要求的理化性质：

① 外观和粒度：一般为直径 0.2～1.2mm 的球形颗粒，有较大的比表面积和机械强度，可减少流体阻力。普通凝胶型树脂是透明球珠，大孔树脂呈不透明雾状珠球。

② 交换容量：是表征树脂活性基团数量的重要参数，直观地反映生产设备的能力，关系到产品质量、收率高低和设计投资额大小。离子交换树脂的交换容量与交联度有关，交联度减小，则单位质量的活性基增多，质量交换容量增大。有质量交换容量（mmol/g 干树脂）和体积交换容量（mmol/mL 湿树脂）两种表示方法。工作交换容量是指在某一指定的应用条件下树脂实际表现出来的交换量，此时所有的交换基团并未完全被利用。树脂失效后要再生才能重新使用，一般并不再生完全。在指定的再生剂用量条件下的交换容量是再生交换容量。再生剂用量对工作交换容量影响很大，交换容量、工作交换容量和再生交换容量三者的关系为：

再生交换容量=0.5～1.0 倍交换容量

工作交换容量=0.3～0.9 倍再生交换容量

离子交换树脂利用率是工作交换容量与再生交换容量之比。

③ 机械强度：是指树脂在使用过程中的抗磨损的能力。其测定方法是将一定量先经过酸、碱溶液处理的树脂置于球磨机中撞击、磨损，一定时间后取出过筛，以完好树脂的质量分数表示。商品树脂的机械强度规定在 90%以上。

④ 膨胀度：干树脂在水（有机溶剂）中溶胀，湿树脂在功能基离子转型或再生后洗涤时也有溶胀现象（因为极性功能基强烈吸水或高分子骨架非极性部分吸附有机溶剂所致的体积变化），外部水分渗透内部促使树脂骨架变形，空隙扩大而使树

脂体积膨胀。膨胀度（膨胀率、膨胀系数）是指膨胀前后树脂的体积比。

膨胀度的大小与树脂的交联度、活性基团的性质和数量、活性离子的性质、介质的性质和浓度、骨架结构等相关。有机离子交换树脂由于碳-碳链的柔韧性及无定形的凝胶性质，膨胀度较大；大孔离子交换树脂的交联度比较大，所含空隙又有缓冲作用，故膨胀度较小。在设计离子交换罐时，树脂的装填系数应以工艺过程中膨胀度最大时为上限参数，避免发生装量过多或设备利用率低的现象。

⑤ 含水量：每克干树脂吸收水分的数量，一般是 0.3～0.7g，交联度、活性基团性质及数量、活性离子的性质对树脂含水量的影响与对树脂膨胀度的影响相似。

⑥ 堆积密度及湿真密度：堆积密度是指树脂在柱中堆积时，单位体积湿树脂（包括树脂间空隙）的质量（g/mL），其值为 0.6～0.85g/mL。湿真密度是指单位体积湿树脂的质量，用布氏漏斗抽干得到一定质量的湿树脂除以这些树脂排阻水的体积可得。常用比重瓶测定，一般树脂的湿真密度为 1.1～1.4g/mL。

⑦ 稳定性：包括化学稳定性和热稳定性。例如：苯乙烯系磺酸树脂对各种有机溶剂、强酸、强碱等稳定，可长期耐受饱和氨水、稀浓度的氧化剂 $KMnO_4$ 和 HNO_3 及温热 NaOH 等溶液而不发生明显破坏。阳离子交换树脂的化学稳定性比阴离子交换树脂好，阴离子交换树脂中弱碱性树脂最差。低交联阴离子交换树脂在碱液中长期浸泡易降解破坏，羟型阴离子交换树脂稳定性差，故以氯型存放为宜。热稳定性一般是指干燥的树脂受热易降解破坏的特征。

⑧ 滴定曲线：离子交换树脂是不溶性的多元酸（碱），具有滴定曲线。滴定曲线能定性地反映树脂活性基团的特征，可鉴别树脂酸碱度的强弱。强酸和强碱树脂的滴定曲线开始有一段是水平的，随酸、碱用量的增加而出现曲线的突升和陡降，此时表示活性基团已经达到饱和，而弱酸、弱碱性树脂的滴定曲线不出现水平部分和转折点，而是呈渐进的变化趋势。

⑨ 孔度、孔径、比表面积：孔度是指单位质量或体积树脂所含有的孔隙体积，以 mL/g 表示。树脂的孔径大小差别很大，凝胶树脂的孔径取决于交联度，在湿态时才几纳米；大孔树脂的孔径在几纳米到上百纳米范围内变化。孔径大小对离子交换树脂选择性的影响很大，对吸附有机大分子尤为重要。凝胶树脂的比表面积不到 $1m^2/g$，大孔树脂则有数个单位到几百个单位（m^2/g），在合适的孔径基础上，选择比表面积较大的树脂有利于提高吸附量和交换速率。

3.2.3.2 亲水性离子交换剂

离子交换树脂非常适合小分子物质的分离，而对大分子物质（如蛋白质、酶等）的分离有局限性。因为蛋白质是高分子物质，且具有四级结构，只有在温和的条件下才能维持高级结构，否则，将遭到破坏而变性。因此，分离大分子蛋白质的离子交换剂，除了应具有一般离子交换树脂所具备的性能外，还需具有亲水性和较大的交换空间，可方便大分子在骨架内自由进出，从而增加交换容量。另外还要求其对生物活性有稳定作用（至少没有变性作用），便于洗脱，这就要求骨架内电荷密度不能过大，否则大分子发生多点吸附，易发生结构变型，且不利于洗脱。

以多糖为骨架的离子交换剂是经典的分离生物大分子的材料，这类介质具有网状结构，可允许生物大分子透过而不发生变性，其主要特性是：

① 亲水性：这类骨架材料如葡聚糖、琼脂糖、纤维素等均含有大量的亲水基团，在水中可充分溶胀而成为"水溶胶"类物质。

② 孔度大：具备均匀的大孔网状结构，可以允许大分子物质的自由进出。

③ 电荷密度适中：由于高电荷密度和高交联度，不仅会让蛋白质的吸附容量减少，而且还可能使其发生空间构象变化导致失活而变性，同时也由于结合较牢固，难以洗脱造成不可逆吸附，因此这类亲水性离子交换剂的电荷密度和交联度比较适中，非常有利于大分子的分离。

目前，这类交换剂已经被大规模应用，根据多糖种类的不同，多糖类骨架离子交换剂可分为葡聚糖凝胶离子交换剂、琼脂糖凝胶离子交换剂和纤维素离子交换剂等。

葡聚糖凝胶离子交换剂是将活性基团偶联在交联后的葡聚糖凝胶上制得的各种交换剂，由于交联葡聚糖具有一定孔隙的三维结构，所以兼有分子筛的作用。

琼脂糖凝胶离子交换剂与葡聚糖凝胶离子交换剂类似，其骨架是由精制过的琼脂糖经交联制备而成的，同样具有一定孔度，易发生溶胀，也兼有分子筛的作用。

纤维素离子交换剂为开放的长链骨架，大分子物质能自由地在其中扩散和交换，亲水性强，比表面积大，易吸附大分子；交换基团稀疏，对大分子的实际交换容量大；吸附力弱，交换和洗脱条件温和，不易引起变性；而且分辨力强，能分离复杂的生物大分子混合物。根据偶联在纤维素骨架上的活性基团的性质，可分为阳离子纤维素交换剂和阴离子纤维素交换剂两大类。

3.3　吸附分离化学与技术

3.3.1　吸附平衡热力学与吸附等温线方程

吸附分离的化学基础是吸附质在吸附剂颗粒与流动相之间的化学平衡。因为吸附是一种平衡分离方法，即根据不同溶质在液-固两相间分配平衡的差别实现分离。因此，溶质的吸附平衡行为既是评价吸附性能的一个重要指标，也是吸附过程分析和设计的理论基础。

在研究吸附过程时，一般应该从热力学和动力学两个方面来考虑。其中，热力学主要研究体系最终平衡时吸附过程对界面能的影响，以及吸附质在吸附剂和溶液之间的平衡分配关系；而动力学则关注发生吸附过程的速度以及影响吸附速度的因素。在实际的吸附研究中，通常只是涉及平衡条件和平衡关系，而不强调其动力学过程。尤其是以物理吸附为主的吸附体系，其吸附速度一般都很快。但是对于其他一些体系，吸附的动力学可能扮演一个非常重要的角色。

当溶液中吸附质的浓度和吸附剂单位吸附量不再发生变化时，吸附达到平衡，溶液中吸附质的浓度称为平衡浓度。吸附剂对吸附质的吸附性能往往采用吸附等温线来表示，它直接反应吸附质在吸附剂和溶液之间的分配关系，是评价吸附机理的有效方法。吸附等温线是指在一定温度下，吸附量与吸附质的压力（气相）或者浓度（液相）的关系曲线，通过该曲线的形状可以推测出吸附剂和吸附质的物理、化学作用。由于吸附剂和吸附物之间的作用力不同，吸附剂表面状态不同，则吸附等温线也不同。

吸附等温线涉及的是固-液界面从溶液中吸附的实验评价方法，常涉及测定发生吸附以后溶液中溶质浓度的变化。并根据溶液浓度的变化来计算被吸附的吸附质的量以及单位吸附剂上或单位表面积的吸附剂吸附的吸附质的量，以此对平衡溶液中吸附质的浓度作图就可以得到该实验温度下的等温线。

吸附剂和吸附质之间的相互作用可以分成两个大的类型：相对弱的可逆物理吸附和较强的、有时不可逆的特殊吸附或者化学吸附。由于吸附机理的多种可能性，人们已实验测定了许多的等温线形状，发现大多数都属于这两个主要分类。固体表面的普遍非均质本性决定了吸附过程的确切性质将在很大程度上取决于表面特性以及界面与其接触的溶剂和溶解物之间的相互作用，而这些相互作用通常借助于吸附等温线来研究和解释。因此，吸附等温线是描写吸附过程最常用的基础数据，大体上可以分为五种基本类型：

第一种是单凸型。吸附量随平衡浓度的变化在一开始时上升很快，随后趋于平缓，最后达到饱和吸附，其吸附量不再随浓度增加而增大。这种吸附往往对应于单层吸附，即在吸附表面吸附质的覆盖是单层的。属于这种吸附模型的吸附剂可以从很低浓度的吸附质溶液中吸附吸附质。

第二种是先凸后凹的 S 型。在低浓度区域与第一种类似，但当吸附质浓度高于某一范围后，吸附量会出现第二个急剧上升阶段，这说明出现了第二层吸附。所以，这种吸附往往对应于多层吸附。属于这种吸附模型的吸附剂也可以从很低浓度的吸附质溶液中吸附吸附质，也适合于从高浓度吸附质溶液中吸附吸附质。

第三种是单凹型。吸附量随平衡浓度的变化在一开始时上升不明显，随着吸附质浓度的升高，吸附量升高的趋势增大，没有明显的饱和吸附迹象，所以，这种吸附也往往对应于多层吸附。

第四种是双 S 型。相当于两个单凸型中间通过一过渡阶段相连。这种吸附往往对应于双层吸附。

第五种是先凹后凸的 S 型。在低浓度区域与第三种类似，但当吸附质浓度高于某一范围后，吸附量的增加幅度减缓，出现饱和吸附现象。

当然，也存在吸附质在液相和固相之间的分配呈线性分配关系的情况，即吸附等温线为线性的。一般情况下，固液吸附机理的解释均采用吸附等温线模型。

Langmuir 吸附等温线、Freundlich 吸附等温线和 Temkin 吸附等温线是金属离子吸附最常用的吸附等温线类型。还有 BET 等温线方程、基于 Gibbs 法的各种等温线方程、基于势论理论的各种等温线方程。一个令人满意的吸附理论应该覆盖所有形状的等温线，但目前还没有一种理论可以很满意地解释所有的吸附行为。它们都是在一定的条件下对某些吸附系统的吸附现象进行解释。对于已被理论证明过的具有多种形状的等温线，可以首先基于低浓度下形成的等温线确定它属于给出的五种基本等温线形状中的哪一种，然后再由它们在较高浓度下的行为确定它们的子类。

Langmuir 吸附等温式是 Langmuir 在总结实验数据的规律上结合动力学观点提出的一个吸附等温式，是最常用的吸附等温线模型之一。Langmuir 单分子层吸附理论认为：吸附质在吸附剂表面上的吸附是吸附质在吸附剂表面的吸附点上吸附和解吸两种相反过程达到动态平衡的结果。Langmuir 理论的基本假设为：被吸附的分子间没有相互作用，吸附剂表面是均匀的；固体的吸附能力来源于吸附剂表面的不饱和吸附点，吸附是单分子层的，与表面覆盖度无关。Langmuir 吸附等温式可以用公式（3-1）表达。

$$\frac{c_e}{Q_e} = \frac{1}{Q_m K_L} + \frac{c_e}{Q_m} \qquad (3\text{-}1)$$

式中，Q_e 为单位质量吸附剂的平衡吸附量；c_e 为吸附时吸附质在液相中的平衡浓度；Q_m 为单位质量吸附剂的饱和吸附容量值，与吸附量有关；K_L 为 Langmuir 吸附常数，也被称为结合能系数，它反映黏土矿物对金属离子的亲和力大小。

Langmuir 方程的基本特征可以表示一个无量纲系数 R_L，其定义式为：

$$R_L = \frac{1}{1 \mp K_L c_0} \qquad (3\text{-}2)$$

根据 R_L 可以确定等温线的类型：$0 < R_L < 1$，吸附为有利吸附；$R_L > 1$，吸附为无利吸附；$R_L = 1$，线性吸附；$R_L = 0$，不可逆吸附。

Freundlich 吸附等温方程式被广泛应用于物理吸附和化学吸附，在溶液中的吸附应用通常比在气相中的吸附应用更为广泛。它是建立在实验基础上的一种吸附理论，在这个公式中没有饱和吸附值。其方程式如下：

$$\ln Q_e = \ln K_F + \frac{1}{n} \ln c_e \qquad (3\text{-}3)$$

式中，K_F 为 Freundlich 吸附系数；n 是吸附常数；Q_e 为单位质量吸附剂的平衡吸附量；c_e 为吸附时吸附质在液相中的平衡浓度。

Temkin 提出了另一个吸附等温式，其吸附等温线方程可以用公式（3-4）来表示，Q_e 对 $\ln c_e$ 作拟合直线，由拟合直线的斜率求 K_T，截距为 a。

$$Q_e = a + K_T \ln c_e \qquad (3\text{-}4)$$

式中，K_T 为 Temkin 吸附常数；a 为吸附常数；Q_e 为单位质量吸附剂的平衡吸附量；c_e 为吸附时吸附质在液相中的平衡浓度。

当吸附反应的吸附等温线可用方程表示时，吸附规律的热力学函数可以用标准生成焓变 $\Delta H^\ominus$、标准熵变 $\Delta S^\ominus$ 和标准自由能变 $\Delta G^\ominus$ 表示，$\Delta G^\ominus$、$\Delta H^\ominus$ 与 $\Delta S^\ominus$ 的关系可以用下列公式表示：

$$\Delta G^\ominus = -RT\ln K_L \tag{3-5}$$

$$\Delta G^\ominus = \Delta H^\ominus - T\Delta S^\ominus \tag{3-6}$$

式中，$R = 8.314 \text{J/(mol·K)}$；$T$ 为溶液的热力学温度，K；K_L 为吸附常数。

为确定热力学参数，我们需要得到一系列不同温度 T 下的吸附常数 K_L。将 $\Delta G^\ominus$ 对 T 作拟合直线，则直线斜率的负值为 $\Delta S^\ominus$，直线的截距等于 $\Delta H^\ominus$。

很多吸附分离都是从水中吸附去除某种化合物或离子，或从某有机溶剂中吸附去除某些分子。此时，我们可以假设溶剂水或有机溶剂不被吸附剂吸附，并忽略吸附过程液体混合物总物质的量（mol）的变化，则溶质的表观吸附量可用式（3-7）表示：

$$q_i^e = \frac{n^0(x_1^0 - x_1)}{m} \tag{3-7}$$

式中，q_i^e 为单位质量吸附剂所吸附溶质的量，称为表观吸附量；n^0 为与吸附剂接触的溶液总量；m 为吸附剂质量；x_1^0 和 x_1 分别为吸附前后溶液中的摩尔分数。将所测定的上述吸附量与平衡溶液中吸附质的浓度作图即可得到吸附等温线。再根据等温线方程式［式（3-1）、式（3-3）和式（3-4）］，用相应的参数进行拟合。

3.3.2 固液吸附动力学

动力学研究各种因素对化学反应速率影响的规律，了解各种因素对反应速率的影响，从而帮助人们确定最佳的反应条件，控制反应的进行，使反应按我们所设定的速率进行。动力学模型是指以动力学为理论基础，结合具体的实际或者虚拟的课题而建立的有形或者是无形的模型。

动力学研究的主要内容一是各种因素对化学反应速率影响的规律；二是化学反应过程经历的具体步骤即所谓反应机理；三是探索将热力学计算得到的可能性变为现实性；四是将实验测定的化学反应系统宏观量间的关系通过经验公式关联起来。

吸附质在吸附剂上的吸附过程十分复杂。由于吸附剂都是具有许多孔洞的多孔物质，吸附质在吸附剂多孔表面上的吸附过程通常可分为以下 4 步：

① 吸附质通过本体溶液的外扩散（分子与对流扩散）到达吸附剂外表面；

② 通过颗粒周围水膜到颗粒表面的外部传递过程，即吸附质通过孔扩散从吸附剂外表面传递到微孔内表面；

③ 颗粒表面向颗粒孔隙内部的孔内部传递过程，即吸附质沿孔表面的表面扩散；

④ 吸附质被吸附在孔表面。

对化学吸附，则吸附质与吸附剂之间有键形成，通常第 4 步比较慢，为控制步骤；对物理吸附，吸附速率通常由扩散控制。相反地，脱附过程或解吸过程则是上述 4 个过程的逆过程。在两个方向的传递过程之间是吸附过程。当吸附位不在孔内的时候，吸附和解吸只包含外扩散过程，所以速度会快很多。当吸附位处于孔内时则需要增加内扩散阶段，而内扩散往往又比外扩散复杂一些。所以，在研究吸附过程动力学时需要考虑多种吸附位点的区别，并分别处理相应的吸附机理问题。

吸附动力学的任务是研究吸附反应的速率和时间问题。固体吸附剂对溶液中溶质的吸附动力学过程可用伪一级（pseudo-first-order）、伪二级（pseudo-second-order）、韦伯-莫里斯（W-M）内扩散模型和班厄姆（Bangham）孔隙扩散模型来进行描述。

对于固-液吸附体系，伪一级和伪二级动力学模型是评价吸附动力学的两种最常用模型；W-M 内扩散模型和 Bangham 孔道扩散模型有时候也会应用于描述固-液吸附的动力学过程。W-M 模型常用来分析吸附过程中的控制步骤，计算吸附剂的颗粒内扩散速率常数。而 Bangham 方程常被用来描述吸附过程中的孔道扩散机理。

伪一级反应的定义为：若其中一种反应物的浓度大大超过另一种反应物，或保持其中一种反应物浓度恒定不变的情况下，表现出一级反应特征的二级反应被称为伪一级反应。伪一级动力学模型是基于固体吸附量的 Lagergren 一级速率方程，其动力学方程式可用公式（3-8）表达：

$$\ln(q_e - q_t) = \ln q_e - k_1 t \tag{3-8}$$

式中，t 为吸附时间；q_e 为单位吸附剂的平衡吸附量；q_t 为吸附 t min 后吸附剂的实际吸附量；k_1 为伪一级反应吸附速率常数。

伪二级动力学模型的假设是：吸附反应速率受化学吸附机理的控制，这种化学吸附与吸附剂和吸附质之间的电子共用或转移有关。其动力学模型的微分表达式为：

$$\frac{\mathrm{d}q_t}{\mathrm{d}t} = k_2 (q_e - q_t)^2 \tag{3-9}$$

方程式（3-9）经过变量分离后：

$$\frac{1}{q_t} = \frac{1}{2k_2 q_e^2} + \frac{1}{q_e} t \tag{3-10}$$

式中，t 为吸附时间；q_e 为单位吸附剂的平衡吸附量；q_t 为吸附 t min 后吸附剂的实际吸附量；k_2 为伪二级反应吸附速率常数。

W-M 模型常用来分析反应中的控制步骤，求出吸附剂的颗粒内扩散速率常数。

$$q_t = k_{ip} t^{1/2} + C \tag{3-11}$$

式中，C 是涉及厚度、边界层的常数；k_{ip} 是内扩散率常数。q_t 对 $t_{1/2}$ 作图是直线且经过原点，说明内扩散由单一速率控制。

Bangham 孔隙扩散模型多用于气固吸附，研究气体向吸附材料微孔的扩散、吸附及脱附过程；一般而言，该吸附材料具有较大的比表面积。例如，活性炭材料对 SO_2 的吸附表明：不同孔径结构的活性炭材料对 SO_2 的吸附均符合 Bangham 动力学过程。Bangham 模型同时能够较好地反映出具有较大比表面积的吸附材料在其吸附过程中受材料结构孔径的影响。班厄姆公式可以表示为：

$$\frac{\mathrm{d}q_e}{\mathrm{d}t} = \frac{k(q_e - q_t)}{t^z} \tag{3-12}$$

积分整理后：

$$q_t = q_e - \frac{q_e}{\exp(kt^z)} \tag{3-13}$$

式中，t 为时间，h；z、k 为常数。

然而，天然吸附材料及改性黏土对金属离子的吸附研究中，常用的动力学模型是拟二级动力学模型。

吸附质在微孔内的扩散可分为沿孔截面扩散和沿孔表面扩散。沿孔截面扩散即为一般的分子扩散，其与微孔孔径和吸附分子的平均自由程大小有关；沿孔表面扩散则指内表面上吸附质的浓度梯度导致吸附质沿孔口表面向颗粒中心的扩散。

对微孔中吸附质的分子扩散可用费克第一定律描述：

$$(N_i)_a = \frac{n_i}{A} = -(D_i)_a \frac{\mathrm{d}c_i}{\mathrm{d}x} \tag{3-14}$$

式中，$(N_i)_a$ 为截面分子扩散通量；$(D_i)_a$ 为分子扩散系数。

对于表面扩散可用 Schneider 和 Smith 提出的修正的费克第一定律表达：

$$(N_i)_s = -(D_i)_s \frac{\rho_p K_i}{\varepsilon_p} \frac{\mathrm{d}c_i}{\mathrm{d}x} \tag{3-15}$$

式中，$q_i = K_i c_i$（假定为线性吸附，符合亨利定律），为单位吸附剂上的物质的量，mol/g；$(N_i)_s$ 为表面扩散通量；$(D_i)_s$ 为表面扩散系数；ε_p、ρ_p 分别为吸附剂的孔隙率和吸附剂颗粒密度。将上二式相加，即得颗粒内部传质的总通量方程式：

$$N_i = -\left[(D_i)_a + (D_i)_s \frac{\rho_p K_i}{\varepsilon_p}\right] \frac{\mathrm{d}c_i}{\mathrm{d}x} \tag{3-16}$$

该式常用于液相扩散吸附过程中的通量估算。

3.3.3 吸附分离工艺

利用固体的吸附特性进行吸附分离的操作方式主要包括搅拌罐吸附、固定床吸附、流化床吸附和膨胀床吸附。搅拌罐吸附和固定床吸附在工业中的应用较为广泛，而流化床吸附主要用于处理量大的过程。吸附系统的几种典型的操作方式如图 3-4 所示。

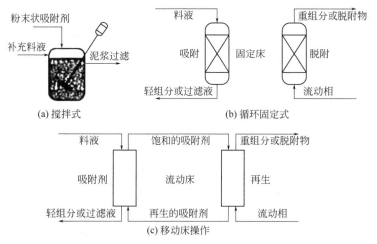

图 3-4　三种典型的吸附系统

3.3.3.1　搅拌罐吸附

搅拌罐吸附通常是在带有搅拌器的釜式吸附罐中进行的，在此过程中吸附剂颗粒悬浮于溶液中，搅拌使溶液呈湍动状态，其颗粒外表面的浓度是均一的，由于罐内溶液处于激烈的湍流运动状态，吸附剂颗粒表面的液膜阻力减小，有利于液膜扩散控制的传质，这种工艺所需设备简单，但是吸附剂不易再生、不利于自动化工业生产，并且吸附剂寿命较短。

按吸附剂与溶液的物流方向和接触次数，吸附过程可分为一次接触吸附、错流吸附、多段逆流吸附三类。如图 3-5 所示。

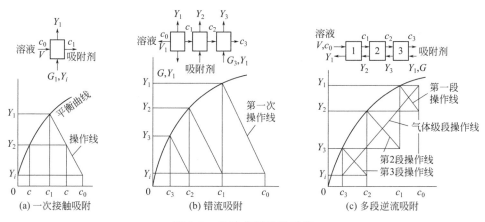

图 3-5　几种典型吸附系统

对于多段逆流吸附过程,其操作线可由总物料衡算求出:

$$G(Y_1-Y_{n+1})=V(c_0-c_n)$$ （3-17）

式中，G、V 分别为吸附剂用量和处理溶液量；Y、c 分别为溶质在吸附剂中的吸附量和在溶液中的浓度。

3.3.3.2 固定床吸附

固定床吸附是指以颗粒状吸附剂作为填充层，流体从床层一端连续地流入，并从另一端流出进行吸附的过程。

（1）穿透曲线

当从吸附层上部流入含有某一成分的流体开始，吸附在床层的上部有效地进行，残余的吸附质在紧接着的层内被吸附完成。在某一时刻，填充层内的吸附大部分是在比较狭窄的带状部分进行，而位于吸附带上部的吸附层的吸附量几乎与 c_0 成平衡，吸附带本身的吸附量沿着高度下降，而在其下部的层均处于无吸附状态。

若溶液连续稳态流入床层，则床内吸附带较之流体以缓慢的恒定速度向前推进。当吸附带的下端到达吸附层底部时，流出液中出现吸附质，随后其浓度逐渐上升，最终达到 c_0 值。以流出液体积或进料时间为横坐标，流出液中吸附质浓度为纵坐标，可得到浓度变化曲线，即为穿透曲线，其形状一般为 S 形，其斜率则根据平衡关系与操作条件而变化（见图 3-6）。c 达到某一容许值 c_b 的点称为穿透点。一般多选择流出浓度为进料浓度的 5%～10% 为穿透点。

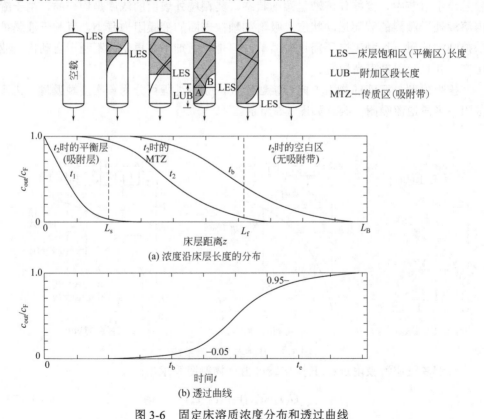

图 3-6　固定床溶质浓度分布和透过曲线

（2）优惠与非优惠吸附线

如图 3-7 所示，影响穿透曲线和浓度波前沿形状的因素可通过分析不同吸附等温线来考虑：对优惠吸附等温线，溶液浓度增高，等温线的斜率减小，浓度波前沿中高浓度一端比低浓度一端移动得快。随着过程的进行，浓度波前沿逐渐变陡，最后达到以恒定波形向前移动；非优惠等温线则相反，前沿中高浓度一端比低浓度一端移动慢，最后以变坦前沿向前推进；而对线性等温线，由于其斜率为定值，浓度波前沿图形不随时间而变。由以上浓度波前沿曲线分析，优惠吸附的传质区逐渐变窄，床层的利用率较高，而非优惠吸附的低浓度区移动较快，浓度波前沿随床层深度逐渐变宽，使床层的利用率降低。

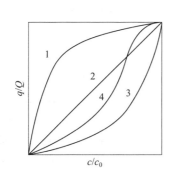 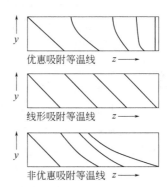

图 3-7 吸附等温线对浓度波的影响

1—优惠吸附；2—线形吸附；3—非优惠吸附；4—S 形吸附

穿透曲线的形状与吸附等温线的优惠程度密切相关，可用传质单元数表示。其大小可用分离因子表示：

$$\gamma = \frac{x(1-y^*)}{y^*(1-x)} \tag{3-18}$$

式中，$x = \dfrac{c-c'}{c''-c'}$；$y^* = \dfrac{q^*-q'}{q''-q'}$；$c''$ 和 c' 分别为上游和下游的流动相浓度；c 为任意点浓度；q^*、q''、q' 分别为与 c、c'、c'' 成相平衡的固定相浓度。

γ 愈小，吸附等温线愈优惠；$\gamma = 0$ 为不可逆吸附平衡；$\gamma \le 0.3$ 为强优惠吸附平衡；$0.3 < \gamma < 10$ 为非线性吸附平衡，其中 $\gamma = 1$ 为线性吸附平衡，$\gamma > 10$ 则为强非优惠吸附平衡。

（3）传质区理论长度

影响穿透曲线形状的主要因素有传质速率和吸附平衡常数，穿透曲线的平坦与否即传质区长度大小是评价操作条件的优劣、估算吸附柱尺寸等的重要依据。当进料浓度较低，取 $\rho_B = \varepsilon/(1-\varepsilon)$，则恒定透过曲线定形前沿的移动速度可近似表示为：

$$\mu_C = \frac{c_0 v}{\rho_B q_m} \tag{3-19}$$

固定床内任一点吸附量 q 和溶液浓度 c 之间，对定形前沿有下列关系：

$$q/q_m = c/c_0 \tag{3-20}$$

该式也称为操作线方程。在整个吸附阶段，传质区的理论长度 L_a 应为：

$$L_a = \mu_c(t_e - t_b) = \frac{v}{K_F \alpha_v} \int_{c_b}^{c_e} \frac{\mathrm{d}c}{c - c^*} \tag{3-21}$$

积分项中推动力 $c-c^*$ 可由操作线和吸附等温线之间的相应值求得。积分项可用图解积分法取得，表示在传质区内从浓度 c_b 改变到 c_e 所需要的总传质单元数 N_t（传质单元数约为理论板数的两倍）。

（4）残余吸附量 q_R

由于水的极性，水分的吸附和解吸曲线不同，常留有部分的残留水分。在溶剂脱水时，除有机溶剂外还有水蒸气存在，这对于溶剂中水分的吸附也有影响。残余吸附量 q_R 指经再生后吸附剂中残余吸附负荷，其与吸附阶段床层末端处吸附剂的状态、吸附和解吸阶段的吸附容量之差有关。图 3-8（a）表示吸附阶段完成后床层的负荷曲线，图 3-8（b）为再生阶段结束后的残余状态，图 3-8（c）表示经此二阶段再吸附容量的差值，即有效吸附容量（q_0-q_R）（斜线部分的面积）。残余吸附量在其他条件不变的情况下，由再生气体中吸附剂浓度和再生温度等条件决定。

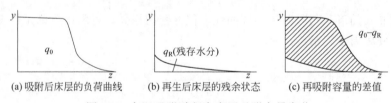

(a) 吸附后床层的负荷曲线　　(b) 再生后床层的残余状态　　(c) 再吸附容量的差值

图 3-8　变温吸附过程中床层吸附容量变化

在变温吸附操作中，由于反复加热再生，吸附剂劣化，引起吸附容量的减少。产生劣化现象的原因有：

① 吸附剂表面被炭沉积叠合物或一些化合物覆盖；

② 加热过程使吸附剂还原为半熔融状态，微孔部分堵塞甚至熔融消失；

③ 化学反应将结晶部分破坏。

活性氧化铝和合成沸石的劣化原因有热劣化、炭沉积和化学反应劣化三种。热劣化是指半熔融状态造成毛细孔结构上的劣化；炭沉积则是微孔入口堵塞造成的劣化；化学反应劣化包括气体或溶液中含稀酸或稀碱对合成沸石或活性氧化铝的结构或无定形物质的部分破坏，导致吸附性能下降。随着再生次数的增多，三种因素均会对吸附剂造成劣化，其劣化程度有所不同。

（5）床层高度与直径

要使吸附柱便于连续操作，按处理量大小、再生方法等多要求选用多柱吸附工艺，使吸附和解吸轮换进行。对于气体干燥和溶剂回收，其床层高度对气体可取 0.5～2m，对液体则可取几米到数十米不等。对分子筛床层，空塔线速一般取气体为 0.3m/s 左右，液体为 0.3m/min 左右。

3.3.3.3　流化床和膨胀床吸附

流化床吸附操作是使流体自下而上流动，并通过控制流速使吸附剂颗粒被托起但不带出，是处于流化态状态进行的。该方法的处理能力大，但吸附剂损耗也大。为了满足流化状态，其操作范围变窄，使其应用受到限制。

膨胀床是介于固定床和流化床之间的一种液固相返混程度较低的液固流化床。固定床吸附的料液通常从柱上部的液体分布器流经色谱介质层，从柱的下部流出并分部收集。流体在介质层中基本上呈平推流，返混小，柱效高。但固定床无法处理含颗粒的料液；流化床虽能直接吸附含颗粒的料液，但是存在较严重的返混，使床层理论塔板数降低，引起分离效率下降；膨胀床吸附综合了固定床和流化床吸附的优点，克服了它们的缺点。它使介质颗粒按自身的物理性质相对稳定地处在床层中的一定层次上实现稳定分级，而流体保持以平推流的形式流过床层，同时介质颗粒间有较大的空隙，使料液中的固体颗粒能顺利通过床层（图 3-9）。膨胀床吸附技术可以直接从含颗粒的料液中提取生物大分子物质，将固液分离和吸附过程结合起来。由于膨胀床的床层结构特性和处理原料特点，其吸附操作方式与固定床不尽相同。

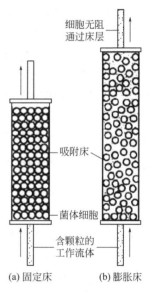

图 3-9　固定床与膨胀床操作状态比较

处理细胞悬浮液或细胞匀浆液的一般操作流程如图 3-10 所示。首先用缓冲液膨胀床层，以便于输入料液，开始膨胀床吸附操作。当吸附接近饱和时，停止进料，转入清洗过程，在清洗过程初期，为除去床层的微粒子，仍采用膨胀床操作，待微粒子清除干净后，可恢复固定床操作，以降低床层体积，减少清洗剂用量和清洗时间。清洗操作之后的目标产物洗脱过程亦采用固定床方式。

清洗操作可利用一般缓冲液或黏性溶液。利用黏性溶液清洗时流体流动更接近平推流，清洗效率高，清洗液用量少。目标产物的洗脱操作采用固定床方式不仅可节省操作时间，而且可提高回收产物的浓度。另外，洗脱液流动方向可与吸附过程相反，以提高洗脱效率。由于处理料液为悬浮液，吸附污染较严重，为循环利用吸附剂，洗脱操作后需进行严格的吸附剂再生，恢复其吸附容量。

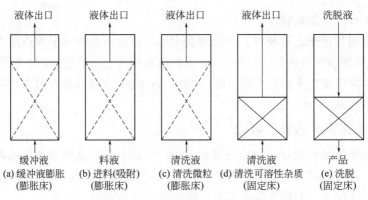

图 3-10　膨胀床吸附操作过程

3.3.3.4　吸附剂的再生

吸附剂的再生是指在吸附剂本身不发生变化或变化很小的情况下，采用适当的方法将吸附质从吸附剂中除去，以恢复吸附剂能力，从而达到重复使用的目的。对于性能稳定的大孔聚合物吸附剂，一般用水、稀酸、稀碱或有机溶剂就可以实现再生。大部分吸附剂可以通过加热再生，例如硅胶、活性炭、分子筛等，在采用加热法进行再生时，需要注意吸附剂的热稳定性，吸附剂晶体所能承受的温度可由差热分析（DTA）曲线特征峰测出。吸附再生的条件还与吸附质有关，此外，还可以通过化学法、生物降解法将被吸附的吸附质转化或者分解，使吸附剂得到再生。工业吸附装置的再生大多采用水蒸气吹扫的方法。

3.3.4　吸附分离技术的应用举例

吸附法在药物分离中主要应用在天然药物化学和微生物制药成分的分离纯化，采用的吸附剂一般是大孔吸附树脂、活性炭和氧化铝等。

3.3.4.1　分子筛用于脱除有机溶剂中的水

气相中的吸附问题在一般物理化学书上都有很好的讨论，在此不再重复。

液相中的吸附比较复杂，人们无法像气体吸附一样用分压来表示其浓度。溶液中溶质的溶解度和离子化程度、溶剂与溶质之间的相互作用、溶质与溶剂的共吸附现象等均会不同程度地影响溶质的吸附。因此，在开始一个吸附分离研究时，首先要做的就是选择不同的吸附剂对分离对象进行吸附平衡研究。通过一系列的静态吸附实验，做出其吸附等温线，并对该吸附等温线用各种等温线方程来进行关联，确定其拟合程度最高的方程，并基于该方程的特征参数来讨论吸附过程及其特点。

图 3-11 为常用溶剂中的水分在 4A 分子筛中的平衡吸附量。从等温线的基本形状来看，4A 分子筛对苯、甲苯和二甲苯中的水分子有很好的吸附能力，在低浓度范围内，吸附量随水含量的增加而迅速增加。而在乙醇中，其吸附能力较差。这种差

别也反映了水与苯的相容性很差,而与乙醇的相容性很好。因此,采用吸附法很容易从非极性有机溶剂中去除少量水分。

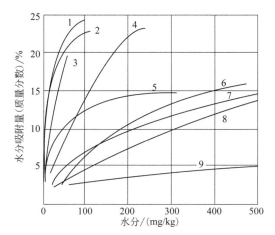

图 3-11　4A 分子筛对溶剂中水分的吸附平衡

1—苯;2—甲苯;3—二甲苯;4—吡啶;5—甲基乙基甲酮;
6—正丁醇;7—丙醇;8—叔丁醇;9—乙醇

3.3.4.2　活性炭脱除有机物

中药的提取分离是中药研究及生产过程中的重要环节,也是目前提高中药质量的关键问题。传统的中药提取工艺及设备已越来越不能满足中药现代化发展的需要,制约了中药产业化和市场国际化。其主要问题是中药产品粗(杂质多)、大(服用量大)、黑(颜色深)。而采用吸附分离技术对中药提取液进行精制不仅能有效减少服用剂量,提高中药制剂的质量,减少产品的吸湿性,而且实验工艺简便,所需实验设备简单,成本低。用活性炭提取放线酮的工艺流程如图 3-12 所示。

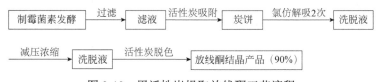

图 3-12　用活性炭提取放线酮工艺流程

活性炭是应用非常广泛的一类吸附剂,因此,其相关研究也相当广泛。大量的针对有机化合物的吸附性能研究结果证明,活性炭对水中有机物的吸附有以下几点规律:

① 同族有机物,分子量愈大,吸附量愈大;

② 分子量相同的有机物,芳香族类比脂肪族类易吸附;

③ 直链比侧链化合物易吸附;

④ 溶解度愈小，疏水性愈强，愈易吸附；

⑤ 置换位置不同的异构体化合物，吸附性能有差异。

3.3.4.3 分离混合气体的变压吸附和变温吸附

分离气体混合物的变压吸附过程是一个纯粹的物理吸附过程。由吸附剂的吸附等温线可知，在一定温度下，吸附剂的吸附能力随压力的增大而增强，而在一定压力下，吸附量则随温度的上升而下降。也就是说，加压降温有利于物质的吸附，而减压升温有利于物质的解吸。迁移过程为吸附过程，后一过程则对应于吸附剂的再生，是吸附分离后获得纯组分的必要环节。因此，按照吸附剂再生方法可以将吸附分离过程分为变压吸附和变温吸附两类。

碳分子筛是一种兼具活性炭和分子筛特征的吸附剂，有很小的微孔，孔径分布为 0.3～1.0nm，它的最大用途是从空气中吸附分离制纯氮。在加压下它吸附氧而制得纯氮，无须再加压。而用沸石分子筛吸附是吸附氮，解吸后的氮气需要再加压。

采用专用分子筛吸附去除尾气中的 SO_2、NO_2 等污染物已经得到工业应用。硝酸厂尾气中的 NO_2 含量高达 600～2500mL/L，通过分子筛床层吸附后可以降低到 10mL/L，大大降低了废气的排放量。吸附达到饱和的吸附剂可以在较高温度下解吸，例如，在 315℃下用空气解吸，得到的氮氧化物返回到硝酸制造工序，达到循环使用目标。

3.3.4.4 黏土矿物吸附回收废水中的金属离子

采用吸附技术去除和回收废水中低浓度重金属离子的效果好，成本低，是非常有应用价值的研究领域。例如：在原子能工业中会产生一些放射性核素，其中 ^{137}Cs 是比较难处理的。采用某些对 Cs 有强亲和力的分子筛可以从低含量的含 ^{137}Cs 的气体和废水中选择性地吸附去除 ^{137}Cs，在高浓度 Na^+、NH_4^+ 等离子存在下也能吸附，且不受辐射的影响。普鲁士蓝也是一种对一价 Cs^+、Tl^+ 有很高吸附能力的吸附剂，是一种很有效的解毒剂。

含重金属离子的废水量大，处理困难。目前，有大量的研究证明，吸附法是处理重金属废水的一类低成本高效率的处理方法。与沉淀法相结合，可以起到相当好的效果。所用的吸附剂也是一些价廉易得的天然的黏土矿物，或经过适当改性的吸附剂。

近些年，我们研究了多种吸附剂从低浓度稀土溶液中吸附回收稀土并使废水达到排放要求的新方法。其效果可以用 Na 型黏土吸附剂对稀土离子吸附的等温线来说明。图 3-13 的吸附等温线表明：在低浓度区域，随着平衡时稀土离子浓度的提高，黏土上的吸附负载量急剧增大，待到接近饱和吸附时，稀土负载量随平衡溶液中稀土离子浓度的变化趋于平缓。证明该类黏土比较适合于从低浓度稀土溶液中吸附稀土，且比较容易达到饱和吸附。用 Langmuir 吸附等温线方程对各种黏土吸附稀土的实验数据进行直线拟合，能够得到相关性高于 0.99 的拟合直线，说明用 Langmuir

吸附模型能够很好地描述黏土吸附剂对三价稀土离子的吸附作用。拟合后的 Langmuir 吸附等温线如图 3-13 所示，其线性相关性达到 0.999 以上。

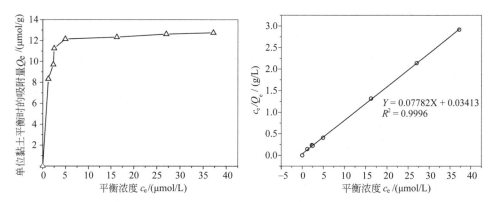

图 3-13　Na 型黏土吸附剂对三价稀土离子的吸附等温线及 Langmuir 等温线方程的拟合结果

按照这种方法，我们还对比了原始黏土以及经各种改性后黏土的吸附等温线。证明各种改性黏土吸附稀土的实验数据均可以用 Langmuir 吸附等温线方程来关联。通过曲线的斜率和截距可以计算出黏土对稀土的饱和吸附容量及吸附常数。八种不同的改性黏土吸附剂对三价稀土离子的 Langmuir 吸附等温线的拟合结果如表 3-5 所示。很明显，由等温线计算出来的理论饱和吸附量与黏土吸附剂的实际饱和吸附量非常相近，进一步肯定了用 Langmuir 吸附等温线模型来解释黏土吸附剂对三价稀土离子的吸附机理是相当合适的。由表中数据也可以看出：经不同改性剂和不同酸度的溶液处理后的黏土吸附剂对三价稀土离子的吸附能力和吸附容量存在一定的差异性：

① 经盐改性后的黏土吸附剂对三价稀土离子的吸附容量 Q_m 要比经酸改性黏土吸附剂的吸附容量更大，但吸附常数大小次序刚好相反。

表 3-5　Langmuir 吸附等温线方程拟合结果

改性剂		截距	斜率	Q_m/(μmol/g)	K_L/(L/μmol)	R_L^2
纯水		0.09299	0.13609	7.348	1.463	0.991
硫酸（pH=2）		0.01427	0.09715	10.293	6.808	0.998
氯化钠	中性	0.03346	0.0775	12.903	2.316	0.999
	酸性	0.02436	0.07973	12.542	3.273	1.000
氯化铵	中性	0.01604	0.08468	11.809	5.279	1.000
	酸性	0.01612	0.08827	11.329	5.476	0.999
硫酸铵	中性	0.02774	0.08143	12.280	2.935	0.999
	酸性	0.01249	0.08616	11.606	6.898	0.999

② NH$_4^+$型黏土吸附剂对三价稀土离子的吸附容量要比 Na$^+$型黏土吸附剂的小，而比 H$^+$型黏土吸附剂大。说明改性阳离子对黏土吸附稀土是有影响的，吸附的稀土离子的量越大，说明改性阳离子越容易被稀土所交换。因此，三种一价阳离子改性的黏土对稀土离子的吸附能力有如下次序：Na$^+$型黏土 > NH$_4^+$型黏土 > H$^+$型黏土。

③ 在阳离子同为铵离子的条件下，用二价硫酸根代替一价氯离子来改性黏土吸附剂可以在一定程度上提高对三价稀土离子的吸附容量，但其对吸附常数的影响程度还与酸碱性有关，即在酸性条件下有较大幅度的提高，而在中性条件下则有一定程度的下降。说明阴离子种类对改性黏土的吸附性能也有影响。

离子吸附型稀土是一类重要的稀土资源，其中稀土是被一些黏土矿物所吸附，其提取过程就是一个典型的解吸过程。但在开发过程中，由于残留电解质的残留导致了大量低浓度含铵稀土废水的产生，对矿区水环境产生了严重的影响。因此，开展了从这种废水中回收稀土并达到废水排放标准要求的研究工作。我们基于上述研究结果，利用尾矿中的黏土矿物作吸附剂，提出了两套成本低，效果好的处理技术。与此同时，还研究了其他一些强吸附剂在处理这种废水中的应用效果，包括普鲁士蓝胶体粒子、胶体氧化石墨烯、合成高分子吸附剂等。

3.3.4.5　大孔吸附树脂吸附法在中药有效成分分离方面的应用

大孔吸附树脂在中药有效成分分离中有着广泛的应用，并日益显示出其独特的作用。大孔吸附树脂在黄酮类、生物碱类及苷类成分分离方面应用较广泛。应用大孔吸附树脂可将中药有效成分中水溶性的成分分离出来，特别有利于解决中药大、黑、粗的问题。下面举例介绍大孔吸附树脂在分离中药有效成分方面的应用。

① 黄酮类化合物：大孔吸附树脂分离纯化葛根总黄酮工艺过程为：葛根药材先用 50%乙醇提取液回流 2 次（第一次 2h，第二次 1.5h），然后过滤，减压浓缩至稠膏状的葛根醇提液；采用 LSA10 大孔树脂，树脂与药液的比例为 4：1，以 1BV/h（BV：bed voume，指装在树脂床中的树脂体积）流速上柱至树脂饱和；然后进行洗脱，先以 2BV/h 水洗，再以 4BV 50%乙醇洗脱，控制流速 0.5BV/h，得到的乙醇洗脱液减压浓缩，并在真空下干燥得到产品葛根总黄酮。

② 生物碱类化合物：生物碱类可用离子交换树脂分离，但酸、碱或盐类洗脱剂会给下一步分离造成麻烦，用大孔吸附树脂可避免引入外来杂质的问题。大孔吸附树脂吸附中药中碱类成分时吸附作用随吸附对象的结构不同而有所差异，且易被有机溶剂洗脱。大孔吸附树脂分离纯化川芎中川芎嗪工艺为：川芎药材先用 90%乙醇回流提取，回流 3 次，每次 3h，并过滤浓缩至稠膏状的川芎提取液；然后进行树脂吸附，采用的是 D101 大孔吸附树脂，调节 pH 至 10，树脂与药液的比例为 4：1，以 4BV/h 流速上柱至饱和；先以 2BV/h 水洗，再选用 95%乙醇作为洗脱剂，以 4BV/h 流速解吸得到醇洗脱液；最后减压浓缩，并干燥得到淡黄色粉末，即川芎嗪。

③ 苷类化合物：近年来大孔吸附树脂在苷类成分的分离纯化中得到广泛的应

用，利用弱极性的大孔树脂吸附后，很容易用水将糖等亲水性成分洗脱下来，然后再用不同浓度乙醇进行梯度洗脱，洗下被树脂吸附的苷类从而达到纯化的目的。

大孔吸附树脂分离纯化人参总皂苷的工艺：①先将人参饮片进行预处理，用 8 倍量 95%乙醇回流提取 3 次，每次 4h，过滤得人参醇提液，减压回收乙醇，过滤，得到人参上清液。延长提取时间和增加提取次数均有利于收率的提高，但也会增加消耗。②提取液中加入 4%的无机盐，不仅能够加快树脂对人参总皂苷的吸附速率，而且吸附量明显增大，因为加入无机盐降低了人参皂苷在水中的溶解度，使人参皂苷更容易被树脂吸附。用水稀释成含生药量 0.5mg/mL 后，以 2BV/h 吸附流速上柱；D101 型大孔吸附树脂在此条件下能选择性地吸附人参成分中的总皂苷。③饱和树脂先用水洗涤至无糖，再用 10 倍柱床体积的 70%乙醇将吸附在树脂上的人参总皂苷洗脱下来。收集洗脱液，洗脱率达 90%以上，减压浓缩后即得人参总皂苷粗品。④经 D101 型大孔吸附树脂吸附纯化后，人参总皂苷固体物明显得到富集并大大地提高了纯度。利用大孔吸附树脂分离纯化人参总皂苷效果好，且操作简便、重现性好，适用于工业化生产。

3.4　色谱分离技术

3.4.1　定义与特点

色谱是指样品中各组分依据其在固定相与流动相之间分配行为的差异进行多次分离的过程。色谱是目前分离复杂混合物效率最高的一种方法，也是获得高纯度产物最有效的技术，目前被广泛应用于药物分析检测、制备及生产等方面。高效液相色谱技术（HPLC）可以分析分离非挥发性物质、热敏性物质以及具有生物活性的物质，从根本上解决了气相色谱技术的不足。随着技术的进步，逐步发展了制备色谱，实现了经典的分离方法（如精馏、吸收、萃取、结晶等）难以实现的分离要求，从而满足了不同的研究需要和用途。

色谱利用的是不同组分在固定相和流动相中具有不同的平衡分配系数(或溶解度)，当两相作相对运动时，这些组分在两相中进行反复多次分配，从而使分配系数相差微小的组分能产生很好的分离效果。色谱作为一种分析工具，由于它的精确、快速、方便，可用于石油和化学工业生产中的质量控制，在现代生化制备技术中，色谱方法也占有核心地位。

色谱分离过程具有许多优越的特点，主要表现在：

① 分离对象广：可以从极性到非极性、离子型到非离子型、小分子到大分子、无机物到有机物及生物活性物质、热稳定到不稳定的化合物，尤其在生物大分子分离和制备方面是其他方法无法替代的。

② 分离效率高：可以分离极复杂的混合物，且通常收率和纯度都较高。

③ 分离方法多样：有吸附色谱、分配色谱、凝胶色谱、亲和色谱等不同的色

谱分离方法。可以依据分离对象的不同性质，或不同分离要求选择不同的分离方法或方法组合；可选择不同的固定相和流动相状态及种类等。目前，色谱技术在物质的分离纯化尤其是生物大分子的分离纯化中的地位更显重要，发展也非常迅速，主要体现在以下几个方面：a. 新一代高效、高选择性色谱介质的发展，如新型多孔硅胶、树脂和新型交联琼脂糖的出现；b. 新的色谱技术的出现，如流动相为超临界流体的超临界流体色谱，固定相为流体的高速逆流色谱等；c. 新的操作方式的出现，如灌注色谱、径向色谱等。

目前，工业规模的色谱技术已在产物提取、分离、净化与提纯方面得到广泛的应用。凡是精馏和萃取精馏可分离的体系都可以采用气液色谱分离，对分离因子>1.3的易分离体系，气液色谱的生产率低于精馏。对分离因子<1.3的分离体系，精馏分离的回流比需加大，能耗增加，或塔板数增加，设备投资费上升，而色谱过程适用于难分离体系，如同分异构体、近沸混合物等的分离。

3.4.2 色谱分离的分类

色谱法是包括多种分离类型、检测方法和操作方式的分离分析技术。有多种分类方法，下面介绍几种主要的分类方法。

（1）按分离机制

① 吸附色谱：根据物质各组分对固定相的吸附力差异进行分离。如离子交换色谱（IEC）、疏水作用色谱（HIC）、金属配合色谱（IMAC）、亲和色谱（AC）和有机染料配体亲和色谱（DAC）等。

② 分配色谱：根据物质在两相间分配系数的差异进行分离。其中在液液分配色谱中，根据流动相和固定相相对极性的不同，可分为正相分配色谱（NPC）和反相分配色谱（RPC）。

③ 体积排阻色谱（SEC）：根据物质的尺寸大小进行分离。由于固定相通常为多孔性凝胶，故也称为凝胶渗透色谱（GPC）。

还有离子交换色谱、离子色谱及专门用于生物物质分离制备的亲和色谱及凝胶色谱（分子筛色谱）等多种。

（2）按两相物理状态

色谱法根据流动相的相态分为气相色谱、液相色谱和超临界流体色谱。气相色谱的流动相为气体，液相色谱的流动相是液体，超临界流体色谱采用的流动相是一种特殊的超临界流体。固定相有固体和液体，根据流动相和固定相的状态，可以组合成五种主要色谱类型：①液固色谱（LSC）；②液液色谱（LLC）；③气固色谱（GSC）；④气液色谱（GLC）；⑤超临界流体色谱（SFC）。

（3）按固定相的形态

① 柱色谱：固定相装在色谱柱内的柱色谱。根据色谱柱的尺寸、结构和制备方法不同，又分为填充柱色谱和毛细管柱或开管柱色谱。凝胶色谱、高效液相色谱

均为柱色谱。

② 平板色谱：固定相呈平板状，包括薄层色谱（TLC）和纸色谱（PC）。固定相以均匀的薄层涂覆在玻璃板或塑料板上，或将固定相直接制成薄板状，称为薄层色谱(TLC)。用滤纸作固定相或固定相载体的色谱，称为纸色谱（PC）。纸色谱和薄层色谱多用于分析，而柱色谱易于放大，适用于分离，是主要的色谱分离手段。

（4）按展开技术

① 顶替法：又称为置换法、排代法，利用一种吸附力比各被吸附组分更强的物质洗脱（即流动相为置换剂）。此法处理量大且各组分分层清楚，但层与层相连，不易完全分离。该法通常用于脂肪族烃的分离，如石油产品中烷烃、烯烃的分离。

② 迎头法：又称为前沿法，样品本身即为流动相，将混合物溶液连续通过色谱柱，只有吸附能力最弱的组分以纯品状态最先自柱中流出，其他各组分都不能达到分离。此法仅适用于简单混合物的分离。

③ 淋洗法：又称为冲洗法、洗提法，将混合物尽量浓缩后引入色谱柱上部，再用纯溶剂洗脱。洗脱剂可选用原来的溶解液，也可另选溶液。绝大多数色谱分析均为淋洗法。

3.4.3 几种常用色谱分离的特点

（1）吸附色谱

吸附色谱是利用流动相中溶质各组分分别与吸附剂固相之间的相平衡关系的差异，使得各组分在固定相内的保留能力不同而达到分离的一种方法。相平衡关系反映组分在固定相中的保留能力的差异，表征流动相各组分与固定相的相互作用的强弱。吸附色谱中固相吸附剂的吸附能力与其官能团和流体相溶质分子的相互作用大小有关。若以硅胶为吸附剂，则对酚、醇、胺、酰胺、亚砜、酸等化合物为强吸附，对多核芳烃、醚、腈、硝基化合物和大多数羰基化合物为中等吸附，对硫醚、硫醇、烯烃、双环或单环芳烃、卤代芳烃等为弱吸附，而对烷烃、氢等不发生作用。

吸附色谱中溶质与吸附剂分子表面之间的作用力一般为色散力，其大小取决于极性效应，适用于醇、酮、酯类等混合物的分离；对于链状碳氢化合物，增加一个—CH_2—，其色散力效应不足以明显影响同系列化合物的相互作用力，因此，吸附色谱不宜用于同系化合物分离。

极性溶质分子在极性固定相上的冲洗次序由溶质的分子官能基的极性大小而定，其次序一般为—CO_2H>—OH>—NH—>—CHO>—$C＝O$>—CO_2R>—OCH_3>—CH_2R，对活性炭一类非极性固定相吸附剂，则次序相反。

（2）离子交换色谱

根据分离方式的不同，离子交换色谱可分为高效离子交换色谱、离子排斥色谱和离子流动色谱三种形式。高效离子交换色谱采用低容量离子交换树脂，基于离子交换作用将阴离子与阳离子分离，或稀土离子之间、烃之间的分离；离子排斥色谱则利用高容量的离子交换树脂，基于离子排斥作用将某些有机酸与氨基酸分离，或有机物中去除无机物离子；流动相离子色谱则采用表面多孔树脂，利用吸附作用和离子对形成机理，将疏水性物质与阴离子或金属络合物分离。

在一定程度上，离子交换选择性的强弱次序反映所需洗脱力的大小。洗脱力大小与离子间的相互作用力有关，主要有络合配体与金属离子间的配位螯合键力或/和离子间的亲和吸附力，特别以前者为佳，如通常采用乙二胺阳离子和酒石酸盐，或羟基丁二酸盐阴离子等配位淋洗剂来实现金属离子的洗脱。

（3）正相色谱和反相色谱

正、反相色谱也称离子对色谱，是通过在流动相中加入合适的、与进料离子相反电荷的离子，使其与进料离子缔合成中性离子对化合物，以增大其保留值而达到良好分离效果的一种技术。正、反相色谱的差异在于：正相色谱的固定相极性大于流动相极性，是极性固定相和中等或弱极性流动相的色谱体系；而反相色谱的固定相极性小于流动相极性，是非极性固定相和极性流动相的色谱体系。

正相色谱的极性键合相通常是在硅胶上键合极性基团，如—NH_2、—CN、—CH(OH)—、—CH_2OH、—NO_2 等，分别称为氨基、氰基、醇基和硝基键合固定相。由于极性基团的可变性大，故可选取不同极性键合固定相来筛选合适的分离选择性，具有较大的灵活性。极性键合相的极性通常弱于硅胶，其适用于非极性至中等极性的中小分子化合物的分离。氨基键合固定相由于其极性比硅羟基弱，位于烷基链末端，有一定的自由度，并且氨基浓度较小，在同一条件下其保留值相对要小些，特别适用于酚、核苷酸等酸性化合物的分离。

反相色谱则通常采用烷基键合相为固定相，流动相是含有低浓度反离子的水，有机溶剂为缓冲溶液，离子对试剂不易流失，使用方便，适用面广。常用的为 C_{18} 烷基键合相，如十八烷基三氟硅烷、十八烷基醚型三甲氧基硅烷等，短链烷基键合相的稳定性较差。

（4）凝胶色谱

凝胶色谱或凝胶渗透色谱也称排阻色谱，是基于溶质分子的大小及其在色谱柱内的迁移速率差异来实现分离的一种新技术。凝胶类似于具有较大孔径的分子筛，是一种不带电荷的具有三维空间的多孔网状结构。当含有大小不同的溶质分子混合物随流动相流经以凝胶颗粒为固定相的色谱床层时，混合物中各组分按其分子的大小不同而被凝胶阻挡，分子量较小的组分可以进入凝胶网孔，而大分子被阻在凝胶颗粒外，可随洗脱液沿凝胶颗粒间的空隙迁移，速度较快，只需较短的时间就能将其冲洗出；而小分子进入凝胶后，随着洗脱过程的进行，会从凝胶网孔中缓慢扩散出来，需要较长的冲洗时间。

根据制备原料不同，凝胶可分为有机凝胶和无机凝胶两大类；按力学性能可分为软性凝胶、半硬性凝胶和硬性凝胶三类；按凝胶对溶剂的适应性可分为亲水、亲油和两性凝胶三类。软性凝胶的交联度低，溶胀性大、不耐压；硬性凝胶的机械强度好，如多孔玻璃和硅胶等。目前常用的大多为半硬性凝胶，有交联聚苯乙烯、交联聚乙酸乙烯酯、交联葡聚糖、交联聚丙烯酰胺、琼脂糖等种类。亲水性凝胶主要应用于蛋白质、核酸、酶、多糖等生物大分子的脱盐与分离提纯，亲油性凝胶多用于不同分子量的高聚物分离。

凝胶的分离范围、渗透极限以及凝胶色谱柱中的固流相比是三个重要的性能指标。分离范围是指分子量与淋出体积标定曲线的线性部分，相当于 1～3 个数量级的分子量，渗透极限表示可分离分子量的最大极限，超过此极限的大分子均会在凝胶间隙中流走，没有分离效果；固流相比为色谱柱内所有可渗透的孔内容积与凝胶粒间隙体积之比，固流相比越大，分离容量越大。

（5）亲和（膜）色谱

生物体中许多高分子化合物能和某些相对应的专一分子进行可逆结合，如蛋白和辅酶，抗原和抗体，激素及其受体等。生物分子间的这种结合能力称为亲和力，利用亲和吸附和亲和解离原理而建立的色谱法称为亲和色谱。

亲和色谱的优点是操作条件温和、简单。亲和力具有很高的专一性，因此分离特别有效。经亲和色谱一步就能提纯几百甚至几千倍。例如，利用胰岛素受体与胰岛素之间的亲和力，用亲和色谱从肝细胞抽提液中一次可将胰岛素受体的纯度提高8000倍。亲和色谱在近年发展迅速，已有许多成功应用的例子，是生物物质分离提纯的一种重要方法。亲和色谱是利用偶联于载体上的亲和配体对特定大分子的亲和作用实现大分子的分离和纯化的。通常，在亲和识别和结合过程中有四种非共价键合的相互作用力存在，它们是范德华力、静电力、氢键和疏水作用，这些作用可能单独或同时存在于亲和识别和结合过程中。此外，载体上的配体基团与混合物中的配体之间的空间位置的合理配合，配基与配体之间的相互作用如图 3-14 所示。目前，具有实用意义的亲和色谱包含亲和（载体）色谱和亲和膜色谱两种形式。

亲和配基与载体之间的活化和偶联大多采用化学方法，主要有溴化氰法、环氧法、羰基二咪唑法等。亲和色谱对特定的生物大分子具有亲和作用，能选择性地分离或纯化生物大分子。根据亲和载体上固定的配基不同，可将其分为两大类，即特异性配基亲和色谱和通用性配基亲和色谱，前者连接的配基为复杂的生物大分子（如抗原、抗体等），后者的配基为简单的生物分子（如氨基酸等）或非生物分子（如过渡金属离子和某些染料分子）。亲和膜色谱使用的基膜材料主要有纤维素、聚酰胺及其衍生物、聚丙烯酰胺及其衍生物、羟乙基甲基丙烯酸酯、三羟甲基酰胺、化学改性聚砜等。

亲和膜色谱结合了膜分离和亲和色谱两种技术的优点。亲和膜色谱过程如图 3-15 所示，由于膜上偶联有亲和作用的配基，混合物通过膜时，与膜上亲和配基具有相互作用的物质被吸附，根据所采用膜的孔径大小，小分子物质则选择性地透过膜，而大分子物质随料液流走。然后用清洗液纯化，再采用适当的方法将结合在配基上的大分子洗脱下来，从而达到分离的目的。传统的亲和膜色谱通常为叠合平板式，但也可采用中空纤维式或卷式。

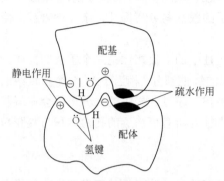

图 3-14　亲和色谱配基与配体的相互作用

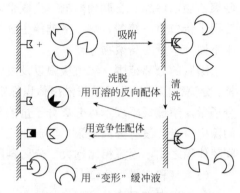

图 3-15　亲和吸附与解吸过程示意图

如图 3-15 所示，有三种方法将亲和吸附在配体上的蛋白脱附下来。第一种为可溶反向配体法，采用一种能与吸附在亲和膜上的大分子作用并结合的配基，将膜上的大分子洗脱下来，然后再将此配基分离；第二种方法为配体交换法，用一种与吸附蛋白竞争性结合的溶质洗脱，特异性地将吸附的不同蛋白分别洗脱下来，这类竞争性溶质包括含—NH_2、—$COOH$、—SH 等基团的物质和咪唑等取代基；第三种方法为变形缓冲液法，用一种能使大分子产生形变的缓冲液进行洗脱，将吸附在膜上的大分子脱附下来。

从以上内容可以看到，色谱是一种分离方法，分析只是它的一个应用领域。从理论上讲，它也应该可用于大规模的工业分离，而且很早就开始了这方面的研究，但是以前制备规模的色谱，一般也只有几克，真正大规模工业应用也只是近一二十年的事。原因之一是一般技术填充的色谱柱分离效率随柱直径的增加而急剧下降；其次是在有限浓度下，没有有效的色谱理论可指导过程的放大设计。此外，色谱操作为间歇式，是一间断稳态过程，而不像可与其竞争的化工单元操作如精馏、吸收、萃取等是连续稳态过程，因此大规模的色谱过程，操作和设备都比较复杂，这些原因妨碍了色谱技术在工业规模分离中应用的发展速度。近十年来随着化学工程师和色谱专家的共同努力(前者解决放大效应，后者研究色谱理论)，色谱作为一种工业分离提纯过程进入较成熟的应用研究阶段。目前已经得到工业规模应用的主要是固液(置换)吸附色谱、气液分配色谱和凝胶色谱。

3.4.4　色谱理论及表示

色谱理论是研究色谱过程中分子运动的规律，探索微观分子运动与色谱分离的内在联系的理论。物质在色谱体系或柱内运行有两个基本特点：一是同组分或同一化合物分子沿色谱柱迁移过程中发生分子分布扩散或分子离散；二是混合物中不同组分通过色谱系统时迁移速率不同。因此，试样在色谱中的分离基础包括试样中各组分在两相间的分配情况（热力学）和试样中各组分在色谱柱中的运动情况（动力学）。

色谱分离的基本过程如图 3-16 所示。从图中可以看出，A、B、C 三种组分的混合物一起进入色谱柱，混合物中的各个组分与固定相之间由于分配系数的不同，造成不同组分分子的迁移速率不一样，分配系数小的组分 A 不易被固定相滞留，易流出色谱柱，其次是 B 组分；分配系数最大的组分 C 在固定相上滞留时间最长，最后出来。各组分在经过检测器时，将浓度转化为电信号，并以其浓度随洗脱时间（或流出液体积）作图即可得到色谱图。

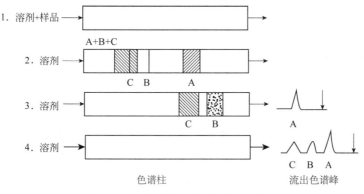

图 3-16　色谱分离的基本过程与效果

决定组分流出先后次序的因素主要是该组分在吸附剂上和平衡溶液中的分配情况，或者说该组分对吸附剂的结合能力大小。这与吸附剂结构和性能以及吸附质的结构和性能都有关系。而表征这一分配能力大小的直观方法就是前面所述的吸附等温线。从吸附等温线我们可以求出该吸附质在固液两相之间的分配系数 K。它是指在色谱柱中，达到分配"平衡"后，组分在固定相（S）和流动相（m）中的浓度（c）之比。在吸附色谱法中，平衡关系一般可以用 Langmuir 方程表示，其原始表达式为：

$$Q = \frac{ac}{1+bc} \tag{3-22}$$

式中，Q 和 c 为吸附平衡时固定相（吸附剂）和流动相（溶液）中吸附质的浓度。当 c 很小时，$1+bc \approx 1$，上式可简化为：$Q=ac$，为一线性方程。

上述关系说明，在低浓度下，吸附平衡都服从线性吸附等温线。因此，推广到一般的吸附平衡或分配色谱法中，当吸附质浓度低时，平衡关系服从分配定律，分配系数 K 为一常数：$K=c_1/c_2$（式中 c_1、c_2 表示在两相中物质的浓度）。

在不同的分离机理中，K 有不同的概念：吸附色谱中指吸附系数，分配色谱中指分配系数，凝胶色谱中指渗透参数。在一定温度条件下，组分的分配系数 K 越大，样品与固定相的作用强，出峰慢；样品一定时，K 主要取决于固定相性质，每个组分在各种固定相上的分配系数 K 不同，选择合适的固定相可以改善分离效果，样品中的各个组分具有不同的 K 值是分离的基础。基于混合物中各组分在两相间分配系数 K 的不同，决定了混合物中各组分分离的难易程度。通过对吸附剂结构和表面特征的修饰，或改变不同的流动相可以改变 K 值。

在一个实际的色谱分离过程中，假设流动相分子的流动速度为 U_1，而溶质分子的移动速率为 U_2，定义比移值 R_f（或称阻滞因子）为溶质分子在色谱柱中相对于流动相的移动速率，是指在色谱系统中溶质的移动速率与一理想标准物质（通常是与固定相没有亲和力的流动相，即 $K=0$ 的物质）的移动速率之比，即

$$R_f = U_2/U_1 \qquad\qquad (3\text{-}23)$$

如果色谱柱长为 L，流动相分子流经整个色谱柱的时间用 t_0 表示（称为死时间），溶质分子流经同样的路径所需时间用 t_R（称为保留时间）表示，则：

$$t_R = t_0/R_f \qquad\qquad (3\text{-}24)$$

分配系数 K 与保留时间 t_R 的关系可以表示为：$t_R = (1 + KV_s/V_m)$。

表明在色谱柱一定，V_s 和 V_m 一定时，若流速、温度也保持一定，t_0 不变，则 t_R 主要取决于分配系数 K。K 值大的组分 t_R 也大，后流出柱；K 值小的组分 t_R 也小，先流出柱。K 与组分、流动相和固定相的性质及温度有关。当固定相、流动相及温度一定时，t_R 主要取决于组分的性质，因此可用于定性。当色谱柱一定（V_s 及 V_m 不发生改变）时，一定的分配系数 K 有相对应的 R_f 值。而 V_s 及 V_m 一般取决于柱子填料的紧密程度。

在实际的研究中，固定相的浓度难以测定，一般都是根据流动相的浓度变化来计算的，而溶质在固定相中的分配并不均匀，因此，其分配系数不一定会是一个常数。为此，吸附比（容量因子或分配容量）是指在平衡状态下组分在固定相与流动相中的量之比（摩尔比或质量比），以 k 表示：

$$k = \frac{m_s}{m_m} = \frac{t_R'}{t_0} \qquad\qquad (3\text{-}25)$$

式中，m_s 为组分在固定相中的量；m_m 为组分在流动相中的量；t_R' 为组分的校正保留时间；t_0 为死时间。

吸附比的物理意义是表示一个组分在固定相中的停留时间 t_R' 是不保留组分保留时间（t_0）的几倍。当 $k=0$ 时，化合物全部存在于流动相中，在固定相中不保留，$t_R'=0$；k 越大，说明固定相对此组分的吸附量越大，出柱慢，保留时间越长。

分配系数与吸附比（容量因子）的关系：

$$K = \frac{c_s}{c_m} = \left(\frac{m_s}{V_s}\right) \Big/ \left(\frac{m_m}{V_m}\right) = k\frac{V_m}{V_s} \qquad (3\text{-}26)$$

不同组分之间通过吸附或色谱法分离的难易程度可以用分离因子（α，或称分离系数或选择性因子）来衡量，用相邻两组分的分配系数或容量因子之比表示为：

$$\alpha = \frac{K_2}{K_1} = \frac{k_2}{k_1} \qquad (3\text{-}27)$$

要使两组分得到分离，必须使 $\alpha \neq 1$，α 与化合物在固定相和流动相中的分配与物质的性质、柱温有关，与柱尺寸、流速、填充情况无关。从本质上来说，α 的大小表示两组分在两相间的平衡分配热力学性质的差异，即分子间相互作用力的差异。选择性因子越大，色谱峰间的距离就越远。

3.4.5　色谱流出曲线与参数

样品被流动相冲洗，通过色谱柱，流经检测器后所形成的浓度信号随洗脱时间变化而绘制的曲线，称为色谱流出曲线，即浓度时间曲线。流出曲线是色谱分离的直接结果，通过对流出曲线各流出峰的位置、形状、大小面积的分析，可以获得很多与各组分相关联的信息，成为色谱技术用于定性定量分析和工业化生产效率评价的主要依据。

正常色谱峰为正态分布曲线，曲线有最高点，以此点横坐标为中心，曲线对称地向两侧快速单调下降。而不正常色谱峰有两种，即拖尾峰和前延峰。拖尾峰为前沿陡峭、后沿拖尾的不对称峰。前延峰为前沿平缓、后沿陡峭的不对称峰。

流出峰的形状与组分在固定相和流动相的平衡关系或吸附（溶解）等温线相关。如图 3-17 所示，线性等温线 [图 3-17（a）] 符合 Gaussian 分布函数对称峰，平衡

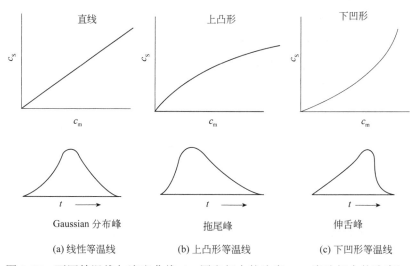

图 3-17　不同等温线与流出曲线（c_s 固定相中的浓度，c_m 流动相中的浓度）

分配系数 $K(c_s/c_m)$ 与样品量无关。实际的工业分离及制备色谱，特别是大进样量时等温线为非线性。上凸形等温线［图 3-17（b）］具有拖尾峰，分配系数 K 随样品浓度增加而下降。下凹形等温线［图 3-17（c）］则产生"伸舌峰"，K 值随样品浓度增加而增加。

在高浓度下除了吸附（溶解）等温过程影响峰的形状和位置以外，组分在固定相中吸着、解吸时发生的体积变化、热效应、黏度变化等都对色谱峰的加宽起重要影响。

正常峰与不正常峰可用不对称因子（f_s）来衡量（图 3-18），即有

$$f_s=(ON+OM)/(2OM) \tag{3-28}$$

式中，$f_s=0.95\sim1.05$ 为正常峰；$f_s<0.95$ 为前延峰；$f_s>1.05$ 为拖尾峰。

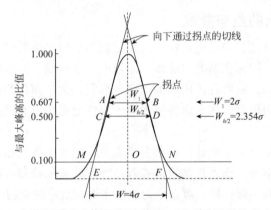

图 3-18　色谱峰的分布图与标准偏差、不对称因子的定义示意图

从流出曲线上各流出峰的位置和形状可以确定各组分的色谱分离特征参数，并用于组分的定性和定量分析。其中最为主要的参数是保留值：它是各组分在色谱柱中滞留的数值，通常包括时间及各组分流出色谱柱所需要的相的体积等参数。

① 保留时间（t_R）指从注射样品到某个组分在柱后出现浓度极大值的时间，以 s 或 min 为单位。死时间（t_0）为流动相(溶剂)通过色谱柱的时间。校正保留时间（t'_R）：样品保留时间扣除死时间后的保留时间，即 $t'_R=t_R-t_0$。

② 保留体积（V_R）指从进样开始到某组分在柱后出现浓度极大值时流出溶剂的体积，又称洗脱体积。死体积（V_0）为由进样口到检测器流动池未被固定相所占据的空间，它包括四部分：进样器至色谱柱管路体积、柱内固定相颗粒间隙（被流动相占据，V_m）、柱出口管路体积、检测器流动池体积。校正保留体积是保留体积扣除死体积后的保留体积：$V'_R=V_R-V_0$。

色谱柱的柱效通常用理论塔板数或有效理论塔板数衡量，它们的大小取决于区域宽度，如图 3-18 所示。根据色谱峰的峰底宽（W）、半峰宽（$W_{h/2}$）和标准偏差（σ）来评价色谱分离效果。峰宽是指在流出曲线拐点处作切线，与基线上相交的 E、F

处之间的宽度。半峰宽是指在峰高一半处的色谱峰的宽度，即图 3-18 中 CD。

标准偏差（σ）是峰高 0.607 处峰宽的一半，即图 3-18 中 AB 距离的一半。标准偏差用来说明组分在色谱过程中物质的分散程度。σ 小，分散程度小，峰顶点对应的浓度大、峰形窄、柱效高；反之，σ 大，峰形宽，柱效低。W 与 σ 的关系在图 3-18 中也有明确标示。即

$$W = 4\sigma, \quad W_{h/2} = 2.354\sigma \tag{3-29}$$

在一定实验条件下，区域宽度越大（峰越"胖"），柱效（或板效）越低；反之，柱效越高。

理论塔板数与理论塔板高度是衡量柱效的指标。理论塔板数取决于固定相种类、性质（粒度、粒度分布等）、填充（或铺涂）状况、柱长（或板长）、流动相的流速及测定柱效（或板效）所用物质的性质。在液相色谱法中还与流动相的种类、性质有关。

塔板理论是为了解释色谱分离过程，采用与蒸馏塔类比的方法得到的半经验理论。塔板理论模型的推导做了几个假设，它将一根色谱柱看作是一根精馏柱，其内径和柱内填料填充均匀。它由许多单级蒸馏的小塔板或小短柱组成，流动相以不连续的方式在板间流动，每一个单级蒸馏的小塔板或小短柱长度很小，每个塔板内溶质分子在两相间可瞬间达到平衡且纵向分子扩散可以忽略，溶质在各塔板上的分配系数是一个常数，与溶质在每个塔板上的量无关，就像在精馏塔内进行精馏一样。这种假想的塔板或小短柱越小或越短，就意味着在一个精馏塔或分离柱上允许反复进行的平衡的次数就越多，即具有更高的分离效率。一根色谱柱上能包容的塔板的数目，称为该柱的理论塔板数（n），而每一层塔板的长度或高度，则称为理论塔板高度（H）。

根据塔板理论，待分离组分流出色谱柱时的浓度沿时间呈现二项式分布，当色谱柱的塔板数很高的时候，二项式分布趋于正态分布。理论塔板高度越低，在单位长度色谱柱中就有越大的塔板数，则柱效越高，分离能力就越强。若塔板高度一定，柱越长，则理论塔板数越大。因此用理论塔板数表示柱效时应注明柱长。决定理论塔板高度的因素有：固定相的材质、色谱柱的均匀程度、流动相的理化性质以及流动相的流速等。塔板理论是一种半经验性理论，它用热力学的观点定量说明了溶质在色谱柱中移动的速率，解释了流出曲线的形状，并提出了计算和评价柱效高低的参数。理论塔板数 n 的计算公式如下：

$$n = \left(\frac{t_R}{\sigma}\right)^2 \quad n = 5.54\left(\frac{t_R}{W_{h/2}}\right)^2 \tag{3-30}$$

用半峰宽（$W_{h/2}$）计算理论塔板数（n）是最常用的方法。组分的保留时间（t_R）越长，σ、$W_{h/2}$ 或 W 越小（即峰越瘦），则理论塔板数越大，柱效越高。若应用校正

保留时间 t'_R 计算理论塔板数，所得值称为有效理论塔板数（n_{eff}）。

$$n_{eff} = \left(\frac{t_R}{\sigma}\right)^2 = 5.54\left(\frac{t_R}{W_{h/2}}\right)^2 = 16\left(\frac{t'_R}{W}\right)^2 \tag{3-31}$$

理论塔板高度 H 和有效理论塔板高度的计算公式如下：

$$H = \frac{L}{n}, \quad H_{eff} = \frac{L}{n_{eff}} \tag{3-32}$$

式中，L 为柱长；n 为理论塔板数；n_{eff} 为有效塔板数。

但是在真实的色谱柱中并不存在一片片相互隔离的塔板，也不能完全满足塔板理论的前提假设。如塔板理论认为物质组分能够迅速在流动相和固定相之间建立平衡，还认为物质组分在沿色谱柱前进时没有径向扩散，这些都是不符合色谱柱实际情况的，因此塔板理论只能定性地给出板高概念，却不能解释板高受哪些因素影响，也不能说明为什么在不同的流速下，可以测得不同的理论塔板数，因而限制了它的应用。

为了表示色谱柱在一定的色谱条件下对混合物的综合分离能力，提出了分离度（又称分辨率）指标的概念和测定计算方法。该指标既能反映柱效率又能反映选择性，称总分离效能指标。

根据两个峰的分离程度，可以用峰底宽分离度和峰高分离度来表示。峰底宽分离度定义为 2 倍的峰顶距离除以两峰宽之和。如图 3-19 所示，峰宽以基线宽度定义，则：

$$R = \frac{2(t_{R_2} - t_{R_1})}{W_1 + W_2} \tag{3-33}$$

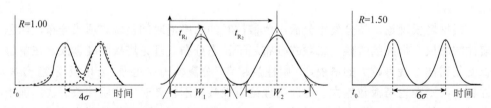

图 3-19 峰底分离度的计算示意图（中间）及分离度为 1 和 1.5 时的峰形

如图 3-19 所示，当 $R=1$ 时，两峰的峰面积有 5% 的重叠，即两峰分开的程度为 95%。当 $R=1.5$ 时，分离程度可达到 99.7%，可视为达到基线分离。因此，一般将 $R \geqslant 1$ 作为色谱能较好分离的依据。

冲洗色谱中性质相似两组分的谱带常连接在一起，如图 3-20 所示，从图中两色谱峰交点 M 向基线作垂线 MN，较小色谱峰的高度 H_i 和谱峰交点 M 的高度 H_m 之差与色谱峰 H_i 之比，称为峰高分离度 R_h。R_h 值的大小表示此两组分分离的难易：

$$R_h = (H_i - H_m)/H_i \tag{3-34}$$

H_m 值愈小,色谱峰谷愈低,分离度愈大。当 $H_m=0$,即两色谱峰完全分离的情况下,$R_h=1$,表示两组分完全分离。

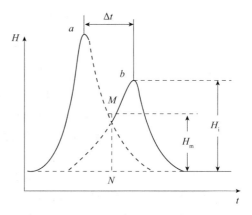

图 3-20 两相似组分的色谱流出曲线

提高分离度有以下两种途径:①增加塔板数。分离度与塔板数的平方根成正比,因此增加塔板数的方法之一是增加柱长,但这样会延长保留时间、增加柱压。更好的方法是降低塔板高度,提高柱效。②增加选择性。当 $a=1$ 时,$R=0$,无论柱效有多高,组分也不可能分离。一般可以采取以下措施来改变选择性:一是改变流动相的组成及 pH;二是改变柱温;三是改变容量因子,这是提高分离度最容易的方法,可以通过调节流动相的组成来实现。

尽管塔板理论在解释流出曲线形状、评价柱效等方面很成功,但是由于塔板理论没有把分子的扩散、传质等动力因素考虑进去,故无法解释柱效与流动相速率的关系,以及影响柱效的因素。1956 年,范第姆特等人提出了色谱过程动力学速率理论,该理论考虑了组分在两相间的扩散和传递过程,在动力学的基础上很好地解释了各种影响因素,这就是范第姆特方程式:

$$H = A + \frac{B}{\mu} + C\mu \qquad (3-35)$$

式中,H 为塔板高度;A 为涡流扩散项;B 为纵向扩散项,或叫分子扩散项;C 为传质阻力项;μ 为流动相载气的平均流速。

涡流扩散项 A:当流动相碰到填充物颗粒时不断改变流动方向,使试样组分在流动相中形成类似"涡流"的流动,因而引起色谱峰的扩张。

$$A = 2\lambda d_p \qquad (3-36)$$

式中,λ 为柱子的填充不规则因子,填充越不均匀,λ 就越大,通常在 1~8 范围内;d_p 为载体颗粒的直径。

因此,为减少涡流扩散,应选用形状一致(最好是球形)、大小均匀的细粒载体,色谱柱要装得均匀。填充越不均匀,λ 越大,柱效就越低;d_p 越小越好,但太小,则不易填匀,而且柱阻也大。因此,普通填充柱多采用粒度 60~80 目或 80~100 目的填料。一般而言,对于分析柱,颗粒大小对柱效影响明显;而对于制备柱,均匀性则是关键的影响因素。

纵向扩散项 B:又称分子扩散项。在色谱过程中,组分的前后由于存在浓度差而向色谱柱纵向扩散,引起色谱峰展宽的现象,叫作纵向扩散。B 与路径弯曲因子

γ 及组分在流动相中的扩散系数 D 有关。对于气相色谱：

$$B = 2\gamma D_g \qquad (3\text{-}37)$$

式中，D_g 为组分分子在载气中的扩散系数，cm/s；γ 为弯曲因子，表示组分分子在柱中流路的弯曲情况。对填充柱 $\gamma < 1$，在 0.5～0.7 之间，用来校正载气线速。

纵向扩散的程度与分子在流动相中的停留时间及扩散系数成正比，停留时间越长，D_g 越大，由纵向扩散引起的峰展宽就越大。D_g 与组分的性质、载气分子量及柱温、柱压有关。组分分子量越大，D_g 越小；载气分子量越大，D_g 越小；D_g 随柱温升高而加大，随柱压加大而变小。因此，为减小纵向扩散、提高柱效，应选用分子量大的载气，适当增大载气线速，缩短组分在柱内的滞留时间，选择较低的柱温等。

传质阻力项包括气相传质阻力项 C_g 和液相传质阻力项 C_L。

$$C_g = \frac{0.01 K^2 d_f^2}{(1+K)^2 D_g} \qquad C_L = \frac{8 K^2 d_f^2}{\pi^2 (1+K)^2 D_L} \qquad (3\text{-}38)$$

式中，C_g 为气相传质阻力项；K 为分配系数；D_g、D_L 为组分分子分别在气相和液相中的扩散系数；d_f 为固定液的液膜厚度；C_L 为液相传质系数。由于 C_g 很小，故常常可以忽略，传质阻力项主要由液相传质阻力项产生。

液相传质阻力与固定相液膜厚度的平方成正比，与组分分子在固定液内的扩散系数 D_L 成正比。因此，使用固定液与载体比例低的色谱柱，可降低液膜厚度，减小组分分子在固定液中传质所受的阻力。也可适当提高柱温，降低固定液的黏度，提高组分在固定液中的扩散系数，达到减小液相传质阻力的目的。

范第姆特方程是一个双曲线函数，即理论塔板高度 H 是流动相线速度 μ 的函数。双曲线函数是有极值的，也就是说，应该有一个最佳的流速，此时可获得最高的柱效。柱填料粒径对柱效影响非常大，且粒径越小，柱效越高。从范第姆特方程计算得知，优化的流动相线速度 μ 可近似表示为：

$$\mu = 1.62 D_m / d_p \qquad (3\text{-}39)$$

式中，D_m 是组分分子在流动相中的扩散系数；d_p 是填料颗粒的直径。此时的最小理论塔板高度为：

$$H_{min} = 2.48 d_p \qquad (3\text{-}40)$$

这一关系不依溶质、流动相以及固定相的改变而改变，具有一定的通用性。据此，可以方便地估算出不同粒径填料的色谱柱在最佳条件下所能得到的最小理论塔板高度。范第姆特方程比较满意地描述和解释了发生于色谱过程中的谱带展宽过程。

HETP 与柱的结构、操作条件、体系性质等有关。装填好的色谱柱 HETP 只有 1～1.25mm，相当于每米色谱柱有理论板 800～1000 块。

为了提高色谱柱的处理量而增加载气流速时，HETP 随之增加，载气流速与HETP 的关系可用修正的范第姆特关系表示：

$$H = A + \frac{B}{\mu} + C\mu + Hp \qquad (3\text{-}41)$$

式中，μ 表示载气通过色谱柱的平均流速；A、B、C 分别表示涡流扩散、分子扩散和质量传递对 HETP 的影响（B：分子扩散在低速下起主导作用；C：质量传递在高气速下起主要作用）；Hp 是由于色谱柱直径加大，流动相在柱截面上不易均匀导致的附加的塔板高度，柱径越大，Hp 越大。

为了提高柱的产量可提高进料量和流速。提高进料量可有两种方法：质量超载，即增加样品浓度；体积超载，即增加进料的体积。研究表明，质量超载条件下的分离比后者有利，因此首先应提高注入样品浓度，当样品在流动相中的流动度达到饱和后，要进一步提高产量，就要提高样品的注入体积了。

增加流动相流速可以增加产量，但 HETP 也随之增加，分离度将下降。此外，随着流速增加，溶剂消耗量增加。流速的大小与填料尺寸、柱径等有关，因此流速的确定必须结合其他参数，进行系统的研究。

3.4.6 生产规模气液色谱及其应用

3.4.6.1 基本过程和操作条件

在气液色谱中，固定相是一层很薄的高沸点有机化合物的液膜涂覆在惰性固体表面上形成的"固定液"。移动相是载气，混合物样品汽化后随着载气通过色谱柱时，组分在气液两相间经多次反复的溶解、解吸的分配过程，使组分得到分离。生产色谱与分析色谱有着类似的流程，如图 3-21 所示。料液用泵打入料液蒸发器 2，钢瓶中出来的载气加热到进塔温度后进入注射器 3 与汽化料液均匀混合，然后以脉冲形式加入塔内。根据鉴定器的信号通过自动控制阀 13 将不同馏分送往冷阱冷凝后收集。由于载气流速大，耗样量多，应回收后循环使用，载气清洁器 9 即用以除去循环载气中痕量未冷凝的产品蒸气。

料液以脉冲形式加入柱中，年产为 2000～15000kg 的色谱柱，一般加料速度为1～5g/s，加料的持续时间取决于物料性质，一般为 10～30s。载气带着汽化组分通过色谱柱，根据组分在固定液中的溶解度不同，在柱内以不同速度向前移动。固定液应根据被分离混合物的蒸气压、分子体积、偶极矩等进行选择。在生产色谱中，由于载气中组分蒸气浓度大，因此溶解等温线不再是直线，即色谱峰不再对称。

产品馏分经冷阱冷凝后再进入馏分贮槽，按产品性质不同，冷阱可以用冷却水或冷冻液。由于冷冻后的剩余蒸气压及雾沫夹带而产生的不完全冷凝会引起产品损失，因此必须对冷凝器的设计加以仔细研究，以保证能将气相馏分冷凝下来，中间馏分收集在贮槽中，再循环回到料液中。整个过程通过电子计算机程序自动控制。

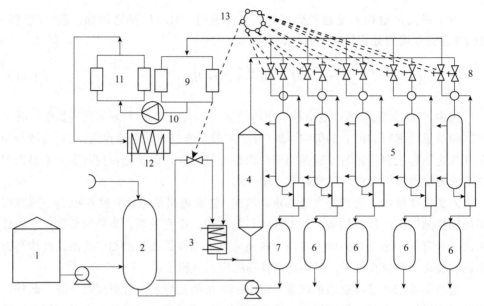

图 3-21　色谱过程的基本流程

1,2—料液蒸发器；3—注射器；4—色谱柱；5—冷凝器；6—产品槽；7—循环组分；8—阀；
9—载气清洁器；10—压缩机；11—脱水脱氧；12—载气预热；13—自动控制阀

3.4.6.2　应用和分离实例

凡是精馏和萃取精馏可分离的体系都可以采用气液色谱分离，但对相对挥发度>
1.2 的易分离体系，气液色谱的生产率低于精馏。对难分离体系（相对挥发度<1.1），
精馏分离的回流比迅速增大，能耗增加，设备费用增加。

色谱过程特别适用于难分离体系，如同分异构体、近沸混合物等。表 3-6 中列
出了用气液色谱进行工业规模分离已取得成功的一些例子。

表 3-6　采用气液色谱分离的例子

分离体系	特　　性
反式和顺式对丙烯基茴香醚	0.03067MPa 下的 b.p. 81～81.5℃，79～79.5℃
草烯，石竹烯	1.333kPa 下的 b.p. 118～119℃，120℃
1-三氟甲基-3-溴苯和 1-三氟甲基-4-溴苯	0.1013MPa 下的 b.p. 154℃，155℃
2-溴噻吩和 3-溴噻吩	0.1013MPa 下的 b.p. 150.5℃，158.5℃
牻牛儿醇，橙花醇	0.1013MPa 下的 b.p. 227～228℃，229～230℃
苯甲醇中的苯甲醛	料液中醛的质量分数约 0.1%
	最终产品中醛的质量分数<100×10^{-6}
苯，正庚烷	恒沸混合物
石竹烯，对丙烯基茴香醚	恒沸混合物
顺式和反式 1,3-戊二烯	从含该组分 12%的石油 C$_5$ 馏分中萃取

由表可见，对沸点在 0～300℃的极性或非极性混合物，在常压或减压下进行色谱分离，都非常有效，特别适用于香精油的分离。在色谱分离中，组分在柱中停留时间比精馏短，因为没有回流。因此适用于热敏性组分的分离，例如，一些容易发生异构反应或聚合反应的组分就非常适合用色谱分离。色谱过程也非常适合从复杂混合物中分离出某一特别有价值或不希望有的特定组分，而不需将组分完全分离的情况。

3.4.7　大规模固液吸附色谱及其应用

3.4.7.1　分离过程的基本原理和流程

图 3-22 为间歇式固液吸附色谱操作示意图。塔内装填有固体吸附剂，如合成沸石或离子交换树脂。吸附剂应该对被分离组分具有不同的选择吸附能力。如果把被分离原料加入塔的上端，然后再加入吸附能力与被分离吸附质相当的脱附剂（冲洗剂），将料液往下带，由于吸附剂对各个组分吸附能力不同，因此发生置换现象。首先被置换的是吸附能力较弱的组分，接着是较强的组分。当这些组分依次从塔下出来时，就可以得到图中所示的浓度分布曲线。按图中适当的位置切割馏分，可得到相当纯的产品。脱附剂与被脱附组分的分离可采用其他分离方法。

除了上述的间歇式固定床以外，目前工业上大多采用连续操作的模拟移动床过程。为了说明这种方法，先看一下比较容易理解的移动床原理。图 3-23 中塔内填充的吸附剂以一定的速度向上移动，从塔顶出去的吸附剂量由塔底部来补充。脱附剂（水）从塔上部进入，从塔下部出来后，用泵循环回到塔顶。原料液（例如果糖和葡萄糖的水溶液）从塔中部加入，果糖由于易吸附在分离剂上，因此随吸附剂向上移动，葡萄糖由于在吸附剂上吸附能力较差而随液流流向下移动。如果分离剂的移动速度、液体的流速，以及上、下进出口的流速控制得好，物料在塔内都呈柱塞流，则塔内二组分的浓度分布始终如图 3-23 所示，而不像固定床，随洗脱液向下移动，这

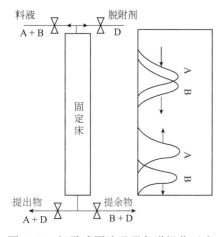

图 3-22　间歇式固液吸附色谱操作示意

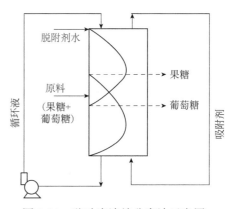

图 3-23　移动床连续分离法示意图

样从图中所示位置分别引出果糖和葡萄糖，可以得到纯度很高的产品，并可进行连续分离。

3.4.7.2　模拟移动床吸附分离

上面的方法要用于实际生产是很困难的，因为难以做到使固体吸附剂在柱内保持柱塞流移动，这势必引起塔内流动情况的紊乱。为了克服这一缺点，可以采用不移动吸附剂而是改变移动床上进出口位置的方法，以得到相同结果，这就是模拟移动床。

当分离剂向上移动停止时，图 3-24 中所示浓度分布曲线就向下移动，如果配合着这种移动，加料口和出料口位置也随之移动，则可从塔的不同位置引出分离产品。为此必须在塔体上设置一系列的加料口和出料口，如图 3-25 所示。所有阀门都定时自动开关。

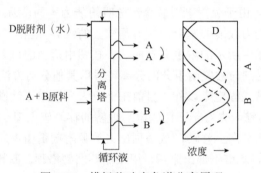

图 3-24　模拟移动床色谱分离原理

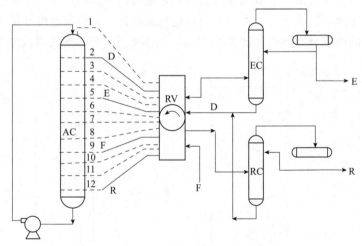

图 3-25　Sorbex 模拟移动床吸附分离

D—洗脱剂；E—提取物；F—进料；R—提余物；AC—吸附室；RV—转阀；
EC—提取物分离塔；RC—提余物分离塔

图 3-25 为美国环球油品公司（UOP）开发的 Sorbex 模拟移动床吸附分离示意图。在任一瞬间通过旋转阀将四股物料从不同位置引入或引出吸附床。图中所示位置表示 2、5、9、12 四条管线正在工作。转阀按一定方向转动一格，则出口和入口向下移动一床，转阀连续转动，进出口连续变化，就可达到模拟移动的目的。

3.4.7.3　多柱串联吸附分离

图 3-26 是国内研究的使用分子筛气相吸附法从混合二甲苯中分离出对二甲苯的多柱串联连续吸附流程。和模拟移动床吸附分离方法比较，该流程除了同样能保证良好的产品质量和收率外，还具有控制容易、操作压力低、返混影响小、设备结构简单等优点。

由图 3-26 所示，全部吸附柱（十个）彼此串联，内装 KBay 型分子筛吸附剂，按照物料进出口位置分成三个区。被分离的原料 A+B 进入吸附区第一柱 8，由最后的一柱流出吸余物 B+D。提纯物（主要含组分 A）由柱 5 进入，使柱内吸附相浓度提高。提纯区流出物继续流入吸附区。脱附剂

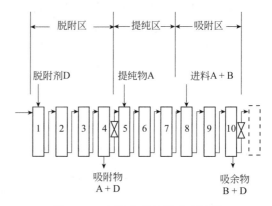

图 3-26　多柱串联吸附分离流程

D 进入柱 1，由柱 4 流出吸附物 A+D。柱 10、柱 1 之间及柱 4、5 之间连通阀关闭。当柱 10 流出的吸余物中出现组分 A，且其含量达到规定限度时，即切换进出口位置，此时柱 1 已基本脱附完全，柱 5 亦已充分提纯。这时原料改由柱 9 进料，吸余物由柱 1 流出，其他进出口亦同时向后推移一个吸附柱。继续进料，至柱 1 流出的吸余物中组分 B 又达规定限度时，如上再切换向右推移一柱。如此连续循环操作以多柱串联吸附分离混合二甲苯时，所得对二甲苯纯度在 99%以上，一次通过对二甲苯的回收率在 90%以上。

3.4.7.4　固液色谱分离过程的特点和应用

色谱是一种高效分离技术，随着处理量的增加，柱的直径加大后，难以保证柱内各股物料呈柱塞流动，因此塔效率急剧下降，产品纯度也会显著降低。一直以来，色谱分离在工业应用上受到分离效率和放大困难等因素的限制，再加上经济上缺乏竞争能力，其工业上应用不多。近年来，随着合成沸石分子筛等吸附剂的开发，选择性大大提高。再加上技术上和理论上研究的成功，目前已开发了不少工业规模的流程，使色谱分离技术发展成为和蒸馏结晶一样，可以大规模使用。

利用置换色谱原理进行双组分液相分离的色谱技术，可以使过去使用蒸馏等方法难以分离的组分得到高纯度的分离。目前在大规模工业生产中应用的例子主要是美国 UOP 公司所开发的 Sorbex 模拟移动床过程。

Parex 法流程是用模拟移动床技术分离二甲苯异构体，由于二甲苯各异构体沸点很接近，即使用精密分馏也难以将对二甲苯从其异构体中分离出来。自从发现分子筛可以选择吸附分离对二甲苯以来，分子筛吸附分离二甲苯异构体的方法越来越受到人们重视，并得到迅速发展，近年来已得到大规模工业应用。在 Parex 法流程中吸附剂是对对二甲苯有特殊选择性的合成沸石（八面体沸石的 K、Ba 金属离子交换体）。

Molex 法流程用于油品脱蜡。分子筛脱蜡是石油工业近年发展起来的炼油技术，它可以同时生产国防工业所必需的低凝点、高密度、宽馏分的喷气燃料和重要的化工原料液体石蜡。由分子筛脱蜡过程所生产的液体石蜡纯度高，用它合成出来的烷基磺酸钠易被生物降解，因此所形成的污水易于处理。分子筛脱蜡以 5A 型分子筛作吸附剂，它能将石油馏分中的正构烷烃吸附，而使之与非正构烷烃分离。其流程可采用模拟移动床操作，也可采用固定床间歇操作。

Sorex 流程用于高纯果糖的提取。葡萄糖发酵后，可以得到甜度为砂糖的 1.7 倍的果糖。果糖不但甜味大，而且具有很好的保健作用，是病人和运动员的营养佳品。由于葡萄糖可以由淀粉发酵得到，因此砂糖依靠国外进口的美国和日本积极开发了这一技术，并已在许多工厂中开工投产。我国为了利用广西地区丰富的木薯资源，也进行了采用模拟移动床过程生产高纯果糖的研究。

利用置换色谱原理进行的吸附分离，在流程方法上可以应用固定床间歇吸附分离、移动床连续吸附分离、模拟移动床和多柱串联吸附分离。固定床间歇操作设备简单可靠，但是分离效率低，需要用大量的吸附剂和脱附剂，只适合小规模分离的应用。移动床连续吸附分离虽然效率很高，但吸附剂磨损严重，设备结构复杂，因此目前工业上应用的主要是模拟移动床和多柱串联吸附分离过程。

3.5 离子交换分离

3.5.1 概述

离子交换是指能够解离的不溶性固体物质与溶液中的离子发生离子交换反应。利用离子交换剂与不同离子结合力的强弱，可以将某些离子从水溶液中分离出来，或者使不同的离子得到分离。离子交换过程是液固两相间的传质与化学反应过程，在离子交换剂内外表面上进行的离子交换反应通常很快，过程速率主要受离子在液固两相的传质过程制约。该传质过程与液固吸附过程非常相似，均包括外扩散和内扩散步骤。离子交换剂也与吸附剂一样存在再生问题，可以把离子交换视为一种特殊的吸附过程。离子交换吸附法系利用离子交换剂作为吸着剂，将溶液中的物质依靠库仑力吸附在介质上，然后在适宜的条件下洗脱下来，达到分离、浓缩、提纯的目的。

离子交换吸附法的特点是离子选择性较高、介质无毒性且可反复再生使用，少用或不用有机溶剂，因而具有设备简单、操作方便、劳动条件较好的优点。同时，离子交换吸附法亦有生产周期长、一次性投资大、产品质量有时稍差等缺点。

目前，离子交换吸附法已广泛应用于离子物质的分离、转盐、去离子以及制备软水等，已经渗透到水处理、金属冶炼、糖类精制、食品加工、医药卫生、分析化学、环境保护、有机合成的催化剂以及药物分离等领域。所用的离子交换剂依据其骨架主要分为两大类：一类是无机物骨架离子交换剂，如沸石、磷酸钙凝胶等；另一类是有机物骨架离子交换剂。

3.5.2　离子交换过程机制

离子交换过程机制涉及热力学和动力学的问题。前面已经讨论了离子交换反应及其离子交换平衡的吸附等温线等问题。下面简单介绍一下离子交换的动力学过程。

不论溶液的运动情况怎样，在树脂表面始终存在着一层薄膜，起交换作用的离子只能借分子扩散通过这层薄膜（图 3-27）。搅拌愈激烈，这层薄膜的厚度也就愈薄，液相主体中的浓度就愈趋向于均匀一致。一般来说，树脂的总交换容量与其颗粒的大小无关。由此可知，不仅在树脂表面，而且在树脂内部，也有交换作用。因此和所有多相化学反应一样，离子交换过程应包括下列七个步骤：

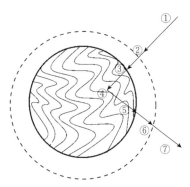

图 3-27　树脂在水中形成的水膜
及其离子交换过程

① A^+ 自本体溶液扩散到树脂表层水膜的表面；

② A^+ 自溶液中扩散到树脂表面；

③ A^+ 从树脂表面再扩散到树脂内部的活性中心；

④ A^+ 与 RB 在活性中心发生复分解反应；

⑤ 解吸离子 B^+ 自树脂内部的活性中心扩散到树脂表面；

⑥ B^+ 再从树脂表面透过水膜扩散到水膜表面；

⑦ B^+ 自树脂表层水膜表面扩散到本体溶液。

该过程的总速度取决于最慢的一个步骤（称为控制步骤）。要想提高整个过程的速度，最有效的办法是提高控制步骤的速度。根据电中性原则，步骤①和⑦同时发生且速度相等，即有 1mol 的 A^+ 扩散经过薄膜到达颗粒表面，同时必有 1mol 的 B^+ 以相反方向从颗粒表面扩散到液体中；同样，步骤②和⑥，③和⑤也同时发生，方向相反，速度相等。因此，离子交换实际上只有 3 个步骤：外部扩散（经液膜的扩散）、内部扩散（在颗粒内部的扩散）和化学交换反应。一般来说，离子间的交换反应速度是很快的，除极个别场合外，化学反应不是控制步骤，而扩散是控制步骤。

控制步骤到底内部扩散还是外部扩散，这与操作条件有关。一般说，液相速度愈快或搅拌愈剧烈，浓度愈浓，颗粒愈大，吸着愈弱，愈趋向于内部扩散控制；相反，液体流速愈慢，浓度愈稀，颗粒愈细，吸着愈强，愈趋向于外部扩散控制。当树脂吸着大分子时，由于大分子在树脂内扩散速度慢，常常为内部扩散控制。

3.5.2.1 离子交换平衡

一般公认离子交换过程是按化学当量进行的，而且是可逆的，最后达到平衡。

用于说明离子交换平衡关系的理论有唐南膜平衡理论。该理论主要讨论浸入到电解质溶液中的离子交换树脂内部和溶液中阴阳离子的平衡问题。例如：氯化钠溶液中的 Na 型磺酸型树脂交换开始后，除有机网状骨架固定离子 RSO_3^-（或 RN^+）不能透过固液面外，其他两种离子都可以透过界面自由扩散，扩散的结果是一定量的 Na^+ 和 Cl^- 通过界面，形成如下组成的两相：

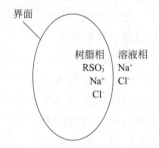

当扩散进行到"界面"两边电解质的化学位相等时，就达到唐南（Donnan）平衡，即

$$\bar{\mu}_{NaCl} = \mu_{NaCl} \tag{3-42}$$

因一种电解质的化学位可取其离子化学位之和，故：

$$\bar{\mu}_{Na^+} + \bar{\mu}_{Cl^-} = \mu_{Na^+} + \mu_{Cl^-}$$

$$\bar{\mu}_{Na^+}^0 + RT\ln\bar{C}_{Na^+} + \bar{\mu}_{Cl^-}^0 + RT\ln\bar{C}_{Cl^-} = \mu_{Na^+}^0 + RT\ln C_{Na^+} + \mu_{Cl^-}^0 + RT\ln C_{Cl^-}$$

以上各式中 $\bar{\mu}$、$\bar{C}$ 为树脂相的化学位和活度；μ、C 为溶液相的化学位和活度。

上式表明，"界面"两边离子活度积相等时，电解质在"界面"两边的分配即达到平衡。为了满足"界面"两边的电中性法则，还必须有：

$$C_{Na^+} = C_{Cl^-}；\quad \bar{C}_{Na^+} = \bar{C}_{HSO_3^-} + \bar{C}_{Cl^-}$$

$$C_{Na^+}C_{Cl^-} = C_{Cl^-}^2 \text{ 及 } \bar{C}_{Na^+} > \bar{C}_{Cl^-}$$

由于 $C_{Cl^-}^2 = \bar{C}_{Na^+}\bar{C}_{Cl^-} = (\bar{C}_{HSO_3^-} + \bar{C}_{Cl^-})\bar{C}_{Cl^-} = \bar{C}_{Cl^-}^2 + \bar{C}_{HSO_3^-}\bar{C}_{Cl^-}$

所以：

$$C_{Cl^-} > \bar{C}_{Cl^-} \tag{3-43}$$

这就是说达到唐南平衡时，电解质在"界面"两边是不均匀分配的。由于树脂内固定阴离子（RSO_3^-）的排斥，外界溶液相的 Cl^- 浓度将大于树脂相的 Cl^- 浓度。如果把一个高交换容量（或固定离子浓度）的树脂放到稀电解质溶液中，则将只有很少的游离电解质能扩散到交换树脂中。例如，磺酸型阳离子交换树脂的钠盐（$RSO_3^- Na^+$）含有固定离子浓度 5mol/L，当其与 0.1mol/L NaCl 溶液平衡时，将只有 0.002mol/L 的氯离子进入树脂相中。

　　同树脂骨架相同电荷的离子（这里是 Cl^-）称为同离子，那些带树脂骨架相反电荷的离子（这里是 Na^+）称为反离子。唐南平衡导致树脂骨架上的离子对同离子的部分排斥，这个现象产生了离子交换膜的选择透过性质，同时成为离子排斥法的理论基础。利用唐南排斥效应进行分离，可用于有机酸和氨基酸的分离，以及从生物分子中分离无机离子。

3.5.2.2　离子交换的选择性系数

　　离子交换剂的选择性是指树脂对不同离子交换亲和力的差别。一般地，离子与离子交换剂活性基的亲和力越大，就越容易被该离子交换剂吸附；离子交换选择性集中地反映在交换常数 K 值上，$K_{B/A}$（B 离子取代树脂上 A 离子的交换常数）的值愈大，就愈易吸附 B 离子。影响 K 的因素很多，且彼此之间互相依赖，互相制约。在实际应用时须作具体的分析讨论。

　　将离子交换树脂放入有反离子 A 的电解质溶液中，溶液中的反离子 A 和离子交换树脂中的反离子 B 部分取代交换，对阳离子交换树脂具有以下反应：

$$nR^- A^+ + B^{n+} \Longrightarrow R_n^- B^{n+} + nA^+ \tag{3-44}$$

　　对于稀溶液，活度系数近似等于 1，树脂相中的活度系数归入平衡常数内，则上述可逆反应达到平衡时，依据质量守恒定律，可得：

$$K_{A^+}'^{B^{n+}} = \frac{[R_n^- B^{n+}]_R [A^+]_S^n}{[R^- A^+]_R^n [B^{n+}]_S} \tag{3-45}$$

　　该式表示离子交换树脂对不同离子的相对亲和力，通常也称为离子交换选择系数，该数值可从实验测得。假定离子交换树脂的分离因子为：

$$\alpha = \frac{[R_n^- B^{n+}]_R [A^+]_S}{[R^- A^+]_R [B^{n+}]_S} \tag{3-46}$$

　　则选择系数与分离因子之间的关系为：

$$K_{A^+}'^{B^{n+}} = \alpha \left(\frac{[A^+]_S}{[R^- A^+]_R} \right)^{n-1} \tag{3-47}$$

　　对于一价与一价离子的交换，$n=1$，选择系数等于分离因子。若 $\alpha>1$，表示该树脂对 B^{n+} 较 A^+ 具有更大的选择性；$\alpha=1$ 时，树脂对两种离子的吸附能力相同，无选择性。

1-1 价阳离子交换反应可按以下通式表示：

$$R^-A^+ + B^+ \Longrightarrow R^-B^+ + A^+ \tag{3-48}$$

则离子选择性系数为：

$$K_{A^+}^{B^+} = \frac{[R^-B^+]_R[A^+]_S}{[R^-A^+]_R[B^+]_S} \tag{3-49}$$

$$c_0 = [A^+] + [B^+],\ c = [B^+]$$

令 $Q = [R^-A^+] + [R^-B^+]$, $q = [R^-B^+]$

则：

$$\frac{\dfrac{q}{Q}}{1 - \dfrac{q}{Q}} = K_{A^+}^{B^+} \frac{\dfrac{c}{c_0}}{1 - \dfrac{c}{c_0}} \tag{3-50}$$

式中，q/Q 为树脂相中 B^+ 浓度与其全交换容量之比；c/c_0 为液相中 B^+ 浓度与其总离子浓度之比。取不同的选择系数，以 q/Q 为纵坐标，c/c_0 为横坐标作图，可得 1-1 价离子交换的平衡曲线（见图 3-28）。

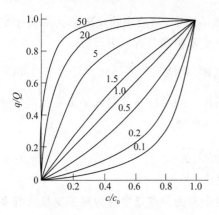

图 3-28　1-1 价离子交换平衡

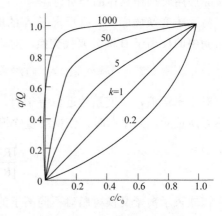

图 3-29　2-1 价离子交换平衡

2-1 价阳离子交换反应可按以下通式表示：

$$2R^-A^+ + B^{2+} \Longrightarrow R_2^-B^{2+} + 2A^+ \tag{3-51}$$

则离子选择性系数为：

$$K_{A^+}^{B2} = \frac{[R_2^-B^{2+}]_R[A^+]_S^2}{[R^-A^+]_R^2[B^{2+}]_S} \tag{3-52}$$

由于 $\dfrac{q}{(Q-q)^2} = \dfrac{[R_2^-B^{2+}]}{[R^-A^+]}$, $\dfrac{c_0-c}{c} = \dfrac{[A^+]^2}{[B^{2+}]}$, 则：

$$\frac{\dfrac{q}{Q}}{Q\left(1-\dfrac{q}{Q}\right)^2} = K_{A^+}^{B2+}\frac{\dfrac{c}{c_0}}{\left(1-\dfrac{c}{c_0}\right)^2} \qquad (3\text{-}53)$$

取不同的选择系数，以 q/Q 为纵坐标，c/c_0 为横坐标作图，可得 2-1 价离子交换的平衡线（见图 3-29）。

一般条件下，选择系数大，有利于吸着的进行。但过大的选择系数不利于再生，也会给离子交换带来困难。

在等温状态下，溶液中离子浓度分数（$x=c/c_0$）与离子交换剂中离子浓度分数（$y=q/Q_0$）的平衡关系称为离子交换等温线，Q_0 为单位质量或单位床层容积树脂能进行离子交换的基团总数，也称总交换容量（meq/g）。与吸附平衡等温线类似，离子交换平衡等温线也可分为优惠、线性、非优惠和 S 形四种。

3.5.2.3　影响离子交换树脂吸附选择性的因素

（1）离子的水化半径

对无机离子而言，离子水合半径越小，离子和离子交换剂活性基团的交换力就越大，也就越容易被吸附。这是因为离子在水溶液中都要与水分子发生水合作用形成水合离子，而水合离子的半径才是离子在溶液中运动时的实际大小。在同一族元素中，其离子价态相同时，随原子序数增加，离子表面电荷密度相对减小，水化能降低，吸着的水分子减少，水化半径亦随之减小，离子对离子交换剂活性基的结合力增大。按水化半径次序，各种离子对离子交换剂亲和力的大小有以下序列：

对一价阳离子：$Li^+ \leqslant Na^+$、$K^+ \approx NH_4^+ < Rb^+ < Cs^+ < Ag^+ < Ti^+$

对二价阳离子：$Mg^{2+} \approx Zr^{2+} < Cu^{2+} \approx Ni^{2+} < Co^{2+} < Ca^{2+} < Sr^{2+} < Pb^{2+} < Ba^{2+}$

对一价阴离子：$F^- < HCO_3^- < Cl^- < HSO_3^- < Br^- < NO_3^- < I^- < ClO_4^-$

同价离子中水化半径小的能取代水化半径大的。但在非水介质中，在高温、高浓度下，差别缩小，有时甚至相反。

（2）离子的化合价

在常温的稀溶液中，离子的化合价越高，越易被交换，例如，$Ti^{4+} > Al^{3+} > Cu^{2+} > Na^+$。当溶液中两种不同价离子的浓度由于加水稀释均下降但比值不变时，高价离子比低价离子更易被吸附。

（3）溶液的 pH（酸碱度）

各种离子交换剂上活性基团的解离程度不同，因而交换时受溶液 pH 的影响也有较大的差别。对强酸、强碱型离子交换剂来说，任何 pH 条件下都可以进行交换反应，对弱酸、弱碱型离子交换剂则交换应分别在偏碱性、偏酸性或中性溶液中进行。弱酸、弱碱性离子交换剂不能进行中性盐复分解反应即与此有关。另外，对弱酸性、弱碱性或两性的被交换物质来说，溶液的 pH 会影响甚至改变离子的电离度或电荷性质（如两性化合物变成偶极离子），使交换发生质的变化。

（4）有机溶剂的影响

离子交换剂在水和非水体系中的行为是不同的。有机溶剂的存在会使离子交换剂收缩、结构变紧密、降低吸附有机离子的能力而相对提高吸附无机离子的能力，原因有两个：一是有机溶剂使离子溶剂化程度降低，易水化的无机离子降低程度大于有机离子；二是有机溶剂会降低物质的电离度，对有机物的影响更明显。两种因素都导致在有机溶剂存在时不利于有机离子的吸附。利用这个特性，常在洗脱剂中加适当有机溶剂来洗脱难洗脱的有机物质。

3.5.3 离子交换分离技术

在确定离子交换技术的具体方案和条件时，需要考虑的问题有：分离的规模有多大，采用何种分离模式，选用什么样的离子交换剂，何种规格的色谱柱，选用何种缓冲液，起始条件如何确定，采用何种方式洗脱等。只有在这些问题都得到解决之后，才能设计出初步的方案并付诸实施，然后根据实验结果进一步改进方案。

3.5.3.1 离子交换分离的主要步骤

离子交换一般都在柱中进行。因为在柱中顺流而下的样品相继与新鲜离子交换剂接触，所以不会产生逆交换。如果有两种以上的离子，可利用交换能力的差异把各成分分别洗脱，这就是离子交换分离。

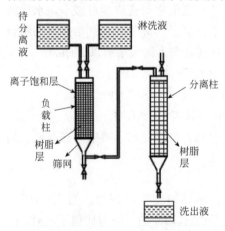

图 3-30　离子交换柱及基本装置

如图 3-30 所示，离子交换分离过程有以下两个主要步骤：

① 负载：将待分离元素混合物溶液以一定的流速流经负载柱，使混合金属离子全吸附在负载柱中。

② 淋洗：用一种淋洗剂溶液通过负载柱和分离柱，使吸附于负载柱上的各金属离子移向分离柱并依次淋洗出来，一份一份地分别收集。

要使混合物得到分离，主要在于淋洗过程。在淋洗过程中，各种金属离子将以其对树脂的亲和力大小不同，从上部树脂层中被解吸出来。随淋洗液向下流动，并置换下部树脂层上吸附着的亲和力较小的离子。这样，亲和力小的离子向下方移动较快，而亲和力大的离子移动较缓慢。随淋洗液的流动，吸附离子将逐渐向分离柱中伸展开来。在此期间，沿柱全长将发生无数次的吸附和解吸行为。而每次的行为中将有某些分离。经过多次反复，将导致沿柱纵向逐渐形成各自单独的吸附带而向下移动，最后从分离柱下端顺序地淋洗出来。

必须指出，如果在淋洗过程中沿柱全长两相间能够建立起平衡，则各吸附带之间应该有明显的界限。但在实际条件下，即使是使淋洗液作极缓慢的流动，也难以建立起平衡。因而洗出曲线仍然会有若干程度的重叠现象发生。由于这个缘故，在达到一定程度以后，即使将柱加长若干倍，也只能是各吸附带以同等的速度向下移动，不能使重叠区减少或消失。此时即达到"稳定状态"。

3.5.3.2 交换剂的选择、处理和保养

离子交换剂的种类很多，没有一种离子交换剂能够适合各种不同的分离要求。所以必须根据分离的实际情况，选择合适的离子交换剂，这中间包括选择合适的基质和功能基团。在选择离子交换剂时，主要的依据包括：分离的规模、采用的模式和特殊要求、目标物质的分子大小、等电点和化学稳定性等。

选择合适的树脂是应用离子交换法的关键，选用树脂的主要依据是被分离物的性质和分离目的。树脂的选用，最重要的一条是根据分离要求和分离环境，保证分离目的物与主要杂质对树脂的吸附力有足够的差异。

离子交换树脂通常是以干态形式出售，使用前要进行溶胀。溶胀是介质颗粒吸水膨胀的过程，膨胀度与基质种类、交联度、带电基团种类、溶液的 pH 和离子强度等有关。溶胀过程通常应将交换剂放置在起始缓冲液中进行，在常温下完全溶胀需要 1～2 天，在沸水浴中需 2h 左右。离子交换介质在加工制作过程中会产生一些细的颗粒，它们的存在会对流速特性产生影响，应当将其除去。具体方法是将交换介质在水中搅匀后进行自然沉降，一段时间后将上清液中的漂浮物倾去，然后再加入一定体积的水混合，反复数次即可。有些树脂制造完成后未经处理，其中含有很多杂质成分，在使用前必须进行洗涤，洗涤的方法是先用 2mol/L NaOH 溶液浸泡半小时，倾析除去碱液，用蒸馏水将交换剂洗至中性，再用 2mol/L HCl 溶液浸泡半小时，再洗至中性，然后用 2mol/L NaOH 溶液浸泡半小时，最后洗至中性即可。酸碱洗涤顺序也可反过来，用酸→碱→酸的顺序洗涤。酸碱处理的顺序决定最终离子交换剂上平衡离子的类型，对于阴离子交换树脂，用碱→酸→碱的顺序洗涤，最终平衡离子为 OH^-，若用酸→碱→酸的顺序洗涤，平衡离子为 Cl^-；对于阳离子交换树脂，用碱→酸→碱的顺序洗涤，最终平衡离子是 Na^+，若用酸→碱→酸的顺序洗涤，平衡离子为 H^+。洗涤完后，必须用酸或碱将离子交换树脂的 pH 调节到起始 pH 后才能装柱使用。洗涤好的树脂使用前必须平衡至所需的 pH 和离子强度。已平衡的交换剂在装柱前还要减压除气泡。为了避免颗粒大小不等的交换剂在自然沉降时分层，要适当加压装柱，同时使柱床压紧，减少死体积，有利于分辨率的提高。柱子装好后再用起始缓冲液淋洗，直至达到充分平衡方可使用。

树脂在使用前，应检查粒度，必要时进行筛析，尽量取粒度均匀的使用。溶胀后用水稀释装入交换柱中。装柱以后，要经常用水保护，以免变干和再度溶胀，会降低颗粒的牢固度，并且要防止树脂层内存有气泡和断层。树脂在制造和包装中，容易吸附一些杂质离子。在使用前，需经洗涤净化处理。离子交换树脂与电解质溶

液之间所发生的离子交换反应取决于离子对树脂的化学亲和力和溶液的性质。

离子交换树脂的粒度由 0.5mm 到 0.05mm，颗粒形状一般是球状的。树脂颗粒的牢固度随着溶胀度的增加而变小。溶胀后的树脂经长时间的循环操作给予颗粒内部压力而引起颗粒破坏，不能保持原有的粒度，特别是经过多次交替溶胀和干燥的树脂，更易使颗粒破碎。而且酸与碱对树脂分子也有破坏作用，分解而产生一些可溶性低分子化合物，降低颗粒的牢固度。温度高时也会降低树脂抗氧化能力，使颗粒遭到破坏，由于颗粒的破裂，造成液流阻力增加。

3.5.3.3 交换柱的准备

把树脂放在烧杯中，加水充分搅拌，将气泡全部赶掉，放置几分钟使大部分树脂沉降，倾去上面的泥状微粒，反复上述操作到上层液透明为止。粒度小的树脂，搅拌后要放置稍久，因为较难沉降。如果急于倒水，往往损失较大。

准备好色谱柱，在底部放一些玻璃丝，玻璃丝一般含有少量水溶性碱，因此要用水煮沸后反复洗涤到洗涤液呈中性为止，用玻璃棒或玻璃管将其压平，1~2cm 厚即可。将用上述方法准备好的树脂加少量水搅拌后倒入保持竖直的色谱柱中，使树脂沉下，让水流出。如果把颗粒度大小范围较大的树脂和多量的水搅拌后分几次倒入，柱子上下部的树脂粒度往往会不一致。另外在离子交换中要注意不让气泡进入树脂层，如果有气泡进来，样品溶液和树脂的接触就不均匀，因此要注意使液面经常保持在树脂层的上面。接侧管是一种好办法，侧管末端要靠近液面，滴加时要注意不要把树脂冲散，放一块玻璃浮球或一层玻璃丝也可以避免冲散树脂。

样品量与交换剂的比例：每一种树脂都有一定的交换当量［1g 干燥树脂理论上能交换样品的物质的量（mmol）］，如国产弱碱 330 树脂的交换当量为 9mmol/g。

3.5.3.4 离子交换吸附与淋洗

当色谱柱和样品都制备好以后，接下来就是将样品加到色谱柱上端，使样品溶液进入柱床，目的物就发生吸附。

被吸附的离子由于带电的种类、数量及分布不同，表现出与离子交换剂在结合程度上的差异而与离子交换剂发生竞争结合，为下面的洗脱提供可能性。多数情况下，在完成了吸附和一般的洗涤过程后，一些性质差异大（吸附能力弱）的杂质可以从色谱柱中被洗去，形成穿透峰，实现部分分离。但主要的分离是那些吸附能力差别不大的离子之间的分离，而且需要使目的分离物从树脂上最终解吸下来。为此，需要强化后续的洗脱分离，这需要改变洗脱条件，使起始条件下发生吸附的目的物从离子交换剂上解吸而洗脱，并通过控制洗脱条件变化的程度，实现不同组分在不同时间发生解吸，从而对吸附在柱上的各组分实现进一步的分离。

通过淋洗使目的物从离子交换剂上解吸而分离的方法有如下几种：

① 改变洗脱剂的 pH，改变目的物分子带电荷情况。当 pH 接近目的物等电点时，目的物分子失去静电荷，从交换剂上解吸并被洗脱下来。对于阴离子交换剂，

为了使目的物解吸应当降低洗脱剂的 pH，使目的物所带负电荷减少；对于阳离子交换剂，洗脱时应当升高洗脱剂的 pH，使目的物所带正电荷减少，从而被洗脱下来。

② 增加洗脱剂的离子强度，此时目的物与交换剂的带电状态均未改变，但离子与目的物竞争结合交换剂，降低了目的物与交换剂之间的相互作用而导致洗脱，常用 NaCl 与 KCl。

③ 往洗脱剂中添加一种置换剂，它能置换离子交换剂上所有被交换分子，目的物先于置换剂从柱中流出，这种分离方式称为置换分离。

根据洗脱剂发生改变时的连续性，洗脱分为阶段洗脱和梯度洗脱。

阶段洗脱是指在一个时间段内用同一种洗脱剂进行洗脱，而在下一个时间段用另一种改变了 pH 或离子强度等条件的洗脱剂进行洗脱的分段式不连续洗脱方式。阶段洗脱分为 pH 阶段洗脱和离子强度阶段洗脱。

pH 阶段洗脱使用一系列具有不同 pH 的缓冲液进行洗脱，多数情况下这些缓冲液的缓冲物质是相同的，只是弱酸碱和盐的比例不同。pH 的改变造成目的物带电状态的改变，会在某一特定 pH 的缓冲液中被洗脱而与其他阶段被洗脱的杂质实现分离。

离子强度阶段洗脱是使用具有相同 pH 而离子强度不同的同一种缓冲液进行洗脱，不同的离子强度通过添加不同比例的非缓冲盐来实现，最常用的非缓冲盐是 NaCl，也可利用添加乙酸铵等挥发性盐的方法来增加离子强度，或直接增加缓冲液中缓冲物质的浓度来增加离子强度。

梯度洗脱是一种连续性的洗脱方式，在洗脱过程中，洗脱剂的离子强度或 pH 是连续发生变化的。在某一条件下，吸附最弱的组分先被洗脱，在进一步改变洗脱条件后另一组分被洗脱。梯度洗脱与阶段洗脱的原理是相同的，由于洗脱剂的洗脱能力是连续增加的，故洗脱峰的峰宽一般会小于阶段洗脱。梯度洗脱分为 pH 梯度洗脱和离子强度梯度洗脱。

获得连续性的 pH 梯度比较困难，它无法通过线性体积比混合两种不同 pH 的缓冲液来实现，因为缓冲能力与 pH 具有相关性，而且 pH 的改变往往会使离子强度发生同步变化。因此，pH 梯度洗脱很少被使用。

离子强度梯度洗脱即盐浓度梯度洗脱，是离子交换色谱中最常用的洗脱技术。它再现性好，而且易于生产，只需将两种不同离子强度的缓冲液（起始缓冲液和极限缓冲液）按比例混合即可得到需要的离子强度梯度，此过程中缓冲液的 pH 始终不变。起始缓冲液是根据实验确定的起始条件选择的由浓度很低的缓冲物质组成的特定 pH 的缓冲溶液，通常缓冲溶液的浓度为 $0.02 \sim 0.05 \text{mol/L}$。极限缓冲液是往起始缓冲液中添加非缓冲盐如 NaCl 后得到的，也可以是缓冲物质和 pH 与起始缓冲液相同但缓冲物质浓度较高的缓冲液，其中前一种方法使用较多。

3.5.3.5 再生

离子交换剂使用一段时间后，吸附的杂质接近饱和状态，就要进行再生处理，用化学药剂将离子交换剂所吸附的离子和其他杂质洗脱除去，使之恢复原来的组成和性能。在实际运用中，为降低再生费用，要适当控制再生剂用量，使树脂的性能恢复到最经济合理的再生水平，通常控制性能恢复程度为 70%～80%。如果要达到更高的再生水平，那么再生剂量要大量增加，再生剂的利用率则下降。

离子交换剂的再生应根据其骨架种类、特性，功能基团性质，以及运行的经济性，选择适当的再生剂和工作条件。疏水性骨架离子交换剂(树脂类)常用再生剂为 1.0～2.0mol/L 酸、碱（HCl、NaOH）。亲水性骨架离子交换剂常用再生剂为 0.1～0.5mol/L 酸、碱（HCl、NaOH）。一般再生过程：酸→水洗→碱→水洗→酸→水洗；或者碱→水洗→酸→水洗→碱→水洗。

离子交换剂再生时的化学反应是树脂原先的交换吸附的逆反应，按化学反应平衡原理，提高化学反应某一方物质的浓度，可促进反应向另一方进行，故提高再生液浓度可加速再生反应，并达到较高的再生水平。

为加速再生化学反应，通常先将再生液加热至 70～80℃，它通过树脂的流速一般为 1～2BV/h，也可采用先快后慢的方法，以充分发挥再生剂的效能，再生时间约为 1h，随后用软水顺流冲洗树脂约 1h，待洗水排清之后，再用水反洗，至洗出液无色、无浑浊为止。

一些树脂在再生和反洗之后，要调节 pH 值，因为再生液常含有碱，树脂再生后即使经水洗，也常呈碱性。而一些脱色树脂（特别是弱碱性树脂）宜在微酸性下工作，此时可通入稀盐酸，使树脂 pH 值下降至 6 左右，再用水正洗、反洗各一次。

离子交换剂在使用较长时间后，由于它所吸附的一部分杂质（特别是大分子有机胶体物质）不易被常规的再生处理所洗脱，逐渐积累而将树脂污染，使树脂效能降低，此时要用特殊的方法处理，例如，阳离子树脂受含氮的两性化合物污染，可用 4% NaOH 溶液处理，将它溶解而排掉；阴离子树脂受有机物污染，可提高碱盐溶液中的 NaOH 浓度至 0.5%～1.0%，以溶解有机物。

3.5.4 离子交换分离技术的应用

离子交换树脂在水处理中的应用已经相当广泛。在膜法分离技术用于水处理之前，绝大多数的纯水都是依靠离子交换法来制取的。其中，分别应用到了阳离子和阴离子交换树脂来去除水中的阳离子和阴离子。本节主要讨论离子交换法在金属离子、生物医药和有机化合物方面的应用。

3.5.4.1 阳离子交换树脂分离稀土元素

阳离子交换树脂可以用于分离在溶液中以阳离子形式存在的各种金属离子。基于金属离子对树脂亲和力的大小，可以方便地分离不同价态的金属离子。而对于同价离子之间的分离，单纯依靠树脂与离子之间的选择性吸附差别还不够。尤其是对于像稀土元素这样的性质非常接近的元素之间的分离，几乎是不可能的，因为它们之间的选择性系数接近 1。此时，需要利用稀土元素与不同配体之间的配合物形成能力的差别，利用离子交换和色谱分离的形式来实现高效分离。

离子交换法可以同时获得多种高纯稀土产品，但存在无法实现连续作业、处理量小、生产周期长、成本高、流程长等缺点。用常规的离子交换法虽然不难得到纯度高的单一稀土，但因要用价格较昂贵的螯合淋洗剂（如 EDTA 和 HEDTA 等），所以成本高，产品价格在国际市场上缺乏竞争力。不过，离子交换法也在发展。不少科学工作者为之付出了巨大的努力，例如：北京有色金属研究院、中科院长春应化所、兰州大学等，利用高温分离原理，用 HEDTA 或 NH₄Ac 为淋洗剂制取高纯氧化钇，小试均获得了满意的结果。在高温高压离子交换法分离提取单一高纯稀土中，通过增强交换柱的分离效率弥补了萃取法在稀土生产中的不足。该法具有工艺简单、质量稳定、分离时间短、产品纯度高、成本低廉等特点。对多元稀土富集物进行分离，在短时间内可一次性提取（纯度>99.99%）多个单一高纯稀土，为高纯稀土的生产开辟了一条新路。20 世纪 80 年代初，我国成功地合成了 P507 萃淋树脂，并实现工业化生产。现已在多方面得到应用，在分离提纯高纯单一稀土氧化物工艺中获得可喜的成果。它具有工艺稳定、方法简便、产品纯度和收率高等优点。它是提取单一稀土氧化物有前途的新型交换剂。但该树脂价格较贵，一次性投资大。

各种阳离子对阳离子交换树脂的亲和力大小随着离子所带电荷数的增加而增加。电荷数相同的阳离子之间，随水合离子半径的减小而增加。某些阳离子与树脂的亲和力大小有以下次序：

$La^{3+} > Ce^{3+} > Pr^{3+} > Nd^{3+} > Sm^{3+} > Eu^{3+} > Gd^{3+} > Tb^{3+} > Dy^{3+} > Ho^{3+} > Er^{3+} > Tm^{3+} > Yb^{3+} > Lu^{3+}$；

$Ba^{2+} > Sr^{2+} > Ca^{2+} > Mg^{2+} > Be^{2+}$；

$NH_4^+ > K^+ > Na^+ > H^+ > Li^+$。

稀土元素的分离常用阳离子交换树脂，并在离子交换柱中进行。树脂与电解质溶液之间所发生的离子交换反应，是基于静电引力所引起的多相化学反应。它服从于质量作用定律，可用前面的有关平衡式来表达。利用离子交换树脂来分离不同价态的金属元素是可行的，对元素性质差别较大的同价离子之间的分离也是可行的。虽然树脂对稀土离子的吸附能力有差异，但也非常接近，单纯利用树脂对稀土元素之间的吸附选择性来分离稀土离子是十分困难的。稀土离子之间的离子交换分离需要依靠各种配位剂来加大稀土离子之间的差别，进而提高分离效果。这些络合剂我们常称之为淋洗剂。

离子交换分离所用淋洗剂，多半是采用一些可溶性有机酸配位剂。例如，得到广泛应用的乙二胺四乙酸（简称 EDTA），它能同稀土离子形成比较稳定的配合物，而且配合物的稳定常数随稀土离子半径的减小即原子序数的增加而增大，这与稀土离子对树脂的亲和力大小次序恰恰相反。即配合物稳定常数大的稀土离子，对树脂的亲和力小；而配合物稳定常数小的稀土离子，对树脂的亲和力大。两者相辅相成，导致分离效率倍增。下面就以 EDTA 作为淋洗剂来讨论淋洗过程。

EDTA 是弱碱性配位剂，常以氨水中和至碱性范围（pH 8～9）使用。所以在淋洗液中，EDTA 实际上是以铵盐形式存在的。当淋洗一种吸附在树脂上的稀土离子时，将发生离子交换反应，一个稀土离子进入液相，三个铵离子进入树脂相。这一交换反应之所以能发生，是由于 Ln-EDTA 配合物的稳定常数大，使稀土离子进入溶液，而 NH_4^+ 就置换了树脂上的稀土离子。

树脂对稀土离子之间的选择性吸附系数相差很小，在稀土的吸附过程中对稀土的选择性可以忽略不计，近似为 1。而用 EDTA 淋洗吸附有多种稀土离子的树脂时，稀土的解吸先后次序就有差别，其选择性差别取决于它们与 EDTA 的配合物稳定常数的差别。因此就有可能用 Ln-EDTA 的稳定常数来判断稀土之间的分离因数。在这里，两种稀土离子的 EDTA 配合物的稳定常数之比为近似的分离因数，与离子强度无关。

围绕稀土离子的分离，广泛开展了稀土与各种水溶性配体的配位化学研究。主要包括各种羧酸和氨基羧酸以及它们的混合物。一种有效的配位剂，要求它与稀土元素所形成配合物的稳定常数之间的差异要大，以及随稀土元素原子序数的变化规律（单调上升或单调下降或呈峰值变化关系），其次才是它们的价格、消耗量和循环利用程度。经过大量的研究，发现许多氨基羧酸与稀土形成配合物的能力强，且元素之间的差异较大。一些淋洗剂与稀土生成配合物的稳定常数值依原子序数变化曲线如图 3-31 所示，其中应用最广泛的是 EDTA。除钆附近的曲线形状出现有向下折曲外，其余均有很大的展开，说明能有效地分离这些元素。

其次是羟乙基乙二胺三乙酸（简称 HEDTA）。从图 3-31 中曲线形状可以看到，中间部分平坦，这部分所包括的元素配合物稳定常数值相近似。但用它来分离两侧的元素如 La-Ce-Pr-Nd 和 Er-Tm-Yb-Lu 等是适用的。虽然与 EDTA 相比，分离稀土有局限性，但用 EDTA 淋洗必须使用延缓离子，而且在 pH 值低的条件下，EDTA 的溶解度很小，如果使用 HEDTA 淋洗，则能够在 H 型树脂柱中进行。并且 EDTA 的回收再生复杂，回收率低，而 HEDTA 则能够很容易地全部回收。用 HEDTA 代替 EDTA 淋洗时比用 EDTA 的理论板当量高度要小，分离速度快，对重稀土的分离意义更大。

EDTA 难溶于酸，在酸中即结晶析出。因此在使用 EDTA 作淋洗剂时，必须使用 pH 值较高的溶液。通常是用氨水中和至 pH 8～9，并加少量醋酸铵作缓冲剂，以控制 pH 值。EDTA 淋洗不能用 H 型树脂。如果在淋洗中溶液的 pH 值变小，就容易发生结晶析出，在树脂层或管路中发生阻塞。

如图 3-31 和表 3-7 所示，稀土离子随原子序数的增加有很大的展开度。例如：在 EDTA 体系中，两相邻元素之间的稳定常数平均相差约 2.3 倍，因此具有较高的选择性。在用 EDTA 溶液解吸稀土元素时，中重稀土进入溶液相的趋势比轻稀土大。而且解吸出来的轻稀土离子在与下面树脂层中的重稀土离子相遇后，由于它们与 EDTA 的配合物的稳定常数不同而再次发生离子交换，轻稀土又回到树脂相。这种交换反应的不断发生将有助于稀土离子之间的分离。

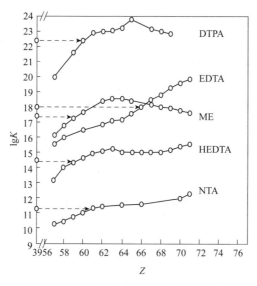

图 3-31 几种氨基酸与稀土离子 1∶1 配合物的 $\lg K\text{-}Z$ 关系曲线

表 3-7 EDTA 与 HEDTA 对相临稀土元素的分离因素值

R_1/R_2	$\lg K_{R_1\text{Ch}} / \lg K_{R_2\text{Ch}}$		β值	
	EDTA	HEDTA	EDTA	HEDTA
Lu/Yb	0.32	0.15	2.1	1.4
Yb/Tm	0.19	0.26	1.6	1.8
Tm/Er	0.47	0.21	2.9	1.6
Er/Ho	0.27	0.06	1.9	1.15
Ho/Dy	0.28	0.04	1.9	1.1
Dy/Tb	0.37	0.02	2.3	1.05
Tb/Gd	0.56	0.00	3.6	1.0
Gd/Eu	0.02	0.11	1.05	1.3
Eu/Sm	0.21	0.06	1.6	1.15
Sm/Nd	0.53	0.44	3.4	2.7
Nd/Pr	0.21	0.32	1.6	2.1
Pr/Ce	0.42	0.38	2.6	2.4
Ce/La	0.48	0.79	3.0	6.1
Dy/Y	0.21	—	1.6	—
Y/Tb	0.16	—	1.5	—
Nd/Y	—	0.22	—	1.7
Y/Pr	—	0.10	—	1.3

然而，如果在分离柱中所填充的离子与 EDTA 所形成的配合物的稳定性小于稀土-EDTA 的稳定性，将会使 Ln-EDTA 无交换作用地流过分离柱。因此，在分离柱中所填充的离子，必须选择能与 EDTA 形成比 Ln-EDTA 的稳定性更高的配合物才能起到功效，这种填充的离子被称为"延缓离子"。在稀土分离工艺中常使用 Cu^{2+} 作延缓离子（Cu-EDTA 的 $lgK = 18.86$，见表 3-8）。这样，在负载柱中由 EDTA 解吸出来并与之配位的稀土离子流至分离柱树脂层上部边缘时，就重新被置换于树脂上。只要有 Cu^{2+} 存在，就能限制稀土离子流过去，促使稀土离子在树脂与溶液之间发生无数次交换，从而使它们之间的差异越拉越大。

表 3-8　一些金属元素与 EDTA 形成的配合物的稳定常数（lgK）

元素	lgK	元素	lgK
Fe(Ⅱ)	14.45	Pb	18.2
Co	16.10	Ni	18.45
Cd	16.48	Cu	18.86
Zn	16.58	Fe(Ⅲ)	25.1

图 3-32 是离子交换法提纯稀土的原理。在淋洗过程中，稀土离子在树脂上呈密集状态沿柱向下迁移，直到上、下两交界处均以同等速度向下移动，并在此境界范围内的树脂层中有 90%～95% 的位置被稀土离子所占据时，即达到了"稳定状态"。

用 EDTA 淋洗需在分离柱中填充延缓离子，多半是使用 Cu^{2+}，它与 EDTA 形成配离子，其稳定常数的常用对数值为 18.86，可知它对较重的稀土离子如 Tm^{3+}、Yb^{3+}、Lu^{3+} 等不能起到延缓作用。

在分离过程中，一般有吸附柱和分离柱。将稀土混合物溶解，调整溶液中的稀土浓度和 pH 值后，将溶液充分流经离子交换树脂柱，稀土极易被离子交换树脂吸附。将吸附非稀土离子（Cu^{2+} 等）的离子交换树脂柱与吸附有稀土离子的交换柱串联起来。将溶有配位剂的淋洗液从吸附有稀土离子的柱子顶端往下流，随着淋洗液的流动，因配位剂的作用，所有稀土离子在离子交换树脂之间反复地吸附和解吸。络合剂与各种稀土离子的配位能力略有差异（图 3-31），在离子交换树脂柱中反复进行吸附和解吸，与配位剂配位能力强的离子先被洗脱下来，实现分离提纯。稀土离子到达串联离子交换柱的出口时，所有稀土离子按配合物的稳定常数从小到大的顺序，从柱子的上部开始，逐渐向下呈层状排列。

当用 EDTA 为配位剂时，Y 与 Dy 一次解吸的分离系数很小，仅 1.2。一个柱子中有几百级理论级数，分离充分。分离过程中达到要求纯度时，按 Lu、Yb、Tm 的顺序，以 EDTA 等的配合物形式从柱子末端回收各稀土元素。各元素纯度按淋洗曲线进行控制。从图 3-33 可以看出，相邻元素的曲线有重叠部分。曲线峰的中部纯度

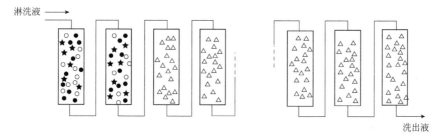

淋洗开始前的状态（各稀土离子混合吸附的状态）

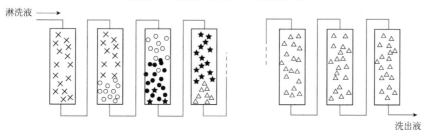

淋洗过程中的状态（各稀土离子间开始分离）

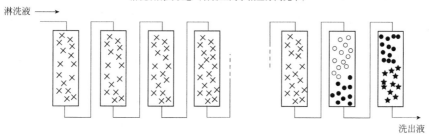

淋洗后期的状态（各稀土离子相互分离完毕）

图 3-32　离子交换法提纯稀土原理图

△ 延缓剂离子（如 Cu^{2+}）；★ 稀土离子 R1（例如 DY^{3+}）；● 稀土离子 R2（例如 Y^{3+}）；
○ 稀土离子 R3（例如 Tb^{3+}）；× 淋洗剂离子（例如 NH_4^+）

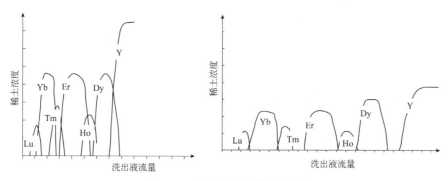

图 3-33　稀土淋洗曲线示意图

很高。根据不同条件可得到 6～8N（99.9999%～99.999999%）纯度的单一稀土产品。调整 EDTA 和稀土溶液的 pH，EDTA 以固体形式回收，与稀土溶液分离。接着以草酸盐形式回收稀土，在 800～1000℃下灼烧，得到高纯稀土氧化物。

用 Cu^{2+} 作延缓离子，EDTA 淋洗液的浓度不应超过 0.015mol/L，溶液 pH 值控制在 8.5 左右，淋洗液流速一般为 0.5～2.0cm/min。当洗出液中 Cu-EDTA（蓝色）将尽和 Ln-EDTA 刚出现时，更换承接容器。以后操作将各份纯净的和不纯的（带间重叠部分）分别承接。纯净的产品用草酸沉出稀土并过滤出去后，用无机酸酸化溶液，使 EDTA 结晶回收再使用。

从 Cu-EDTA 回收 EDTA 比较复杂，如果是其中尚含有部分稀土，可用铝置换法。其方法是在 70～80℃下用盐酸调节 Ph = 2，加入铝片或铝粉以等当量过量约 20% 进行置换除铜，然后用草酸沉淀出稀土。再调节溶液 pH<1，静置 8h，使 EDTA 结晶析出。如果 Cu-EDTA 溶液中不含有稀土，回收 EDTA 有三种方法：石灰法、H_2S 法及水合肼法。石灰法是使铜呈 $Cu(OH)_2$ 沉淀析出而除掉；H_2S 法是使铜呈 CuS 沉淀除去。以上两种方法，EDTA 的回收率约 70%。水合肼法是用 NaOH 使铜变成 $Cu(OH)_2$，然后又与水合肼作用：

$$2Cu(OH)_2 + N_2H_4 \cdot H_2O = 2Cu + 5H_2O + N_2$$

这样可以使反应进行到底，EDTA 的回收率可达 90%以上，同时铜也得到回收。

用 HEDTA 淋洗：HEDTA 在水中比 EDTA 有更大的溶解度。应用 HEDTA 作淋洗剂可用 H^+ 作延缓离子，它能有效地分离 La-Ce-Pr-Nd-Y-Sm 或 Ho-Er-Tm-Yb-Lu。从表 3-7 中可以看到，HEDTA 分离轻稀土由 La 到 Sm 的各相邻元素之间的分离因数比 EDTA 小。但分离这些元素时，在动力学方面却比用 EDTA 好。当用 HEDTA 代替 EDTA 分离如 Lu-Yb-Tm 时，可获得更好的稳定条件，从而改进对这些元素的分离效果。如果是在室温下淋洗，HEDTA 的浓度应在 0.018mol/L 以内，因为 Tm、Yb 和 Lu 的 HEDTA 配合物的溶解度有限。但在温度高于 90℃时，成功地使用了 0.072mol/L 的 HEDTA 作淋洗剂。

根据上述的讨论结果，分离效率首先表现在络合物稳定常数的差异，而且是把树脂对稀土离子的选择性略去不计。虽然如此，这并不意味着树脂对于分离所起的作用是微不足道的。我们说，在淋洗过程中，吸附和解吸构成了一对矛盾，它表现在树脂与淋洗剂之间对稀土离子的相互争夺的过程。由于这一矛盾运动的不断发生，就构成了稀土元素相互分离的结果。在此可以看出：淋洗过程是在树脂相中，对稀土离子按亲和力由小到大的顺序依次沿柱纵向从下向上展开；同时在水溶液相中，依络合物的稳定性由弱到强的顺序沿柱纵向从上向下展开的逆流过程。

3.5.4.2　阴离子交换树脂分离金属元素

由于镧系收缩效应，其后面的铪、钽、钨的性质与其同一族的锆、铌、钼的性质非常接近。它们两两之间的分离也是比较困难的。这些元素在溶液中的价态高，分别为 4、5、6，因此，极易水解形成含氧酸根阴离子，也容易与一些阴离子形成配阴离子配合物。因此，采用离子交换法分离这些元素所用的树脂为阴离子交换树脂。事实上，能够在溶液中形成含氧酸盐阴离子或络阴离子的硅、磷、锆、铌、钼、钨等都可以采用阴离子交换树脂来进行分离。

例如，锆铪的离子交换法分离主要是利用锆和铪能够水解成几种不同形式的阴阳离子，或者与某些特定的离子形成稳定的配阴离子的特性，通过相应的阳离子或阴离子交换树脂吸附分离锆铪。目前对不同阴阳离子交换剂分离锆铪的研究已有很多。三种强碱性阴离子交换树脂 D296×7、D290×7、D201×7 在 HCl、H_2SO_4 溶液体系中对锆和铪的配阴离子均有很好的吸附效果，但在 HNO_3 溶液体系中基本无吸附。在 HCl 溶液体系中，树脂对锆铪的吸附率随盐酸浓度的增加而增加，但在 H_2SO_4 溶液体系中，树脂对锆铪的吸附率在低浓度 H_2SO_4 溶液中反而更大。三种树脂相比，D296×7 型树脂对锆铪的吸附效果最好。离子交换法的缺点在于单次过柱吸附分离不能得到核级锆，且过程不连续、效率不高。并且从经济方面考虑，昂贵的离子交换树脂不利于工业应用。

用苛性钠分解钨矿所得的浸出液中，钨、磷、砷、硅、钼等均以含氧酸阴离子形成存在，料液 pH 在 10 以上。阴离子树脂对钨和钼的吸附能力较强，而对其他几种离子的吸附能力差，因此，可以用阴离子树脂直接从浸出液中吸附钨钼，而与其他离子分离，接下来再用离子交换分离法分离钼钨。基于硫代钼酸根离子与钨酸根离子对树脂的亲和力差异可以实现钨与钼的分离。钼酸根离子先生成硫代钼酸根离子，并且在树脂中钨酸根离子和硫代钼酸根离子的交换势不同，可以先吸附硫代钼酸根离子或先解吸钨酸根离子。中南大学赵中伟等发明了一种从高钨高钼混合溶液中深度分离钨钼的方法。包括：将高钨高钼混合溶液的 pH 值调至 6.5～8.5，然后通过装有细颗粒的大孔型弱碱性阴离子交换树脂的交换柱进行吸附，溶液中的钨被吸附，实现钨钼分离。该发明适用性广，可处理 WO_3 质量浓度在 5g/L 以上，WO_3/Mo 质量比在 1：40 到 40：1 之间的钨钼混合溶液；分离工艺流程简短、设备简单；无需添加其他试剂，因而不会带入其他杂质，降低了成本；分离效果好，有价金属可全部回收。

中南大学霍广生等发明了一种离子交换分离钨酸盐和钼酸盐混合溶液中钨钼的方法。包括：将钨酸盐和钼酸盐的混合溶液用无机酸调整 pH 为 6.5～8.0，用 NaCl 或 NH_4Cl 调整溶液中 Cl^- 至 1～35g/L，并放置陈化 1.0～48h；然后将溶液匀速流过装有阴离子交换树脂的离子交换柱，控制料液的流速使料液与树脂的接触反应时间为 30～240min，当交换后液中钨的质量浓度达到料液中原始钨质量浓度的 5%～20%时停止进料；然后用 Cl^- 浓度为 0.5～1.0mol/L 的淋洗剂淋洗离子交换柱内的树脂，以使部分被树脂所吸附的 MoO_4^{2-} 被淋洗下来；最后 NaCl 和 NaOH 混合液或 NH_4Cl 和 NH_3 混合液作为碱性解吸剂将树脂上吸附的钨解吸下来，并使树脂得以再生；钨酸盐和钼酸盐混合溶液中 Mo/WO_3 的摩尔比为 0.25～2500；阴离子交换树脂为大孔强碱性阴离子交换树脂。该发明可用于钨钼含量相近的钨酸盐和钼酸盐混合溶液中钨钼的分离，又可用于钼酸盐溶液中少量钨的深度除去；流程简单，易于实施，成本低，分离效果好且对环境无污染。

3.5.4.3 离子交换法在其他领域的应用

（1）离子交换剂在生物制药和蛋白分离中的应用

20世纪50年代，离子交换法进入生物化学领域，应用于氨基酸的分析。目前，离子交换法仍是生物化学领域中常用的一种色谱分离方法，广泛应用于各种生化物质如氨基酸、蛋白质、糖类、核苷酸等的分离纯化。

离子交换技术在制药工业中有着广泛的应用。首先，制药用的超纯水主要依靠离子交换方法提供。而抗生素、生化药物、药用氨基酸、药用核酸以及中药和其他药剂的提取、制备也都离不开现代离子交换提纯技术。离子交换树脂在制药中还可以用作离散剂、缓释剂等。

离子交换剂在各类抗生素、氨基酸、核酸类药物等微生物制药的分离纯化上有着广泛的应用，其中包括发酵液的过滤及预处理，然后进行树脂的吸附与解吸，最后对洗脱液进行精制。例如，从猪血水解液中提取组氨酸：组氨酸是婴儿营养食品的添加剂，医疗上还可以作为治疗消化道溃疡、抗胃痛的药物并用作输液配料。将相当于140kg猪血粉的猪血煮熟，离心脱水后置于1000L搪瓷反应锅内，加500kg工业盐酸水解，经石墨冷凝器回流22h，水解液减压浓缩回收盐酸，用活性炭脱色，在搪瓷过滤器内减压过滤，静置后滤去酪氨酸，滤液加水配成密度为1.02g/mL的溶液，以强酸性氢型阳离子交换剂进行固定床吸附，当流出液中检验出组氨酸时停止吸附，用水淋洗柱，之后用0.1mol/L NH$_3$·H$_2$O洗脱。收集pH值为7～10的洗脱液，树脂用水反冲后经1.5～2mol/L盐酸再生，树脂水洗至流出液pH值为4，待用。洗脱液浓缩10倍调pH值至3.0～3.5，经多次重结晶、过滤、洗涤，最后烘干即得成品。

血红蛋白是存在于动物血红细胞中具有生物传氧功能的重要蛋白质，以血红蛋白为基础的血液代用品可较好地解决输血血源短缺及血源污染等问题，但对其纯度有较高的要求。

（2）离子交换剂在中药中的应用

中药有效部位生物碱中大多为碱性含氮化合物，因而在中性或酸性条件下以阳离子形式存在，可以用阳离子交换剂从提取液中富集分离出来。

① 生物碱：生物碱是自然界中广泛存在的一类碱性物质，是多种中草药的有效成分，它们在中性和酸性条件下以阳离子形式存在，因此可用阳离子交换树脂将它们从提取液中富集分离出来。另外，生物碱在醇溶液中能较好地被吸附树脂所吸附，离子交换吸附总生物碱后，可根据各生物碱组分碱性的差异，采用分步洗脱的方法，将生物碱组分一一分离。

例如苦参碱的纯化。先预处理苦参饮片，分别加 6 倍、6 倍、5 倍量 1%冰醋酸水溶液，冷浸 3 次，每次 8h，过滤冷浸提取液;将苦参 1%醋酸水冷浸提取液减压，浓缩至密度 1.15~1.20g/mL（60℃），依次用 70%、80%、90%乙醇醇沉 3 次，每次过夜后过滤，取上清液减压回收乙醇。浓缩，真空干燥，得到苦参总碱;上柱液用水稀释后，上 732 柱进行阳离子树脂分离（1BV）。树脂与药液体积比 1∶4;饱和树脂先用 10 倍于树脂的蒸馏水洗至 pH 4.0，再以 60%乙醇洗除杂质，取出树脂，用 2 倍量 5%氨水乙醇 80~85℃水浴回流提取 3 次，每次 1h。合并提取液，减压回收乙醇，真空干燥 24h，即得苦参总生物碱成品。

② 黄酮:黄酮类化合物是指母核为 2-苯基色原酮的化合物，一般具有酚羟基，有的还有羧基，故呈弱酸性，不能很好地与阴离子交换树脂发生交换，却能被吸附树脂较强地吸附。

③ 糖类:糖类分子中含有许多醇羟基，具有弱酸性，在中性水溶液中可与强碱性阴离交换树脂（OH 型）进行离子交换，并易被 10%NaCl 水溶液解析，但是许多糖类在强碱性条件下会发生异构化和分解反应，因而限制了强碱性阴离子树脂在糖类分离纯化中的应用，非极性吸附树脂，如 DMD 型不易吸附水中的单糖，但能很好地吸附菊糖等分子量稍大的多糖，故可用于草药水溶性成分中糖的纯化。

④ 在中药复方中的应用:同一型号大孔吸附树脂对不同有效成分的吸附能力不同，以 LD605 型大孔吸附树脂为例，吸附能力为:生物碱>黄酮>酚类>有机物。因此，在使用同一型号大孔吸附树脂纯化含不同有效成分的草药复方时，应选择适宜的树脂型号和合适的纯化条件。

离子交换树脂对吸附质的作用主要是通过静电引力和范德华力达到分离纯化化合物的目的。因为有活性的中药有效成分的结构和性质千差万别，所以对树脂的要求也不同。因此，在筛选树脂时，必须对树脂的骨架、功能基、孔径、比表面积和孔容等进行全面综合的考虑。

参 考 文 献

[1] 刘茉娥，陈欢林. 新型分离技术基础. 杭州:浙江大学出版社，1999.

[2] 陈欢林. 新型分离技术. 北京:化学工业出版社，2000.

[3] 应国清，易喻，高红昌，万海同. 药物分离工程. 杭州:浙江大学出版社，2011.

[4] 董红星，曾庆荣，董国君. 新型传质分离技术基础. 哈尔滨:哈尔滨工业大学出版社，2005.

[5] 刘家祺. 传质分离过程. 北京:高等教育出版社，2005.

[6] 胡小玲，管萍. 化学分离原理与技术. 北京:化学工业出版社，2006.

[7] 丁明玉. 现代分离方法与技术. 北京:化学工业出版社，2006.

[8] 中国化工防治污染技术协会. 化工废水处理技术. 北京:化学工业出版社，2000.

[9] 徐东彦，叶庆国，陶旭梅. 分离工程. 北京:化学工业出版社，2012.

[10] 叶波. 钨钼分离专利技术研究进展. 矿产保护与利用，2016，（1）:70-74.

[11] 李洪桂，等. 湿法冶金学. 长沙:中南大学出版社，2012.

[12] 冯孝庭. 吸附分离技术. 北京:化学工业出版社，2000.

[13] 李永绣，等. 离子吸附型稀土资源与绿色提取. 北京：化学工业出版社，2014.

[14] 张启修，曾理，罗爱平. 冶金分离科学与工程. 长沙：中南大学出版社，2016.

[15] 尹华，陈烁娜，叶锦韶，等. 微生物吸附剂. 北京：科学出版社，2015.

[16] 刘郁，陈继，陈厉. 离子液体萃淋树脂及其在稀土分离和纯化中的应用. 中国稀土学报，2017，35（1）：9-18.

[17] 侯潇，许秋华，孙圆圆，等. 离子吸附型稀土原地浸析尾矿中稀土和铵的残留量分布及其意义. 稀土，2016，37（4）：1-9.

[18] 李永绣，许秋华，王悦，谢爱玲，侯潇，周雪珍，周新木，刘艳珠，李静，李东平. 一种提高离子型稀土浸取率和尾矿安全性的方法. 201310594438.2，2014.

[19] 黄万抚，李新冬，文金磊，等娟. HD325 从低浓度稀土矿浸出液中回收稀土的研究. 稀有金属，2015，39（8）：727-734.

[20] 郭雯，罗章林. 离子型稀土矿区溪流水中稀土的回收. 科技与创新，2017，10：12-14.

[21] 许秋华，孙园园，周雪珍，等. 离子吸附型稀土资源绿色提取. 中国稀土学报，2016，6（34）：650-660.

[22] 黎先财，兰俊，胡伟强，等. CTS/纳米 SiO_2 吸附剂对低浓度稀土离子的富集与回收. 离子交换与吸附，2014，30（6）：499-507.

[23] Weifan Chen, Linlin Wang.Mingpeng Zhuo, Yue Liu, Yiping Wang.Yongxiu Li.Facile and highly efficient removal of trace Gd(Ⅲ) by adsorption of colloidal graphene oxide suspensions sealed in dialysis bag. J Hazar Mate, 2014, 6(75): 546-553.

[24] 陈伟凡，王琳琳，李永绣，刘越，卓明鹏. 一种氧化石墨烯胶体吸附分离低浓度稀土离子的方法：中国专利，ZL201310334924.0，2013.

[25] 李永绣，王悦，谢爱玲，周新木，周雪珍，刘艳珠，李静. 从低浓度含铵稀土废水中去除氨氮并回收稀土的方法. ZL201310355981.7，2013.

[26] 李永绣，谢爱玲，李轶林，周新木，周雪珍，刘艳珠，李静. 一种利用离子型稀土尾矿中的粗粒黏土处理极低稀土浓度废水的方法. ZL201310400389.4，2013.

第 4 章

溶解与浸取分离

4.1　溶解和浸取的基本概念及分类

　　浸取在水溶液中利用浸取剂与固体原料作用，使有价元素变为可溶性化合物进入水溶液，而主要伴生元素留在浸取渣中的一种经典的分离过程。其分离的主要依据是物质在水、酸、碱和配位体系中的溶解特征差异，一些物质可以被溶解而其他一些物质不能被溶解，或者它们的溶解性存在差异。这种分离方法是湿法冶金提取有价元素、天然药材中有效药物成分提取等技术领域最为经典和常用的分离方法。这些方法与现代技术和物理场相结合，还派生出一些新的分离技术。

4.1.1　基于浸取过程化学反应和浸取试剂的分类方法

　　浸取方法和过程的分类主要依据溶解反应和浸取试剂的类型来进行。按照有价成分转入溶液中的溶解反应（主反应）的特点分为五大类、八小类浸取反应类型，表 4-1 就是按浸取剂特点的浸取方法分类的。

　　① 水或溶剂溶解浸取，是最简单的溶解浸取。例如：锆英砂碱焙烧中的锆酸钠溶出。

　　② 无价态变化的化学反应浸取，包括电解质离子交换浸取，酸溶解反应浸取，碱溶解反应浸取，复分解反应。

　　③ 有氧化还原的反应浸取，例如：有的矿物很难溶解、需要加氧化剂。如空气中的氧是一种优良的氧化剂。金属硫化物在无氧参加反应时达到水的临界温度也不溶于水。但只要有氧参加，在 150℃ 就可以溶解。再如，在通氧下用硫酸浸取硫化锌矿可以得到硫酸锌和硫及水，所以也称为氧浸取。细菌参与的溶解反应多半也是有氧化还原反应的浸取过程。

　　④ 配位化学反应浸取，有配合物生成的浸取。例如氰化物浸取金、银等。

　　⑤ 多种综合溶解化学反应浸取，可能包括酸碱溶解、氧化还原溶解、配位溶

解中的两种及两种以上的化学作用。

依据所用浸取剂类型则可以分为：①盐浸；②酸浸；③碱浸(氨浸)；④氧浸；⑤氯化浸出（氯盐浸出硫化矿 Sb_2S_3）；⑥细菌浸出，直接得到可溶性的硫酸盐 $(CuFeS_2+O_2+细菌)$；⑦电化浸出，电场作用下利用阳极氧化硫化矿；⑧多重作用共同浸出。表 4-1 列出了一些常见的浸取剂及其对应的处理对象。

表 4-1　常用浸取剂及其应用

浸取方法	浸出剂	浸取矿物类型	适应范围
水浸取	水	直接溶于水的硫酸铜等	水溶性矿物
酸浸取 盐酸、硫酸、硝酸、亚硫酸	HF	铌、钽矿	生成氟的配合物矿
	HCl	黄铜矿	
	H_2SO_4	Cu、Ni、Co、Zn、P 氧化物	含碱性脉石的矿物
碱浸取 氨水、硫化钠、氰化钠	NH_3	Cu、Ni、Co 硫化物	含酸性脉石的矿物
	Na_2CO_3	白钨矿、铀矿	
	NaOH	铝土矿	
配位浸取 盐浸取	NaCN	金银矿	
	Na_2S	Sb_2S_3, HgS	处理砷、锑硫矿
	钠铵钾铁铜的无机盐	$PbSO_4$, $PbCl_2$	铅盐
	$FeCl_3$, $FeSO_4$	硫化铜矿、黄铜矿、氧化铀矿	作氧化剂
细菌浸取	菌种+硫酸+硫酸铁	铜、钴、锰矿	
盐（离子交换）浸取	铵盐、钠盐	离子吸附型矿	淋积型稀土矿
多种综合溶解浸取	氧化剂+配位剂		

浸取方法也可以依据其他特征来进行分类，例如，根据浸取原料分类：金属浸出，氧化物浸出，硫化物浸取和其他盐类浸取；依浸取温度和压力条件分类：高温高压浸取和常温常压浸取。

4.1.2　原料及中间产品与可供选择的浸取方法

浸取是有价元素提取最重要的单元过程。浸取的目的是选择适当的溶剂使矿石、精矿或冶炼中间产品中的有价成分或有害杂质选择性溶解，使其转入溶液中，达到有价成分与有害杂质或与脉石分离的目的。浸取物料既可能是原矿，也可能是冶炼后的残渣、阳极泥、废合金等。

矿石和精矿通常都是由一系列的矿物组成，成分十分复杂，有价矿物常以氧化物、硫化物、碳酸盐、硫酸盐、砷化物、磷酸盐等化合物形式存在，也有以金属形态存在的金、银、天然铜等。必须根据原料的特点选用适当的溶剂和浸取方法。选择浸取剂的原则是热力学上可行、反应速度快、经济合理、来源容易。有时矿石成分复杂，需同时使用多种浸取剂。根据主要浸取对象及其特点，可以选择相应的浸取方法，例如：

① 金属硫化物：氧化浸取；细菌浸取；电化浸取；氯化浸取。

② 金属氧化物：酸浸；碱浸。

③ 金属呈含氧阴离子形态：碱浸；预先酸分解，再碱浸。

④ 金属呈阳离子形态：预先使碱分解，再酸浸；碱浸。

⑤ 金属：在有氧及配位剂存在下浸取。

⑥ 离子吸附形态：电解质溶液解吸。

4.1.3 浸取效果的计算

有价金属的浸取率：在给定的浸取条件下，脱离矿石物料的金属量与原料中金属总量的比值。一般用百分数表示。即进入浸取液中的金属量占原料总金属量的百分数。浸取率的计算方法有两种：液计浸取率和渣计浸取率：

$$\eta = \frac{cV}{RW} \times 100\% = \frac{RW - R_t W_t}{RW} \times 100\%$$

液计浸取率   渣计浸取率

式中，η 为金属浸取率；W 为原料干质量，kg；R 为金属品位，%；V 为浸取液体积，L；c 为金属浓度，kg/L；W_t 为浸取渣干质量，kg；R_t 为渣品位，%。

4.2 溶解和浸取过程化学基础

对于一个具体的有价值的原料，一般都知道其有价元素含量和主要的成分。要实现有价元素的合理、高效、绿色浸取，需要根据有价元素和共生元素的含量、存储状态来选择浸取剂和浸取方法。大多数的矿产资源或废料中有价元素的浸取都有可以参考的方法，表 4-1 中就列出了不同类型物质的浸取方法。实际上，矿物资源或其他需要分解和浸取原料的一些基本特征都可以从有关书籍和论文中找到。但仍然需要先从热力学和动力学问题来研究一种资源的溶解和浸取方法。一般是根据原料特征，选择一些可能的方法来开展研究，确定其可行性和具体的优化条件。通过改变浸取剂类型、浓度、反应温度和时间来开展浸取研究，测定浸取率或浸取液中有价元素的浓度随时间的变化，讨论其热力学和动力学问题，确定最佳的工艺和方案。

4.2.1 热力学

溶解反应一般是由固体和溶液（液体）状态的反应物参与的反应，生成至少 1 种可溶于液相的产物，其反应和平衡常数可以表示为：

$$aA(s) + bB(aq) \rightleftharpoons cC(s) + dD(aq) \tag{4-1}$$

$$K = \frac{a_D^d}{a_B^b} \tag{4-2}$$

其中，a 为活度。K 值大小反映反应的可能性和进行程度的大小及限度。K 值越大，反应进行的可能性越大，越能进行彻底。但是，活度很难求出。常采用浓度近似替代活度，此时计算得到的 K 值称为表观平衡常数，用 K_C 表示。

K 与 K_C 的差别是：$K = (r_{生成物}/r_{反应物}) \times K_C$。

（1）表观平衡常数及平衡常数的测定

依据式（4-1），在设定温度下，改变浸取剂浓度，测定不同离子强度下不同时间内浸出物和浸取剂的浓度，根据式（4-2），用计算法或作图法来计算表观平衡常数值 K_C。将测定的 K_C 对 $\sqrt{I}$ 作图，再外延到 $I=0$，即为 K 值。如果能够测定平衡后溶液的成分和已知的活度系数，求出活度，依据测定的各物质的浓度，可计算出平衡常数。

（2）平衡常数的热力学计算

反应的自由能变化与平衡常数之间的关系为：

$$\Delta_r G_m^\ominus(T) = -RT \ln K^\ominus \tag{4-3}$$

根据测定的平衡常数，可以计算反应的自由能变化。相反，也可通过各反应物和产物的标准摩尔形成自由能来计算反应的自由能变化：

$$\Delta_r G_m^\ominus(T) = c\Delta_f G_m^\ominus(C,T) + d\Delta_f G_m^\ominus(D,T) - a\Delta_f G_m^\ominus(A,T) - b\Delta_f G_m^\ominus(B,T) \tag{4-4}$$

① 标准吉布斯自由能变化与平衡常数的相互计算：通过已知的各物质的标准摩尔形成自由能数值，可以用式（4-4）计算反应的自由能变化，根据式（4-3）计算浸出反应的平衡常数。或者先测定各温度下的平衡常数，根据式（4-3）计算各温度下的反应自由能变化。再利用自由能变化与焓变和熵变之间的关系式，依据不同温度下的自由能变化值计算反应的焓变和熵变。据此，可以判断反应进行的可能性、限度及使之进行所需要的热力学条件。

② 根据反应物及生成物的溶度积来计算：适合于浸出反应中涉及生成一种难溶化合物的复分解反应。根据溶解反应的化学计量反应方程式，利用难溶化合物的溶度积来计算。

③ 根据反应的标准电动势来计算：适合于反应过程中得失电子的情况。设计成一个电池反应，测定电池的电势。或已知一些电对的电极电位，即可计算反应的平衡常数。

$$E^\ominus = \frac{RT}{nF} \ln K = \frac{0.0592}{n} \lg K \tag{4-5}$$

（3）利用电势-pH 图或其他区位图来判定反应发生的可行性

对于许多浸出体系，系统中金属离子的形态和价态可能会因为反应条件的变化而改变。许多金属离子都具有氧化还原特征，其电极反应的电极电势与酸度有关。因此，研究浸取过程的热力学，首先要查明在一定条件下可能发生什么反应，然后研究其具体的热力学条件。电势-pH 图或 lg[M]-pH 图是根据已有的热力学数据绘制的，这些图直观地表明了体系中各种形态化合物或离子的稳定区域和相互平衡情况及其与条件的关系。利用这些图可以判定在什么条件下反应会发生，以及可能的产物。

4.2.2 动力学

4.2.2.1 浸取过程及其速度方程

（1）化学反应速率

化学反应速率以单位时间单位体积（或面积）内的反应物消耗量或产物生成量来表示。对于反应：

$$aA + bB \longrightarrow rR + qQ \tag{4-6}$$

以单位流体体积内反应物 A 消耗的物质的量表示反应速率 r_A，则：

$$r_A = -\frac{dn_A}{Vdt} \tag{4-7}$$

如果反应在恒容条件下进行，则可用浓度变化来表示反应速率：

$$r_A = -\frac{dc_A}{dt} \tag{4-8}$$

同样，可以用其他反应物或生成物来表示该反应的反应速率。

（2）化学反应速率方程

化学反应速率方程是用来表达化学反应速率与各反应物浓度关系的方程。对于基元反应，反应物分子在碰撞中一步直接转化为生成物分子的反应，可以用质量作用定律来写出速率方程。基元反应的速率与各反应物浓度以化学计量系数为指数的乘积成正比，其中各浓度的方次就是反应式中各成分的系数。例如，对于反应（4-6），有：

$$r_A = Kc_A^a c_B^b \tag{4-9}$$

式中的比例常数 K 称为反应速率常数，它和温度有关。其中，各浓度项的指数 a、b 为对应反应物的反应级数。一级反应在等温恒容条件下的速率方程：

$$r_A = -\frac{dc_A}{dt} = kc_A \tag{4-10}$$

如果初始浓度为 c_{A_0}，则其积分如下：

$$\int_0^t kdt = \int_{c_{A_0}}^{c_A} \frac{dc_A}{c_A}$$

$$kt = -\ln\frac{c_A}{c_{A_0}} = -\ln(1 - X_A) \tag{4-11}$$

其中：$X_A = (c_{A_0} - c_A)/c_{A_0}$。因此，测定不同时间下反应物的浓度，可以依靠式（4-11）来求速率常数。对于其他级数的反应，可以推导出类似的关系式。

（3）浸取反应的速率控制步骤及其特点

在溶解和浸取反应过程中，绝大多数是多相反应。而多相反应的特点是反应发生在两相界面上，反应速率常数与反应物在界面处的浓度有关，同时也与反应产物在界面的浓度及性质有关。所以，反应速率与反应物接近界面的速率、生成物离开界面的速率以及界面反应速率都有关。其中最慢的一个步骤决定整个反应速率。在一些固液反应中，有时扩散常常是最慢步骤。另外，多相反应速率还与界面的性质、界面的几何形状、界面面积以及界面上有无新相生成有关。

反应的实际速率由最慢的一步决定，这一步成为整个反应的控制步骤。

由于吸附很快达到平衡，所以多相反应的速率主要由化学反应和扩散决定。当以扩散为控制步骤时，称多相反应处于扩散区；以化学反应为控制步骤时，称反应处于动力学区；当扩散和化学反应两者都对多相反应速率影响很大时，叫作混合控制或中间控制，此种情形称为过渡区。

一般多相反应的控制步骤可以用活化能和温度系数的大小进行初步判别。

单位时间内物质的传递数量或扩散通过某界面的量，可以用菲克扩散定律来讨论，扩散速度与扩散系数、界面积、浓度差和扩散距离有关，用下式表示：

$$\frac{dn}{dt} = \frac{D_i A}{\delta}(c - c_S) \tag{4-12}$$

式中，D_i 是 i 离子的扩散系数；A 为表面积；δ 为扩散层厚度；c 是反应物在溶液中的浓度；c_S 是反应物在固体表面的浓度。

① 如果反应速度比浸取剂离子扩散速度快，$c_S = 0$ 属扩散控制；

$$v = \frac{dn}{dt} = \frac{DA}{\delta}c = k_1 A c \tag{4-13}$$

② 化学反应速度比扩散速度慢时，属化学反应控制：

$$v = k_2 A c_S^n \tag{4-14}$$

③ 如果化学反应速度和扩散速度大小相近，属混合控制：

$$v = k_1 A(c - c_S) = k_2 A c_S^n \tag{4-15}$$

令 $n = 1$，则：$c_S = \dfrac{k_1}{k_1 + k_2}c$

将 c_S 代入上述任一公式得：

$$v = k_2 A c_S = k_2 A \frac{k_1}{k_1 + k_2} c = \frac{k_1 k_2}{k_1 + k_2} Ac = KAc \tag{4-16}$$

如 $k_1 \ll k_2$，属扩散控制：

$$v = k_1 Ac = \frac{D}{\delta} Ac \tag{4-17}$$

当 $k_1 \gg k_2$ 时，属于化学反应控制：

$$v = k_2 Ac \tag{4-18}$$

4.2.2.2 多相反应的类型与反应过程

溶解和浸取反应是一种固液多相反应，虽然有的反应有气体参与，但气体是先溶解于水溶液中，然后参与反应，所以实质上仍是液固反应。溶解与浸取中的液固反应有很多种，但可归为两种类型。

（1）未反应核收缩模型

生成物可溶于水，固相的大小随反应时间而减小直至完全消失。大部分形成可溶产物的溶解反应都属于这种类型，反应式可表示为：

$$A(s) + B(aq) = P(aq)$$

例如： $$2H^+(aq) + CuO(s) \rightleftharpoons Cu^{2+}(aq) + H_2O(l)$$

这种反应过程由下列步骤完成：

① 反应物 B 的水溶物种（离子或分子）由溶液本体扩散穿过边界层进入到固体反应物的表面上，这是外扩散；反应物水溶物种通过固体反应物 A 的孔穴、裂隙向 A 的内部扩散，称为内扩散；

② B(s)在 A 表面上被吸附；

③ 吸附的 B 与 A 在表面上发生化学反应，生成的产物 P 仍然被吸附在表面上；

④ 生成物 P 从表面脱附；

⑤ 生成物 P 从表面反扩散到溶液本体。

（2）粒径不变的未反应核收缩模型

生成物为固态，并附着在未反应矿物核上。假设反应物与产物的密度相近，它们的总体积几乎不变，因此，整个颗粒的大小不变，只是成分在由表及里逐渐变化。里面是未反应的核，外面是产物形成的固膜。随反应的进行，未反应核不断收缩，包覆的膜越来越厚。如白钨矿的酸法分解反应：

$$CaWO_4(s) + 2H^+(aq) \longrightarrow H_2WO_4(s) + Ca^{2+}(aq)$$

磷酸稀土与碱反应形成氢氧化稀土：

$$REPO_4(s) + 3NaOH \longrightarrow RE(OH)_3(s) + Na_3PO_4$$

　　属于该类型的另一类反应是固体反应物 A(s)分散嵌布在不反应的脉石基体中，溶解时粒子大小基本不变，但未被浸取的区域或核在收缩，也可看成是粒径不变的未反应核收缩模型。例如：离子吸附型稀土和铀的溶浸采矿，有价元素分布在整个矿块或矿粒上。浸出时，稀土或铀被溶出，但矿物粒子的大小不变。只是含稀土和铀的区域在慢慢减小。基体矿物都具有孔隙或裂缝的，浸取剂在表面和孔隙里都可以与被浸物反应而被浸取。

　　固体反应物中某一组分被选择性溶解，但仍有组或大部分组分不被溶解也属于这种类型，如钛铁矿的酸浸取反应：

$$FeO \cdot TiO_2(s) + 2H^+(aq) \longrightarrow TiO_2(s) + Fe^{2+}(aq) + H_2O(l)$$

　　还有许多从植物和草药中浸取有效成分也属于这种情况。

4.2.2.3　粒径不变的未反应核收缩模型的动力学

　　两种模型的相同点都是未反应核收缩。这个收缩过程中矿粒直径的减小与浸取率（或分数）直接相关。而在实际的研究过程中，我们可以测定在不同时间下的浸取率，利用浸取率与核收缩的关系，可以推导出浸取率与时间的关系，这就是浸取反应动力学方程。两种浸取模式的区别在于粒径不变的未反应核收缩模型中有一个往往是比较慢的内扩散过程。所以对这一模型的动力学研究更多。假设在一个致密球形粒子中进行液固相反应：

$$A(l) + bB(s) \longrightarrow rR(l) + qQ(s) \tag{4-19}$$

　　如图 4-1 所示，反应进行时，生成物 Q 构成了新的固体外壳，中心部分是未反应的固相 B，设想这两者的边界上有一个无厚度的界面存在，则可认为反应就发生在这个界面上。反应一般包括以下步骤：

① 液体反应物 A 通过液膜扩散到固体表面；
② A 通过灰层（固体产物层）扩散到未反应核的表面；
③ A 与固相 B 在表面上进行反应；
④ 生成的液相产物 R 通过灰层扩散到粒子表面；
⑤ 生成的液相产物 R 通过液膜扩散到溶液本体中。

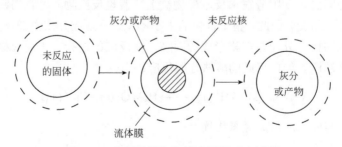

图 4-1　形成固体产物的液固相反应过程

上述五个步骤中的任何一个阻力最大时就成为整个链条的控制环节。如液膜扩散、化学反应、灰层扩散均有可能成为控制步骤。当各部分共同控制时，则有一个综合反应速率。该过程可以概括为"三个控制，五个步骤"。

根据各个控制过程的特点，推导出了浸取过程的浸取率或分解分数与浸取时间的关系。在浸取剂过量或浸取剂浓度变化不大时，分别为：

（1）外扩散速率控制

$$1-(1-\eta)^{1/F_p}=k_1t \text{ 或 } 1-(1-\eta)^{1/3}=k_1t \text{ （球形和立方体）} \tag{4-20}$$

式中，F_p 为粒子的形状系数，F_p 值对于球形颗粒和立方体等三维方向等长的粒子为 3，对于长的圆柱体为 2～3，对于平板为 1。

外扩散过程的特征是：符合式(4-20)的线性关系，但不能单独作为判定其是否属于外扩散控制的依据，因为后面所给出的化学反应控制的浸取过程也有类似的线性关系，只是其斜率不同，与浸取剂分子扩散系数相关。表观活化能较小，为 4～12kJ/mol，加快搅拌和提高反应物浓度可以显著提高浸取速率。因此，较快搅拌、提高浓度和提高温度都可以提高浸取速率。

（2）通过固膜的内扩散速率控制

$$1-\frac{2}{3}\eta-(1-\eta)^{2/3}=k_2t \tag{4-21}$$

内扩散控制过程的特征为：符合式(4-21)的线性关系，可以直接由这一关系来首先确定；表观活化能小，为 4～12kJ/mol。但活化能小不能单独作为判据来确定是否属于内扩散控制，因为前面的外扩散控制过程的活化能也小。与外扩散类似，原矿粒度对浸取速率的影响大，搅拌强度对浸出的影响小。其动力学方程的复合程度好，可以方便判定。

（3）化学反应速率控制

$$1-(1-\eta)^{1/F_p}=kt \text{ 或 } 1-(1-\eta)^{1/3}=kt \text{ （球形和立方体）} \tag{4-22}$$

化学反应控制步骤的特征：对于颗粒均匀，且浸取剂浓度大，可视为不变的情况，符合式（4-22）的关系。但与外扩散类似，不能单独判定。温度升高对浸取速率的提高明显，利用不同温度下的线性关系求出 k 值，根据不同温度下的 k 值，可以计算反应活化能，其值一般高于 40kJ/mol；反应速率与浸取剂浓度的 n 次方成正比；而搅拌对浸取速率影响小。因此，对于化学反应控制的浸取过程，提高浸取温度和浸取剂浓度能够显著提高浸取速率。

（4）综合反应速率控制

当某两个步骤的阻力大体相近且远大于其他步骤时，则属于两者混合控制的浸取过程。例如：当化学反应速率与外扩散速率在同一数量级，且不存在固膜层时，则为化学反应和外扩散混合控制。经推导，其动力学方程为：

$$1-(1-\eta)^{1/3} = \frac{k_1 k}{k + k_1} \frac{c_0 M}{r_0 \rho} t \qquad (4\text{-}23)$$

式中，k 为化学反应速率常数；k_1 为外扩散控制反应速率常数。当化学反应速率常数 k 大大大于外扩散的速率常数 k_1 时，则由外扩散控制：

$$1-(1-\eta)^{1/3} = k_1 \frac{c_0 M}{r_0 \rho} t \qquad (4\text{-}24)$$

当化学反应速率常数 k 大大小于外扩散的速率常数 k_1 时，则由化学反应控制：

$$1-(1-\eta)^{1/3} = k \frac{c_0 M}{r_0 \rho} t \qquad (4\text{-}25)$$

4.2.2.4　浸取过程控制步骤的判别

（1）改变搅拌强度法

当总速度为外扩散控制时，搅拌可以降低扩散层厚度，加快传质速度。此时，随着搅拌强度的增加，浸取速度开始增加较快，而后缓慢。因为到后面随着搅拌强度的继续增加，膜厚的减小已不明显，浸取速度已经很快了，继续增大搅拌强度对浸取速率的贡献也不明显。而温度也能改变传质速度。它们之间的贡献有所不同。当浸取速度受内扩散控制时，由于搅拌对内扩散的改善不明显，所以，搅拌对提高浸取速度的贡献也不明显。这后一种情况多数与生成固体产物膜的情况相关，使内扩散成为速度控制步骤，要提高浸取速度，需要破坏形成的固膜，采用球磨就是一种很好的方法。

（2）改变温度法

温度或浓度的改变都可能改变反应机理。例如，化学反应速度和扩散速度都受温度的影响，但扩散速度的温度系数小，温度每升高 1℃，扩散速度增加 1%～3%，而化学反应速度约增加 10%。有许多反应，低温时化学反应速度慢，反应处于动力学区；高温时，反应速度显著增加，但扩散速度增加不多，因此反应处于扩散区；中间温度处于过渡区。图 4-2 是 $\lg k$ 与 $1/T$ 的关系，AB 为扩散区，CD 为动力学区，BC 为过渡区。

测出不同温度下的反应速率常数，利用阿累尼乌斯方程式，可以求出反应的活化能。

（3）改变浓度法

当溶剂浓度增加时，反应过程可由扩散控制转变为化学反应控制。浓度低时，扩散速度小，扩散为控制步骤。浓度增大后，当扩散速度增加到超过

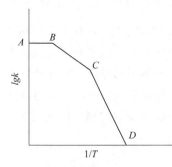

图 4-2　多相反应速度的
不同区域与温度的关系

化学反应速度时，过程转化为化学反应控制。

（4）尝试法

基于不同的速率控制步骤对应于不同的速率方程，通过实验，将实验数据代入各方程，进行线性相关。找出相关性最好的方程，即可确定实际的浸取过程属于哪个步骤控制。例如：对于固膜扩散控制的浸取过程，则函数 $1-\frac{2}{3}\eta-(1-\eta)^{2/3}$ 与时间 t 成直线关系，且直线通过原点。那么由实验测定的不同时间下的浸取率代入上式计算，并作图，若为直线关系，则证明是固膜内扩散控制的浸取过程。若为化学反应控制，则函数 $1-(1-\eta)^{1/3}$ 与时间 t 成线性关系，同样，根据实验数据，以 $1-(1-\eta)^{1/3}$ 对 t 作图，若为线性关系，则为化学反应控制的浸出过程。例如，根据搅拌槽中盐酸分解白钨精矿的实验，得到不同反应时间下的浸取率或分解分数。计算出 $1-(1-\eta)^{1/3}$ 和 $1-\frac{2}{3}\eta-(1-\eta)^{2/3}$，分别将它们对时间作图，得到两条曲线。结果表明：前者为弯曲的曲线，而后者为直线，且通过原点。因此，确定了该浸取过程为固膜内扩散控制的过程。

4.3 溶解与浸取分离

4.3.1 水溶解反应与水浸取

水溶解反应与水浸取是最简单的一种浸取方式。自然界表层存在的矿石都是水不溶的，在地下存在一些可溶性盐矿，它们的开采也经常采用注水溶解抽取的方法。通常很少用于原矿的有价成分的浸取，而大多数是用于经过特殊处理矿石的浸取。有的是浸取有价成分，有的是浸取主要杂质。例如：

可溶性硫酸盐的水溶解浸取：

$$MeSO_4(s) + aq \longrightarrow MeSO_4(aq)$$

白钨矿烧碱焙烧后的钨酸钠的浸取：

$$CaWO_4 + 2NaOH = Na_2WO_4 + Ca(OH)_2$$
$$Na_2WO_4(s) + aq = Na_2WO_4(aq)$$

锆铪矿烧碱焙烧后二氧化硅的浸取：

$$Zr(Hf)(SiO_3)_2 + 4NaOH = 2Na_2SiO_3 + Zr(Hf)(OH)_4$$
$$Na_2SiO_3(s) + aq = Na_2SiO_3(aq)$$

磷酸盐和碳酸盐矿的硫酸高温煅烧矿的水浸取：例如包头白云鄂博的稀土矿为独居石和氟碳酸盐矿，用浓硫酸高温焙烧，使磷酸盐和碳酸盐均转化为可溶于水的硫酸盐。用水浸取即可把稀土浸取出来。决定水溶解反应的快慢和效率的因素主要是被浸取物在水中的溶解度。因此，物质的溶解度曲线（溶解度及其随温度的变化关系）是讨论影响水浸取效率的基础。

（1）液固比

液固比是影响效率的主要因素，一般来说液固比大，浸取的浓度就低，被浸取的成分进入溶液的速度就快，浸取率也高。因此，实际的浸取液固比要依据溶解效率与后处理成本来综合考虑。为了避免浸取液过稀，也可以采用逆向多级浸取，以维持高浓度高浸取率的浸取。

（2）温度

温度是影响水溶解反应与水浸取的另一主要因素，温度高能加快浸取速度。不同的物质的溶解度随温度的变化关系是不同的，所以，采取升温还是冷却还需要由溶解度随温度的变化关系来定。对大部分物质来说，温度升高，溶解度增大，而提高温度不仅能增大物质的溶解度，提高浸取效率，也会提高浸取速度。所以，对于溶解度大的物质，一般习惯于在常温下进行，因为加热要消耗能量。对于溶解度小的物质，加热是必需的。

还有一些物质，其溶解度随温度升高而降低。例如，稀土硫酸盐的溶解度就是随温度升高而下降的。所以包头稀土矿的硫酸焙烧矿用水浸取时需要用冷水。但有时温度下降又会降低扩散速度。所以，合适的温度需要通过实验和企业条件来选择。

4.3.2 电解质离子交换浸取

自然界一些矿物质以弱键或离子形态吸附金属或非金属离子，如海泡石、膨润土、白土、蛭石和高岭石等。这些被吸附的离子能被电解质溶液所交换而浸取。离子吸附型稀土是这类矿石的一个代表。

4.3.2.1 离子吸附型稀土的特征

离子吸附型稀土资源中的稀土主要以水合或羟基水合阳离子形式被吸附在黏土矿物上。由于稀土是以水合离子状态存在的，因此采用常规的物理选矿方法不能富集回收稀土，需要采用离子交换方法进行提取。电解质可浸出部分稀土约占稀土元素总量的90%。吸附稀土的黏土矿物主要是比表面积大的矿粒以及层状结构的硅酸盐矿物。而它们的取代结构吸附活性中心对阳离子的吸附能力大于断面余键吸附活性中心。稀土在黏土矿物上的吸附受液相的 pH 值控制，pH 值升高，黏土矿物对稀土的吸附能力增加，浸取率降低。

4.3.2.2 离子吸附型稀土的浸取

（1）浸取试剂

由于离子吸附型稀土矿所含的稀土元素有90%以上是离子相，并且以阳离子状态吸附于高岭石等硅酸盐矿物上，它能在矿物不受破坏条件下，于常温常压下与强电解质离子发生交换反应，且反应可逆。

$$[Al_2Si_2O_5(OH)_4]_m nRE + 3nMe^+ \rightleftharpoons [Al_2Si_2O_5(OH)_4]_m 3nMe + nRE^{3+}$$

作为交换的阳离子可以是 H^+、NH_4^+、Na^+、K^+，以及一些二价和三价的金属盐及其配位化合物。研究结果证明：不同盐类浸取试剂对稀土离子交换浸出的能力或效果主要由阳离子决定，也与阴离子有关。对于无机盐类，在离子本身不水解沉淀的前提下，离子价态越高对稀土的交换能力越强。例如：常见的一些廉价的阳离子电解质有以下次序：

$$Al^{3+} > Fe^{3+} > Ca^{2+} > Mg^{2+} > NH_4^+ > K^+ > Na^+$$

在阳离子相同的情况下，不同阴离子的电解质对稀土的浸出能力也不一样。例如，对于无机铵盐来讲，硫酸盐的浸取能力要大大高于氯化物和硝酸盐。

上述交换浸出次序可以用水化理论来解释，即在相同电荷的情况下，裸离子的半径越小，水合离子的半径越大。而水合离子的电荷密度或离子势是决定其浸取能力的关键因素。因此，水合离子半径越小的离子越容易交换出稀土离子，因此，对于一价的阳离子有：$NH_4^+ > K^+ > Na^+$。

而对于不同价态的离子，由于价态高，其电荷密度越高，交换浸出稀土的能力也越强，所以有：$Al^{3+} > Mg^{2+} > NH_4^+$。

（2）浸取剂的选择与工业应用

用于离子吸附型稀土浸取的化学试剂很多，但从工业应用的要求出发，可以从成本、效率及其与后续冶炼技术的相互协调关系等多方面因素来考虑。

从离子吸附型稀土浸出液中回收稀土最简单的方法是沉淀法。因此，浸取剂的选择需要与沉淀的要求相匹配。已经在离子吸附型矿山得到广泛应用的浸取剂是一价离子的无机盐，包括硫酸铵、氯化铵、氯化钠等。早期用于工业提取的浸取剂是氯化钠，沉淀剂是草酸。这是该类资源开发早期由赣州有色冶金研究所提出并推广到矿山应用的。在用 NaCl 作淋洗剂，用草酸作沉淀剂时，由于草酸稀土钠复盐的形成，大量的 Na 共沉淀进入沉淀，煅烧后所得氧化稀土的纯度不高，必须经过再次洗涤才能提高纯度，达到产品质量要求。而且，氯化钠浸取时，由于浸取能力不足（在一价离子中是最差的），所以所需的浓度高，对环境的影响大，造成土壤盐碱化。只是由于盐的价格低，供应充足才选其作为工业浸矿剂。南昌大学（原江西大学）针对氯化钠浸取的上述不足，研究提出了以硫酸铵作为浸取剂的工业生产技术。由于铵的浸取能力大于钠，硫酸根的浸取能力大于氯，所以，在相同的较低浓度的电解质溶液中，硫酸铵对离子吸附型稀土的浸取能力比氯化钠要高得多。所需硫酸铵的浓度只需 1%～3%，比用氯化钠时的 7%～9%低很多。残留在尾矿中的电解质浓度低，对环境的影响小，而且可以利用硫酸铵的化肥功能，促进尾矿的植物恢复。与此同时，在用草酸沉淀时，草酸稀土复盐的形成量少，而且形成的部分草酸稀土铵复盐也能在煅烧时破坏掉而不至于残留在产品中。因此，一次煅烧后的氧化稀土便能达到要求，缩短了流程，减少了废水排放。该工艺流程在 20 世纪 80 年代初研究成功并推广到工业生产上，取得了非常显著的经济和社会效益，成为矿山至今一直广泛应用的浸取剂。

在完成硫酸铵浸取稀土新工艺的研究之后，南昌大学又研究开发了以碳酸氢铵代替草酸沉淀稀土的新技术，推出了硫酸铵浸取-碳酸氢铵沉淀法提取稀土的新流程。这是目前各矿山仍然广泛采用的生产技术。

（3）影响稀土浸取效率的因素

① 淋洗剂（电解质）：上面已经讨论了浸取剂的类型对稀土浸取率的影响，并且已经把一价阳离子电解质作为工业用浸取剂提出了成熟的工业生产技术。上面也已经提到，阳离子价态的提高对稀土的浸取是有利的。各电解质浸取稀土的平衡研究和热力学参数测定结果表明：一价阳离子电解质对稀土离子交换反应的自由能变化为很小的一个正值。也就是说，在阳离子浓度相等的条件下，一价阳离子对稀土的交换反应不是自发的。铵离子对稀土的交换浸取得益于铵离子的浓度效应，也就是说，提高浸取剂的浓度，使反应的自由能成为负值，交换才能发生。可以预期，提高浸取剂电解质阳离子的价态，可以使交换反应成为自发的反应。例如：用铝离子代替铵离子来交换稀土就是一个自发的过程，只需较低浓度的硫酸铝就能够很好地把稀土交换浸取出来。这是最近研究提出的希望在今后几年能够实现工业化应用的高效新型浸取剂。当然，采用硫酸铝作浸取剂还需要解决浸出液中稀土的提取技术问题。由于大量铝的存在，采用原来的碳酸氢铵沉淀法和草酸沉淀法都是不合适的。为此，我们还发展了以伯胺类萃取剂来萃取分离稀土与铝，并使硫酸铝能够循环浸矿的多套分离流程。

② 淋洗浓度与固液比：主要体现浸取剂的用量问题。在合适的浸取剂浓度下，采用柱上浸取时的液固比一般为1，另加比例为0.15~0.2的顶补水。太大的液固比不仅浸取时间长，而且会造成淋出液稀土浓度低，后处理成本高；过小的液固比会使淋洗不完全，稀土回收率低。

③ 淋洗pH：淋洗液的pH一般控制在4~7之间，pH过高，稀土容易生成沉淀而导致其淋洗效率降低；pH过低，则杂质的淋出量太多，对产品质量有很大影响。采用上述pH范围的电解质一般是一价和二价阳离子的电解质溶液，由于矿体中的黏土矿物上也有可交换态的氢离子，因此，采用上述pH范围的电解质浸取时，浸出液的pH一般在4.5~5.5。对于部分矿体酸度高的矿山，浸出液的pH可以低于4，此时，有相当一部分的杂质也被浸出，其中最为主要的是铝的浸出。所以从这种浸出液中生产出来的稀土产品的氧化铝含量高。这也成为目前矿山的一大问题。要解决产品中铝含量超标的问题，一种方法控制浸取过程的pH，使铝尽量少浸出，这可以通过调节浸取剂溶液的pH来实现。一种很有效的办法是加入一些具有缓冲溶液pH的化合物，例如六亚甲基四胺和弱酸的盐。当然，单纯地通过控制pH使铝的浸出量减少也会使稀土的浸出率降低。此时，需要另外加入一些能够通过络合作用将稀土离子浸取出来的试剂。这部分工作最早是由江西省科学院完成的。而南昌大学的工作思路则不同，一个突出的贡献是在碳酸氢铵沉淀稀土的工业研究中提出了预处理除杂的技术，对于那些浸取的铝量不是太大的浸取液，这是一个非常有效的方法，也在矿山使用了几十年。另外一个工作是当前正在开展并已提出了解决方案的

与硫酸铝浸矿相结合的新工艺。由于上调浸取剂的 pH 值在一定程度上会降低稀土的浸取率，而且加入的一些试剂的种类和浓度范围还与原矿的性质相关，在实际应用上难以掌握。所以，既然一些原矿的酸度本身就不低，铝的浸出在所难免，笔者主张采取较低 pH 的溶液来浸取稀土以保证稀土的浸取率而不必在乎铝的浸出量多少，只要后面有可靠的萃取分离稀土与铝的技术，就能够保证最终产品中铝含量不超标，甚至可以做到很低，使稀土分离厂的分离压力减小。这一工作的基本流程和条件已经完成，萃取分离上也完成了工业化的实验研究。期望在近几年能够推广应用。这一技术的成功应用，将是离子吸附型稀土提取工业上的又一次技术变革。

④ 淋洗料层高度及时间：这与不同的浸矿方式有关，工业上采用过的浸取方式有池浸、堆浸和原地浸。不管哪种浸取方式，对矿层的高度以及浸取剂与矿层的接触时间都是有要求的。而且还与原矿的水渗透性、吸水性相关。在池浸时，一般一天一个循环（渗透性不好的矿山可以两天和三天一个循环），对于石英砂含量高、渗透性好的原矿，矿层要高些，一般 1~1.5m；而黏土含量高时，不易渗透，矿层可降低到 1m 左右，淋洗时间不少于 3h，否则淋洗率就低。堆浸和原地浸矿主要依矿的性质和场地来定，矿层一般较高，但矿层高与底面直径的比不一定大。浸取的时间更长，不是一两天，而是数月，甚至一两年。所以，原地浸矿时，由于矿层不均匀、水流不均匀，导致有些部位过度浸取而许多地方又交换不够，浸取剂的用量大（是池浸的 2~3 倍），浸出液的稀土离子平均浓度低。

（4）浸取离子吸附型稀土的动力学

离子吸附型稀土的浸取过程是一典型的液固多相离子交换反应。在浸出动力学研究中，离子吸附型黏土矿物可以看作一个球形粒子，且在浸取反应前后其颗粒大小变化不大。采用一价阳离子电解质溶液浸取时，不生成固体产物。稀土离子主要分布在颗粒表面，也有相当一部分渗入到颗粒内部的孔道中，其交换浸出过程对于颗粒表面离子可以分为 5 个阶段来描述，而对于颗粒内部的离子则可以用 7 个过程来描述，如图 4-3 所示。

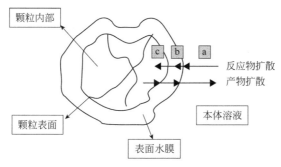

图 4-3　离子吸附型稀土交换浸出的扩散过程

a—溶液本体内的扩散迁移，对离子交换的影响不大；b—外扩散，即本体溶液中的离子通过颗粒表面水膜的扩散；c—内扩散，即从颗粒表面到其内部稀土离子所处位置的扩散

稀土的浸取过程从宏观方面分为浸取剂的内外扩散、两相界面反应和生成物的内外扩散等多个步骤。其浸出过程除了稀土矿石表面或颗粒孔内发生的化学反应外，相内或相间传质也可能影响浸取过程速率。因此，稀土浸出过程中的速率由以下三种基本速率控制步骤控制：扩散控制、化学反应控制和混合控制。通过研究稀土的浸出动力学来确定浸出过程的速率控制步骤，因此可以采取相应的浸出强化措施，以提高稀土浸取率，达到高效浸出稀土的目的。

研究结果证明，离子吸附型稀土浸出动力学是一个内扩散控制的动力学过程。粒子的大小对浸出过程速率的影响明显。近期，笔者报道了以低浓度的硫酸铵作浸取剂，以柱浸方式（柱子内径 20mm，用蠕动泵控制加液的速度为 8.69mL/min）浸取离子吸附型稀土的研究结果。实验液固比为 20∶1，固体样品 10g，浸取液 200mL。在预先设定的时间点取样，偶氮砷（Ⅲ）分光光度法测定浸取液中的稀土含量，计算每个时间点的浸取率 η（浸出量与矿中稀土含量的比值）。按照上面的讨论，可以把黏土颗粒看作球形粒子，浸取过程可以用未反应芯收缩模型来描述。将所得的不同时间的浸取率分别代入式（4-20）、式（4-21）、式（4-22）、式（4-23）中计算出左边项的值，再以这些值对时间作图，以线性关系最好的（线性相关系数越接近 1）作为实际的动力学方程。

图 4-4 所示是低浓度（0.1%～0.3%）硫酸铵柱上淋洗离子吸附型稀土（100～200目矿样 10g）的流出曲线。结果表明，所有淋洗曲线均为拖尾严重的不对称流出峰。随着硫酸铵浓度的提高，起始流出液的稀土浓度急剧提高，拖尾减小。这是因为黏土矿物对稀土离子的吸附等温线为优惠型等温线，在低浓度条件下黏土矿物对稀土的吸附仍然很有效。所以，其流出曲线呈现拖尾型。图 4-4 也画出了 $1-\dfrac{2}{3}\eta-(1-\eta)^{\frac{2}{3}}$

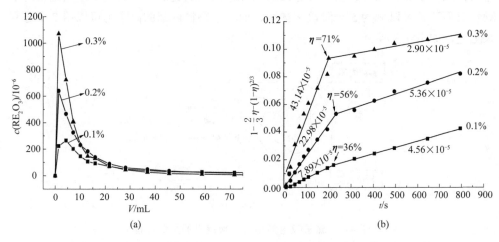

图 4-4 硫酸铵溶液淋洗交换离子吸附型稀土的淋洗曲线及 $1-\dfrac{2}{3}\eta-(1-\eta)^{2/3}$ -t 关系图

与 t 的关系曲线。三条曲线均表现出两阶段的直线关系，所得直线的线性相关系数均大于 0.995。第一阶段的直线斜率大，且随硫酸铵浓度的增大而显著增大，其 k 值（$\times 10^{-5}\text{s}^{-1}$）分别为 7.89、22.98、43.14。第二阶段的斜率值小，k 值（$\times 10^{-5}\text{s}^{-1}$）分别为 4.56、5.36、2.90，随硫酸铵浓度的增大表现出先增大而后降低的趋势。与此同时，随着硫酸铵溶液的浓度升高，两段曲线的斜率差异变大。

这些直线关系证明浸取过程属于内扩散控制的动力学过程。而且随着浸取剂浓度的提高，两阶段浸取特征差异也越明显。浓度的提高可显著加快稀土离子的浸取速率，尤其是第一阶段的浸取。因为较高的浸取液浓度更容易通过扩散到达稀土离子吸附位点，加快与稀土离子的交换过程。而对于第二阶段的浸出，三个浓度下的直线斜率差异不大，且远小于第一阶段的直线斜率。在很低的浓度下，两阶段直线的斜率差别不大，其分阶段的浸取特征不明显。这些结果比田君等采用三颈瓶法所得的浸取动力学研究结果更精细或有所不同，尽管都认为浸取过程属于固膜扩散控制。也与李婷采用混合铵盐过柱方式对离子吸附型稀土矿浸取动力学的研究结果不同，他们认为在硫酸铵浓度低于 2.5% 时不符合内外扩散模型。图 4-4 的两段式拟合结果表明：低浓度硫酸铵淋洗时的脱附反应过程仍然受内扩散控制，只是不能用单一的直线关系来关联。对两阶段拟合结果，一种解释是对应于两种不同吸附特征的稀土离子，或者说对应于黏土矿物表面不同吸附位点上的稀土离子。这两种位点上稀土离子所占的比例与矿物的结构相关，而与浸矿剂浓度无关。另一种解释是对应于稀土离子处于黏土矿物的表面和内层，其中外层的稀土离子含量高，解吸速度快，而内层的稀土离子含量低，解吸速度慢。而这种内外之别又与硫酸铵的浓度相关，随硫酸铵浓度的增大，浸矿剂深入矿粒内部的能力强，所涉及的表面层厚度增大，第一阶段浸出的稀土比例会更高。图 4-4 中同时标示了两直线交点位置的稀土浸出率值，是随浸矿剂浓度的增大而增大的，说明第二种解释更为合理一些。

4.3.3　酸溶解反应与酸浸取

难溶化合物主要是一些金属离子的弱酸盐及其氧化物、氢氧化物。它们与酸反应，能够形成弱酸而使溶解反应正向进行。最常用的浸出剂有硫酸、盐酸、硝酸，有时也用氢氟酸、亚硫酸、王水等。

4.3.3.1　金属氧化物、氢氧化物的酸浸取

金属氧化物和氢氧化物的酸溶解反应及其平衡常数可以表示为：

$$\text{MeO} + 2\text{H}^+ =\!\!= \text{Me}^{2+} + \text{H}_2\text{O} \qquad (4\text{-}26)$$

$$\text{Me(OH)}_x + x\text{H}^+ =\!\!= \text{Me}^{x+} + x\text{H}_2\text{O} \qquad (4\text{-}27)$$

$$K = \frac{c(\text{Me}^{x+})}{c^x(\text{H}^+)} = \frac{K_{\text{sp Me(OH)}_x}}{K_{\text{w}}^x} \qquad (4\text{-}28)$$

对于氢氧化物来说，K 值与水的离子积常数 K_{w} 的 x 次方成反比，只要金属氢氧

化物的溶度积常数不是太小，这个 K 值就是正值，说明溶解反应就能进行。如：

$$Fe(OH)_2 + 2H^+ \rightleftharpoons Fe^{2+} + 2H_2O \qquad K_{sp}[Fe(OH)_2] = 1.64 \times 10^{-14}$$

$$Fe(OH)_3 + 3H^+ \rightleftharpoons Fe^{3+} + 3H_2O \qquad K_{sp}[Fe(OH)_3] = 4.0 \times 10^{-38}$$

$$K = \frac{K_{spFe(OH)_2}}{K_w^2} = \frac{1.64 \times 10^{-14}}{(1 \times 10^{-14})^2} = 1.64 \times 10^{14}$$

$$K = \frac{K_{spFe(OH)_3}}{K_w^3} = \frac{4.0 \times 10^{-38}}{(1 \times 10^{-14})^3} = 4.0 \times 10^4$$

三价铁氢氧化物比二价铁氢氧化物 K 值要小得多，说明三价铁氢氧化物比二价铁氢氧化物难溶，与氧化物相同。

定义当 Me^{2+} 的活度为 1（标准态所对应的浓度）时所对应的 pH 为 $pH^{\ominus}$；则 $pH^{\ominus}$ 越大，所对应的氧化物越容易被酸浸取；对于氧化物来说，当溶液的 pH 值小于平衡 $pH^{\ominus}$ 值时，氧化物就能被溶解；$pH^{\ominus}$ 越小，氧化物越难被酸浸取。表 4-2 列出了一些金属氧化物在不同温度下的 $pH^{\ominus}$。表中数据表明：MnO、ZnO、FeO 等在较低的酸度下即能被浸取；Fe_2O_3、Ga_2O_3 等难被酸浸取。对多价金属的氧化物而言，其低价氧化物易被浸取，高价氧化物则相对较难被浸取。如 Fe_2O_3 则远比 FeO 难浸取。表 4-2 的数据还表明：对所有氧化物而言，温度升高，$pH^{\ominus}$ 降低。因此，从热力学角度来看，温度升高对浸取过程是不利的；从动力学角度来看，温度升高对浸出过程有利。在实际浸取过程中，需兼顾两方面的影响，并考虑成本和浸取率，选择合适的浸取温度。

表 4-2　一些金属氧化物在不同温度下的 $pH^{\ominus}$

T/K	MnO	CdO	CoO	FeO	NiO	ZnO	CuO	In_2O_3	Fe_3O_4	Ga_2O_3	Fe_2O_3	SnO_2
298	8.98	8.69	7.51	6.8	6.06	5.80	3.95	2.52	0.89	0.74	−0.24	−2.1
373	6.79	6.78	5.58	—	3.16	4.35	3.55	0.97	0.04	−0.43	−0.99	−2.90
473	—	—	3.89	—	2.58	2.88	1.78	−0.45	—	−1.41	−1.58	−3.55

4.3.3.2　碳酸盐的酸浸取

碳酸是一种弱酸，而且碳酸还容易放出二氧化碳使其脱离体系。因此，其盐很容易被较强的酸分解，放出气体二氧化碳。含有价金属的碳酸盐矿很多，利用这一特征可以将金属浸取。如碳酸铅的浸取，其浸取反应和平衡常数为：

$$PbCO_3 + 2H^+ \rightleftharpoons Pb^{2+} + CO_2 + H_2O \tag{4-29}$$

$$K = \frac{c(Pb^{2+})p_{CO_2}}{c^2(H^+)} = \frac{c(Pb^{2+})p_{CO_2}}{c^2(H^+)} \times \frac{c(CO_3^{2-})}{c(CO_3^{2-})} = \frac{K_{sp}(PbCO_3)}{K_{a1}K_{a2}}p_{CO_2} \tag{4-30}$$

$$\frac{3.3 \times 10^{-14}}{4.3 \times 10^{-7} \times 5.6 \times 10^{-11}}p_{CO_2} = 1.37 \times 10^3 p_{CO_2}$$

从 K 值可以看出：碳酸铅矿是容易被酸浸取的。实质上，只要浸取酸比碳酸强就可以将碳酸盐的有价金属浸出。

4.3.3.3 硫化物的酸浸取

硫氢酸是一种很弱的酸，所以，一般硫化物盐很容易被较强的酸分解。但对溶解度极小的硫化物，单纯依赖氢离子也很难溶解。硫离子是一种软碱，它与一些软金属，尤其是容易极化的金属离子形成的硫化物溶解度很小。而一些硬金属（硬酸）的硫化物的溶解度就不小，容易被酸浸取。

$$H_2S \Longrightarrow 2H^+ + S^{2-} \qquad K_{a1} = 1.1 \times 10^{-7} \qquad K_{a2} = 1.3 \times 10^{-13}$$

$$MeS + 2H^+ \Longrightarrow Me^{2+} + H_2S$$

$$K = \frac{c(Me^{2+})c(H_2S)}{c^2(H^+)} = \frac{c(Me^{2+})c(H_2S)}{c^2(H^+)} \frac{c(S^{2-})}{c(S^{2-})} = \frac{K_{sp}(MeS)}{K_{a1}K_{a2}} = \frac{K_{sp}(MeS)}{1.4 \times 10^{-20}} \qquad (4\text{-}31)$$

从 K 值可以看出，如果金属硫化物的溶度积在 1.0×10^{-20} 左右，用酸即可溶解，如果溶度积太小，即使用强酸也难以溶解。

例如：要使 0.1mol FeS 完全溶于 1L 盐酸中，可以求出所需盐酸的最低浓度为 0.205mol/L。溶解总反应为：$FeS(s) + 2H^+ \Longrightarrow Fe^{2+} + H_2S$，$K_{sp}(FeS) = 6.3 \times 10^{-18}$，当 0.10mol FeS 完全溶于 1.0L 盐酸时，$c(Fe^{2+}) = 0.10mol/L$，硫化氢的饱和浓度 $c(H_2S) = 0.10mol/L$，根据：

$$K = \frac{c(Fe^{2+})c(H_2S)}{c^2(H^+)} \frac{c(S^{2-})}{c(S^{2-})} \frac{K_{sp}(FeS)}{K_{a1}(H_2S)K_{a2}(H_2S)}$$

$$c(H^+) = \sqrt{\frac{c(Fe^{2+})c(H_2S)K_{a1}(H_2S)K_{a2}(H_2S)}{K_{sp}(FeS)}}$$

$$= \sqrt{\frac{0.10 \times 0.10 \times 1.1 \times 10^{-7} \times 1.3 \times 10^{-13}}{6.3 \times 10^{-18}}} \, mol/L$$

$$= 4.8 \times 10^{-3} \, mol/L$$

所需盐酸的最初浓度为：$(0.0048+0.20)mol/L = 0.205mol/L$。类似地，若要使 0.1mol CuS 完全溶于 1L 盐酸中，所需盐酸的最低浓度需达到多少呢？根据溶解反应：$CuS(s) + 2H^+ \Longrightarrow Cu^{2+} + H_2S$ 和 $K_{sp}(CuS) = 6.3 \times 10^{-36}$，当 0.10mol CuS 完全溶于 1.0 L 盐酸时，$c(Cu^{2+}) = 0.10mol/L$，而硫化氢的饱和浓度 $c(H_2S) = 0.10mol/L$，则所需的氢离子浓度为：

$$c(H^+) = \sqrt{\frac{c(Cu^{2+})c(H_2S)K_{a1}(H_2S)K_{a2}(H_2S)}{K_{sp}(CuS)}}$$

$$= \sqrt{\frac{0.10 \times 0.10 \times 1.1 \times 10^{-7} \times 1.3 \times 10^{-13}}{6.3 \times 10^{-36}}} \, mol/L$$

$$= 4.8 \times 10^{-6} \, mol/L$$

这个浓度太高！证明单纯用酸是无法溶解硫化铜的，必须结合氧化还原或配位反应才能达到溶解的条件。

4.3.3.4 酸浸取剂

（1）硫酸

硫酸是弱氧化酸，由于它沸点高(330℃)，在常压下可以采用较高的浸取温度，所以能强化浸出过程。设备防腐也较易解决，是处理氧化矿的主要溶剂。也能溶解碳酸盐、磷酸盐和硫化物等，是浸取过程应用最广的溶剂之一。

$$MeO + H_2SO_4 \Longrightarrow MeSO_4 + H_2O \qquad (4-32)$$

$$MeS + H_2SO_4 + \frac{1}{2}O_2 \Longrightarrow MeSO_4 + H_2O + S \qquad (4-33)$$

（2）硝酸

硝酸本身是强氧化剂，反应能力强；但易挥发，价格贵，一般不单独采用硝酸作纯酸的浸取剂。通常仅作氧化性浸取剂使用。

（3）盐酸

盐酸能与金属、金属氧化物、金属碳酸盐、碱类及某些金属硫化物作用生成可溶性的金属氯化物，应用较为普遍，最成功的应用是钴渣和镍冰铜的盐酸浸取。

① 钴渣的浸取：钴渣中的镍、钴均以高价氢氧化物存在，在盐酸浸取时可视为氧化剂，主要的浸取反应如下：

$$2Co(OH)_3 + 6HCl \Longrightarrow 2CoCl_2 + 6H_2O + Cl_2 \qquad (4-34)$$

$$2Ni(OH)_3 + 6HCl \Longrightarrow 2NiCl_2 + 6H_2O + Cl_2 \qquad (4-35)$$

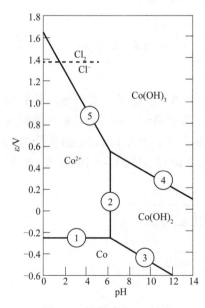

图 4-5 钴的电位-pH 图

在讨论钴的浸取时，我们可以用前面提到的电位-pH 图，如图 4-5 所示。从图 4-5 的氧化还原电位可以看出，欲使 $Co(OH)_3$ 还原为 Co^{2+} 必须控制电位低于 $1.37V$ (E_{Cl_2/Cl^-})，此时的 pH 必须低于 2。

② 镍冰铜的盐酸浸取：镍冰铜中镍的盐酸浸取反应为：

$$Ni_3S_2 + 6HCl \Longrightarrow 3NiCl_2 + 2H_2S\uparrow + H_2\uparrow \qquad (4-36)$$

不同的金属硫化物酸浸时所要求的 pH 值不同，对反应：

$$MeS + 2H^+ \Longrightarrow Me^{2+} + H_2S\uparrow \qquad (4-37)$$

FeS、Ni_3S_2、CoS 的平衡 pH 较高，可以用简单酸浸法浸取。Cu_2S 的平衡 pH 较负，难以用简单的酸浸取。所以盐酸浸取能使镍冰铜中的 Ni、Co 与 Cu 分离。氯化镍的溶解度随酸浓度增大而降低，可以用增加盐酸浓度的方法使氯化镍沉淀回收。在一定的盐酸浓度下，溶液中的杂质钴、铁等能与Cl⁻配合成配阴离子（$CoCl_4^{2-}$、$FeCl_4^-$），但镍不能生成络阴离子，因而可以用萃取法分离钴、铁等杂质。工业上用盐酸浸出钴渣得到的浸取液可用N235或P507等萃取剂分离镍、钴。

（4）氢氟酸

氢氟酸作为酸来浸矿很少采用，一般用作配位剂来应用，如铌、钽矿用氢氟酸和硫酸浸取。

（5）王水

用于处理铂族金属精矿，此时铂（Pt）、钯（Pd）、金（Au）转变为氯络酸，而氯化银和其他金属铑（Rh）、铱（Ir）、锇（Os）、钌（Ru）等进入残渣。

4.3.3.5 加压酸浸

加压酸浸用于处理铜、镍、钴的硫化物和金属可以大大提高浸取效率。有两种类型的工艺：一种是常压+加压浸取；另一种是两段加压浸取。常压下镍和铜在含氧的硫酸中能够生成镍和铜的硫酸盐，生成的硫酸铜能够进一步溶解镍和钴，并与Ni_3S_2发生反应：

$$Ni_3S_2 + 2CuSO_4 == 2NiSO_4 + NiS + Cu_2S$$

常压下，铁溶解生成硫酸亚铁，有氧气时形成硫酸铁，在pH大于2时形成氢氧化铁沉淀。

常压时，镍、钴只能部分被浸取，但生成比较纯的镍、钴硫酸盐；在加压条件下，硫酸铜与硫化镍反应使镍、钴能完全浸取，而铜进入硫化物，可以与钴、镍分离。

锌精矿的加压酸浸取与上面的类似。早期的锌浸取经历了焙烧氧化再酸浸两步。但在加压条件下，硫化锌可以在氧气存在下与硫酸反应生成硫酸盐和硫，而伴生的黄铁矿直接氧化成硫酸盐。该法的效率高、适应性好，在经济和环保上都有竞争力。

$$ZnS + H_2SO_4 + \frac{1}{2}O_2 == ZnSO_4 + H_2O + S$$

各种硫化物按上述反应的浸取次序为：

$$FeS > NiS > ZnS > CuFeS_2$$

上述反应在氧不足时进行得慢。而在加压下的氧充分，这些反应进行得彻底。在加压下，铁闪锌矿、磁黄铁矿和黄铁矿都能很好地被浸取。浸取在温度423K，氧分压700kPa，浸取1h，锌的提取率可达98%以上，硫的总回收率88%以上。经过浮选和热过滤，可以得到99.9%以上的元素硫副产品。

4.3.4 碱溶解反应与碱浸取

4.3.4.1 碱性浸取的矿物特性

① 矿石中的某些氧化物、硫化物和硫酸盐能够与碳酸盐溶液作用。硫化物在

有氧化剂时被氧化,并与碳酸钠和碳酸氢钠等碳酸盐作用。磷、钒化合物可被 Na_2CO_3 溶液分解;呈氧化态的 Cu、As 等也能与 Na_2CO_3 反应。

② 矿石中的硅酸盐和碳酸盐不与碱性溶液作用。氧化硅、氧化铁、氧化铝在碳酸钠溶液中一般很稳定,但在较高温度和压力下也可能发生反应。因此,对于低品位氧化矿,当含有较多碱性脉石矿物时,用酸浸出很不经济,而应用碱浸则比较经济。

③ NaOH 能直接用于浸取方铅矿、闪锌矿、铝土矿、菱锰铁矿、白钨矿和独居石等。特别是高品位矿石,比硫酸溶液浸取更能获得较纯净的浸出液。

④ Cu、Co、Zn、Ni 等由于能与氨形成稳定配合物而易于溶解在氨液中,因此常压氨浸出法成为处理金属铜和氧化铜的有效方法。As、Sb、Sn、Hg 的硫化物能与 NaS 作用生成可溶性的硫代酸盐而被溶解。

4.3.4.2 碱性浸取的应用

(1) 钨精矿的碱浸取

① 氢氧化钠浸取法。钨精矿主要有白钨精矿和黑钨精矿。它们与氢氧化钠的反应为:

$$(Fe,Mn)WO_4(s) + 2NaOH(aq) = Na_2WO_4(aq) + Fe(OH)_2(s)[Mn(OH)_2(s)] \quad (4-38)$$

$$CaWO_4(s) + 2NaOH(aq) = Na_2WO_4(aq) + Ca(OH)_2(s) \quad (4-39)$$

以白钨精矿为例的离子方程式表示为:

$$CaWO_4(s) + 2OH^-(aq) = WO_4^{2-}(aq) + Ca(OH)_2(s) \quad (4-40)$$

其平衡反应商 K 为:

$$K = c(WO_4^{2-})/c^2(OH^-)$$

K 随温度和时间变化,在开始时由于 $WO_4^{2-}(aq)$ 浓度较小,而 $OH^-(aq)$ 浓度较大,K 值较小;随着反应的进行,$WO_4^{2-}(aq)$ 浓度变大,而 $OH^-(aq)$ 浓度减小,最后趋于平衡。温度升高可缩短平衡到达的时间,$OH^-(aq)$ 浓度的加大有利于反应的进行,但增加材料的单耗,增加生产成本。

NaOH 分解黑钨精矿比较成熟,在工业上的应用较早。而分解白钨矿的理论和工艺发展较晚。由于反应(4-39)的平衡常数只有 2.5×10^{-4},并且在分解黑钨矿的技术条件下,白钨矿确实不能被成功分解。所以,许多学者曾断定在工业条件下不可能用碱分解法处理白钨矿。

但是,热力学平衡常数只适应于描述溶液中反应物和生成物的活度系数均为 1 的情况。而在实际过程中,反应平衡的表观平衡常数 K_c 才具有现实指导意义。测定结果证明,分解白钨矿浓度平衡常数随着温度的升高和碱浓度的增加而增大,并且在高温高碱浓度下,可以大大提高。因此,在适当高的温度和碱浓度下,用氢氧化钠分解白钨矿是可行的。

与此同时,李洪桂等在 20 世纪 80 年代提出了机械活化(热球磨)苛性钠浸取法,开创了 NaOH 分解白钨矿的先河,并成功地在国内多个钨冶炼厂使用。该工艺将球磨和钨矿物分解合并在一个设备中进行,能够在工业规模下处理各种类型的钨矿物原料,分解率可以赶上国内外的先进工艺——苏打压煮法,且省去了磨矿工序,工作温度要低一些,一般在 140~160℃。但是该工艺的不足之处在于其设备不能标准化,需要专门设计加工,结构复杂,磨损严重,操作烦琐,成本高。设备的进一步大型化和安全问题有待解决。

2001 年李洪桂等提出了白钨矿及黑白钨混合矿的 NaOH 压煮法。该工艺是在机械活化分解法的理论和工业实践经验的基础上发展而来的,利用高压釜来创造必要的热力学和动力学条件以阻止可逆反应的发生,从而有效地分解各种钨矿物原料。具有设备简单、操作方便、维修容易、成本低、占地小的优势。工作温度一般在 160~180℃,也可以在更高的温度下进行。厦门钨业股份有限公司在该法的基础上开发了远红外辐射加热苛性钠压煮法,反应温度 210~300℃,分解率可以达到 98.5%~99.0%,也超过苏打压煮法。

上述机械活化(热球磨)苛性钠浸取法、白钨矿及黑白钨混合矿的 NaOH 压煮法的相继提出,使得苛性钠分解白钨矿变为可能。其中白钨矿及黑白钨混合矿的 NaOH 压煮法因其流程短、分解率高、能耗低、设备简单、对原料的适应能力强,而成为处理各种钨矿物原料的通用技术。目前,国内钨矿物原料分解中有 90% 以上采用该工艺。

② Na_2CO_3 分解法。Na_2CO_3 分解白钨矿经过半个多世纪的不断发展和完善,已经非常成熟,广泛用于处理白钨矿、低品位黑白钨混合矿及黑钨矿,反应式如下:

$$(Fe,Mn)WO_4(s) + Na_2CO_3(aq) \Longrightarrow Na_2WO_4(aq) + (Fe,Mn)CO_3(s) \quad (4-41)$$

$$CaWO_4(s) + Na_2CO_3(aq) \Longrightarrow Na_2WO_4(aq) + CaCO_3(s) \quad (4-42)$$

反应温度一般为 180~230℃。在 200℃、225℃以及 250℃下苏打分解白钨矿的浓度平衡常数 K_c($K_c=[Na_2WO_4]/[Na_2CO_3]$)测定结果证明,$K$ 随温度升高而增大,随苏打浓度的增大而显著减小。研究发现,白钨精矿和黑钨精矿的浸取温度从 225℃增加到 275~300℃时,浸出速度显著提高,浸出时间从 2h 缩短至 10min 以内。在处理 25.1%WO_3 的白钨精矿时发现,温度高达 280℃时,即使苏打用量仅为理论量的 2.25 倍,渣含钨也可降至 0.048%。因此提高温度是降低苏打消耗和提高浸取率的有效途径之一,但是,这对高压釜的材质提出了更高的要求,也会相应增加能耗。有研究发现,加入一定量的氢氧化钠能维持较高的 pH 值,对苏打压煮有益;并且在处理黑钨矿或黑白钨混合矿时,应该加入部分氢氧化钠以中和反应体系产生的 H_2CO_3。在处理 58%WO_3 的中矿时发现,采用两段逆流浸出可以提高钨矿的浸取率。将钨矿在行星式离心磨机内机械活化 5~10min 后,再进行苏打压煮,浸取率明显提高，证明机械活化可使反应的表观活化能大幅下降。此外，对热活化、超声波活化等其他强化反应过程的方法也进行过大量的研究，均发现能够有效提高钨矿的浸出率。尽管相对苛性钠压煮工艺而言，苏打压煮工艺要求温度更高，苏打消耗量也较大，但是由于其工艺成熟，对原料适应性强，甚至可以直接处理品位低于 1%的白钨矿，因此到目前为止，国内外仍然普遍采用该法处理钨矿，因此，目前还是国内外普遍采用的工艺。

（2）独居石的分解与稀土浸取

独居石精矿根据其化学组成有烧碱分解法和浓硫酸法两种工艺。浓硫酸法的优点是对精矿的适应性强；缺点是腐蚀性强，磷难以回收。而烧碱分解法则相反：要求杂质少的精矿，粒度细，设备腐蚀、劳保条件易解决，磷可以回收利用。

1）烧碱液常压分解法

独居石是稀土的磷酸盐矿，它们在水中的溶解度小。采用氢氧化钠在热的条件下反应，实际上是发生沉淀转化反应，即稀土转化为难溶的氢氧化物，而磷酸盐转变成可溶的磷酸三钠，其中共存的钍也发生类似的反应：

$$REPO_4 + 3NaOH \Longrightarrow RE(OH)_3 \downarrow + Na_3PO_4$$

$$Th_3(PO_4)_4 + 12NaOH \Longrightarrow 3Th(OH)_4 + 4Na_3PO_4$$

形成的氢氧化稀土会覆盖到磷酸稀土表面而阻止其进一步的反应。为使这一反应能够进行完全，需要将原矿湿磨至 300~350 目，采用 47%~50%的高浓度 NaOH，以 NaOH/精矿 = 1.3~1.5，在 140℃分解反应 3~5h，可以使分解率达到 97%。

分解之后，需要将可溶性的磷酸三钠过滤分离。要取得好的分离效果，需要使颗粒的物理性能好，颗粒大，易于过滤和洗涤操作。为此，需要对反应物料进行陈化处理。例如：在 100~105℃陈化 1h；在 80℃保温过滤，压滤，再以稀碱液和水洗滤饼至 P_2O_5 含量低于 0.3%。或者在 70℃陈化 6~7h，若低于 60℃，磷酸三钠易析出；温度过高，因物料翻动不利于颗粒沉降，陈化结束后，倾去上清液，再以热水洗涤下层固体，一是洗碱，二是洗磷。若温度过高，则因水流热运动会导致物料翻动，不利于颗粒沉降。

过滤后得到的滤饼主要是氢氧化稀土和其他不溶性渣。为此，采用盐酸来浸取其中的稀土并与钍铀分离：

$$RE(OH)_3 + 3HCl \Longrightarrow RECl_3 + 3H_2O$$

控制适当的酸度，使绝大多数的稀土被溶解而钍、铀、铁、钛和磷进入渣中。为了避免过低的稀土浓度，一般平衡 pH 值控制在 4.5。具体溶解方法为：先用工业盐酸将洗好的滤饼溶至 pH = 2.5~3.5 的体系，此时有部分 Th、U 溶出，然后再中和，使平衡时 pH = 4.5 左右，前段溶出的 Th、Fe 又沉淀下来。此法可使 90%稀土溶出，pH 调整好后再煮沸 1h 以保证 Th、U 的沉淀完全。优溶后用板框压滤机过滤，得到含混合稀土氯化物的溶液和钍、铀渣。

优溶液含有放射性镭（Ra），一般采用与硫酸钡共沉淀法将镭带下来，因 Ra 在溶液中浓度很小，单独用硫酸根沉淀不下来。

$$Ba^{2+}(Ra^{2+}) + SO_4^{2-} \Longrightarrow BaSO_4(RaSO_4)$$

$$K_{sp}(BaSO_4) = 1.1 \times 10^{-10}, \quad K_{sp}(RaSO_4) = 4.1 \times 10^{-10}$$

控制离子浓度积 $c(Ba^{2+})c(SO_4^{2-})$ 约 10^{-4} 数量级，就使得 $RaSO_4$ 随大量的 $BaSO_4$ 的沉淀而共沉淀下来。

独居石分解反应消耗的碱量不足投入的 40%，参与反应的碱形成磷酸三钠，剩余的碱必须回收利用。为此，将碱分解液与部分洗液进行蒸发浓缩，溶液沸点达 135℃，此时 NaOH 浓度为 47%。冷却，使溶液中 99%的磷酸三钠结晶析出。得到的磷酸三钠含有放射物质，必须除去。具体方法是以热水溶解粗晶，加热至沸，然后加入锌和硫酸亚铁作还原剂，UO_2^{2+} 还原成 U^{4+}，加入石灰水，利用 $Fe(OH)_3$ 共沉淀使 $U(OH)_4$ 沉淀除去。回收的烧碱液再返回到分解独居石工序循环使用。

该法同样适合于包头混合稀土矿（独居石与氟碳铈矿）的分解。山东淄博的包钢灵芝稀土是应用这一技术的典型代表。

2）纯碱烧碱法

鉴于 Na_2CO_3 比 NaOH 便宜，可以采用纯碱与精矿混合，通过焙烧来分解。研究结果表明，在 800℃焙烧时，反应就比较迅速，在 900℃焙烧 3～4h，反应就很完全，而在 1000℃下，物料成为熔融状态。另外发现，在精矿中加入 3%～5%（质量分数）的含氟化合物（如萤石等），在 800～825℃即可分解完全。而不加氟化物，同样条件下分解率不超过 98%，这是由于生成的 SiF_4 破坏了矿物的晶体结构，使烧结物能够在无机酸溶解完全。

为了提高效率，降低生产成本，提出了许多分解独居石矿的方法。主要研究内容以降低烧碱消耗量及能源消耗，强化分解过程，缩短分解时间为主。

① 压热法：用浓度 63%～73%的 NaOH 溶液在高压釜中分解独居石精矿，213℃分解 6h，分解率大于 99%，NaOH/精矿=0.75∶1。其优点有：烧碱消耗小，后期处理手续减少。缺点是反应设备复杂，压力高，大型生产难以实现，产物易结块。

② 热球磨法：将球磨与分解两步工序合并进行。尽管提高分解温度到 160℃，分解时间 6h，但独居石分解（95.7%）仍不完全。而在热球磨内分解 80 目的独居石精矿，160℃分解 2～3h，分解率就大于 99%，碱用量为精矿质量的 65%～70%。

如果提高分解温度到 175℃，用量为理论量的 150%（碱/矿=0.75∶1），分解 4.5～6h 即可达到全部分解。如果延长分解时间，分解率反而下降，这是由于分解过程的反应向逆方向进行，使得已分解的 $RE(OH)_3$ 又生成 $REPO_4$。而生成的磷酸盐难溶于后工序的盐酸溶液中，导致分解率下降。

③ 熔融法：在 400℃用 3 倍理论用量烧碱分解 100～280μm 精矿即可全部分解。

而当精矿达 35μm，烧碱量为 1.5 倍理论量，温度相同，分解率也达到 99.7%，但分解产物不易溶于无机酸，必须加浓度大于 0.75%的 F⁻才能使 RE、Th 易溶解，因为氟配合物的形成促进溶解。

4.3.5　配位溶解反应与配位浸取

4.3.5.1　配位平衡对沉淀反应的影响

矿物与浸矿剂生成配合物而使其溶解是很多难浸矿物分解的一个好方法。矿物大部分是一些难溶的盐，根据沉淀反应与配位平衡的关系，其溶解过程可看成是沉淀剂和配位剂共同争夺中心离子的过程。例如，用浓氨水可将氯化银溶解。这是由于沉淀物中的金属离子与所加的配位剂形成了稳定的配合物，导致沉淀的溶解，其溶解反应及平衡常数分别为：

$$AgCl(s) + 2NH_3 \rightleftharpoons [Ag(NH_3)_2]^+ + Cl^-$$

$$K^{\ominus} = \frac{[Ag(NH_3)_2^+][Cl^-]}{[NH_3]^2} = \frac{[Ag(NH_3)_2^+][Cl^-][Ag^+]}{[NH_3]^2[Ag^+]} = K^{\ominus}_{稳}K^{\ominus}_{sp}$$

溶解反应的平衡常数直接由沉淀的溶度积和形成配合物的稳定常数决定。所以，在沉淀中加入相应的能与金属离子形成强稳定性配合物的配体，可使沉淀溶解，从而在溶液中建立多重平衡。配合物的稳定常数越大，则沉淀越容易被配位反应溶解。以下用几类主要的配位溶解过程为例来作进一步的讨论。

4.3.5.2　焙烧氧化锌的氨浸出

铜、镍、锌、钴等能与氨形成稳定的氨配离子，扩大 Cu^{2+}、Ni^{2+}、Zn^{2+}、Co^{2+}在浸出液中的稳定区域，降低铜、镍、锌、钴的氧化还原电位，使其较易转入溶液中。

Cu^{2+}、Ni^{2+}、Zn^{2+}、Co^{2+}等与氨形成 $Me(NH_3)_x^{2+}$ 配位离子：

$$Ni + 4NH_3 + CO_2 + \frac{1}{2}O_2 === Ni(NH_3)_4CO_3$$

$$CuO + 2NH_4OH + (NH_4)_2CO_3 === Cu(NH_3)_4CO_3 + 3H_2O$$

$$Cu + Cu(NH_3)_4CO_3 === Cu_2(NH_3)_4CO_3$$

氨浸法的特点是能选择性浸出铜、镍、锌、钴而不溶解其他杂质，对含铁高及以碳酸盐脉石为主的铜、镍矿物宜采用氨浸取。且在常压下浸出时，自然铜和金属镍的浸取速度相当快。氨浸法通常需配合氧化剂来进行，对一些低氧化态或自然金属有很好的浸取效果。

以次级氧化锌(锌焙砂)为原料生产饲料级氧化锌的过程包括两个步骤：一是浸取，二是沉锌。所用的氨浸体系有以下三种。

（1）NH_3-NH_4HCO_3 浸取体系

在碳酸氢铵-氨体系中，浸取处理含砷氧化锌的主要反应为：

$$ZnO + 3NH_3 + NH_4HCO_3 \longrightarrow Zn(NH_3)_4CO_3 + H_2O$$

主要杂质浸取反应：

$$CuO + 3NH_3 + NH_4HCO_3 \longrightarrow Cu(NH_3)_4CO_3 + H_2O$$

$$CdO + 3NH_3 + NH_4HCO_3 \longrightarrow Cd(NH_3)_4CO_3 + H_2O$$

$$PbO + 3NH_3 + NH_4HCO_3 \longrightarrow Pb(NH_3)_4CO_3 + H_2O$$

（2）NH_3-$(NH_4)_2SO_4$ 浸取体系

在硫酸铵-氨体系中，浸取处理含砷氧化锌的主要反应为：

$$ZnO + 2NH_3 + (NH_4)_2SO_4 \longrightarrow Zn(NH_3)_4SO_4 + H_2O$$

浸取后与难浸渣分离，所得浸取液中含有高浓度的氨，需要循环使用。其方法是采用蒸氨的方法将氨与体系分离，而锌的配合物由于氨的浓度下降而分解，以碱式碳酸盐形式析出。蒸氨沉锌的主要反应有：

$$2Zn(NH_3)_4CO_3 + 2H_2O \longrightarrow Zn(OH)_2ZnCO_3\downarrow + (NH_4)_2CO_3 + 6NH_3\uparrow$$

$$Zn(NH_3)_4SO_4 + (NH_4)_2SO_4 \longrightarrow (NH_4)_2SO_4 \cdot ZnSO_4\downarrow + 4NH_3\uparrow$$

$$(NH_4)_2SO_4 \cdot ZnSO_4 + 2NH_4HCO_3 \longrightarrow ZnCO_3\downarrow + 2(NH_4)_2SO_4 + CO_2\uparrow + H_2O$$

$$2Zn(NH_3)_4SO_4 + 3CO_2 + 3H_2O \longrightarrow 2ZnCO_3\downarrow + 2(NH_4)_2SO_4 + NH_4HCO_3 + 3NH_3\uparrow$$

该工艺的特点是所用的浸出剂氨、硫酸铵是廉价原料，并可通过后期进行回收利用，环境效益好，锌焙砂原料中的砷元素主要以 As_2O_5、As_2O_3 等形式存在。而在弱碱性条件下，砷以 AsO_3^{3-} 和 AsO_4^{3-}、AsO_2^- 等形式存在于溶液当中。在除砷前的浸出液中先加入 $FeSO_4$，则可发生以下反应：

$$3Fe^{2+} + 2AsO_3^{3-} \longrightarrow Fe_3(AsO_3)_2\downarrow$$

$$3Fe^{2+} + 2AsO_4^{3-} \longrightarrow Fe_3(AsO_4)_2\downarrow$$

由于溶液中存在大量的碳酸根与砷酸根和亚砷酸根争夺亚铁离子，所以溶液中只存在少量的 Fe^{2+}，溶液中的砷以沉淀的形式被除去的只是小部分。然后加入氧化剂将 Fe^{2+} 部分氧化为 Fe^{3+}，使其生成 $Fe(OH)_2$-$Fe(OH)_3$ 絮状沉淀从而将砷吸附除去。在 NH_3-NH_4HCO_3 体系中，由于只有极少量的游离的亚铁离子存在，所以，砷的除去主要是依靠吸附作用。而铜、镉、铅、铁等金属可通过锌还原除去。

（3）加压氨浸出

加压条件下，反应体系的温度和物质浓度都可以更高，尤其是有气体参与的反应，大大改善了反应的动力学条件。加压氨浸从硫化镍精矿中提取镍的工艺简单，环境污染小，对镍、钴、铜的回收率可以分别达到 90%～95%、50%～75%、88%～92%，还能回收大部分的硫，对处理难浸出的多金属硫化物矿特别有效。

当有氧存在时，镍精矿中的金属硫化物与溶解的氧、氨和水反应，生成可溶性的氨配合物而进入溶液。镍和钴的硫化物发生类似的反应为：

$$NiS \cdot FeS + 3FeS + 7O_2 + 10NH_3 + 4H_2O == [Ni(NH_3)_6]SO_4 + 2Fe_2O_3 \cdot H_2O + 2(NH_4)_2S_2O_3$$

$$2Ni_3S_2 + 9O_2 + 32NH_3 + 2(NH_4)_2SO_4 == 6[Ni(NH_3)_6]SO_4 + 2H_2O$$

而铜的反应为：

$$4CuFeS_2 + 24NH_3 + 17O_2 + 2H_2O == 4[Cu(NH_3)_4]SO_4 + 2(Fe_2O_3 \cdot H_2O) + 4(NH_4)_2SO_3$$

$$CuS + 4NH_3 + 2O_2 == [Cu(NH_3)_4]SO_4$$

$$2Cu_2S + 12NH_3 + 2(NH_4)_2SO_4 + 5O_2 == 4[Cu(NH_3)_4]SO_4 + 2H_2O$$

4.3.5.3 金的配位浸取

（1）氰化法

氰化法具有提金回收率高、对矿石适应性强、方法简便、能就地产金等优点，至今仍被广泛应用。金在氰化物溶液中反应如下：

$$4Au + 8NaCN + O_2 + 2H_2O == 4NaAu(CN)_2 + 4NaOH$$

在反应中，当氰化钠溶液的浓度比较低时，金溶解的速度主要取决于氰化钠溶液的浓度。当氰化钠溶液的浓度大于 0.05mol/L 时，金溶解的速度根据氧的浓度而定。所以，可以通过充入空气或是纯氧来增大氧的浓度，抑或是在氰化钠溶液中加过氧化氢或过氧化钙或者高锰酸钾来作为氧化助剂，也可以在很大程度上提高金的浸出率，加快金的浸取速度，并节省一定量的氰化钠。氰化法能应用于硫化物矿石、砷化物矿石等耗氧性难处理矿石，但难以适应环保要求。

（2）硫脲法

① 酸性硫脲法：当用 Fe^{3+} 作为酸性硫脲法浸金的氧化剂时，金在酸性硫脲溶液溶解的反应式为

$$Au + 2SC(NH_2)_2 + \frac{1}{4}O_2 + H^+ == Au[SC(NH_2)_2]_2^+ + \frac{1}{2}H_2O$$

$$Au + 2SC(NH_2)_2 + Fe^{3+} == Au[SC(NH_2)_2]_2^+ + Fe^{2+}$$

硫脲浸金的介质为盐酸、硫酸及硝酸，并加入氧化剂如二硫甲醚、MnO_2、双氧水、过氧化钠、溶于水的氧气或 Fe^{3+} 等。硫脲浸取时加铁板置换溶液中的金，可提高金的浸取率 5%～10%，其原理是 Fe^{3+} 可将硫脲络合的阳离子置换出来，使硫脲处于游离状态，有利于金的浸取。试验证明：在有氧化剂的条件下，酸性硫脲法对金的浸取率比普通氰化法的浸取率要高出很多。对于某些难处理的金矿使用硫脲法提金时，要先预处理。但是采用酸性硫脲法提金存在选择性差、硫脲消耗量过多、设备腐蚀严重、溶液的再生和净化工序复杂等问题。

② 碱性硫脲法：金在碱性溶液中溶解的方程式为

$$Au + 2SC(NH_2)_2 == Au[SC(NH_2)_2]_2^+ + e$$

硫脲在碱性溶液中不稳定，易分解，而 Na_2SiO_3 能使硫脲在碱性介质中稳定存在，抑制硫脲的不可逆分解，提高体系的稳定性，并维持体系的 pH 值在一定范围内，有利于浸取过程的进行。据相关报道，Na_2SiO_3 不仅是碱性硫脲浸金的高效稳定剂，而且对金在溶液中的溶解具有一定的选择性。但是碱性硫脲体系中金的浸取率没有酸性硫脲和氰化物体系中金的浸出率高。

（3）硫代硫酸盐法

该方法提金的理论依据是金可以和硫代硫酸根生成 $Au(S_2O_3)_2^{3-}$ 配合物。但是，在酸性介质中硫代硫酸盐发生分解，所以该浸出方法需在碱性条件下进行。硫代硫酸盐、多硫化钠可用作浸金溶剂直接浸金。反应式为：

$$2Au + 4S_2O_3^{2-} + H_2O + \frac{1}{2}O_2 == 2Au(S_2O_3)_2^{3-} + 2OH^-$$

硫代硫酸盐法提金有很多优点，比如：提金过程安全无毒、提取金的速度比较快、金的浸取率比较高、实验过程所用到的试剂价格低廉、相对于在酸性条件下提取金的方法，该方法提金对生产设备没有腐蚀，是一种极具推广前景的方法。对于一些难处理的含金矿石（比如含碳、含铜、含硫的复杂金矿），硫代硫酸盐法有其独特的优势，但是，由于其本身是一种容易被空气氧化的亚稳态化合物，所以使用该法提金的生产过程中会产生一些硫代硫酸盐的分解产物。

（4）硫氰酸盐

当三价铁离子作氧化剂时，三价铁离子首先与硫氰酸根离子形成稳定的 $[Fe(SCN)_4]^-$ 配合物，然后该配合物再和金发生氧化还原反应生成四硫氰酸合金配离子，该浸出过程的反应方程式如下：

$$Fe^{3+} + 4SCN^- == [Fe(SCN)_4]^-$$

$$[Fe(SCN)_4]^- + Au == Fe^{2+} + [Au(SCN)_2]^- + 2SCN^-$$

$$3[Fe(SCN)_4]^- + Au == 3Fe^{2+} + [Au(SCN)_4]^- + 8SCN^-$$

在酸性溶液中硫氰酸盐的性质稳定、毒性小、价格比较便宜，而且能跟金形成稳定的配合物。美中不足的是硫氰酸盐提金法要在酸性溶液中进行，浸出和过滤的设备都要具有防腐蚀的功能。缺点是硫氰酸盐法在浸取完成后进行过滤分离时，滤液中会含有大量的硫氰酸盐，这样就造成了硫氰酸盐的浪费。

（5）碘化法、溴化法

碘液和溴液与其他卤化物一样也具有提取金的能力，在浸取过程中都可与金形成稳定的金配合物，能够渗透到岩石里面，尤其是岩石表面的覆盖层。而且不容易被脉石吸附，因此试剂消耗量相对较低，可降低生产成本。其反应如下：

$$I_2(l) + I^- == I_3^-$$

$$2Au + I^- + I_3^- \Longrightarrow 2AuI_2^-$$

$$2Au + 3Br_2 + 2Br^- \Longrightarrow 2AuBr_4^-$$

这种方法的优点是浸取速度快、无毒，而且它对 pH 值变化的适应性相对较强。碘、溴化法和氰化法相比，它们的试剂耗费相差无几，但是溴化法提金比氰化法提金的速度更快，而且可重复利用的原料的回收费用更低一些。溴化法提金比氰化法的经济效益更高，但溴化法提金的工业应用还有待进一步研究。

（6）氯化钠-次氯酸钠法

氯化钠-次氯酸钠浸金实质是利用次氯酸的氧化性以及金与氯离子能形成稳定的络离子，在氯化钠溶液中可用次氯酸钠溶金。次氯酸钠浸金发生的化学反应如下：

$$2Au + 3HClO + 3H^+ + 5Cl^- \Longrightarrow 2[AuCl_4]^- + 3H_2O$$

该法所需试剂便宜易得且无污染、操作过程简单、设备要求低、能耗低，同时满足经济环保的要求。

4.3.6 氧化还原溶解反应与浸取

许多浸取反应都涉及氧化-还原过程，例如，前面介绍的一些酸浸取反应、配位浸取反应。对于一些自然金属和溶解度极小的难溶化合物，单纯依靠酸碱是难以达到浸取目的的，必须同时加入氧化剂才能溶解，如铜、银、金矿和铅锌硫化矿。

4.3.6.1 氧化还原溶解反应浸取特性与原理

（1）单质金属矿物的浸取特性

自然金属以及在冶金过程中产生的金属，如阳极泥副产品或还原氧化矿得到的铜、镍等金属单质，它们的浸取特点是必须氧化成一定价态后才能被水浸取。因此，在无配位剂存在下，它们不能被非氧化性酸溶解，但都能被氧化性酸溶解。例如：铜和镍易溶于硝酸；钯溶于浓硫酸；钯、银和铜溶于热浓硫酸。这样，所有金属单质的浸取必须在氧化性体系中进行。除氧化性酸外，有的还必须加入空气、富氧、三价铁等价格低廉的氧化性物质。

（2）难溶金属化合物矿物的浸取特性

难溶金属化合物矿物主要是以金属硫化物为代表的矿物。这类矿物的氧化产物是硫的形态，如单质硫、二氧化硫、三氧化硫和硫酸根。要得到不同的氧化产物，必须选择合适的氧化剂。

（3）氧化还原溶解反应原理

对于氧化还原反应有：

$$\Delta_r G_T^\ominus = -RT \ln K = -nE^\ominus F$$

反应的吉布斯自由能必须小于零，即电动势 $E^\ominus$ 大于零，反应才能顺利进行。电池的电极电位由能斯特方程来求得。

对于电极反应：氧化 + $ne \Longrightarrow$ 还原

根据 Nernst 方程有：

$$E = E^{\ominus} - \frac{0.0592}{n}\lg\frac{c(还原态)}{c(氧化态)} = E + \frac{0.0592}{n}\lg\frac{c(氧化态)}{c(还原态)}$$

根据能斯特方程可以讨论各种影响电极电势的因素，其中主要的影响来自反应物和产物的浓度，而它们的浓度又与体系中其他平衡反应相关，例如：沉淀和配合物的形成。涉及 H^+ 或 OH^- 参与的电极反应，溶液的酸度变化会引起电极电势的变化。

4.3.6.2　氧化还原溶解反应及浸取实例

（1）铜精矿的催化氧化酸浸取

氧化还原溶解浸取大多用于难溶金属硫化矿或单金属矿的浸取。蒋俊洋、许民等用硫酸、氯化钠溶液作为浸取剂，氧气作为氧化剂在催化剂作用下浸取德兴铜矿浮选硫化铜精矿，其氧化浸取主要反应为：

$$Cu_2S + 2H_2SO_4 + O_2 === 2CuSO_4 + S + 2H_2O$$

$$CuS + H_2SO_4 + \frac{1}{2}O_2 === CuSO_4 + S + H_2O$$

$$2CuFeS_2 + 5H_2SO_4 + \frac{5}{2}O_2 === 2CuSO_4 + Fe_2(SO_4)_3 + 4S + 5H_2O$$

研究结果表明：催化剂用量 0.2mol/L，浸取液为 3mol/L H_2SO_4 和 2mol/L NaCl，通入氧气，在温度 85℃、矿浆液固比 5∶1 下浸取 6h，铜的浸取率可达 98%以上。

（2）铅精矿的催化氧化酸浸取

胡全红、许民以三氯化铁为浸取剂对浙江省龙泉铅精矿进行氧化浸取，其浸取反应为：

$$PbS + 2FeCl_3 === PbCl_2 + 2FeCl_2 + S$$

$$2FeCl_2 + \frac{1}{2}O_2 + 2HCl \xrightarrow{\text{催化剂}} 2FeCl_3 + H_2O$$

实验得出最佳的浸取工艺：液固比 6∶1，浸取温度 95～100℃，精矿粒径 -0.178mm，NaCl 浓度 300g/L，$FeCl_3$ 浓度 200g/L，pH = 0～1，搅拌速度 75～85r/min，浸取时间 15～20min，铅浸出率在 99%以上，铅回收率大于 95%，硫黄回收率大于 90%。在酸性条件,用 NA 作催化剂,富氧催化氧化,二氯化铁氧化率达 99%,可以再生利用，返回作为浸取剂。

4.3.7　多种溶解反应的相互促进浸取

对于一些稳定性极高的金属或溶解度极低的金属硫化物，依赖单一的溶解方式不能解决问题，必须采用酸、碱、氧化还原或配位多种方式进行溶解，如钯、铂、金、钌、银、铑和铱以及铜、铅、汞的硫化物。钯、铂和金溶于王水；钌、银、铑和铱在氧化剂（HNO_3）存在下与碱（NaOH）一起熔融，转变成可溶性化合物。例如：在氢离子下有配合物形成的氧化还原溶解，王水溶解铂。

$$3Pt + 4HNO_3 + 18HCl = 3H_2[PtCl_6] + 4NO + 8H_2O$$

王水发生的反应为：

$$HNO_3 + 3HCl = Cl_2 + NOCl + 2H_2O$$

生成的新生态 Cl_2 是强氧化剂，可与铂、钯、金作用：

$$Pt + 2Cl_2 + 2HCl = H_2[PtCl_6]$$

$$2Au + 3Cl_2 + 2HCl = 2H[AuCl_4]$$

$$Pt + 2Cl_2 = PtCl_4$$

$$PtCl_4 + 2HCl = H_2[PtCl_6]$$

$$Pt + 4NOCl = PtCl_4 + 4NO$$

用王水溶解铂族金属精矿后，大部分金、铂、钯分别呈 $H[AuCl_4]$、$H_2[PtCl_6]$、$H_2[PdCl_6]$ 形态进入溶液，而铑、钌、铱、锇和氯化银呈不溶状态留在渣中。将含有金、铂、钯的溶液先用硫酸亚铁还原金，用氯化铵沉淀铂，二氯二氨亚钯法沉淀钯，得到的粗金用电解法得纯金。粗氯铂酸铵以溴酸盐水解法制得纯铂盐，经煅烧得海绵铂。过程的废液用锌粉还原回收贵金属，残渣中的铑、钌、铱、锇也可用适当的方法回收。

再如，中性或偏碱性条件下的有配合物形成的氧化还原溶解反应。这类溶解反应都是在单一化学作用下难以完成的，两个作用同时应用以促进溶解反应的进行。如氰化物溶解金：

$$Au + 4NaCN + H_2O + \frac{1}{2}O_2 \longrightarrow Na_2[Au(CN)_4] + 2NaOH$$

难溶硫化物的溶解：

$$Ni_3S_2 + 10NH_4OH + (NH_4)_2SO_4 + 4O_2 \longrightarrow 3[Ni(NH_3)_4]SO_4 + 10H_2O$$

4.3.8　生物浸取

生物浸出包括生物直接作用和间接作用的贡献。直接作用就是利用微生物自身的氧化或还原特性，使矿物的某些组分氧化或还原，进而使有用组分以可溶态或沉淀的形式与原物质分离的过程；间接作用是靠微生物的代谢产物（有机酸、无机酸和 Fe^{3+}）与矿物进行反应，而得到有用组分的过程。

生物浸取技术已在工业上用来从废石、低品位原料中回收铜和铀，也适用于高品位的硫化矿与精矿。在金的提取方面有很好的应用前景，还可以用于煤的脱硫等。生物浸取之所以备受重视，是由两方面的因素所决定的。一方面，资源的贫化、不易处理,而各国所提出的环保要求却日益严格,使得一些常规方法显得过时,而迫使人们寻找新法;另一方面,尽管生物浸取存在着反应时间长,生产周期长的问题,但只要处理得当,可以从尾矿、贫矿、废液中回收某些金属,而生产成本却低于常规法,并可使污染减少甚至没有污染。

(1)细菌

大多数金属硫化物,如黄铜矿、辉铜矿、黄铁矿、闪锌矿等以及某些氧化矿诸如铀矿、MnO_2 等,它们难溶于稀硫酸等一般工业浸取剂。但若溶液中有某些特殊微生物,在合适条件下上述矿物中的金属便能被稀硫酸浸取。浸取硫化矿、铀矿是氧化过程,浸取 MnO_2 可是还原过程,也可是氧化过程。这些微生物可以分为两大类:一类是能在无有机物的条件下存活,叫"自养微生物";另一类是在生长时需要某些有机物作为营养物质,叫"异养微生物"。已报道用于浸矿的细菌有 20 多种,比较重要的有以下六种。

① 氧化铁硫杆菌:属革兰氏阴性,自养细菌中的代谢硫黄的细菌硫杆菌属。它栖居于含硫温泉、硫和硫化物矿床、煤和含金矿矿床,也存在硫化物矿床氧化带中,能在上述矿的矿坑水中存活。这类细菌的形状呈圆端短柄状。每个细胞表面都有一黏液层,能运动。它适宜生长的温度为 275~313K,pH 为 1.0~4.8,最佳生长温度为 303K,最佳生长 pH 范围是 2.0~3.0,只需要简单的无机营养(氮、磷、钾、亚铁等)便能存活。它可以氧化几乎所有的已知硫化物矿物、元素硫、其他还原性化合物及二价铁(辰砂矿 AsS 和辉铋矿 Bi_2S_3 除外)。它氧化二价铁的速度比同样条件下空气中的氧的纯化学氧化速度快 2×10^5 倍,氧化黄铁矿速度增加 1000 倍,氧化其他硫化物的速度可增加数十到数百倍。

② 氧化硫硫杆菌:圆头短柄状,常以单个、双个或短链状存在,栖居于硫和硫化物矿床,能氧化元素硫与一系列硫的还原性化合物,不能氧化硫化物矿。适宜的生长温度为 275~313K,最佳生长温度为 301~303K,适宜生长的 pH 为 0.5~6.0,最佳 pH 为 2~2.5。

③ 氧化铁铁杆菌:杆状体,能把亚铁氧化为高价铁,适宜生长的 pH 范围为 2.0~4.5,最佳 pH 为 2.5,最佳温度为 293~298K。

④ 微螺球菌属:包括一个中温菌种氧化铁微螺球菌,一个中等嗜高温菌种高温氧化亚铁微螺球菌。其特征是螺旋状端生鞭毛和黏液层,严格好氧,栖居于黄铜矿矿床、矿堆等处,能氧化 Fe^{2+}、黄铁矿和白铁矿,不能氧化硫和硫的其他还原性化合物。最佳的生长温度为 303K,最佳生长的 pH 为 2.5~3。

⑤ 硫化芽孢杆菌属:兼性自养菌、嗜氧、嗜酸,属革兰氏阴性真菌,杆状。能氧化 Fe^{2+} 和单质硫以及还原态硫。其品种之一的高温氧化硫硫芽孢杆菌生长的最佳温度为 310~315K,允许最高温度 331~333K。此类细菌广泛存活于自然界,例如存在于硫化物矿的采矿废石堆、火山区等。

⑥ 高温嗜酸古细菌:是微生物进化的一个独立支系。其中四种种属能氧化硫

化物，即硫化叶菌、氨基酸变性菌、金黄色葡萄球菌和硫化小球菌。对生物湿法冶金最重要的是硫化叶菌和氨基酸变性菌两种。它们呈球形，直径 $1\mu m$，在硫化叶菌表面有类纤毛结构，有助于细菌附着在矿粒表面。所有这类细菌在自养、异养或混合培养条件下均能生长。在自养条件下能催化单质硫、Fe^{2+} 以及硫化物矿的氧化，在 0.01%～0.02% 的酵母膏或其他有机物的混合培养条件下生长更快。热酸叶片硫细菌还可以在厌养条件下作电子受体氧化单质硫。热酸叶片硫菌生长 pH 范围是 1～5.9，最佳生长 pH 为 2～3；生长温度为 328～353K，最佳为 343K。

（2）硫化物矿的浸取

硫化物矿的生物浸出是一个复杂的过程，化学氧化、生物氧化与原电池反应同时发生。人们对微生物在细菌浸取中的特殊作用的解释各不相同，至今也还未完全搞清。一般认为硫化物矿细菌浸取有以下一些机理：

① 直接细菌氧化：

$$ZnS + 2O_2 \xrightarrow{\text{细菌}} ZnSO_4$$

$$CuFeS_2 + 4.25O_2 + H^+ \xrightarrow{\text{细菌}} CuSO_4 + Fe^{3+} + SO_4^{2-} + 0.5H_2O$$

$$FeS_2 + \frac{15}{4}O_2 + 0.5H_2O \xrightarrow{\text{细菌}} Fe^{3+} + 2SO_4^{2-} + H^+$$

这类反应中细菌起催化作用。

② Fe^{3+} 氧化硫化物的化学氧化：

$$ZnS + 2Fe^{3+} \longrightarrow Zn^{2+} + S + 2Fe^{2+}$$

$$ZnS + 8Fe^{3+} + 4H_2O \longrightarrow ZnSO_4 + 8H^+ + 8Fe^{2+}$$

$$CuFeS_2 + 16Fe^{3+} + 8H_2O \longrightarrow Cu^{2+} + 2SO_4^{2-} + 17Fe^{2+} + 16H^+$$

$$FeS_2 + 2Fe^{3+} \longrightarrow 3Fe^{2+} + 2S$$

$$FeS_2 + 14Fe^{3+} + 8H_2O \longrightarrow 15Fe^{2+} + 2SO_4^{2-} + 16H^+$$

$$FeAsS + 11Fe^{3+} + 7H_2O \longrightarrow 12Fe^{2+} + H_3AsO_3 + HSO_4^- + 10H^+$$

③ 铁和硫的氧化：

$$Fe^{2+} + \frac{1}{4}O_2 + H^+ \xrightarrow{\text{细菌}} Fe^{3+} + \frac{1}{2}H_2O$$

$$S + \frac{3}{2}O_2 + H_2O \xrightarrow{\text{细菌}} SO_4^{2-} + 2H^+$$

④ 铁离子水解：

$$3Fe^{3+} + 2SO_4^{2-} + 6H_2O \longrightarrow Fe_3(SO_4)_2(OH)_5H_2O + 5H^+$$

细菌还原 MnO_2 是葡萄糖作电子给体，氧化锰作电子受体。细菌把氧化葡萄糖获得的还原能力（使葡萄糖生成乙二酸或甲酸）传递给氧化锰，使之还原成 $Mn(OH)_2$ 或 Mn^{2+}。

$$葡萄糖 \xrightarrow{\text{细菌}} ne + nH^+ + 终点产物（甲酸等）$$

$$\frac{n}{2}MnO_2 + ne + nH^+ \xrightarrow{\text{细菌}} \frac{n}{2}Mn(OH)_2$$

$$\frac{n}{2}MnO_2 + ne + 2nH^+ \xrightarrow{\text{细菌}} \frac{n}{2}Mn^{2+} + nH_2O$$

$$MnO_2 + HCOOH + 2H^+ \longrightarrow Mn^{2+} + 2H_2O + CO_2 \uparrow$$

（3）金的浸取

微生物浸取铜、铀以及硫化物难浸金矿生物预处理技术越来越受到人们的重视，有些已用于矿山，但生物有机物直接作为浸金剂则鲜为人知。现已证明这类浸金剂的浸取效果与细胞成分蛋白质、微生物的代谢产物氨基酸有关。在碱性和酸性溶液中，用电泳分离出了纯的或载金的氨基酸等。证明它们对金有一定的溶解作用。微生物之所以能够浸取矿石中的金，与微生物蛋白质和金形成带负电的复合物有关。这种复合物通过氨基酸基团的氮原子连接，生成稳定的金氨基酸配合物。其浸金机理与氰化物浸金的机理相同，均由于溶液中存在与金离子成络能力大的配位剂从而生成络合物。熊英等选择三种生物原料进行了改性，制取的 Sum-Ⅲ 浸金剂对某氧化矿的浸出率达到 96%，对某难浸金精矿经细菌预氧化后的渣质浸出率达 88.8%。

4.4 溶解与浸取分离的发展

溶解与浸取分离是工业上的经典分离技术，也是各种金属和有价成分生产的必要步骤，其基础问题在前面已经做了系统讨论。从上述讨论的内容我们也可以看出，该类技术的发展主要体现在以下几个方面：一是对浸取过程的强化研究，包括采用各种物理的和化学的方法和手段使浸取过程更加容易进行，使提取效率得到明显改善，甚至是使原先不能实现工业化应用的浸取达到工业应用水平；二是浸取过程的组合，利用多种浸取化学反应使原本难以被浸取的物质被高效浸取，所用的反应包括氧化还原、配位等等；三是针对生物和医药功能化合物的浸取，这与当前发挥中医药传统功能，促进国医发扬光大的趋势相对应。

参 考 文 献

[1] 张启修，曾理，罗爱平. 冶金分离科学与工程. 长沙：中南大学出版社，2016.
[2] 李永绣，等. 离子吸附型稀土资源与绿色提取. 北京：化学工业出版社，2014.
[3] 李洪桂，等. 湿法冶金学. 长沙：中南大学出版社，2012.
[4] 胡小玲，管萍. 化学分离原理与技术. 北京：化学工业出版社，2006.

[5] 丁明玉，等. 现代分离方法与技术. 北京：化学工业出版社，2006.

[6] 中国化工防治污染技术协会. 化工废水处理技术. 北京：化学工业出版社，2000.

[7] 徐东彦，叶庆国，陶旭梅. 分离工程. 北京：化学工业出版社，2012.

[8] 刘家祺. 传质分离过程. 北京：高等教育出版社，2005.

[9] 董红星，曾庆荣，董国君. 新型传质分离技术基础. 哈尔滨：哈尔滨工业大学出版社，2005.

[10] 杨显万，邱定蕃. 湿法冶金. 北京：冶金工业出版社，2001.

[11] 贺伦燕，王似男. 我国南方离子吸附型稀土矿. 稀土，1989，1：39-42.

[12] 贺伦燕，冯天泽，吴景探，李永绣. 离子吸附型重稀土矿中稀土离子的交换性能和影响因素. 江西大学学报：自然科学版，1988，3（12）：76-79.

[13] 池汝安，田君.风化壳淋积型稀土矿评述.中国稀土学报，2007，6（25）：642-650.

[14] 涂松柏. 碱法分解白钨矿的热力学研究[D]. 长沙：中南大学，2011.

[15] 孙培梅，李运姣，李洪桂，等. 白钨矿碱分解过程的热力学. 中国有色金属学报，1993，3（4）：37-43.

[16] 李运姣，李洪桂，刘茂盛. 白钨矿碱分解过程的热力学和动力学研究. 中南矿冶学院学报，1990，21（1）：40-44.

[17] 李洪桂，刘茂盛，思泽金，等. 白钨矿及黑白钨混合矿的分解法：中国，001132504. 2001-08-08.

[18] 李洪桂，刘茂盛，李运姣，等. 白钨矿及黑白钨混合矿的 NaOH 分解法：中国，001132504. 2001-08-08.

[19] 方奇. 苛性钠压煮法分解白钨矿. 中国钨业，2001，16（5-6）：81.

[20] 赵中伟，曹才放，李洪桂. 碳酸钠分解白钨矿的热力学分析. 中国有色金属学报，2008，18（2）：357-360.

[21] 陈国平. 钨铝工业现状、未来与建议. 长沙：中南工业大学出版社，1990：22-27.

[22] 蒋俊洋，许民，胡建东. 铜精矿的催化氧化酸浸. 有色金属（冶炼部分），2003，3：20-23.

[23] 胡全红，许民. 铅精矿全湿法工艺研究.有色金属（冶炼部分），2003，2：5-7.

[24] X C Liang, G Xue. Experimental study of cyanide extracted gold and silver from high copper, lead gold concentrate. Gold, 2006, 27(8): 36-38.

[25] 张晓飞，柴立元，王云燕. 硫脲浸金新进展. 湖南冶金，2003，31（6）：3-7.

[26] 罗斌辉. 张家金矿硫脲提金工艺研究. 湖南有色金属，2007，23（4）：8-10.

[27] 郑粟，王云燕，柴立元. 基于配位理论的碱性硫脲选择性溶金机理. 中国有色金属学报，2005，15（10）：1629-1635.

[28] D Feng, J S J van Deventer. Thiosulphate leaching of gold in the presence of orthophosphate and polyphosphate. Hydronietallurgy, 2011, 106: 38-45.

[29] 史娟华. 氯化钠氯-次氯酸钠浸金低品位金矿渣的研究. 淄博：山东理工大学，2014.

[30] 熊英，郑存江，柏全金. 生物制剂浸金试验研究. 有色金属矿产与勘查，1997，6（5）：308-309.

[31] 李永绣，李翠翠，杨丽芬，等. 从低含量稀土溶液和沉淀渣中回收和循环利用有价元素的方法：CN106367621 A. 2017-02-01.

[32] 李永绣，杨丽芬，李翠翠，等. 一种以硫酸铝为浸取剂的离子吸附型稀土高效绿色提取方法：CN106367622 A. 2017-02-01.

[33] 李永绣，杨丽芬，李翠翠，等. 用伯胺萃取剂从低含量稀土溶液中萃取回收稀土的方法：CN106367620 A. 2017-02-01.

[34] 孙园园，许秋华，李永绣. 低浓度硫酸铵对离子吸附型稀土的浸取动力学研究. 稀土，2017，38（4）：61-67.

第 5 章

沉淀与结晶分离

5.1 概述

　　沉淀与结晶是众多化学分离手段中最为常见的一类分离技术，它们之间的本质没有区别，都是先形成晶核，晶核再长大，然后通过固液分离方法与溶液或溶液中的组分分离。沉淀和结晶在平衡时都遵守溶度积规则，但沉淀一般是指往溶液中加入一种沉淀剂，使溶液中原本不沉淀的组分与加入沉淀剂中的组分结合为溶解度很小的沉淀而析出的过程，或者是加入其他组分和溶剂大大降低组分本身在溶液中的溶解度而沉淀析出的过程；而结晶一般是指那些在溶液中的溶解度不是很小的组分，通过改变物理条件（温度、浓度）而使其结晶析出的过程。因此，沉淀出来的产物一般是溶解度小的细颗粒，可以是结晶的，也可以是无定形的；结晶的产物一般是颗粒较大的结晶体，像氯化钠颗粒、碳酸氢铵、硫酸铵等。

　　沉淀法在冶金和无机工业上的应用一是用于除去溶液中的杂质，达到净化溶液、分离杂质的目的；二是从溶液中沉淀出目标产物，与溶液中的其他可溶组分分离。通常利用金属离子氢氧化物、硫化物、其他无机盐和有机化合物的溶解度差别进行分离。在有机化工和医药行业，沉淀法常用于从提取液或发酵液中提取分离各种蛋白质和生物活性有效成分。这些成分由于表面的亲水和疏水基团的存在，在提取液和发酵液中常以胶体形式存在。为此，需要依据胶体的性质，采用相应的方法来使其沉淀析出，所用的方法包括盐析法、有机溶剂沉淀法和等电点沉淀法等。沉淀法多数用于粗分离目的，所得产品的纯度不高。但是，随着分离技术的进步，一些沉淀方法也可以用于高纯产品的生产。而且近些年来，把分离与目标产品的物理性能控制结合起来，为新材料制备提供性能优良的前驱体产品，这是沉淀法今后发展的主要方向。

　　由于结晶与沉淀之间没有明显的界限，在许多沉淀方法中也包含了结晶的内容。当沉淀物的溶度积很小时，开始析出的沉淀由于过饱和度太大而往往形成无定形产物，属于动力学稳定的亚稳态沉淀。这种亚稳态的无定形沉淀往往夹带有很多共存的杂质离子，或者吸附有许多杂质离子，纯度不高。为此，一般都需要经过一个陈化过程，使形成的沉淀发生 Ostwald 结晶转化，也就是一个重结晶的过程。根据固体物质溶解度与其颗粒大小的关系，对于小颗粒沉淀，其表面能高，对应的溶解度比大颗粒结晶体的溶解度大。因此，在陈化过程中，小颗粒溶解，大颗粒长大，沉淀夹带和吸附的杂质会被吐出，使结晶产物的纯度得到提高。这一重结晶过程可以是由无定形体转化为结晶体，或者一种结构转化为另一种结构。

结晶分离主要用于一些结晶化合物的纯化和物理性能调控。许多化合物的溶解度随温度的变化而变化，一般是温度降低，溶解度增大，但也有相反的情况。这种化合物的结晶方法多半是变温法（冷却结晶）。而对于那些随温度变化溶解度变化不大的化合物，则不便用变温法来处理。此时，常用蒸发结晶法来进行。根据不同物质的性质和产品要求，还有盐析法、反应结晶法、连续结晶法和间歇结晶法。为了获得高纯度的结晶产品，往往需要通过多级结晶才能达到目标。

5.2 沉淀与结晶分离化学

5.2.1 溶解平衡与溶度积规则

5.2.1.1 溶度积常数

不同物质在水中的溶解度是不同的。严格地讲，任何难溶电解质都会或多或少地溶解在水中，绝对不溶解的物质是不存在的。难溶电解质在水中发生一定程度的溶解，当达到饱和时，未溶解的电解质固体与溶液中的离子建立起动态平衡，这种状态称为难溶电解质的沉淀-溶解平衡，用溶度积常数来表示这种溶解情况。对于溶解度较大的物质，也存在着结晶-溶解平衡，但通常用溶解度来表示溶解情况。例如，将难溶电解质 AgCl 晶体放入水中，晶体表面的 Ag^+ 和 Cl^- 在水分子的作用下，不断从晶体表面溶解到水中而形成水合离子，这一过程即为溶解过程。同时，水溶液中的 Ag^+ 和 Cl^- 又由于离子的热运动而不断相互碰撞，重新结合形成 AgCl 晶体，从而重新回到晶体表面，这一过程即为沉淀过程。当溶解和沉淀的速度相等时，就建立了 AgCl 固体和溶液中的 Ag^+ 和 Cl^- 之间的动态平衡，这是一种多相平衡，其平衡反应及平衡常数可分别表示为：

$$AgCl(s) \Longrightarrow Ag^+(aq) + Cl^-(aq) \tag{5-1}$$

$$K_{sp} = [Ag^+][Cl^-]$$

对于一般的难溶电解质的溶解-沉淀平衡，可用通式表示为：

$$A_nB_m(s) = nA^{m+}(aq) + mB^{n-}(aq) \tag{5-2}$$

$$K_{sp} = ([A^{m+}]/c^{\ominus})^n([B^{n-}]/c^{\ominus})^m \tag{5-3}$$

式中，$c^{\ominus}$ 是标准浓度，定义为 1mol/L，用于消除 K_{sp} 的单位，在 K_{sp} 的计算中，为方便起见，通常将分析浓度代替平衡浓度，且消除量纲。

上述难溶电解质的溶解-沉淀平衡常数称溶度积常数，简称溶度积，符号表示为 K_{sp}，用以反映难溶电解质的溶解性，其数值大小与温度有关，与浓度无关。对于能电离出两个以上的相同离子的难溶电解质，其 K_{sp} 关系是各离子浓度改为浓度与电离方程式中该离子的计量系数为指数的幂。

5.2.1.2　溶度积规则

难溶电解质在一定条件下沉淀能否生成或溶解，可以根据溶度积规则来判断。根据式（5-3），按照质量作用定律写出沉淀平衡的离子积，即溶解平衡中各离子浓度以其化学计量系数为指数的乘积：

$$Q_i = c(A^{m+})^n c(B^{n-})^m \tag{5-4}$$

Q_i 表示任何情况下离子浓度的乘积，其值与条件相关，可由溶液中的实际浓度来计算。而 $K_{sp}^{\ominus}$ 表示难溶电解质沉淀溶解平衡时饱和溶液中离子浓度的乘积，在一定温度下 K_{sp} 为一常数。

溶度积规则是根据离子积的大小与溶度积进行比较来判断体系中是否会形成沉淀，或沉淀溶解的规则：

$Q_i > K_{sp}^{\ominus}$ 时，溶液为过饱和溶液，沉淀析出。

$Q_i = K_{sp}^{\ominus}$ 时，溶液为饱和溶液，处于平衡状态。

$Q_i < K_{sp}^{\ominus}$ 时，溶液为未饱和溶液，沉淀溶解。

例如：将等体积的 4×10^{-3}mol/L 的 $AgNO_3$ 和 4×10^{-3}mol/L K_2CrO_4 混合，各离子的浓度为原来的一半，即 $c(Ag^+) = 2 \times 10^{-3}$mol/L；$c(CrO_4^{2-}) = 2 \times 10^{-3}$mol/L；利用这两个浓度，计算它们的离子积：$Q_i = c^2(Ag^+)c(CrO_4^{2-}) = (2 \times 10^{-3})^2 \times 2 \times 10^{-3} = 8 \times 10^{-9} > K_{sp}^{\ominus}(Ag_2CrO_4) = 1.12 \times 10^{-12}$。所以，等体积混合后，会有沉淀析出。一定温度下，$K_{sp}^{\ominus}$ 是常数，溶液中的沉淀-溶解平衡始终存在，溶液中的任何一种离子的浓度都不会为零。所谓"沉淀完全"是指溶液中的某种离子的浓度极低，在定性分析中，一般要求溶液中的离子浓度小于 1.0×10^{-5}mol/L；在定量分析中，离子浓度小于 1.0×10^{-6}mol/L，即可认为该离子沉淀完全。对于一些产品的杂质有具体要求的，并不受上述浓度的限制。

5.2.1.3　影响溶解度的因素

（1）温度

根据等压方程，平衡常数和温度的关系如下：

$$\left(\frac{d \ln K}{dT} \right)_p = \frac{\Delta H^0}{RT^2} \tag{5-5}$$

$\Delta H^{\ominus}$ 为溶解的标准热效应。溶液很稀时有：

$$K = a_{M^{n+}}^{m} \cdot a_{N^{m-}}^{n} \approx K_{sp}$$

则有：

$$\ln K_{sp} = \frac{-\Delta H^{\ominus}}{RT} + B \tag{5-6}$$

若溶解过程为吸热反应，$\Delta H^{\ominus}$ 大于 0，温度升高，溶解度增加，反之降低。

（2）同离子效应

因加入含有与难溶电解质相同离子的易溶强电解质，而使难溶电解质溶解度降低的效应称为同离子效应。它是使沉淀完全通常所采用的一种方法。例如：在硫酸钡沉淀平衡中加入硫酸钠或者氯化钡，会使溶液中的硫酸根和钡离子浓度增加，而这两种离子与硫酸钡溶解平衡中溶解出来的离子相同。根据溶度积规则，这两种离子浓度的增大均会使 Q 值增大，沉淀析出，硫酸钡溶解度降低。

（3）盐效应

因加入强电解质使难溶电解质的溶解度增大的效应，称为盐效应。例如：在硫酸钡沉淀平衡中加入硝酸钾，则 KNO_3 就完全电离为 K^+ 和 NO_3^-，它们不是硫酸钡溶解平衡中的同离子，但结果会使溶液中的离子总数骤增，由于 SO_4^{2-} 和 Ba^{2+} 被众多的异号离子（K^+，NO_3^-）所包围，活动性降低，因而 Ba^{2+} 和 SO_4^{2-} 的活度降低，或者说有效浓度降低。离子积减小，导致沉淀的溶解。

$$K_{sp}^{\ominus}(BaSO_4) = \alpha(Ba^{2+})\alpha(SO_4^{2-})$$

$$= \gamma(Ba^{2+})c(Ba^{2+})\gamma(SO_4^{2-})c(SO_4^{2-}) \tag{5-7}$$

KNO_3 加入，I 增大，γ 减小，温度一定，$K_{sp}^{\ominus}$ 是常数，所以 $c(Ba^{2+})$ 增大，$c(SO_4^{2-})$ 增大，$BaSO_4$ 的溶解度增大。盐效应对高价态离子的影响更大。例如：在硫酸钡和氯化银中加入硝酸钾，随着硝酸钾浓度的增大，两种沉淀的溶解度增大，但硫酸钡增大的倍数会更大一些。实际上，盐效应在沉淀溶解平衡中是广泛存在的，但对溶解度的影响较小，只有在高浓度的盐存在下，其影响才会比较明显。对于加入的具有相同离子的溶液，在低浓度时主要显示的是同离子效应，只有当提高浓度到一个较高的水平后，同离子效应的贡献程度下降，而盐效应的贡献增大。所以，随着这种电解质的加入，沉淀的溶解度是先急剧下降，然后慢慢增加。

5.2.2 沉淀与结晶的生成

5.2.2.1 过饱和溶液

当溶液中没有结晶核心存在，溶质的实际浓度超过其溶解度仍不发生结晶时，我们把这种溶液称为过饱和溶液。而在沉淀溶解平衡时，固体的溶解度与该固体颗粒的大小相关，随着颗粒半径减小，溶解度增加，其关系为：

故
$$\ln\frac{c}{c_0}=2\frac{\sigma M}{r\rho RT}$$
(5-8)

式中，σ 为固体物质在水溶液中的界面张力；c 是半径为 r 的微细颗粒的溶解度；c_0 为大颗粒的溶解度。因此，过饱和溶液是由于微细颗粒的溶解度大于大颗粒的溶解度而造成的。测定结果表明，25℃时大颗粒的 $BaSO_4$ 晶体的溶解度约为 $10^{-5}mol/L$，而粒度分别为 $3.6\times10^{-3}mm$ 和 $2.0\times10^{-4}mm$ 的 $BaSO_4$ 晶体的溶解度分别为 $2.2\times10^{-3}mol/L$ 和 $4.15\times10^{-2}mol/L$。

考虑到溶质从其饱和溶液中结晶时，在没有外来晶核存在的条件下，势必有一个自动形成微细晶核的过程，这种微细晶核的溶解度远大于粗颗粒的溶解度，故为使晶核能形成，溶液的实际浓度 c 应大于溶解度 c_0，即应当是过饱和溶液，且应有足够的过饱和度。

在一定温度下，固体与溶液相达到平衡时的浓度是一定的，将不同温度下测定的该浓度对温度作图，得到该固体的溶解度曲线。这条曲线代表的是固液两相达到平衡时的关系。但是，若溶液中原本没有固体颗粒，即使溶液浓度也达到该曲线上的溶解度，还是不能析出固体，需要不断浓缩，直到浓度超过另一浓度后才会自发成核形成结晶体。我们把这一能够满足固体自发成核所对应的浓度与温度作图，可以得到一条超溶解度曲线。如图 5-1 所示，其中实线为溶解度曲线，虚线为超溶解度曲线。Ⅰ区为未饱和区，Ⅱ区为介稳区（或亚稳区，介安区），在Ⅱ区内，虽然溶液已过饱和，但由于上述原因，当没有外来的晶核存在或其他因素的触发时，溶液中不会自动形成晶核，也不会发生结晶过程。Ⅲ区为自动结晶区，即其过饱和程度已足以自动形成核心，因此，将发生自动结晶过程。

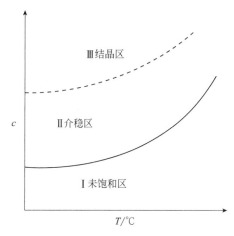

图 5-1 沉淀和结晶的溶解度
曲线及结晶稳定区域

定义绝对过饱和度为 $c-c_0$；过饱和率为 c/c_0；相对过饱和度 S 为 $(c-c_0)/c_0$；根据图 5-1，可以计算自动成核的临界过饱和率，即虚线所对应的过饱和率。这一指标反映了过饱和溶液的稳定性。

影响过饱和溶液稳定性的因素主要有：①溶质离子电荷之积愈大，则稳定性愈大，S 值增大；②溶解度 c_0 愈小，温度系数 f 愈大，则 S 值愈大；③离子水合度大，结晶体含结晶水多，则 S 值大；④对称性低的晶体(如三斜晶体)，其晶核形成比较困难，溶液的 S 值大，而立方晶体在小的过饱和度就能自动成核析出。此外，搅拌作用、杂质都将影响过饱和溶液的稳定性。搅拌作用及不溶性杂质都使其稳定性降低。

5.2.2.2 晶核的形成

从过饱和溶液中形成核心一般有两种途径，一是从过饱和溶液中自动形成，称为均相成核；二是以溶液中存在的夹杂物颗粒或其他固相表面（如容器的表面）为核心来形成，甚至杂质离子也可能成为结晶的核心，称为异相成核。

在实际结晶过程中，常常是两种方式都同时存在，当溶液的过饱和率小时，以异相成核为主，随着过饱和率增加，均相成核增加，逐渐变为以均相成核占优势。

（1）均相成核

① 临界半径：当一种溶剂中的溶质浓度超过平衡溶解度或温度低于相转变点时，新相开始出现。考虑过饱和溶液中固相均匀成核的例子，一种溶液中的溶质超过溶解度或处于过饱和状态，则其具有高吉布斯自由能，系统总能量将通过分离出溶质而减少。吉布斯自由能的减小是成核与长大的驱动力。单位体积固相的吉布斯自由能 ΔG_V 的变化依赖于溶质浓度：

$$\Delta G_V = \frac{-K_B T}{V \ln \dfrac{c}{c_0}} = \frac{-K_B T}{V \ln(1+S)} \tag{5-9}$$

式中，c 为溶质浓度；c_0 为平衡浓度或溶解度；V 为摩尔体积；K_B 为玻尔兹曼常数；T 是体系温度；S 是过饱和度。如果没有过饱和，则 ΔG_V 为零，不会发生成核。当 $c > c_0$ 时，ΔG 为负，说明有成核现象发生。如果形成半径为 r 的球形核，吉布斯自由能或体积能量的变化 $\Delta \mu_V$ 可以表述为：

$$\Delta \mu_V = \frac{4}{3} \pi r^3 \Delta G_V \tag{5-10}$$

但是这个能量减少与表面能量的引入保持平衡，并伴随着新相的形成。这将导致体系表面能（$\Delta \mu_s$）的增加，即

$$\Delta \mu_s = 4\pi r^2 \gamma \tag{5-11}$$

这里 γ 为单位面积表面能。成核过程的总自由能变化 ΔG 为：

$$\Delta G = \Delta \mu_V + \Delta \mu_s = \frac{4}{3} \pi r^3 \Delta G_V + 4\pi r^2 \gamma \tag{5-12}$$

图 5-2 所示为体积自由能变化 ΔG_V、表面自由能变化 ΔG_s、总自由能变化 ΔG 随晶核半径的变化关系，表明新晶核只有在其半径超过临界尺寸 r_c 时才能够稳定。一

个晶核的半径小于 r_c 时，将溶解到溶液中以降低总自由能；在临界半径 $r=r_c$ 时，临界半径 r_c 和临界自由能 ΔG_{max} 定义为：

$$r_c = \frac{-2\gamma}{\Delta G_V} = \frac{2\gamma V}{T \ln S} \qquad （5-13）$$

$$\Delta G_{max} = \frac{16\pi\gamma}{3(\Delta G_V)^2} = \frac{4}{3}\pi\gamma r_c^2 = \Delta G_{crit} \qquad （5-14）$$

从图 5-2 可知，ΔG_V、ΔG_s 和 ΔG 都是成核粒子尺寸的函数，随着半径的增加，ΔG 存在最大值 ΔG_{max}，对应的半径为 r_c。对于半径为 r_c 的晶核而言，增大或减小尺寸都是吉布斯自由能降低的过程，均可以自动进行。只有当 $r \geqslant r_c$ 时，晶核才能从饱和溶液中自动长大。因此，r_c 代表稳定球形晶核的临界尺寸。对于简单的无机物结晶，为 $10^{-10} \sim 10^{-8}$m。相应地，ΔG_{max} 是形核过程中必须克服的能垒。

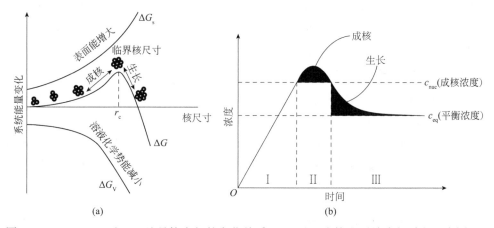

图 5-2　ΔG_V、ΔG_s 和 ΔG 随晶核半径的变化关系（a）以及成核和后续生长过程示意图（b）

图 5-2 表示，即使溶质的浓度超过平衡溶解度，也不会发生成核。只有当过饱和度大于溶解度一定程度后，才出现成核，原因在于成核时需要克服能垒。最初的成核完成后，生长物质的浓度或过饱和度减小，体积自由能的变化量也将减小。当浓度继续减小到临界能量对应的一定浓度时，不再成核，但生长过程将持续到生长物质浓度达到平衡浓度或溶解度。

为了减小临界尺寸和自由能，需要提高吉布斯自由能变化 ΔG_V，式（5-8）和式（5-9）表明 ΔG_V 可通过增加给定体系的过饱和度而得到提高。而 r_c 和 ΔG_{max} 均与固液两相的界面张力及过饱和率有关。临界半径 r_c 的大小及形成临界半径的晶核所需的吉布斯自由能与固体与溶液间的界面张力、晶体的密度以及过饱和率密切相关。若两相间界面张力小，则临界半径及生成晶核所需的能量都小，因此易自动成核；若过饱和率大，则 r_c 及 ΔG_{max} 都小，也易于自动成核。

② 均相成核的速度：单位时间内单位体积过饱和溶液中产生的晶核数，称为均相成核的速度。提高过饱和度不仅有利于减小临界半径，而且有利于提高成核速度。大部分物质的溶解度随温度的升高而升高，此时温度对其成核速度有两方面的影响：一方面温度升高，溶解度增加，不利于成核；另一方面，有利于原子的迁移，有利于成核。但总的说来，后者占优势。对溶解度随温度的升高而降低的物质而言，温度的升高肯定有利于成核。

（2）异相成核

溶质从过饱和溶液中结晶时，亦可能以溶液中的夹杂物或其他固相表面为核心，此时结晶过程生成新的相界面所需的表面能远比自动成核小。因此，即使在过饱和率较小的情况下，亦能形成核心，发生结晶过程。根据测定，即使是化学纯试剂，其中可作为异相成核的质点个数达 $10^6 \sim 10^7$ 个/cm^3。

异相成核的难易程度主要取决于夹杂物粒度的大小及其晶格与待结晶溶质晶体结构的近似性。两者晶体结构愈近似，则愈容易成为结晶核心。因此，作为异相成核的核心最好是人为加入溶质的固体粉末。例如，在拜耳法生产 Al_2O_3 时，加入 $Al(OH)_3$ 晶种可促使 $NaAlO_2$ 溶液分解而形成结晶氢氧化铝。

5.2.2.3 晶粒的长大

在晶核形成后，过饱和溶液中溶质分子（或离子）很容易到晶核上结晶而进入结晶生长过程。晶粒长大过程属多相过程，亦遵循多相过程的一般规律。溶质分子（或离子）的结晶过程经历下列步骤：①通过包括对流与扩散在内的传质过程到达晶体的表面；②在晶体的表面吸附；③吸附分子或离子在表面迁移；④进入晶格，使晶粒长大。整个结晶长大的速度取决于其中最慢的步骤。若步骤①最慢则称为传质控制，若步骤②、③、④最慢则称为界面生长控制。

结晶过程控制步骤的确定可以依据搅拌对结晶速度的影响关系来进行，对粒度大于 $5 \sim 10\mu m$ 的晶粒生长而言，若长大速度对搅拌强度很敏感，则控制步骤为传质过程；当长大速度对搅拌强度不敏感，则为界面生长控制。而对粒度小于 $5\mu m$（具体大小取决于溶液与晶体的密度差）的晶体生长，在搅拌过程中，晶体几乎与溶液同速运动，溶液与晶体界面的相对速度很小，不足以改变扩散速度，故长大速度与搅拌速度几乎无关。

对扩散控制而言，影响结晶过程总速度的因素主要为绝对过饱和度（即过饱和浓度 c 与饱和浓度 c_0 之差）和扩散系数 D，同时温度升高则 D 值增加，相应地总速度亦增加。

对界面生长控制而言，其主要影响因素为温度和相对过饱和度 S。温度升高，相对过饱和度 S 增加，长大速度亦增加。长大速度与 S 的具体关系随其中最慢过程而异。若最慢过程为表面吸附，则长大速度与 S 的一次方成正比；若界面螺旋生长过程最慢，则与 S^2 成正比。

5.2.2.4 沉淀物的形态及其影响因素

（1）沉淀物的主要形态及生成过程

沉淀物的形态与其固液分离的难易相关，也影响产物的纯度和颗粒性能指标。因此，如何通过沉淀结晶过程的调控来制备所需的产品或达到所需的分离目标是非常重要的课题。在沉淀过程中，由于条件的不同及物质性质的不同，沉淀物的形态往往不同，主要有：

① 结晶型：即外观呈明显的晶粒状，如盐溶液蒸发结晶所得的 NaCl 晶体，其 X 射线衍射图上有特征的衍射峰。过饱和度不大的均相成核和异相成核生长的产物多属于结晶型的易于过滤的产物。

② 无定形（凝乳型）：实际上为很小晶粒的聚集体；在过饱和度很大的时候，成核速度相当快，细小的颗粒来不及长大就聚集在一块。

③ 非晶形：在过饱和度很大时容易形成非晶形沉淀，这种沉淀的 X 射线衍射图上无衍射峰，没有规则的结构。非晶形的沉淀不稳定，由于表面能高，在一定条件下能转化成凝乳型。

沉淀的形成过程有两个基本步骤：首先是在过饱和溶液中形成晶核，然后是这些核心经长大形成微粒。而后一过程可能有两种途径：

① 过饱和溶液中的溶质分子形成许多核心并长大为微粒，许多微粒经聚集成无定形沉淀；这一途径为聚集途径，在过饱和度太大，成核速度很快时容易发生。

② 过饱和溶液中的溶质扩散至已有微粒表面，并在表面上定向排列长大为晶形颗粒。这一途径为定向生长途径，在有晶核和过饱和度不是太大时容易发生。

（2）影响沉淀物形态及粒度的因素

沉淀的形态取决于晶核形成后的聚集和定向长大的相对速度，若定向长大速度大，则主要形成晶形沉淀。反之则主要聚集成无定形。可用 C. Weimarm 提出的"分散度"概念来讨论影响沉淀物形态及粒度的因素。分散度可表示为：

$$分散度 = K \times \left(\frac{c - c_0}{c_0} \right) = KS \qquad (5-15)$$

分散度大则粒度细，意味着形成晶核的速度大于定向成长的速度，则势必产生大量微粒并聚集成无定形沉淀。有关因素对晶核形成和定向长大的影响为：

① 相对过饱和度 S：相对过饱和度增加，虽然有利于晶体的长大，但更重要的是它有利于核心的生成，有利于在溶液中产生大量微粒并进一步聚集，因此相对过饱和度大，则分散度大，有利于生成无定形细颗粒。若溶液的起始浓度大，则 S 值大，相应地导致细颗粒形成。同理，沉淀剂浓度的加大以及加入沉淀剂的速度加快，都有利于得到细颗粒沉淀物。

② 系数 K：它受温度、晶体性质、搅拌等方面的影响。温度升高，对核心的生成、聚集、晶粒长大等过程都有利，但其综合效果是温度升高，有利于得到粗颗粒。

晶体的结构类型决定晶体生长的特征：极性较强的盐类如 $BaSO_4$、$AgCl$ 等一般具有大的结晶生长速度，因而容易得到晶形沉淀。氢氧化物，特别是高价氢氧化物易得无定形沉淀，价态愈高愈难结晶。控制适当条件有时可直接得到二价的 $Cd(OH)_2$、$Zn(OH)_2$ 结晶产物，但三价的 $Fe(OH)_3$ 往往是无定形的，需要在高温下处理一定时间（陈化）才可转变为结晶型，而 $Th(OH)_4$ 等四价氢氧化物则通常为非晶形，很难转化为晶形。搅拌作用有利于防止局部过饱和度增加，也有利于传质过程。因此在一定程度上，搅拌有利于得到粗颗粒沉淀。但是过于强烈的搅拌也可能将颗粒粉碎。杂质会吸附于晶核表面而严重抑制晶体生长。而陈化过程则有利于晶体的长大和杂质的溶出，采用均相沉淀法亦能减小过饱和度，有利于晶体长大。因此，在实践中应根据沉淀过程的具体目的，适当地控制沉淀条件，以控制沉淀物的形态和粒度。

5.2.2.5　陈化过程

沉淀物形成后，其粒度及结构进一步自动向热力学稳定方向变化的过程称为陈化过程。陈化过程包括 Ostwald 熟化和亚稳相的转化。

Ostwald 熟化是指沉淀颗粒自动长大而小颗粒消失的过程。由式（5-8）可知，粒度愈小的颗粒溶解度愈大。当溶液中同时存在颗粒大小不同的晶体时，小颗粒将会自动溶解，并迁移到大颗粒上结晶析出，使颗粒自动长大。因此，沉淀后在高温下保温一段时间，往往有利于改善沉淀的过滤性能，同时由于颗粒长大，减少了比表面积，有利于减少由于各种共沉淀而带入的化学杂质。

亚稳相的转化是指在沉淀过程中由于动力学上的原因往往出现亚稳定相，因为一般界面张力小的物质溶解度大，从式（5-8）可知，临界半径与界面张力 σ 成正比，在其他条件相同的情况下，σ 小的物质临界半径小，即容易形成核心。在沉淀过程中有时 σ 小而溶解度大的反而优先析出。而在沉淀后，在一定的条件下这种溶解度大的相将自动转化成溶解度小的稳定相。这种转化往往容易出现在有多种晶形的物质（如 $CaCO_3$）以及有多种结晶水的物质的情况。

5.2.2.6　共沉淀现象

在沉淀过程中，某些未饱和组分亦随难溶化合物的沉淀而部分沉淀，这种现象称为"共沉淀"。在提取冶金中，常要求避免共沉淀现象的发生。例如：当沉淀为杂质时，主金属与之共沉淀则造成主金属的损失；当沉淀析出纯化合物时，杂质的共沉淀则影响产品的纯度。但是，在某些场合下也利用共沉淀以除去某些难以除去的杂质。例如，为从稀土浸取液中除镭，需加入 $BaCl_2$ 和 $(NH_4)_2SO_4$，以产生 $BaSO_4$ 的沉淀，因为 Ba^{2+} 和 Ra^{2+} 的半径相近（分别为 0.138nm 和 0.142nm），故 Ra^{2+} 进入 $BaSO_4$ 晶格与之共同沉淀除去；在材料的制备中，有的则要利用共沉淀的原理以制备具有特定成分且成分分布均匀的产品。因此，掌握共沉淀的规律性对冶金和材料制备都具有十分重要的意义。

（1）共沉淀产生的原因

① 形成固溶体：设溶液有两种金属离子，它们的性质类似，尤其是离子半径相近，在形成的结晶或沉淀中可以相互替换而同时进入一种沉淀中，它们的晶体结构为一种结构形式。当加入沉淀剂时，其中一种金属离子的沉淀物达到了饱和而另一种金属离子并未达到，但当两者晶格相同，且两种离子的半径相近时，它们将一起进入晶格而产生共沉淀。

② 表面吸附：晶体表面离子的受力状态与内部离子不同。内部离子周围都由异性离子所包围，受力状态是对称的，而表面的离子则有未饱和的键力，能吸引其他离子，发生表面吸附。表面吸附量与吸附离子性质有关，即表面优先吸附与晶体中离子相同的离子或能与晶格中离子形成难溶化合物的离子，且被吸附量随该离子电荷数的增加成指数地增如。

③ 吸留和机械夹杂：在晶体长大速度很快的情况下，晶体长大过程中表面吸附的杂质来不及离开晶体表面而被包入晶体内，这种现象称为"吸留"。机械夹杂指颗粒间夹杂的溶液中所带进的杂质，这种杂质可通过洗涤的方法除去，而吸留的杂质是不能用洗涤的方法除去的。

④ 后沉淀：沉淀析出后的放置过程中，溶液中的某些杂质可能慢慢沉积到沉淀物表面上，如向含 Cu^{2+}、Zn^{2+} 的酸性溶液中通 H_2S，则 CuS 沉淀，ZnS 不沉淀，但 CuS 表面吸附 S^{2-}，使 S^{2-} 浓度增加，导致表面 S^{2-} 浓度与 Zn^{2+} 浓度的乘积超过 ZnS 的溶度积，从而 ZnS 在 CuS 表面沉淀。

（2）影响共沉淀的因素

① 沉淀物的性质：大颗粒结晶型沉淀物比表面积小，因而吸附杂质少，而无定形或胶状沉淀物比表面积大，吸附杂质量多。

② 共沉淀物的性质与浓度：共沉淀的量均与共沉淀物质的性质密切相关，同时亦与其浓度密切相关。对表面吸附而言，可根据它们在沉淀上的吸附等温线方程来讨论离子种类、电荷大小、浓度等与其吸附量的关系。

③ 温度：温度升高可以减少共沉淀。因为吸附过程往往为放热过程，升高温度对吸附平衡不利，而且往往有利于得到颗粒粗大的沉淀物，其表面积小。

④ 沉淀过程的速度和沉淀剂的浓度：沉淀剂浓度过大、加入速度过快，导致沉淀物颗粒细和沉淀剂局部浓度过高（搅拌不均匀的情况下更是如此），使某些从整体看来未饱和的化合物在某些局部过饱和而沉淀。

（3）减少共沉淀的措施与均相沉淀

提高温度，降低沉淀剂的加入速度，降低溶液和沉淀剂的浓度，加强搅拌，同时将沉淀剂以喷淋方式均匀分散加入，以防止局部浓度过高等可减少共沉淀。有时单纯依靠稀释来降低浓度的方法是不够的，实践中的有效措施为均相沉淀。

均相沉淀是向待沉淀的溶液首先加入含沉淀剂的某种化合物，待其在溶液中均匀溶解后，再控制适当条件使沉淀剂从该化合物中缓慢析出，进而与待沉淀的化合物形成沉淀。例如，在中和沉淀过程中，中和剂不用 NH_4OH 或 $NaOH$，而是加入尿素，待尿素在溶液中均匀溶解后，再升温至 90℃左右，此时尿素在溶液中分解出能均匀中和溶液中的酸或碱的物质，不至于发生酸碱度局部过高的现象，从而防止中和过程多种离子的共沉淀。

均相沉淀除能有效防止共沉淀外，还由于沉淀剂浓度分布均匀而有利于晶粒的长大，得到粗颗粒的沉淀物，甚至在一般条件下易成胶态的 $Fe_2O_3 \cdot xH_2O$、$Al_2O_3 \cdot xH_2O$ 等物质，在均相沉淀时，也可具有结晶性质。

在有尿素存在下进行的中和过程，除能用于水解制取氢氧化物外，亦常用于那些与 pH 有关的其他化合物的沉淀过程，包括弱酸盐沉淀和硫化物沉淀等。当溶液中有 CO_3^{2-}、PO_4^{3-}、S^{2-} 等弱酸根离子存在时，则随着溶液 pH 的升高也可能制得相应的弱酸盐或硫化物。

应当指出，尿素在中性或弱碱性条件下，分解产生 CO_3^{2-}，因而，有时溶液中虽然没有加入 CO_3^{2-}，也可能产生碳酸盐沉淀。作为均相沉淀的实例，除上述尿素存在下的中和过程外，在某种意义上将沉淀剂以络离子形态（如氨络离子）加入也是一种均相沉淀过程。此时，溶液中游离沉淀剂的浓度由配合物稳定常数及配位体的浓度决定，不至于过高。随着沉淀过程的进行，游离沉淀剂浓度降低，络合平衡向配合物分解的方向迁移，不断产生沉淀剂，因而沉淀反应始终在沉淀剂浓度小而均匀的条件下进行，防止了某些化合物共沉淀。

5.2.3 沉淀的胶体特征及其稳定与聚沉

沉淀也是指一些物质以固体的形式从溶液中析出而沉降的过程。但是，当一些化合物已经达到成核尺寸而表面由于带有一些电荷或保护层时，它们并不会沉降，也难以实现固液分离而完成其分离的目标。颗粒表面带电或被包裹是沉淀形成过程中的又一基本特征，对于颗粒大结晶性好的沉淀，这一影响并不明显。因此，在早期的很多研究中并没有过多地讨论这一影响。随着对沉淀结晶过程研究的深入，一些现象和影响因素已经不能单独用沉淀-溶解平衡关系来解释。尤其是在沉淀的初期，成核过程中所涉及的机理问题目前也还不是太清楚，其影响也十分微妙。尤其突出的是，当沉淀分离的对象是生物、农业和医药等方面的提取液、发酵液中的生物大分子和药物小分子时，由于它们的表面有很多亲水基团和疏水基团，所以大多以胶体的形式溶解在提取液或发酵液中。因此，要从这些提取液和发酵液中分离和提取它们，可以利用它们的胶体性质来进行分散和聚沉。下面将以此为例，讨论胶体溶液的特征，包括它们的悬浮稳定性、聚沉特征与沉淀方法。再以此来讨论一般沉淀中如何考虑胶体特征对沉淀带来的影响，如何利用颗粒胶体的特征来实现良好的分离，获得质量优良的产品。

5.2.3.1 胶体及其稳定性

胶体在溶液中高度分散，表面积巨大，表面能处于很高的状态，具有动力稳定性和聚集稳定性的特点。有的胶体能稳定存在很长时间，甚至长达数十年之久。它们能长期保持稳定的主要原因是胶体的布朗运动、静电斥力以及胶体周围的水化层。悬浮微粒不停地做无规则运动的现象叫作布朗运动,胶体粒子具有强烈的布朗运动,而且体系的分散度越大,布朗运动越剧烈,扩散能力越强,其动力稳定性也越强,胶体粒子越不易聚沉。

胶体稳定的另一因素是胶体分子间的静电排斥作用。在电解质溶液中,被带电胶体吸引的带相反电荷的离子称反离子。反离子层并非全部排布在一个面上,而是在距胶粒表面由高到低有一定的浓度分布,形成双电层。如图 5-3 所示,双电层可分为紧密层和扩散层两部分:在距胶粒表面一个离子半径处有一斯特恩曲面,反离子被紧紧束缚在胶粒表面,不能流动,该离子层被称为紧密层[斯特恩(Stern)层];在该紧密层外围,随着距离的增大,反离子浓度逐渐降低,直至达到本体溶液的浓度,该离子层被称为扩散层。胶体粒子在溶液中移动时,总有一层液体随其一起运动,该薄层液体的外表面称为滑动面。

双电层中存在电位分布,距胶粒表面由远及近,电位(绝对值)从低到高。当双电层的电位达到一定程度

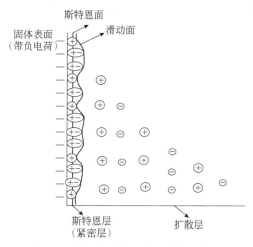

图 5-3　胶体表面的双电层结构示意图

时,两胶粒间静电斥力强于分子间的相互引力,使胶体在溶液中处于稳定状态。离子溶入水中后,离子周围存在着一个对水分子有明显作用的空间,当水分子与离子间相互作用能大于水分子与水分子间氢键能时,水的结构就遭到破坏,在离子周围形成水化层。胶体分子周围存在与胶体分子紧密或疏松结合的水化层。胶体周围水化层也是防止胶体凝聚沉淀的屏障之一。胶体周围水化层越厚,胶体溶液越稳定。

5.2.3.2　基于胶体粒子聚沉的沉淀技术

虽然胶体具有聚集稳定性,但它毕竟是热力学不稳定体系,许多外部因素如冷与热、机械作用、化学作用等都可以破坏胶体的稳定,导致溶胶分散度降低,分散相颗粒变大,最后从介质中沉淀析出,这种现象称作聚沉。例如电解质可以夺走水分子,破坏水化层,暴露疏水基团,从而使胶体沉淀。或者外因逐渐中和胶体电荷,使分散层厚度变小,导致紧密层电位降低,静电斥力逐渐减小,分子间相互吸引力加大甚至超越斥力,同时粒子间的布朗运动反而使其聚集沉淀。

（1）盐析沉淀法

① 盐析沉淀原理:从广义上说,把电解质加入胶体,使胶体微粒重新扩散、排列、聚集成新颗粒的物理-化学变化过程叫作盐析。而胶体在高离子强度溶液中溶

解度降低, 以致从溶液中沉淀出来的现象称为盐析沉淀。在水溶液中, 胶体分子上所带的亲水基团与水分子相互作用形成水化层, 避免了颗粒之间的相互碰撞, 保护了胶体粒子, 同时极性基团使分子间相互排斥使胶体形成稳定的胶体溶液。因此, 通过破坏胶体周围水化层和极性基态电荷, 就可降低胶体溶液的稳定性, 从而实现胶体的沉淀。加入大量中性盐夺走水分子, 破坏水膜, 暴露出疏水区域, 中和电荷, 使胶体颗粒间的相互排斥力大大降低而沉淀析出。

盐析沉淀的原理见图 5-4。各种胶体"盐析"出来所需的盐浓度各异, 盐析所需的最小盐浓度称作盐析浓度。盐析就是通过控制盐的浓度, 使混合溶液中的各成分分步析出, 达到分离的目的。

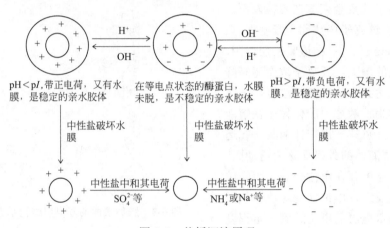

图 5-4 盐析沉淀原理

② 盐析公式: 在高浓度盐溶液中, 溶质溶解度的对数值与溶液中的离子强度成线性关系, 可用 Cohn 经验方程表示:

$$\lg c = \beta - K_s I \tag{5-16}$$

式中, c 为蛋白质溶解度, mol/L; β 为盐浓度为 0 时, 目的溶质溶解度的对数值, 与溶质种类、温度、pH 有关; I 为离子强度; K_s 为盐析常数, 与溶质和无机盐的种类有关, 与温度、pH 无关。

蛋白质对离子强度的变化非常敏感, 易产生共沉淀, K_s 大。在一定 pH 和温度下, 改变体系离子强度进行盐析的方法叫 K_s 分级盐析法。此法常用于蛋白质的粗提。当溶质溶解度随离子强度的变化较慢, 且变化幅度小时, 在一定离子强度下, 改变pH 和温度来进行盐析沉淀叫 β 分级盐析法。此法的分离选择性更高, 常用于对粗提蛋白做进一步的分离纯化。

③ 常用盐析剂: 盐析用盐的要求是盐析作用要强, 溶解度要大, 必须是惰性的, 来源丰富、经济。可使用的中性盐有: 硫酸铵、硫酸钠、硫酸镁、氯化钠、醋酸钠、磷酸钠、柠檬酸钠和硫氰化钾等。一般认为: 半径小而带电荷高的离子具有

较强的盐析作用，而半径大、带电荷量低的离子的盐析作用较弱。因此，各种盐离子的盐析作用的大小顺序为：

$$IO_3^- > PO_4^{3-} > SO_4^{2-} > CH_3COO^- > Cl^- > ClO_3^- > Br^- > NO_3^- > ClO_4^- > I^- > SCN^-$$

$$Al^{3+} > H^+ > Ca^{2+} > NH_4^+ > K^+ > Na^+$$

其中，硫酸铵、硫酸钠以溶解度大且溶解度受温度影响小、价廉、对目的物稳定性好、沉淀效果好等优点在实际工作中应用最为广泛。

④ 影响盐析的因素包括：a. 蛋白质种类。分子量大、结构不对称的蛋白质 K_s 值越大，越易沉淀。b. 温度和 pH 值。在低离子强度溶液中，生物大分子的溶解度在一定温度范围内与温度呈正比例关系。但是在高离子强度的溶液中，升高温度有利于某些蛋白质失水，因而温度升高，蛋白质的溶解度下降。在 pH 等于等电点的溶液中，蛋白质静电荷为零，静电斥力最小，溶解度最低。因此，盐析时 pH 尽量调节到等电点附近。c. 离子的类型。相同离子浓度下，盐种类不同对蛋白质的盐析效果不同。d. 溶质的原始浓度。蛋白质浓度高时，盐的用量少，但蛋白质浓度须适中，以避免溶液中多种蛋白质共沉。e. 盐的加入方法。分批加入固体盐类粉末并充分搅拌，可使其完全溶解并防止局部浓度过高，同时还能使溶质充分聚集而沉淀；加入饱和盐溶液，可防止溶液局部过浓；但当加量较多时，溶液会被稀释而影响目的物的浓度。

（2）有机溶剂沉淀法

① 基本原理：有机溶剂能使特定溶质产生沉淀的主要原因有两个：一是有机溶剂的介电常数比水小，随着有机溶剂的加入，会使整个溶液的介电常数降低，带电溶质分子之间的库仑引力逐渐增强，从而相互吸引而聚集；二是加入有机溶剂，能破坏溶质分子周围形成的水化层，降低水对溶质分子表面电荷基团或亲水基团水化程度使其静电斥力减弱甚至消失，从而降低溶质的溶解度。有机溶剂沉淀法的原理如图 5-5 所示。一般来说，溶质分子量越大，越容易被有机溶剂沉淀，发生沉淀所需要的有机溶剂浓度越低。

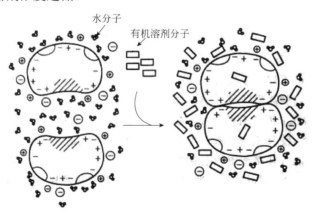

图 5-5 有机溶剂沉淀法原理图

② 影响有机溶剂沉淀效果的因素：

a. 溶液的 pH 值：为了得到良好的沉淀效果，需要找到使其溶解度最低的 pH。一般情况下，这个 pH 就是生物分子的等电点。溶液中存在有机溶剂时，该 pH 会有小幅度的偏离。

b. 温度：温度偏高时，轻则由于生物分子的溶解度升高而不能有效地沉淀下来，重则造成生物分子的不可逆性；同时低温可以减少有机溶剂的挥发，有利于安全沉淀，用有机溶剂沉淀物料的温度一般控制在 0℃ 以下。

c. 生物分子的浓度：生物分子浓度较高时，需要的有机溶剂较少，欲沉淀的组分损失较少，但存在共沉淀作用使分离选择性降低的问题。一般认为，对于蛋白质溶液，0.5%～3% 的起始浓度比较合适。

d. 溶剂的种类及浓度：不同的有机溶剂由于其介电常数不同，对相同溶质分子产生的沉淀作用也不同。介电常数越低，其沉淀能力越强。

e. 离子强度：在低浓度范围内，盐浓度的增加会造成溶质溶解度的升高，即"盐溶"现象；当盐浓度达到一定的数值后，再增加盐浓度反而造成溶质溶解度的降低，这就是"盐析"现象。

f. 金属离子：溶液中若有某些多价阳离子，在合适的 pH 范围内可以与呈阴离子状态的高分子溶质形成复合物，这些复合物的溶解度远小于其溶质，并且生物活性并未被破坏。因此，加入阳离子可减少有机溶剂用量。

③ 有机溶剂的选择：很多有机溶剂都可以使溶液中的蛋白质发生沉淀，如乙醇、甲醇、丙酮、二甲基甲酰胺、异丙醇等。其中，乙醇和丙酮是常用的有机溶剂。乙醇的沉析作用强、挥发性适中且无毒，常用于蛋白质、核酸、多糖等生物大分子的沉析；丙酮沉淀作用虽强，但毒性大，应用范围不如乙醇广泛。

④ 有机溶剂加入量的计算：有机溶剂的加入量可以按照下列公式计算：

$$V = \frac{V_0(c_2 - c_1)}{c_3 - c_2} \tag{5-17}$$

式中，V 为需要加入的已知浓度的有机溶剂的体积；V_0 为待沉淀溶液的体积；c_1 为待沉淀液中有机溶剂的浓度；c_2 为要求达到的有机溶剂浓度；c_3 为准备加入待沉淀溶液中的有机溶剂的浓度。若只是为了获得沉淀而不着重于进行分离，可用溶液体积数倍的有机溶剂来进行沉淀。

有机溶剂沉淀有时也可称为盐析结晶或沉淀，是指加入有机物使盐析出沉淀。例如，将甲醇加进盐的饱和水溶液中而引起盐的沉淀。对所加物质的要求是能溶解于原溶液中的溶剂，但不溶解或很少溶解被结晶的溶质，而且溶剂与盐析剂的混合物易于分离。

（3）溶析结晶法

在制药行业中，经常采用向含有医药物质的水溶液中加入某些有机溶剂（如低碳醇、酮、酰胺类等溶剂）的方法使医药产物结晶出来。这与上面的有机溶剂沉淀法类似，不过，此法常用于使不溶于水的有机物质从可溶于水的有机溶剂中结晶出来，此时加入溶液中的是酌量的水。向溶液中加入其他的溶剂使溶质析出的过程又称为溶析结晶。其机理是溶液中原来与溶质分子作用的溶剂分子部分或全部被新加入的其他溶剂分子所取代，使溶液体系的自由能大为提高，导致溶液过饱和而使溶质析出。在选择溶析剂时，除了要求溶质在其中的溶解度要小之外，还需考虑不同的溶析剂对晶体各晶面生长速率的影响，以满足对溶析结晶产品晶形的调控要求。但目前这方面的理论研究还不够，更多的还必须依靠实验来具体探索。

溶析结晶法具有许多优点，比如可将结晶温度保持在较低水平，对热敏性物质的结晶有利。一般杂质在溶剂与溶析剂的混合物中有较高的溶解度，以利于提高产品的纯度，且可与冷却法结合，进一步提高结晶收率。其缺点是常需要回收设备来处理结晶母液，以回收溶剂和溶析剂。

（4）等电点沉淀法

蛋白质分子表面覆盖有带正电荷和负电荷的基团。当 pH 高于等电点时，表面的负电荷处于优势地位，它将排斥带相似电荷的分子；相反，在 pH 低于等电点时，表面遍布正电荷，带相似电荷的分子也将彼此排斥。然而，在等电点时，蛋白质分子表面的正电荷和负电荷相互抵消，蛋白质分子的净电荷为零，分子间静电排斥作用减小，而发生静电吸引作用，形成比较大的粒子从而产生沉淀。简单地说，等电点沉淀主要利用蛋白质分子作为两性电解质在电中性时溶解度最低的特性来选择性沉淀具有不同等电点的蛋白质。在等电点沉淀操作中，一般是通过加入无机酸如盐酸、磷酸、硫酸或其钾盐、钠盐等调节 pH 值。

由于蛋白质在等电点沉淀中可能发生变性和失活，部分蛋白质等电点沉淀后不容易溶解，因而它经常用于沉淀混合蛋白质中的不需要成分，而比较少用于沉淀目的蛋白。应用此法时需事先了解目的蛋白对酸碱的稳定性，有些蛋白质与金属离子结合后等电点有所偏移，而且等电点沉淀对 pH 的要求比较高。

（5）高分子聚合物沉淀法

除了盐和有机溶剂可以使生物大分子在非变性情况下产生聚集，一些分子量大的中性和水溶性聚合物也可以用来沉淀血浆蛋白。例如：聚乙二醇（PEG）、葡聚糖、右旋糖酐硫酸钠等。

聚乙二醇具有螺旋状结构，亲水性强，用于纯化蛋白质的分子量范围在 4000~20000。聚乙二醇沉淀蛋白质的效果除与蛋白质浓度有关外，也与离子强度、pH 和温度有关。pH 恒定时，溶液中盐浓度越高，所需的 PEG 浓度越低，PEG 分子量越大，沉淀效果越好。大多数聚合物水溶液的黏度均会比较高，但聚乙二醇例外。该水溶液浓度达到 20g/100mL 时黏度也不会太高，而蛋白质溶液中的多数组分在它的浓度（20%）以下就已经沉淀下来。聚乙二醇的分子量大于 4000 时的效果比较好，而常用于蛋白质沉淀的聚乙二醇的分子量是 6000 和 20000。这种方法产生蛋白质沉淀的机理非常类似于有机溶剂沉淀，可以将聚乙二醇看成多聚的有机溶剂。一般认为，PEG 沉淀的机理是通过空间排斥，使溶质蛋白质分子聚集在一起而引起沉淀的。

PEG 沉淀法的优点有：①操作条件温和；②可室温操作；③不易引起蛋白质变性；④沉淀效果强，少量的 PEG 即可以沉淀大量蛋白质。

（6）复合盐沉淀法

生物大分子可以与盐生成盐类复合物，它们都具有很低的溶解度，极容易沉淀析出。因此，也是一种极为重要的沉淀分离剂。

按照生物分子结合功能团的不同，复合盐沉淀法一般分为下列三种。

① 金属复合盐沉淀法；金属复合盐沉淀法是金属离子与生物分子的酸性功能团作用形成金属复合盐而引起生物分子沉淀的方法。常用的金属离子有 Mn^{2+}、Fe^{2+}、Co^{2+}、Ni^{2+}、Cu^{2+}、Zn^{2+}、Cd^{2+}、Ca^{2+}、Ba^{2+}、Mg^{2+}、Pb^{2+}、Hg^{2+}、Ag^+等。金属复合盐可通以 H_2S 气体沉淀金属离子，获得纯的生物分子。但一些重金属离子能使生物分子不可逆的变性，在选择沉淀剂时须谨慎。

② 有机酸类复合盐沉淀法；有机酸与生物分子的碱性功能团作用形成有机酸复合盐。可用的有机酸有苦味酸、酮酸、鞣酸等。有机酸类复合盐可以加入无机酸并用乙醚萃取，把有机酸等除去，或用离子交换法除去。有机酸类复合盐沉淀时须采取较温和的条件，有时还要加入一定的稳定剂以防止与蛋白质发生不可逆的沉淀。例如，2.5%三氯乙酸（TCA）分离细胞色素 C、胰蛋白酶或拟肽酶等，可以除去大量的杂质蛋白而对酶的活性没有影响。

③ 无机复合盐（如磷钨酸盐、磷钼酸盐等）沉淀法。

（7）反应结晶

反应结晶又称反应沉淀结晶，它是通过气体或液体之间进行化学反应而沉淀出固体产品的过程。反应结晶是一个比较复杂的多相反应与结晶的耦合技术，广泛应用于焦炉气处理、制药工业和精细化工中。例如，在医药工业中用于制备和精制药物，在精细化工中用于生产农药、催化剂和感光材料等。

反应结晶集混合、化学反应和结晶过程于一身。在沉淀剂与溶液混合过程中，形成产物的浓度增大并达到过饱和，在溶液中产生晶核并逐渐长大为较大的晶体颗粒。其中宏观、微观及分子级混合反应，成核与晶体生长称为一次过程，粒子的老化（Ostwald 熟化及相转移）、聚结、破裂及熟化称为二次过程。所有这些过程都对产品的纯度、晶系、晶形、大小等有影响。对于反应过程及结晶的成核、生长过程，大家的研究思路和手法大致相同，但对于二次过程及混合的影响的研究，则有不同的观点和方法。

由于反应沉淀结晶过程的复杂性，应加强反应结晶（沉淀）过程机理研究，进一步探索各过程相互作用机制，系统地研究操作参数对晶体产品的定性、定量关系，并提出合理、通用的工业放大设计方法，以指导工业生产，适应反应结晶（沉淀）应用范围迅速扩大的趋势。

5.2.3.3 胶体沉淀方法的应用

传统的蛋白质分离方法如盐析法、有机溶剂沉淀法在实际分离蛋白质中仍有大量的应用，可作为蛋白质粗分离手段。而等电点沉淀法在适宜条件下也可用于高纯度生物大分子的制备。等电点法常与盐析法、有机溶剂沉淀法或其他沉淀方法联合使用，以提高其沉淀能力。高分子聚合物沉淀法最早用于提纯免疫球蛋白、沉淀一些细菌和病毒。现已广泛应用在细菌和病毒，核酸和蛋白质等方面。

胶体的沉淀与分散在一般的沉淀分离技术中也有很好的作用。从胶体的角度提出一些改善沉淀的方法，可以大大改善沉淀的效果和完成程度。其中一个最为直接的效果是改善沉淀颗粒的沉降性能和结晶特征，降低沉淀中的含水量。最为直接的例子是在一些沉淀过程中加入一定的无机盐来改善沉淀的结晶性能和沉降特征，对改善过滤等固液分离特征特别有效。这里利用的就是通过盐的加入，利用其盐析效应使一些细小的胶体颗粒产生聚沉，使其易于过滤和沉降。盐析效应还能使沉淀颗粒表面的水化层变薄，这对于降低沉淀产物的含水量非常有用。另外一个很好的应用就是在纳米颗粒的设计和制备上，根据上面的一些讨论，我们可以考虑如何控制成核与生长，以期达到控制颗粒大小的目的。也可以确定某一体系在具体的条件下所能获得的纳米颗粒的极限。通过外加表面活性剂和溶剂，还可以调控粒子的聚集和生长速度，获得不同形貌和大小的颗粒产品。

5.3 沉淀与结晶分离技术

5.3.1 基于金属离子氢氧化物沉淀的分离

5.3.1.1 离子势（$\phi = Z/r$）

金属离子水解形成氢氧化物沉淀所需的 pH 与金属离子的离子势直接相关。离子势定义为离子电荷数（Z）和离子半径（r，pm）的比值，它表示阳离子的极化能力。一些高价态的金属离子很容易水解形成溶解度很小的氢氧化物沉淀正是因为它们的离子势大。离子极化理论认为，形成化学键的两种离子的极化能力越强，它们形成的化学键的共价性也越强，所生成的化合物越难溶于水。

实际上，ϕ 越大，静电引力越强，RO—H 便以酸式解离为主，ϕ 越小，静电引力越弱，R—OH 便以碱式解离为主。当 $(\phi)^{1/2} < 2.2$ 时，其氢氧化物呈碱性，不易形成氢氧化物沉淀，即使沉淀了，也容易被酸溶解；碱金属、碱土金属和稀土金属的氢氧化物可以与酸发生中和反应。当 $2.2 < (\phi)^{1/2} < 3.2$ 时，氢氧化物显两性，在弱酸-中性-弱碱范围内能够沉淀，但在较强的酸和碱中会被溶解，例如：大半径的四价离子、小半径的三价离子（Al^{3+}）既溶于强酸，也溶于强碱。当 $(\phi)^{1/2} > 3.2$ 时，氢氧化物呈酸性。如钛、锆、铪、钽、铌、钨、钼等呈 4、5、6 价的金属离子，它们的氢氧化物呈酸性，能够与碱反应形成它们的含氧酸盐。而在酸性溶液中则以难溶的水合氢氧化物或含氧酸形式存在。

5.3.1.2 常见金属离子氢氧化物的沉淀 pH 值

表 5-1 中列出了部分金属离子在不同浓度时开始沉淀所需的 pH 值，结果明确表示，金属离子氢氧化物沉淀的 pH 值与金属离子本身的性质有关。当电子构型相同时，阳离子的离子势越大，其极化力也就越大，离子化合物的溶解性变小，水解倾向变大，含氧酸盐的热稳定性变差。表 5-1 的结果也证明沉淀 pH 值也与金属离子的浓度有关，取决于它们氢氧化物的溶度积大小。假如我们所用金属离子的起始溶液浓度是 0.1mol/L 左右，而沉淀完全后的离子浓度是 10^{-5}mol/L，那么表 5-1 中的数据实际上是各种金属离子开始沉淀的 pH 值和沉淀完全时的 pH 值。

表 5-1 部分金属离子氢氧化物沉淀 pH 值

金属离子	离子浓度/(mol/L)					pK_{sp}
	10^{-1}	10^{-2}	10^{-3}	10^{-4}	10^{-5}	
In^{3+}	**3.27**	**3.60**	**3.93**	**4.26**	**4.59**	**33.2**
Sn^{2+}	0.57	1.07	1.57	2.07	2.57	27.8
Sn^{4+}	**0.25**	**0.50**	**0.75**	**1.00**	**1.25**	**56.0**
Cd^{2+}	7.70	8.20	8.70	9.20	9.70	13.6
Pb^{2+}	7.04	7.54	8.04	8.54	9.04	14.9
Pb^{4+}					1.13	65.5
Tl^{3+}	**−0.27**	**0.06**	**0.39**	**0.72**	**1.05**	**43.8**
Fe^{2+}	7.00	7.50	8.00	8.50	9.00	15.1
Fe^{3+}	**1.90**	**2.20**	**2.50**	**2.90**	**3.20**	**37.4**
Co^{2+}	7.15	7.65	8.15	8.65	9.15	14.7
Co^{3+}	−0.23	0.10	0.43	0.76	1.09	43.7
Al^{3+}	**3.40**	**3.70**	**4.00**	**4.40**	**4.70**	**32.9**
Cr^{3+}	4.30	4.60	4.90	5.30	5.60	30.2
Cu^{2+}	4.70	5.20	5.70	6.20	6.70	19.6
Ni^{2+}	7.20	7.70	8.20	8.70	9.20	14.1
Mn^{2+}	8.10	8.60	9.10	9.60	10.1	12.7
Mg^{2+}	9.10	9.60	10.1	10.6	11.1	10.7
Zn^{2+}	6.04	6.54	7.04	7.54	8.04	16.92
Sb^{5+}	0.53	0.86	1.19	1.52	1.85	41.4
Ti^{4+}	**1.00**	**1.33**	**1.66**	**2.00**	**2.33**	**40.0**
Bi^{3+}	4.20	4.53	4.86	5.19	5.52	30.4

不同价态金属离子之间的开始沉淀 pH 值差别大，金属离子的价态越高，其 pK_{sp} 值越大，在较低的 pH 值下就能形成沉淀。例如：四价及以上价态的金属离子最容易形成氢氧化物，在 pH 值小于 1 的酸性溶液中就能沉淀。而相同价态的金属离子之间的差别较小，例如三价金属离子 Fe^{3+} 和 Al^{3+} 的沉淀 pH 在 2～4 之间。金属离子

氢氧化物除碱金属和碱土金属钡等几个外，都是难溶或微溶化合物，绝大部分离子通过水稀释、加氨水或碱性物质就可得到胶状氢氧化物沉淀。价态相同、离子半径又相近的稀土离子之间的沉淀 pH 值差别更小。表 5-2 为稀土离子在不同介质中的沉淀 pH 值，证明阴离子也会影响开始沉淀的 pH 值。

表 5-2　RE(OH)$_3$ 的物理性质和开始沉淀的 pH 值

氢氧化物	颜色	溶度积（25℃）	开始沉淀的 pH 值				
			硝酸盐	氯化物	硫酸盐	醋酸盐	高氯酸盐
La(OH)$_3$	白	1.0×10^{-19}	7.82	8.03	7.41	7.93	8.10
Ce(OH)$_3$	白	1.5×10^{-20}	7.60	7.41	7.35	7.77	
Pr(OH)$_3$	浅绿	2.7×10^{-20}	7.35	7.05	7.17	7.66	7.40
Nd(OH)$_3$	浅红	1.9×10^{-21}	7.31	7.02	6.95	7.59	7.30
Sm(OH)$_3$	黄	6.8×10^{-22}	6.92	6.82	6.70	7.40	7.13
Eu(OH)$_3$	白	3.4×10^{-22}	6.82		6.68	7.18	6.91
Gd(OH)$_3$	白	2.1×10^{-22}	6.83		6.75	7.10	6.81
Tb(OH)$_3$	白						
Dy(OH)$_3$	浅黄						
Ho(OH)$_3$	浅黄						
Er(OH)$_3$	浅红	1.3×10^{-23}	6.75		6.50	6.95	
Tm(OH)$_3$	浅绿	2.3×10^{-24}	6.40		6.20	6.53	
Yb(OH)$_3$	白	2.9×10^{-24}	6.30		6.18	6.50	6.45
Lu(OH)$_3$	白	2.5×10^{-24}	6.30		6.18	6.46	6.45
Y(OH)$_3$	白	1.6×10^{-23}	6.95	6.78	6.83	6.83	6.81
Sc(OH)$_3$	白	4×10^{-30}	4.9	4.8		6.10	
Ce(OH)$_4$	黄	4×10^{-51}	0.7~1				

5.3.1.3　利用金属离子氢氧化物沉淀的分离技术

从表 5-1 中的数据可以看出，采用碱性试剂，利用不同金属离子沉淀形成所需的 pH 值不同，通过控制溶液的 pH 值可以实现不同金属离子的分离。这对不同价态金属离子之间的分离是容易办到的。但对同一价态的金属离子之间的分离则有一定的难度。下面以离子吸附型稀土的浸出液净化为例来进行讨论。

离子吸附型稀土浸出液的组成比较复杂，且随不同地区和浸矿条件而表现出较大差别。除稀土离子外，还含有 Al^{3+}、Fe^{3+}、Ca^{2+}、Mg^{2+}、Pb^{2+}、Mn^{2+}、SiO_3^{2-}，K^+ 和 Na^+ 等杂质离子和大量的未消耗完的淋洗剂，同时还有一些混进的机械杂质，例如极细颗粒的黏土。离子吸附型稀土浸取液杂质含量直接影响稀土产品的纯度。国家针对离子吸附型稀土精矿产品制定了相关行业标准，要求混合稀土氧化物的产品质量标准为稀土总量（REO）不小于 92%，水分含量以及 Al_2O_3 含量分别不大于 0.3%

和 0.5%，ThO_2 含量不大于 0.05%。在实际生产中，常见的杂质主要是铝、钙、硅等能呈离子状态进入浸取液中的杂质离子。例如：浸取液中铝含量有时高达 2000mg/L，钙含量高达 300mg/L。如果直接用草酸或碳酸氢铵对浸出液进行沉淀稀土，则沉淀获得的稀土产品中的杂质含量较高，纯度满足不了要求。为了适应稀土分离厂及一些精矿制品用户的要求，需将这些非稀土杂质与稀土元素进行分离。一般是在沉淀稀土之前对稀土料液进行除杂和净化，否则就无法通过一次沉淀和煅烧直接获得合格的稀土产品。我们提出的预处理除杂技术包括：①易水解金属离子的水解去除，例如对于铝和铁；②胶体吸附和共聚沉去除金属离子和细颗粒悬浮杂质，包括硅、铝以及部分钙、铅离子等；③硫化物去除重金属铅、铜、镉、镍等。尽管硫酸盐浸出时浸出液中的铅浓度降低很多，但这些少量的重金属还是容易随碳酸稀土一起沉淀而影响产品纯度。当这些杂质的存在使产品的质量受到影响时，就应该考虑使用硫化物沉淀法。

这三方面的技术可以同时使用，也可以分别使用，关键看浸出液中的杂质离子种类和含量大小范围。对于铝含量低的料液，可以直接用碳酸氢铵来调节 pH 值使铝、铁和部分稀土一起水解析出；如果用氨水来调节 pH 值，需要调节到较高的 pH 值才能有好的效果，或者有意加入些铝盐，使形成的羟基铝能够将细颗粒悬浮物聚沉，达到更好的效果。

预处理除杂过程中，可以同时存在金属离子水解沉淀、多种金属离子共沉淀、金属离子硫化物沉淀以及这些沉淀相互之间或与悬浮的细泥沙之间的聚沉现象。因此，在预处理除杂时部分稀土离子的损失是存在的，因为很难控制在铝氢氧化物沉淀时稀土完全不参与共沉淀。这样，在离子吸附型稀土生产过程中也就出现了含稀土的预处理渣。这种渣含杂质离子和稀土的氢氧化物或碳酸盐或硫化物，其中所含的稀土可以用相应的方法再提取分离出来，使稀土的损失降到最低。

中和沉淀是用氨水、氢氧化钠、碳酸氢铵或碳酸钠等碱性物质为中和剂来调节溶液 pH 值在 4.5～6 之间。利用一些非稀土杂质离子与稀土的氢氧化物或碳酸盐溶解度的不同，或者说产生沉淀所需的 pH 值不同来使它们先后析出并通过固液分离来达到分离目的。稀土氢氧化物的溶度积常数和沉淀 pH 值见表 5-2。由于镧系收缩现象，镧系元素的离子半径及碱性均随原子序数的增大而减小。镧的碱性最强，随原子序数增大依次减小，镥的碱性最弱。一般说镧的碱性近似于钙，镥的碱性近似于铝。因此，稀土元素水解沉淀的 pH 值从镧至镥依次减小。

中和法沉淀除去非稀土杂质是在 pH = 5 以下开始沉淀非稀土离子，如 Zr^{4+}、Th^{4+}、Co^{3+}、Al^{3+}、Fe^{3+} 等。而 Cu^{2+}、Ba^{2+}、Pb^{2+} 等杂质离子开始沉淀的 pH 值与稀土离子接近，很难用中和法将它们完全分开。

采用氢氧化物作中和剂时，一般是碱性弱的金属离子先形成沉淀，例如铁和铝形成氢氧化物沉淀的溶度积很小，在 pH 6 以前可以沉淀完全，而稀土氢氧化物的溶度积要比它们大，在 pH 6 时还不产生沉淀，因此，控制适当的 pH 值，就可以使杂质基本沉淀完全，而稀土留在溶液中。

在矿山稀土料液去除非稀土杂质时，常利用氨水的弱碱性在溶液中提供 OH^- 与一些金属离子（如 Fe^{3+}、Al^{3+}等）沉淀。在稀土料液加入氨水，随溶液 pH 值的逐渐升高，四价的锆、钍、钛等将首先析出沉淀，三价铁和钪容易先形成沉淀，其次是铝生成氢氧化铝沉淀。

$$Fe^{3+} + 3OH^- \longrightarrow Fe(OH)_3 \downarrow \qquad K_{sp} = 4.0\times10^{-38} \qquad (pH>3.3)$$

$$Al^{3+} + 3OH^- \longrightarrow Al(OH)_3 \downarrow \qquad K_{sp} = 1.3\times10^{-33} \qquad (pH>4.7)$$

$$RE^{3+} + 3OH^- \longrightarrow RE(OH)_3 \downarrow \qquad K_{sp} = 3.0\times10^{-24} \qquad (pH>6.4)$$

因此，铝与稀土之间的分离是最困难的，也是我们需要重点考虑的。稀土盐溶液加入氢氧化铵或碱金属氢氧化物，则生成稀土氢氧化物的胶状沉淀，沉淀中 OH^-/RE^{3+}摩尔比并不是 3，而是 2.48~2.88，说明沉淀并不是化学计量的 $RE(OH)_3$，而是含有不同组成的碱式盐。溶液中稀土开始沉淀的 pH 值与阴离子有关，当阴离子相同时，开始沉淀的 pH 值由 La→Lu 依次减小，这与随稀土离子半径减小，碱度减弱的次序一致，如在 SO_4^{2-} 介质中 RE^{3+} 开始沉淀的 pH 值从 7.41 到 6.18，而在 NO_3^- 介质中 pH 值从 7.82 到 6.30。尽管水解析出氢氧化铝的 pH 值在 4 左右，但形成的是胶体小颗粒，很难沉降和过滤分离。所以，一般需要将 pH 值调到 5 以上，甚至 6 以上时，产生的沉淀才好实现固液分离。而 pH 值的提高，增加了稀土与铝形成共沉淀的趋势，也就增加了稀土的损失率。在 pH 8 以前基本可以不考虑钙和镁氢氧化物沉淀的形成。但在除杂时，钙和镁的浓度也能降低一些。表 5-3 是水解 pH 值与稀土损失率之间的关系。可以看出，在未达到稀土水解 pH 值时，稀土的损失就表现出来了。若要控制稀土损失率在 5%左右，需控制溶液 pH 值在 5.50~6.00。

表 5-3　用氨水作沉淀剂除杂时溶液 pH 值与稀土损失率的关系

溶液 pH	3.21	5.27	6.00	6.25	6.45	6.69
起始稀土浓度/(mg/mL)	8.16					
水解平衡稀土浓度/(mg/mL)	8.16	7.87	7.73	7.51	7.31	6.99
稀土损失率/%	0	3.55	5.25	7.91	10.41	14.33

5.3.2　基于金属离子硫化物沉淀的分离技术

5.3.2.1　硫化物的沉淀原理

硫离子的极化能力强，属于软碱。可以与许多金属离子形成难溶硫化物沉淀，尤其是一些重金属离子。所以是从溶液中去除重金属的最为有效的沉淀剂。表 5-4 列出了几种主要金属离子硫化物的溶度积。当实际体系 pH=5 时，溶液中的重金属离子 Cu^{2+}、Pb^{2+}、Zn^{2+}和 Fe^{2+}等都已经形成了硫化物沉淀，只有 Mn^{2+}仍留在溶液中，因此硫化钠可作为淋出液除重金属离子的试剂。其用量应大于化学计量，除杂后溶

液中 Na_2S 的浓度保持在 $10^{-2}mol/L$ 以上。

表 5-4　一些重金属离子硫化物沉淀的溶度积常数

重金属离子	硫化物	溶度积 K_{sp}
Pb^{2+}	PbS	$9.04×10^{-29}$
Fe^{2+}	FeS	$1.59×10^{-19}$
Mn^{2+}	MnS	$2.00×10^{-10}$
Zn^{2+}	ZnS	$1.20×10^{-23}$
Cu^{2+}	CuS	$6.00×10^{-26}$

硫化物沉淀法一般以气态的 H_2S 或铵和钠的硫化物作为沉淀剂，使水溶液中的金属离子呈硫化物形态沉淀析出。其原理是各种硫化物的溶度积不同，溶度积愈小的硫化物愈易形成硫化物沉淀而析出。由于硫化氢是一种二元弱酸（$K_{a1} = 1.07×10^{-7}$，$K_{a2} = 1.3×10^{-13}$），在 298K 的溶液中，H_2S 的饱和浓度为 0.1mol/L。因此，溶液的 pH 也会明显地影响硫化物沉淀的析出。对于二价金属离子，其溶度积可以表示为：

$$K_{sp} = \frac{\alpha_{Me^{2+}} ×10^{-21}}{\alpha_{H^+}^2}$$

$$\lg K_{sp} = \lg(\alpha_{Me^{2+}} ×10^{-21}) + 2pH$$

$$pH = \frac{1}{2}(\lg K_{sp} - \lg \alpha_{Me^{2+}} - \lg 10^{-21}) = 10.5 + \frac{1}{2}\lg K_{sp} - \frac{1}{2}\lg \alpha_{Me^{2+}} \qquad (5-18)$$

对于一价和三价离子，也可以推导出类似的关系式。利用这些关系式，可以计算出沉淀平衡溶液中离子的活度与 pH 的关系。根据这一关系，可以确定不同金属离子实现沉淀分离所需控制的 pH 范围。

5.3.2.2　硫化物的沉淀原理

硫化钠是弱酸强碱盐，在水中极易电离和水解，硫化钠和硫化铵水解后溶液呈碱性。在酸性介质中容易分解出硫化氢，极臭，有毒，因此在使用时，一定要先用氨水调母液 pH 值，既可以除杂又可以使母液 pH 值上升，再使用硫化铵或硫化钠就可以大大减少分解出硫化氢，同时也可降低硫化铵和硫化钠的用量。稀土浸出液中加入硫化钠时，很快有黑色沉淀产生，重金属离子形成硫化物沉淀而得到分离。

5.3.3　基于金属离子草酸盐沉淀的分离方法

5.3.3.1　草酸沉淀法

草酸是二元酸，在溶液中存在下列电离平衡：

$$H_2C_2O_4 \Longrightarrow HC_2O_4^- + H^+ \qquad K_1 = 5.38×10^{-2}(298K)$$

$$HC_2O_4^- \Longrightarrow C_2O_4^{2-} + H^+ \qquad K_2 = 5.42×10^{-5}(298K)$$

草酸在水溶液中的存在形式有草酸、草酸氢根、草酸根，其总浓度也是这三者的总和。溶液中各组分的含量 φ 对 pH 作图，得到 pH-φ 图，如图 5-6 所示。由图可知，当溶液 pH 大于 7 时，几乎全部电离成 $C_2O_4^{2-}$；当 pH 为 3 时，草酸绝大部分以草酸氢根 $HC_2O_4^-$ 存在；pH 为 1 时，溶液中草酸、草酸根各占 50% 左右；pH 为 0 时，草酸含量占到 95%，几乎都以草酸的形式存在。

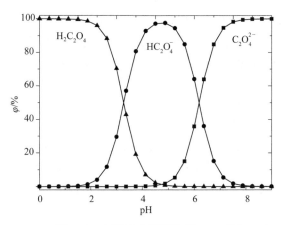

图 5-6 水溶液中草酸体系 pH-φ 图

表 5-5 是一些金属离子草酸盐的溶度积数据。表明很多二价的和更高价态的金属离子都可以与草酸形成沉淀。同时也可以看出，二价金属离子的溶度积不是太小，通过调节溶液的 pH，可以实现它们与三价离子之间的分离。其中应用最广的是草酸稀土的沉淀，不仅是重量法分析稀土含量的经典方法，也是工业上将高纯稀土从水溶液中沉淀析出，实现与大量无机离子分离的方法。

表 5-5 一些常见草酸盐的溶度积常数

草酸盐	溶度积	草酸盐	溶度积
$Bi_2(C_2O_4)_3$	4.0×10^{-36}	PbC_2O_4	4.8×10^{-10}
$Y_2(C_2O_4)_3$	5.3×10^{-29}	CaC_2O_4	4.0×10^{-9}
$La_2(C_2O_4)_3$	2.5×10^{-27}	$MgC_2O_4 \cdot 2H_2O$	1.0×10^{-8}
$Th(C_2O_4)_2$	1.0×10^{-22}	CuC_2O_4	2.3×10^{-8}
$MnC_2O_4 \cdot 2H_2O$	1.1×10^{-15}	ZnC_2O_4	2.7×10^{-8}
$Hg_2C_2O_4$	2.0×10^{-13}	BaC_2O_4	1.6×10^{-7}
NiC_2O_4	4.0×10^{-10}	$FeC_2O_4 \cdot 2H_2O$	3.2×10^{-7}

5.3.3.2 草酸沉淀法提取分离稀土

草酸沉淀稀土是工业应用最多的一种传统工艺，是从浸取液中富集提纯稀土的有效方法之一。该法以草酸（$H_2C_2O_4 \cdot 2H_2O$）作稀土沉淀剂，将过量的草酸加入到稀土浸取液中析出白色稀土草酸盐沉淀，其组成是 $RE_2(C_2O_4)_3 \cdot nH_2O$（$n$ 一般为 5、6、9、10）。可与大多数非稀土金属元素分离。

稀土离子与溶液中的草酸根反应生成草酸稀土沉淀，其化学方程式如下：

$$2RE^{3+}+3H_2C_2O_4+xH_2O \Longrightarrow RE_2(C_2O_4)_3 \cdot xH_2O \downarrow +6H^+ \qquad (5\text{-}19)$$

由反应可知：酸度会影响沉淀的生成，生成 1mol 稀土草酸盐沉淀，就会产生 6mol 的氢离子。随着反应的进行，酸浓度增大，这不利于草酸稀土沉淀的进一步生成。稀土草酸盐虽难溶于无机酸，但是在酸中还是有一定的溶解度的，且溶解度随酸度的增大而增大。不同稀土草酸盐之间的溶解度随着镧系元素原子序数的增大而增大。由于重稀土草酸盐的溶解度较大，会造成稀土的损失。因此，重稀土的草酸盐沉淀回收率会比轻稀土低一些。针对草酸稀土在酸性条件下的溶解，理论上可加入碱中和，提高 pH 值，有利于反应的进行。但实际上，用氨水和碱都会对稀土的生产带来不利影响。例如：碱金属特别是钾和钠可与稀土生成不溶的 $xNa_2C_2O_4 \cdot yRE_2(C_2O_4)_3$ 草酸复盐沉淀，这种复盐在稀酸中也是难溶的沉淀物，影响纯度。

在不同的无机酸中草酸的溶解度不同，并有如下次序：盐酸>硝酸>硫酸。在实际情况中，整个体系构成一个缓冲体系，不加酸碱的情况下，体系的 pH 值可维持在 1.64 左右。

草酸稀土沉淀也可与草酸继续生成配合物，造成稀土的损失。稀土草酸盐在草酸-草酸钠缓冲溶液中的溶解度随草酸浓度增加呈先降低后升高的趋势，其中有一个最低点。其原因是草酸稀土配离子的生成，因此，草酸的加量不是越多越好，需要根据稀土沉淀率和产品纯度来确定最佳的加量。

表 5-6 为草酸用量对稀土沉淀率和产物纯度的影响数据。可以看出：随着草酸与氧化稀土质量比的增大，稀土沉淀率增大。产品纯度随着质量比的增大呈现的是先增大后降低的趋势，在质量比为 2 左右时最高，这是因为草酸浓度增大，杂质离子的沉淀量也增大，致使杂质含量增大，产品纯度降低。草酸用量对稀土沉淀率、产物纯度和母液中草酸及氧化钙含量的影响见表 5-7，可见母液中草酸含量随草酸加入量增加而增加，同时钙的含量却相应地有所减少。可见随着草酸用量加大，溶液中钙被沉淀下来的也增多，使产品纯度下降。由此可见，使用草酸作沉淀剂，选择适当的沉淀比，可除去部分杂质离子，从而对后续的产品提纯起到积极的效果。

表 5-6　草酸用量对稀土沉淀率和产物纯度的影响

草酸加量/g	0.2	0.3	0.4	0.5	0.6	0.7
沉淀比（草酸与氧化稀土的质量比）	0.81	1.22	1.63	2.03	2.44	2.84
氧化稀土质量/g	0.1252	0.1709	0.2186	0.2361	0.2407	0.2405
纯度/%	91.83	94.33	95.44	97.26	96.25	96.16
沉淀率/%	50.91	69.51	88.91	96.02	97.9	97.81

注：2%硫酸铵溶液淋洗所得的稀土料液，体积 100mL，含氧化稀土 0.2459g。

表 5-7　草酸用量对稀土沉淀率、产物纯度和母液中草酸及氧化钙含量的影响

草酸加量/g	0.2	0.3	0.4	0.5	0.6	0.7
沉淀比（草酸与氧化稀土的质量比）	1.6	1.8	2.0	2.2	2.4	2.6
纯度/%	92.9	92.75	92.52	92.38	91.31	90.66
沉淀率/%	94.83	96.91	98.94	99.58	99.78	100
母液中草酸含量/(mg/mL)	0.1153	0.1300	0.1995	0.3128	0.4469	0.5905
母液中氧化钙含量/(mg/mL)	0.1182	0.1146	0.1110	0.1075	0.0716	0.02149

注：1%硫酸铵溶液淋洗所得的稀土料液，体积 400mL，沉淀陈化时间 6h。

现行的工艺过程一般是按 RE_2O_3：$H_2C_2O_4 \cdot 2H_2O$ 质量比为 1∶(1.8～2.2)的比值，在不断搅拌条件下加入草酸，这样得到的草酸稀土颗粒不会包裹草酸，在母液中陈化 6～8h，使小的颗粒溶解，大的晶粒长大，减少过滤损失，过滤，用 1%草酸洗涤，防止草酸稀土再溶解，烘干得到含结晶水的草酸稀土。

很多杂质离子均能与草酸生成难溶的草酸盐或可溶的配合物，离子吸附型稀土中含有较多的铁、铝、硅等杂质，它们与草酸生成 $RE[Al(C_2O_4)_3]$、$RE[Fe(C_2O_4)_3]$、$RE[Si(C_2O_4)_3OH]$ 等可溶性复盐，既增加了草酸的用量，又使稀土沉淀收率大大下降。因此，在加入草酸沉淀之前若能减少浸出液中杂质离子的含量，则既能够节省草酸用量，又能提高产品纯度和回收率。

5.3.3.3　草酸稀土沉淀法制备低氯根高纯度均粒度的氧化稀土

草酸沉淀法的设备简单，操作容易，工艺成熟，具有稀土与共存离子分离效果好、沉淀结晶性能好的优点。在很长一段时间里，我们关注更多的是金属离子之间的分离，例如：铝、铁、钙的分离。由于我国的稀土分离体系是盐酸体系，采用草酸沉淀法虽然可以使大部分的氯离子得到分离，但仍有相当多的氯离子因为夹杂和吸附而进入沉淀，导致产品中的氯根含量超标，在 1000mg/kg 以上。而国外的萃取分离技术主要是在硝酸介质中完成的，不存在氯根夹带问题。20 世纪 90 年代以来，国际市场上对中国的氧化稀土产品提出了严格的氯根含量及其产品的颗粒度要求，而利用原来的沉淀工艺很难达到这一要求。为此，许多企业纷纷采用从硝酸介质中沉淀稀土的方法。这样一来，即使企业只在最后反萃阶段采用硝酸，但也需要增加与硝酸体系相关的设备和储罐，而且硝酸的价格贵，生产成本高。为此，南昌大学通过对原有草酸稀土沉淀工艺的改造，一是利用草酸根的优先配位有效占据原理减小快速结晶过程的氯根夹带；二是颗粒表面电性调谐以减少氯根吸附和夹带。所采用的方法也很简单，一是调整加料方法，改原来的正序加料为反序或同步加料，保证沉淀过程始终在草酸含量过量的情况下进行，让草酸根优先与稀土配位结合，形成带负电的胶体颗粒，使氯根难以进入稀土离子的内配位圈，也减少了后续沉淀的夹带。二是对料液浓度、加料方式和结晶温度的调谐，在减少氯根夹带的同时实现对颗粒粒度大小和分布的调控。这一技术在国内企业得到推广应用，成为该类产品

生产的主流技术，并应用至今，为我国稀土产品质量的提高做出了重要贡献。"高纯稀土产品中氯根含量控制技术"也因此获得了江西省科技进步奖。

5.3.4 基于金属碳酸盐沉淀的分离技术

5.3.4.1 金属离子的难溶碳酸盐

许多二价和三价金属离子的碳酸盐都是难溶的，这是自然界大量碳酸盐矿存在的原因。碳酸盐可分正盐 M_2CO_3、酸式盐 $MHCO_3$ 及碱式碳酸盐 $M_2(OH)_2CO_3$（M为金属）三类。碱金属和铵的碳酸盐易溶于水，其他金属的碳酸盐都难溶于水。含有氢氧基团的金属离子碳酸盐称为碱式盐。重要的有碱式碳酸铜[$CuCO_3 \cdot Cu(OH)_2$]、碱式碳酸铅[$2PbCO_3 \cdot Pb(OH)_2$]等及自然界存在的蓝铜矿[$Cu_3(CO_3)_2(OH)_2$]、孔雀石[$Cu_2(OH)_2CO_3$]等。从溶液中析出难溶碳酸盐的方法有：

① 碳酸盐沉淀法：

$$Na_2CO_3 + CaCl_2 \longrightarrow CaCO_3 \downarrow + 2NaCl \tag{5-20}$$

② 二氧化碳沉淀法：金属氢氧化物通入二氧化碳生成碳酸盐沉淀。

$$Ca(OH)_2 + CO_2 \longrightarrow CaCO_3 + H_2O \tag{5-21}$$

③ 氨碱法：

$$2NH_3 + CO_2 + H_2O + CaCl_2 \longrightarrow CaCO_3 \downarrow + 2NH_4Cl \tag{5-22}$$

④ 难溶的碱式碳酸盐可由某些金属的可溶性盐类溶液中加入碱金属碳酸盐溶液来制备：

$$2M^{2+} + 2CO_3^{2-} + H_2O \longrightarrow M_2(OH)_2CO_3 + CO_2 \uparrow \tag{5-23}$$

5.3.4.2 金属碳酸盐沉淀技术的应用

利用金属碳酸盐沉淀可以分离一些金属离子，用于料液的净化、环境水的处理和碳酸盐产品的生产。

（1）处理重金属污水

碳酸盐沉淀用于除锌：将碳酸钠加入含锌的污水中，经混合反应，可生成碳酸锌沉淀物而从水中析出。沉渣经清水漂洗，真空抽滤，可回收利用。

碳酸盐沉淀用于除铅：用碳酸钠作沉淀剂处理铅蓄电池污水，将沉淀剂与污水中的铅反应生成碳酸铅沉淀物，再经砂滤，在 pH 值为 6.4～8.7 时，出水的总铅含量为 0.2～3.8mg/L，可溶性铅为 0.1mg/L。采用白云石过滤含铅污水，可以使溶解的铅变成碳酸铅沉淀，而后从污水中去除。

（2）生产碳酸盐产品

碳酸锌的制备方法简单，将含锌的溶液与碳酸钠反应，控制溶液 pH，可以得到碳酸锌沉淀。经过滤、洗涤、干燥，即可得到产品。

超细碱式碳酸锌可以用水解沉淀法来制备，采用氨法浸出锌灰，经除杂净化得到高纯锌氨溶液。高纯锌氨溶液中的锌质量浓度约为 100g/L。将锌氨溶液加热水解，其反应式如下：

$$5Zn(NH_3)_4CO_3 + 3H_2O \longrightarrow Zn_5(CO_3)_2(OH)_6 + 3CO_2\uparrow + 20NH_3\uparrow \quad (5\text{-}24)$$

$$4Zn(NH_3)_4CO_3 + 4H_2O \longrightarrow Zn_4(CO_3)(OH)_6 \cdot H_2O + 3CO_2\uparrow + 16NH_3\uparrow \quad (5\text{-}25)$$

取一定量的锌氨溶液，分别调节蒸氨温度为 90℃、搅拌速度为 300r/min、锌浓度为 75g/L、负压为−2kPa 来控制蒸氨速率。蒸氨结束后过滤，沉淀经洗涤、烘干得到单斜晶系碱式碳酸锌 $Zn_5(CO_3)_2(OH)_6$ 和 $Zn_4(CO_3)(OH)_6 \cdot H_2O$ 的混合物。蒸出的氨气和滤液回收利用。

碳酸钙和钙/镁的碳酸盐都是重要的建筑材料，工业上用途甚广。钙/镁的碳酸盐原料有石灰石、白云石，化学成分为 $CaMg(CO_3)_2$。由石灰石生产轻质碳酸钙，包括煅烧、消化、碳化、分离、干燥、粉碎等工序。原料碳酸钙含量应在 96%以上，含镁盐 1%左右，含铁、铝氧化物在 0.5%以下。于 900～1100℃下煅烧。原料从窑顶连续加入，生成的氧化钙从窑底不断取出。分解反应生成的二氧化碳经除尘、洗涤、干燥、压缩送到碳化工序。氧化钙用 3～5 倍的水进行消化，温度为 90℃左右，时间 1.5～2h。石灰乳浓度为 10～18°Bé，过滤除去杂质后在搅拌下送至碳化塔中；将经过精制的二氧化碳气体压缩后，从碳化塔底部引入与石灰乳接触发生碳化反应。温度为 60～70℃，碳化压力为 0.08MPa 左右，碳化反应时间随二氧化碳的浓度、流量及料液容积而不同。碳化终点 pH 值为 7 左右。碳化后熟浆，用离心机脱水，脱水后将湿粉连续地输入回转干燥炉进行干燥，物料含水低于 0.3%。再经冷却、粉碎、过筛，即得成品。另外，预先在 $Ca(OH)_2$ 浆料加入 1～2μm 的针状碳酸钙晶须和磷酸类化合物，再通入 CO_2 气体可得到碳酸钙晶须。或将工业生石灰进行消化后，在一定浓度的氯化镁溶液中，再通入二氧化碳气体进行气液反应，经脱水、干燥得到碳酸钙晶须。

在碳酸盐沉淀分离法中，稀土碳酸盐生产过程最具代表性和前沿性。下面单独以稀土碳酸盐沉淀技术的应用作一系统的讨论。

5.3.4.3 碳酸稀土的制备及分离应用

针对草酸沉淀法草酸成本高、有毒性、污染环境、不符合绿色化学提取的发展理念等缺点，南昌大学在离子吸附型稀土的提取技术研究中率先用价廉碳酸氢铵代替草酸作稀土沉淀剂来提取稀土，开发出了碳酸氢铵沉淀法提稀土的工艺。

（1）碳酸氢铵的基本性质

碳酸氢铵在水中极易溶解，它在水中既能电离出氢离子又能水解出氢氧根离子，但是铵根离子水解常数远小于碳酸氢根的水解常数。因此，NH_4HCO_3 溶液显碱性。在溶液中的存在形式有 HCO_3^-、CO_3^{2-}、H_2CO_3，其总浓度也是这三者的总和。溶液中各组分的含量 φ 对 pH 作图，得到 pH-φ 图，如图 5-7 所示。由图可知，pH 小于 4 时，主要变成碳酸挥发了；pH 为 9 左右时，几乎都以 HCO_3^- 形式存在；pH 为 12 时，98.3%都以 CO_3^{2-} 形式存在，此时 HCO_3^- 含量不到 2%。

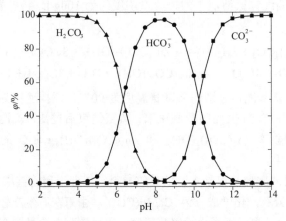

图 5-7　碳酸体系 pH-φ 图

（2）碳酸氢铵沉淀法提取稀土

稀土离子与碳酸氢铵的沉淀反应如下：

$$2RE^{3+} + 6HCO_3^- \Longrightarrow RE_2(CO_3)_3 \downarrow + 3CO_2 \uparrow + 3H_2O \qquad （5-26）$$

碳酸稀土沉淀中用于沉淀的有效部分是碳酸根。由于碳酸氢铵是个两性物质，氢离子浓度会影响碳酸根的含量，从而影响稀土的沉淀率。表 5-8 中列出了一些稀土碳酸盐与草酸盐在水中溶解度的比较。结果表明：稀土碳酸盐在水中的溶解度比草酸稀土在水中的溶解度低；重稀土的溶解度比轻稀土大得多，钇为镧的 10 多倍，镱是镧的 100 多倍。因此，碳酸氢铵沉淀稀土比草酸沉淀稀土的沉淀率要高，收率会更高一些，成本可大大降低。

表 5-8　稀土的碳酸盐和草酸盐在水中的溶解度数据

碳酸盐（无水）	溶解度（25℃）/(g/L)	草酸盐（十水盐）	溶解度（25℃）/(g/L)
$La_2(CO_3)_3$	0.00011	$La_2(C_2O_4)_3$	0.00168
$Ce_2(CO_3)_3$	0.000324	$Ce_2(C_2O_4)_3$	0.00131
$Pr_2(CO_3)_3$	0.000919	$Pr_2(C_2O_4)_3$	0.0098
$Nd_2(CO_3)_3$	0.00162	$Nd_2(C_2O_4)_3$	0.0076
$Sm_2(CO_3)_3$	0.00091	$Sm_2(C_2O_4)_3$	0.0052
$Gd_2(CO_3)_3$	0.0037	$Gd_2(C_2O_4)_3$	0.024
$Dy_2(CO_3)_3$	0.00307		
$Eu_2(CO_3)_3$	0.00094(30℃)		
$Er_2(CO_3)_3$	0.0011		
$Yb_2(CO_3)_3$	0.00263	$Yb_2(C_2O_4)_3$	0.154
$Y_2(CO_3)_3$	0.0039	$Y_2(C_2O_4)_3$	0.021

在离子吸附型稀土资源的提取技术研究中，我们提出了以 $(NH_4)_2SO_4$ 作为淋洗剂，以 NH_4HCO_3 沉淀法提取稀土的生产工艺，得到稀土氧化物总量高的稀土精矿或稀土碳酸盐。该技术在 1982 年已完成了小试研究和效果评价，于 1985 年完成了工业化生产试验，达到了预期效果。该技术包括以下步骤。

一是预处理除杂：首先往稀土料液加入碳酸氢铵或氨水溶液中和处理，至料液 pH 在 5.2～5.5 之间，使杂质和部分稀土先行沉淀，并与共存的细颗粒泥沙一起共沉，上清液转入沉淀池。

碳酸氢铵在溶液中提供 HCO_3^-、CO_3^{2-} 等与一些金属离子（如 Ca^{2+}、Pb^{2+} 等）形成碳酸盐（$CaCO_3$、$PbCO_3$）沉淀，也会有碱式碳酸盐及复盐沉淀。当使用碳酸氢铵沉淀稀土料液中的非稀土杂质时，也有少量稀土离子会形成碳酸盐、碱式碳酸盐及复盐等沉淀而被除去。当碳酸氢铵加入稀土淋出液时，铁、铝以氢氧化物沉淀，部分稀土及钙、镁以碳酸盐沉淀析出。

表 5-9 为用碳酸氢铵作沉淀剂除杂时溶液 pH 值与稀土损失率的关系。表 5-10 为碳酸氢铵加量对预处理除杂效果和稀土损失率的影响。因此需严格控制溶液 pH 值，减少稀土的损失率。若让稀土损失率在 5% 左右，则需控制溶液 pH 值在 5.6～6.0 之间。因为稀土离子能与碳酸氢铵中的 CO_3^{2-} 形成碳酸稀土沉淀，而 pH 值又直接影响溶液中 CO_3^{2-} 的含量。实际上，淋出液中稀土离子浓度为 1g/L 时加入碳酸氢铵，pH = 5 时就开始有碳酸稀土沉淀产生。因此，采用碳酸氢铵除杂时的稀土损失较大，实际控制的 pH 值在 5.2～5.6 之间。此时生成胶状沉淀，以铝的氢氧化物为主，颗粒细，过滤慢。针对胶体过滤速度慢的问题，可加入聚丙烯酰胺絮凝剂助滤。氢氧化物沉淀法可与其他稀土沉淀法配合使用，常用作其他稀土沉淀作业前的预处理作业。

表 5-9　用碳酸氢铵作沉淀剂除杂时溶液 pH 值与稀土损失率的关系

溶液 pH 值	3.21	5.36	5.80	6.00	6.20	6.30
起始稀土浓度/(mg/mL)	8.16					
水解平衡稀土浓度/(mg/mL)	8.16	7.98	7.78	7.73	7.65	7.42
稀土损失率/%	0	2.20	4.67	5.26	6.25	8.82

表 5-10　碳酸氢铵加量对预处理除杂效果和稀土损失率的影响（起始料液体积为 1L）

5%碳酸氢铵加量/mL	0	1.0	2.0	3.0	4.0
起始稀土含量（REO）/(g/L)	0.6790				
预处理后稀土含量（REO）/(g/L)	0.6790	0.6770	0.6730	0.6590	0.6190
稀土损失率/%	0	0.3	0.88	2.9	8.8
氧化稀土纯度/%	93.0	95.6	95.7	96.2	96.6
氧化稀土含氧化硅/%	0.69	0.40	0.20	0.20	0.20
氧化稀土含氧化铝/%	0.56	0.25	0.15	0.05	0.06

二是沉淀：在处理后的料液中按稀土：碳酸氢铵质量比 1：(3～4)的量加入 5%～10%的碳酸氢铵溶液沉淀稀土，并加入少量聚丙烯酰胺凝聚剂促进沉淀絮凝，陈化 1～2h，上清液转入回收池。

碳酸氢铵的用量与稀土沉淀率之间的关系密切。我们分别取除杂后的富钇重稀土料液（稀土浓度为 1.084g/L）按不同的沉淀比进行沉淀试验，图 5-8 的结果表明，随着碳酸氢铵用量（沉淀比为碳酸氢铵与稀土氧化物的质量比）增大，稀土的沉淀率也随之增高，沉淀率在沉淀比 3.5 以后趋于稳定；而产品纯度则先随沉淀比增大而升高，然后又降低，在 3.5 处出现峰值。因此，合适的沉淀比为 3.5，此时，产物纯度高，沉淀率也不低，且碳酸氢铵用量少。

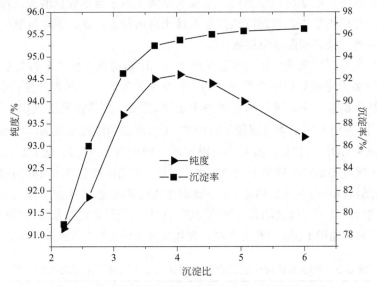

图 5-8　碳酸氢铵沉淀比与沉淀率和产品纯度的关系

在用碱金属碳酸盐沉淀稀土时，若加入过量碳酸盐，则稀土可生成一系列溶解度更大的碳酸稀土复盐，而且随着原子序数的增加，生成碳酸稀土复盐的趋势也增加，造成沉淀损失。同理，若稀土浸出液中含有过量的碱金属，如 Na^+、K^+等，也可与稀土生成复盐，使沉淀率降低。而用碳酸氢铵作沉淀剂时，形成复盐的趋势很低，不至于对沉淀率产生明显的影响。若含有 Fe^{3+}、Fe^{2+}、Al^{3+}、Mn^{2+}、Ca^{2+}、Mg^{2+}等杂质，它们对最终产品纯度有不同程度的影响。一些常见杂质的碳酸盐的溶度积列于表 5-11 中。由于不同的金属杂质离子与碳酸氢铵的反应不尽相同，因此，对最终产品纯度的影响也不一样。在无稀土存在时，铝、铁可与碳酸氢铵反应形成沉淀，而在二价锰、钙、镁离子的溶液中加入碳酸氢铵，开始时均无沉淀产生，陈化后 Mn 会有少量沉淀，钙、镁仍没有沉淀。因此，Al、Fe、Mn 对稀土产品纯度会有直接影响。其中，Al、Fe 的加入对稀土产品纯度的影响最大，Mn 次之。通过洗涤，纯度的提高也是有限的。Ca、Mg 的存在对纯度也会有影响，但通过洗涤可以使纯度大幅度提高，表明它们主要以吸附共沉淀形式进入沉淀，稀土沉淀中吸附的这部分杂质可以通过洗涤来除去。当 Al、Mn 存在时，洗涤前后纯度也有 4~5 个百分点的提高。说明也有可洗去的杂质，其中 Mn 可认为也有一部分是以吸附共沉淀形式进入沉淀的，而 Al 则是由于羟基聚合铝的形成与碳酸稀土一起共存。由于无定形碳酸稀土、氢氧化稀土和一些杂质阳离子的氢氧化物都可以胶体形式存在，它们的颗粒小、难以分离、吸附杂质多，因而会影响产品纯度。

表 5-11　几种常见杂质的碳酸盐溶度积

碳酸盐	$MgCO_3$	$CaCO_3$	$FeCO_3$	$MnCO_3$	$PbCO_3$
溶度积 K_{sp}	3.5×10^{-8}	2.9×10^{-9}	3.2×10^{-11}	1.8×10^{-11}	7.4×10^{-14}

三是过滤洗涤和干燥煅烧：沉淀用清水洗涤 1~2 次，转入滤槽或离心机过滤洗涤，洗涤水打入回收池，固体经过干燥或煅烧后得到合格的氧化稀土产品。

四是沉淀母液和洗涤水回收循环利用：将回收池中聚集的沉淀母液和洗涤水用酸中和至溶液 pH 4~4.5，补加硫酸铵到所需浓度后即可用于循环浸矿。

在这一技术中，我们利用了不同金属离子的水解 pH 不同、形成碳酸盐沉淀所需的酸度和浓度不同以及形成沉淀的胶体特征来分离铝、铁、钙等杂质。该工艺与草酸沉淀法相比，原料成本低，无毒性，对环境无污染，缩短了生产周期。另外，用碳酸氢铵沉淀浸出液中的稀土时，浸出液中共存的碱金属离子、铵离子以及无机酸根等离子不会因为复盐的形成而进入沉淀，不污染产品。而且沉淀剂中带进来的铵离子以及溶液中存在的阳离子都可以作为后续淋洗浸矿中的阳离子得到循环利用，进一步节约硫酸铵的消耗，降低材料成本。

（3）碳酸稀土的结晶转化

尽管采用絮凝的方法能够使形成的无定形沉淀聚沉而便于液固分离，但分离的效果还是不够理想，沉淀中的含水量和杂质离子量高。因此，在随后的推广应用过程中一直在寻求能够实现结晶转化的方法与条件，并且取得了很大成果。这一技术不仅在矿山得到应用，而且在稀土分离企业也得到广泛应用。

① 碳酸稀土结晶化反应。有关碳酸稀土形成反应，已有多种反应方程式见诸报道。理论上，稀土与碳酸氢铵（钠）的离子反应方程式为：

$$2RE^{3+} + 3HCO_3^- \longrightarrow RE_2(CO_3)_3 \downarrow + 3H^+ \tag{5-27}$$

反应生成的质子继续与碳酸氢根反应放出二氧化碳气体：

$$H^+ + HCO_3^- \longrightarrow CO_2 \uparrow + H_2O \tag{5-28}$$

两者合并后的总反应为：

$$2RE^{3+} + 6HCO_3^- \longrightarrow RE_2(CO_3)_3 \downarrow + 3CO_2 \uparrow + 3H_2O \tag{5-29}$$

事实上，碳酸稀土可以在 pH<7 的条件下形成并稳定存在。形成碳酸稀土沉淀的 pH 值一般在 4～5，浓度高时可在 pH<4 的条件下形成。当向稀土料液中加入碳酸氢铵溶液，由于碳酸稀土的溶解度很小，过饱和度大，形成沉淀的聚集速度很大，所以首先析出的是无定形沉淀。在 NH_4HCO_3 与稀土离子反应形成无定形沉淀时伴随着 pH 值的迅速下降：

$$RECl_3 + xNH_4HCO_3 \longrightarrow RECl_{3-2x}(CO_3)_x \downarrow + xNH_4Cl + xHCl \qquad (5\text{-}30)$$

pH 值在数秒内降到最低点，随后回升：

$$H^+ + HCO_3^- \longrightarrow CO_2 \uparrow + H_2O$$

$$RECl_{3-2x}(CO_3)_x \cdot nH_2O + 2xHCl \longrightarrow RECl_3 + xCO_2 \uparrow + (x+n)H_2O \qquad (5\text{-}31)$$

初始生成的沉淀中含有一定量的氯离子，在适当条件下陈化，无定形碳酸稀土可转化为晶形碳酸稀土，并伴随着溶液 pH 值的下降和少量 CO_2 气体的放出。

$$2RECl_{3-2x}(CO_3)_x \cdot nH_2O + (3-2x)NH_4HCO_3 \longrightarrow$$

$$RE_2(CO_3)_3 \cdot nH_2O + (3-2x)NH_4Cl + (3-2x)HCl + nH_2O \qquad (5\text{-}32)$$

反应得到的产物与沉淀比、加料方式、反应温度、陈化时间等息息相关。随着 pH 的变化、沉淀层厚度降低，稀土沉淀由无定形向晶型转变。

② 碳酸稀土结晶活性区域。碳酸是一种二元弱酸，金属碳酸盐在酸性条件下会被溶解。因此，碳酸稀土稳定存在的 pH 值应该在 4 以上。在早期碳酸稀土的研究中，人们习惯性地采用沉淀剂过量的完全沉淀方法。上已述及，碳酸稀土可以在 pH 值小于 7 的条件下形成并稳定存在，开始形成碳酸稀土沉淀的 pH 值一般在 4～5，浓度高时甚至可在 pH < 4 的条件下形成。稀土被碳酸盐完全沉淀后所得到的碳酸稀土在后续陈化过程中的结晶转化速度很慢，而当沉淀剂量不足、稀土沉淀不完全时可以更好地实现结晶转化。对于重稀土元素，在过量碳酸氢铵存在时也能实现快速结晶，同时发现碳酸稀土沉淀在陈化结晶过程中溶液的 pH 值往往会降低。因此，我们可以用加料比范围和溶液 pH 值变化来确定各种稀土碳酸盐的结晶活性区域。而且还可以根据陈化过程溶液 pH 值的变化特点，建立一套表征碳酸稀土结晶特征的方法，称为 pH 值原位测定法。

通过大量的实验，在总结无数次实验现象、结果和规律的基础上，我们提出了碳酸稀土结晶活性和结晶惰性的概念以及对不同稀土的结晶活性区域进行了确定，同时对其影响因素进行了探究。我们发现，对于轻稀土元素，稀土离子完全沉淀后所得到的碳酸稀土为无定形沉淀，其在陈化过程中的结晶转化速度很慢，而当沉淀剂量不足、有稀土离子残留时可以更好地实现碳酸稀土由无定形向晶形的转化。因此，轻稀土元素的结晶活性区域在低配比，即沉淀剂的用量小于理论值，如：碳酸镧结晶活性区域位于低配比（0.541～2.828）区，而在高配比区其结晶是惰性的。

而常温下中重稀土元素的结晶活性区域在高配比区，即在沉淀剂过量的情况下，可以实现快速结晶得到晶型碳酸稀土。在很多结晶沉淀反应中常伴随着 pH 值的变化，通过结晶过程的 pH 值变化规律探讨沉淀反应的结晶化机理，并探索溶液 pH 值对结晶过程的影响，从而根据结晶特性的要求对反应 pH 值进行有目的的控制。

在处理含有杂质的稀土料液时，一些易水解的金属离子（如三价的铁、铝离子）对结晶有很大影响。实验证明，通过控制反应过程 pH 值，可以改变稀土料液中杂质离子的状态，使杂质离子以适当形式与结晶碳酸稀土分离，得到高纯度的碳酸稀土产品。同时，pH 值的改变也可能改变晶面对杂质离子的吸附能力，减少包裹。

陈化时间的长短与沉淀晶形转变的百分数直接相关，在判断碳酸稀土在某一条件下是否是结晶活性时，最为主要的判据是结晶时间。结晶完全所需陈化时间随物质本身的性质不同而不同。例如：轻稀土碳酸盐在低配比区域（沉淀剂加量低于理论计算值，pH 值在 4～5.5）可以在较短时间内实现由无定形沉淀向结晶体的完全转变。而在高配比区域（沉淀剂加量高于理论计算值，pH 值在 6～7.5）则需要较长的时间。这就是为什么早期有关晶型碳酸稀土的制备都需数天、一周或几十天的陈化时间，这显然不适合于工业应用。所以，结晶活性区域概念的提出不仅对研究碳酸稀土结晶有重要意义，而且更主要的价值在于指导结晶条件的选择，实现快速结晶。

为研究碳酸氢铵沉淀稀土时的 pH 值变化特征，采用分段加料的方式，向 100mL 铈料液中每隔 5min 加 10mL 碳酸氢铵溶液，测定其 pH 值随时间的变化。结果显示，在 NH_4HCO_3 与 Ce^{3+} 的摩尔比小于 1.4 时，pH 值随时间的变化关系都是先急剧下降，然后慢慢回升。这是由于进入沉淀的是 CO_3^{2-} 而不是 HCO_3^-，因此沉淀每消耗一个 CO_3^{2-} 便放出一个 H^+，放出的 H^+ 又与 HCO_3^- 反应。由于沉淀反应速度快，加入的碳酸氢铵大部分都能与稀土反应，放出的盐酸使溶液 pH 值快速下降（数秒之内下降到最低点），随后再与溶液中的碳酸氢根按上一个反应式反应或与碳酸稀土反应而使 pH 值回升，放出二氧化碳并产生气泡。

$$RECl_{3-2x}(CO_3)_x \cdot nH_2O + 2xHCl \longrightarrow RECl_3 + xCO_2 \uparrow + (x+n)H_2O \quad (5-33)$$

在 NH_4HCO_3 与 Ce^{3+} 的摩尔比大于 1.4 的情况下，每次加料完后 pH 值从最低点上升到一个极大值后又出现明显下降，伴随着 pH 值的下降，沉淀由无定形转变为结晶体，这也可从悬浮液的黏度、分散性和沉淀的沉降性能以及产物的 X 射线衍射图看出。因此，这一 pH 值下降可作为碳酸稀土结晶与否的标志。

我们一般用两种方法来确定结晶活性区域的范围：一种是通过观察沉淀及陈化过程中溶液 pH 值的变化来判断结晶是否进行和进行程度，并用于确定各稀土碳酸盐的结晶活性区域。另一种是用分步沉淀法，测定不同加料比下陈化一定时间后的 pH 值，并以该 pH 值对加料比作图，如果出现 pH 值的下陷区域，则该区域就是该稀土碳酸盐在规定的陈化时间内存在的结晶活性区域。

基于上述基础性研究结果，可以选择合适的结晶活性区，按一定的比例加料，在有晶种存在下进行反应结晶沉淀，使沉淀与结晶能同时进行，获得大颗粒易沉降和易过滤的碳酸稀土。这一技术获国家发明专利授权，在各稀土分离企业得到推广应用，并获得江西省技术发明奖。

③ 稀土碳酸盐向稀土碱式碳酸盐转变。我们利用镧石型碳酸镨钕$(PrNd)_2(CO_3)_3 \cdot 8H_2O$ 在一定的条件下转变成碱式碳酸镨钕$(PrNd)OHCO_3$，从而发现了一种新的制备具有高堆密度、低氯根含量、细粒度和窄分布的镨钕氧化物的方法。

所用原料为镧石型碳酸镨钕，可以从市场直接购得，其氧化稀土含量在42%～45%。在镧石型碳酸镨钕的悬浮液中，用氢氧化钠溶液分别调节溶液 pH，置于95℃的恒温水浴锅中恒温陈化，每隔一段时间取样测定悬浮溶液的 pH 值，并抽滤洗涤，将所得结晶在50℃下烘干即得碳酸盐（1000℃煅烧后得到氧化物）样品。

图 5-9（a）为镧石型碳酸镨钕在95℃起始 pH 值为13的水溶液中陈化0h、0.5h和 1h 后产物的 XRD 图。可以看出，陈化半个小时所得样品 XRD 的衍射峰主要属于碱式碳酸镨钕的特征衍射峰，而镧石型碳酸镨钕的特征峰已经降到很低。继续陈化到1h，碱式碳酸镨钕的特征衍射峰增强，而镧石型碳酸镨钕的特征峰已经基本消失。说明镧石型碳酸镨钕能够完全转变成碱式碳酸镨钕。

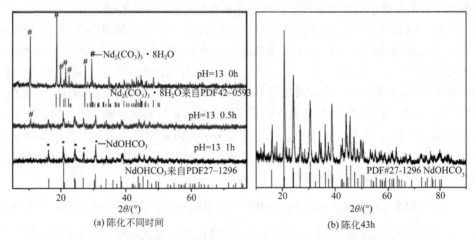

(a) 陈化不同时间　　　　　　　　　(b) 陈化43h

图 5-9　镧石型碳酸镨钕在95℃和 pH 13 的水中陈化所得样品的 XRD

图 5-10 为镧石型碳酸镨钕$(PrNd)_2(CO_3)_3 \cdot 8H_2O$ 在 95℃下起始 pH 值不同的溶液中陈化不同时间所测溶液 pH 值的变化图。可以看出，初始反应阶段均有急剧的 pH 值下降，证明羟基参与了结晶转化反应。随着反应的继续进行，pH 下降速度减缓，最后 pH 几乎不变，保持稳定。根据碳酸镨钕的加入量和水的体积之间的比例，可以确定在初始 pH 值小于13的水中游离的 OH^- 不足以使所有的镧石型碳酸盐转变为碱式碳酸盐。因此，在正碳酸盐向碱式盐之间发生相转变时存在两种类型的反应：一是水解反应，放出质子，使溶液 pH 值降低；二是在 pH 值较高时溶液中的羟基与碳酸稀土的碳酸根之间的交换反应。由于 pH 值的降低和碳酸根离子的产生，会产

生二氧化碳气体，并使溶液 pH 值保持稳定。其反应为：

$$(PrNd)_2(CO_3)_3 + 2H_2O \longrightarrow 2(PrNd)OHCO_3 + 2H^+ + CO_3^{2-} \qquad (5\text{-}34)$$

$$CO_3^{2-} + 2H^+ \longrightarrow H_2O + CO_2 \uparrow \qquad (5\text{-}35)$$

$$(PrNd)_2(CO_3)_3 + 2OH^- \longrightarrow 2(PrNd)OHCO_3 + CO_3^{2-} \qquad (5\text{-}36)$$

在较低的 pH 值范围，例如 9 以下，反应以式（5-34）和式（5-35）为主，随着 pH 值的提高，反应式（5-36）的比重急剧增加，这有利于加快反应速度，缩短正碳酸盐转变为碱式盐的时间。图 5-10 的结果还显示，当起始 pH 值在 7～12 范围内，镧石型碳酸镨钕完全转变为碱式碳酸镨钕后溶液的 pH 值均可以降低到 9 以下，处于工业排放水的合格要求范围之内。起始 pH 值为 13 时，完全转化后溶液 pH 值为 9.48，这类废水不能直接排放，但可以继续用于碳酸镨钕的碱转化反应，循环利用。因此，从转化速度的要求来看，可选择的 pH 值范围可以是 7 以上，且 pH 值越高越好。

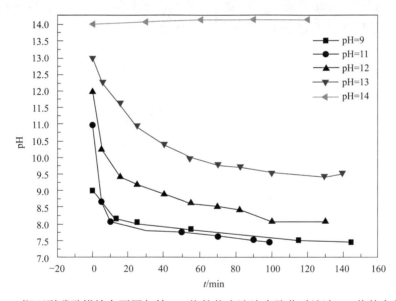

图 5-10 镧石型碳酸镨钕在不同起始 pH 值的热水溶液中陈化时溶液 pH 值的变化趋势

图 5-11 为镧石型碳酸镨钕及其碱转化后所得产物的 SEM 图。其中图（a）为常温下制备的镧石型碳酸镨钕，其形貌是片状晶体的层叠团聚颗粒，有许多孔洞。这种形貌的固体堆密度小，其形成过程包裹的氯离子也多。图（b）为碱式碳酸镨钕，由于发生了相态转化，导致原来聚集的大颗粒解离，得到了一些分散性好、颗粒更细且更为均匀的产物。

图 5-12 为不同起始 pH 值下陈化不同时间所得样品的粒度、粒度分布、堆密度测定结果。结果表明，结晶转化会导致颗粒粒度的显著减小，颗粒分布范围变窄，

堆密度增大，氯离子含量也显著降低。这些结果同样也说明在相转化过程中发生了晶体的解聚和重结晶作用，使颗粒粒度减小、分布变窄，进而便于颗粒之间的堆积，导致堆密度增大；也能使原先包裹在颗粒内部的氯离子释放出来，从而使得产品中的氯根含量得到降低。

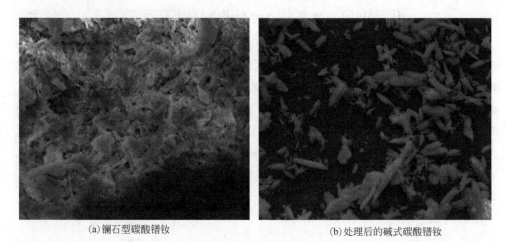

(a) 镧石型碳酸镨钕　　　　　　　　　　(b) 处理后的碱式碳酸镨钕

图 5-11　镧石型碳酸镨钕及其碱转化后所得产物的 SEM

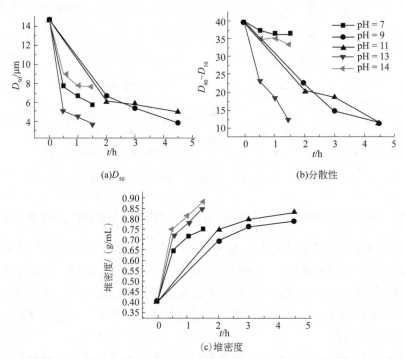

(a) D_{50}　　　　　　　　　　(b) 分散性

(c) 堆密度

图 5-12　镧石型样品与在不同 pH 值下反应后取样测得的 D_{50}、分散性和堆密度的比较

图 5-12（a）是镧石型碳酸错钕在不同 pH 值的溶液中相转化不同时间所得样品的 D_{50} 与时间的变化关系。整体来看，镧石型碳酸错钕在相转化之后其粒度都有一个明显的下降；其中 pH = 9、11、13 反应得到的碱式盐的粒度的 D_{50} 下降最为明显。而 pH = 7 和 14 时反应得到的碱式盐的粒度的 D_{50} 值下降不多。图 5-12（b）是 $D_{90}-D_{10}$ 与反应时间 t 的曲线图，目的是讨论不同 pH 值下相转化前后所得样品的分散性，从图中可知，相转化之后，在 pH = 7、13 和 14 下，碱式盐较镧石型碳酸错钕的分散性下降；pH = 9 和 11 时样品的分散性在经过 4.5h 的恒温水煮之后有所下降。从而佐证图 5-11 中的最佳反应 pH 值是 11 和 13。图 5-12（c）是不同 pH 值下陈化所得碱式盐和镧石型碳酸盐的堆密度的比较。从图中结果可知，相转化之后样品的堆密度都有大幅度提高。而且随着起始 pH 值的提高，堆密度增加的幅度也增大。整体来看，镧石型在进行相转化之后其氯根含量明显大幅度降低，氯根由 $303×10^{-6}$ 降低至 $100×10^{-6}$ 以下。

通过考察镧石型碳酸错钕转变为碱式碳酸错钕时，物质粒度、粒径分布、堆密度、煅烧率和氯离子含量等性能指标随时间和 pH 的变化，可以为通过改变相转变条件来调节颗粒和组成特性提供科学基础。

5.3.5 基于金属卤化物的沉淀结晶分离技术

5.3.5.1 卤化物沉淀法

卤化物是指金属阳离子与卤素氟、氯、溴、碘、砹阴离子的化合物。卤素化合物矿物种类较多，其中主要是氟化物和氯化物，而溴化物和碘化物则极为少见。卤化物只有少数不溶于水，如碱土金属、铅、稀土及极化率较强的银盐，还有非金属卤化物四氯化碳、六氟化硫等。另有一些如四氯化硅、三氯化磷、五氯化磷等遇水生成难溶物。

表 5-12 列出了部分金属卤化物的溶度积。它们主要是一价的银、铜、汞；还有二价的碱土金属氟化物，三价稀土金属离子的氟化物的溶解度也很小。因此，对这些元素的分离和生产，可以用卤化物沉淀法。

表 5-12　部分金属卤化物溶度积（25℃）

化合物	溶度积	化合物	溶度积
MgF_2	$6.4×10^{-9}$	AgCl	$1.5×10^{-10}$
CaF_2	$3.95×10^{-11}$	AgBr	$7.7×10^{-13}$
SrF_2	$5.61×10^{-8}$	AgI	$1.5×10^{-16}$
BaF_2	$1.73×10^{-6}$	CuCl	$1.06×10^{-6}$
PbF_2	$3.7×10^{-8}$	CuBr	$4.15×10^{-8}$
PbI_2	$1.39×10^{-8}$	CuI	$5.06×10^{-12}$
Hg_2Cl_2	$2.00×10^{-18}$	Hg_2I_2	$1.30×10^{-21}$
Hg_2Br_2	$1.20×10^{-28}$		

氟是人体中的必要元素，也是有害元素。所以，对饮用水中的氟有严格要求。

工业含氟废水的处理也经常用氟化物沉淀法。其中主要的方法是氟化钙沉淀法，采用石灰作沉淀剂，使氟以氟化钙形式沉淀而得到去除。

稀土氟化物主要用于制取金属、冶金、特种合金、电弧炭精棒等。工业上生产氟化稀土有直接沉淀法、氟化氢铵气固相反应法以及以氢氧化稀土或碳酸稀土为前驱体的液固相反应法。

氟化稀土原生产工艺是用氯化稀土溶液加氟化铵或氢氟酸直接沉淀。但沉淀呈胶体状，不易沉降，过滤速度慢，烘干后结硬块，需破碎过筛，产量低，成本高，应用困难，满足不了市场要求。甘肃稀土公司研制出利用稀土碳酸盐中间体，采用固固转型法生产氟化稀土的新工艺，沉淀沉降速度快，沉淀体积小，易过滤，过滤时间短；采用阶梯式不同温度两次烘干，氟化稀土呈粉末状，无须破碎。整个工艺流程短，设备投资少，操作简便。

氢氧化镧氟化法合成氟化镧是将一定量的氢氧化镧放入聚四氟塑料反应器中，加入去离子水搅拌调浆，在搅拌状态下，水浴加热到指定温度，缓慢泵入一定量的氢氟酸溶液，反应在恒温下进行。氟化氢溶液加完后体系继续搅拌一定时间，然后静置沉降，过滤洗涤、水洗滤饼。沉淀物于烘箱中393K下烘干，然后冷却得到氟化镧。

5.3.5.2 高价金属氟络合物的分步结晶分离

钽、铌等高价态的金属离子可以与卤素形成卤络合物。例如：钽和铌与氟可以形成氟络合物阴离子，利用它们之间的形成能力差别和溶解度差别，可以用结晶法分离。

在离子交换和萃取技术问世之前，元素的分离大都用到分步结晶分离。即使是今天，也还有一些相似元素的分离需要用到分步结晶方法。如钽、铌分离：钽和铌在较低酸度（1% HF）条件下分别生成 K_2TaF_7 和 $K_2NbOF_5 \cdot H_2O$。这两种化合物在该酸度条件下的溶解度相差 9～11 倍，因此，通过控制温度和酸度，采用分步结晶法来分离。该工艺包括溶解、沉淀结晶和蒸发结晶三道工序。

将钽、铌混合氧化物在 70～80℃ 的条件下用 35%～40%HF 溶液溶解，溶解液经澄清后过滤，滤液经稀释调整浓度，使 $K_2NbOF_5 \cdot H_2O$ 在溶液中的体积分数保持在 3%～6%，游离 HF 降低到 1%～2%；将稀释后的溶解液加热，然后加入一定比例的 KCl 使 H_2TaF_7 反应生成 K_2TaF_7 沉淀结晶。而 H_2NbOF_5 反应生成的 $K_2NbOF_5 \cdot H_2O$ 仍保留在溶解液中，将沉淀物过滤得到 K_2TaF_7 晶体。

按产品纯度要求，需要在 1%～2% HF 溶液中对 K_2TaF_7 晶体进行重结晶提纯；含铌的过滤母液进行蒸发浓缩、冷却结晶，得到 $K_2NbOF_5 \cdot H_2O$ 晶体，同样可用再结晶法加以提纯。

分步结晶法难以获得高纯度铌产品，Nb_2O_5 纯度一般仅99.17%，但获得的 K_2TaF_7 晶体一般均较纯，能满足钽粉生产要求，目前主要用来从钽液中生产 K_2TaF_7 晶体。

5.3.6 基于胶体聚沉的蛋白质和生物活性物的沉淀分离技术

天然高分子化合物如酶、糖蛋白、多肽等大多具有很强的生理活性，分离制备这些活性物质形成了现代制药的一个重要技术领域。作为一种应用较早的分离技术，沉淀分离法已取得了深入而广泛的应用。

5.3.6.1 丙酮沉淀分离纯化西洋参中人参二醇类和三醇类皂苷

西洋参为五加科植物，西洋参的干燥根具有补气养阴、清热生津的功效。西洋参总皂苷（PQS）含有人参二醇类皂苷（PQDS）和人参三醇类皂苷（PQTS）。利用PQDS与PQTS在丙酮溶剂中的溶解度不同，即PQTS溶于丙酮留在溶液中，而PQDS不溶于丙酮而沉淀，从而进行分离。其操作过程可以概括为：

① 将经过提取粗分离好的西洋参总皂苷 6.0g 用 30mL 70%乙醇溶解，加 300mL 丙酮搅拌，析出大量沉淀，静置，过滤；②沉淀干燥，得棕黄色干燥疏松粉末 3.5g；③母液回收溶剂至干，用 20mL 95%乙醇溶解，加 200mL 丙酮搅拌，静置，过滤，沉淀干燥，得棕黄色疏松粉末 1.0g；④母液回收溶剂，用 10mL 95%乙醇溶解，加 100mL 丙酮搅拌，静置过滤，沉淀干燥，得棕黄色疏松粉末 0.5g；⑤母液回收溶剂，60℃减压干燥，得棕黄色干燥疏松粉末 1.0g，为 PQTS；⑥将②③④所得的三部分沉淀合并，用 30mL 水溶解，加 300mL 丙酮搅拌，静置，过滤，沉淀减压干燥，得黄白色干燥疏松粉末 4.0g，为 PQDS。

5.3.6.2 等电点沉淀-超滤提取猪血 SOD

超氧化物歧化酶（SOD）在体内专一地消除机体新陈代谢中产生的超氧阴离子自由基，生成过氧化氢，再由机体内过氧化氢酶进一步分解生成水和氧，以清除超氧阴离子自由基等中间物的毒性，能有效地防御活性氧对生物体的毒害作用。SOD应用于临床治疗，具有抗老化、抗辐射、抗炎症等效果，甚至对自身免疫病都有一定的疗效，也被用于高级化妆品、食品、饮料等领域。

采用等电点沉淀结合超滤法，从猪血中制备高纯度、高活力的 SOD 产品。其方法为：取新鲜猪血 500mL，加入 200mL 柠檬酸三钠，在 3000r/min 转速下离心 15min，分离得到血清和血细胞，血细胞用两倍体积的 0.9% NaCl 溶液洗涤三次，每次以 3000r/min 离心 5min。向所得的血细胞中加入等体积的去离子水剧烈搅拌 30min，在 0~4℃下静置过夜，次日取出，向溶液中加入适量醋酸钠，然后用醋酸调节 pH 值至 3.0，静置 30min，然后用 3000 r/min 转速离心 15min，去除沉淀，向上清液中加入醋酸钠，调节 pH 值至 7.6，65℃水浴 20min 后迅速在冰上冷却，5000r/min 转速下再离心 15min，弃去沉淀物，收集上清液。用超滤器将上清液浓缩纯化至原体积的 1/5，冷冻干燥，得到淡蓝色的成品。该工艺用等电点沉淀、热变性方法除去血红蛋白，用超滤技术浓缩和纯化 SOD，减少了传统方法中有机溶剂的使用，减轻了对环境的危害。

5.3.6.3 盐析法分离苹果渣中的果胶

果胶是一种天然的多糖类高分子化合物，是人体七大营养素中膳食纤维的主要成分之一，具有抗癌、抗腹泻、治疗糖尿病、减肥等功效。此外，由于果胶具有良好的胶凝性和乳化作用，在食品工业和医药工业上应用较广泛。例如，生产果冻、果酱、冰淇淋及轻泻剂、止血剂、毒性金属解毒剂等。目前性价比较高的提取分离工艺是在酸提取的基础上对其果胶的盐析沉淀。

在苹果渣中加入其质量 12 倍的蒸馏水，搅拌均匀，用磷酸和亚硫酸（体积比 1：2）的混合酸调 pH 值至 2.0，于 90℃下保温浸提 2.0h，然后趁热用 60 目滤布过滤，滤渣用水洗至滤液不黏稠，合并滤液，再用 200 目筛网过滤，然后上填料为 XAD-5 型大孔树脂的色谱柱脱色，收集脱色液，备用。

盐析剂的选择：称取 $(NH_4)_2SO_4$、$CuCl_2$、$MgCl_2$、$FeCl_3$、$Al_2(SO_4)_3$ 各 5.0g，分别加入到 100mL 果胶溶液中，搅拌均匀后用浓氨水调节 pH 值至 5.0，60℃保温 1h，然后离心分离沉淀，脱盐，干燥得果胶。不同种类的盐对果胶沉淀效果差异显著：用 $CuCl_2$ 沉淀，果胶得率最高；其次是 $Al_2(SO_4)_3$；用 $FeCl_3$ 和 $MgCl_2$ 沉淀效果次于 $Al_2(SO_4)_3$；用 $(NH_4)_2SO_4$ 沉淀，果胶得率最低。因为 $CuCl_2$ 属于重金属盐类，具有很强的螯合作用，特别是对胶体物质的螯合作用极强，所以果胶的得率最高。其他几种盐属于中性盐，故盐析效果次于 $CuCl_2$。$Al_2(SO_4)_3$ 虽是中性盐，但其本身就是一种胶体，带有与果胶相反的电荷。两种相反电荷的中和作用很容易引起沉淀的产生，因此盐析效果又比其他三种中性盐好。虽然用 $CuCl_2$ 沉淀所得果胶得率最高，但其沉淀后果胶成品的颜色差（呈褐色），且脱盐时 Cu^{2+} 不容易被完全脱掉，可能是铜盐螯合作用强的缘故。过多的 Cu^{2+} 残留于果胶中还会造成产品重金属含量超标，影响果胶质量。用 $FeCl_3$ 沉淀的果胶颜色呈浅灰色，用 $MgCl_2$ 和 $(NH_4)_2SO_4$ 沉淀的果胶颜色浅，但其得率太低。用 $Al_2(SO_4)_3$ 沉淀果胶，不仅得率高，颜色呈淡黄色，且脱色也容易，是最好的选择。

5.3.6.4　茶皂苷纯化工艺研究

茶皂苷是山茶科植物中提取的五环二萜皂苷类物质。茶皂苷作为一种天然的优良非离子型表面活性剂，具有发泡、增溶、润湿、乳化、去污等多种功效；同时，茶皂苷具有消炎镇痛、抗肿瘤、抗真菌、灭螺、杀血吸虫等生理活性，在日用化工、医药和农药领域用途广泛。茶皂苷的提取制备方法有溶剂萃取法、化学沉淀法和树脂吸附分离法。其中溶剂萃取法和化学沉淀法得到的产品纯度不高，树脂吸附分离法工艺路线长。以粗茶皂苷为原料（70%），经 *N,N*-二甲基甲酰胺溶解、乙酸乙酯沉析、胆甾醇络合吸附、苯解吸工艺制备了纯度较高的茶皂苷，既可作为高纯度茶皂苷商品，又可作为新型植物灭螺剂的合成原料。

5.3.7　基于有机物沉淀法的金属选择性沉淀分离

5.3.7.1　金属离子与有机化合物的沉淀

许多有机化合物能与金属离子或金属的含氧阴离子形成难溶化合物，而且与不同金属离子形成的难溶化合物的溶度积各不相同，因而利用某些有机化合物可将金属离子沉淀或将不同金属离子选择性分离。有机化合物沉淀一般有两种机理，即形成金属的有机酸盐和形成离子缔合物。

形成金属有机酸盐沉淀的沉淀剂一般为有机酸或其碱金属盐，如黄酸盐或脂肪酸（盐），它们与有色重金属形成的有机酸盐配合物有较小的 pK_{sp} 值，可以从水溶液中沉淀析出。这些有机沉淀剂与金属形成的难溶化合物的溶度积大小与沉淀剂中所含疏水基团和亲水基团有关，亲水基团（如：$-SO_3H$、$-OH$、$-COOH$、$-NH_2$等）多，则溶解度大；疏水基团（如烷基、苯基等）多，则溶解度小。因此，选择适当的有机沉淀剂，可改变其溶解度。

许多有机沉淀剂为弱酸（盐）或弱碱。与无机弱酸盐沉淀一样，其沉淀效果与pH 值有关。沉淀平衡溶液中残余金属浓度随乙基黄酸盐溶度积的减小、pH 值的增大以及沉淀剂用量的增加而减小。

形成离子缔合物的沉淀剂在冶金中最常用的为胺类化合物，它与金属的含氧阴离子形成难溶化合物。无机阴离子与胺形成胺盐能力的顺序为：

$$WO_4^{2-} > SO_4^{2-} \approx PO_4^{2-} > F^- \approx CO_3^{2-}$$

5.3.7.2　有机沉淀剂在金属分离中的应用

有色冶金中用有机物沉淀法从水溶液中除杂质的典型实例为从 $ZnSO_4$ 溶液中用黄药除钴和用 β-萘酚除钴。黄药除钴是基于钴的黄原酸盐的溶度积远小于锌的黄原酸盐，若向含钴的 $ZnSO_4$ 溶液中加入黄原酸钾（C_4H_9OCSSK）或黄原酸钠（$C_2H_5OCSSNa$），则生成相应的黄原酸钴沉淀，同时，溶液中的 Cu^{2+}、Cd^{2+}、Fe^{3+} 也会成黄原酸盐沉淀。黄药除钴过程一般在机械搅拌槽中进行。控制温度为 40～50℃，pH>5.4，黄药用量为钴及镉量的 3～4 倍，时间为 15～20min，则溶液中 Co 的质量浓度可由 0.008～0.025g/L 降至 0.001g/L。β-萘酚（$C_{10}H_7OH$）除钴是基于在 HNO_2 存在下，Co^{2+} 易与 β-萘酚生成难溶的亚硝基-β-萘酚钴沉淀：

$$13C_{10}H_6ONO^- + 4Co^{2+} + 5H^+ \rightleftharpoons C_{10}H_6NH_2OH + 4Co(C_{10}H_6ONO)_3 \downarrow + H_2O \quad (5-37)$$

反应温度 60～65℃，时间为 120min，溶液中 Co 的质量浓度可由 0.008g/L 降至 0.00002g/L。

5.3.8　结晶分离技术及其应用

5.3.8.1　结晶方法和条件对产品物理性能的影响

结晶过程在提取冶金中主要用以从溶液中结晶析出有色金属盐类，作为冶金的中间产品或化工产品，例如从 $CuSO_4$ 溶液中结晶胆矾（$CuSO_4 \cdot 5H_2O$），实现与铁等杂质的分离；再如从钨酸铵溶液中结晶仲钨酸铵，再通过离子交换或萃取工艺或经典工艺得含游离氨的纯 $(NH_4)_2WO_4$ 溶液。为从中得到仲钨酸铵，常用蒸发结晶法，即通过蒸发使其中游离 NH_3 挥发除去，溶液的 pH 降低，从而钨以仲钨酸铵形态析出。在结晶过程中，溶液中微量的杂质钼、磷、砷、硅等往往比仲钨酸铵后析出，故结晶率控制在 90%～95% 时，结晶体的纯度远比原始溶液高，杂质主要富集在结晶母液中。蒸发结晶可在搪瓷反应锅或连续式结晶器中进行。在仲钨酸铵蒸发结晶过程中，有时要控制产品粒度，理论分析和实践都表明：提高结晶温度往往使粒度变粗。

作为绿色环保高效的分离提纯手段，结晶技术已在药物分离中得到了广泛应用。药物结晶是药物生产中的主要技术过程，广泛用于药物活性组分及其中间体的生产中。过程决定晶体的纯度和性质，而药物晶体的性质与药物的生物利用度、稳定性、释药性能等都密切相关。1996 年美国食品与药物管理局（FDA）颁布了关于新药应用的规则，要求药物生产部门必须提供关于药物的纯度、溶解性、晶体性质、晶形、颗粒尺寸和表面积的详细数据，使得药物结晶引起国内外学者的广泛关注，并开展了大量的研究工作。

决定医药产品药效及生理活性的因素，不仅仅在于药物的分子组成，而且还在于其中的分子排列及其物理状态（对于固体药物来说就是晶型、晶格参数、晶体粒度分布等）。对于同一种药物，即便分子组成相同，若其微观及宏观形态不同，则其药效或毒性也将有显著的不同。例如，氯霉素、利福平、洁霉素等抗菌药，都有可能形成多种类型的晶体，但只有其中的一种或两种晶型的药物才有药效。有的药品一旦晶型改变，对病人而言甚至可能会危及生命。因此，医药科学家及企业家们更深刻地意识到对于医药生产，结晶绝不是一种简单的分离或提纯手段，而是制取具有医药活性及特定固体状态药物的一个不可缺少的关键手段。医药对晶型和固体形态的要求严格，赋予了医药结晶过程不同于一般工业结晶过程的特点，它对结晶工艺过程和结晶器的构型提出了异常严格的要求，只有在特定的结晶工艺条件及特定的物理场环境下，才能生产出特定晶型的医药产品。也只有特定构型的结晶器，才能保证特定的流体力学条件，才能保证生产出的医药产品具有所要求的晶体形状与粒度分布。随着国内外医药市场竞争的激烈，要求产品的质量不断提高，成本不断降低，因此研究开发并大力推广应用于药物分离的新型结晶技术具有重要的现实意义。

5.3.8.2 结晶的方式方法与产品物性控制技术

（1）间歇结晶

溶液间歇结晶是高纯固体分离与制备的重要手段之一，具有选择性高、成本低、热交换器表面结垢现象不严重、环境污染小等优点，最主要的是对于某些结晶物系，只有使用间歇操作才能生产出指定纯度、粒度分布及晶形的合格产品。但是间歇结晶的生产重复性差、产品质量不稳定。

间歇结晶器设备简单，在生产精细化学品、药剂和专用产品上是很合适的。所以，制药行业一般采用间歇结晶操作，以便于批间对设备进行清理，防止产品污染，保证药品质量。高产值、低批量的精细化工产品也适宜采用间歇结晶操作。另外，间歇结晶操作产生的结晶悬浮液可以达到热力学平衡态，而连续结晶过程的结晶悬浮液不可能完全达到平衡态，只有放入一个中间贮槽中等待它达到平衡态，如果免去这一步，则有可能在后序处理设备及管道中继续结晶，出现不希望有的固体沉积现象。

在间歇结晶过程中，为了控制晶体的生长，获得粒度较均匀的晶体产品，必须尽可能防止意外的晶核生成，小心地将溶液的过饱和度控制在介稳区中，避免出现初级成核现象。具体做法是往溶液中加入适当数量及适当粒度的晶种，让被结晶的溶质只在晶种表面上生长。温和搅拌，使晶种较均匀地悬浮在整个溶液中，并尽量避免二次成核现象。

加与不加晶种的冷却结晶结果证明，不加晶种而迅速冷却时，溶液的状态很快穿过介稳区而出现初级成核现象，溶液中有大量微小的晶核骤然产生，属于无控制结晶。当加入晶种缓慢冷却时，由于晶种的存在，且降温速率得到控制，溶液始终保持在介稳状态，晶体的生长速率完全由冷却速率加以控制。因为溶液不致进入不稳区，所以不会发生初级成核现象。这种控制结晶方式能够产生指定粒度的均匀晶体产品，许多工业规模的间歇结晶操作即采用这种方式。

间歇结晶操作在质量保证的前提下，也要求尽可能缩短每批操作所需的时间，以得到尽量多的产品。对于不同的结晶物系，应能确定一个适宜的操作程序，使得在整个结晶过程中都能维持一个恒定的最大允许的过饱和度，使晶体能在指定的速度下生长，从而保证晶体质量与设备的生产能力。但要做到这一点是比较困难的，因为晶体表面积与溶液的能量传递速率之间的关系较为复杂。在每次操作之初，物系中只有为数很小的由晶种提供的晶体表面，因此不太高的能量传递速率也足以使溶液形成较大的过饱和度。随着晶体的长大，晶体表面增大，可相应地逐步提高能量传递速率。

间歇结晶器的设计需要从三个方面来考虑：①确定结晶器的容积。结晶产量和操作时间决定了结晶器的生产能力，粒子大小和悬浮液密度决定了搅拌器的速率和循环泵的功率。②确定操作规程。包括规定合适的冷却曲线、蒸发速率，向结晶器中加晶种的方法（含晶种质量和粒度等）以及保证产品粒度，所选择的适宜操作条件。③结晶器性能测定。对于给定的生产任务，结晶器容积、操作规程和结晶器性能是相互关联的。而结晶器的性能则需要基于产品质量（晶体纯度/晶体粒度分布）和质量收率来开展。

（2）连续结晶

随着技术的进步，不少物质能通过连续结晶操作获得更多的产量和更稳定的质量，从而大幅度提高工业效率。当生产规模大到一定水平，结晶过程应采用连续操作方式。连续结晶器在稳态时会产生一个晶体流，使进入结晶器的晶体流维持过饱和度恒定，容易形成稳定的晶体生长速率。与间歇结晶操作相比，连续结晶操作具有以下优点：①单位有效体积的生产能力比间歇结晶器高数倍至数十倍之多，占地面积也较少；②连续结晶过程的操作参数是稳定的，不像间歇操作那样需要按一定的操作程序不断地调节其操作参数，因此连续结晶过程的产品质量比较稳定，不像间歇操作那样可能存在批间差异；③冷却法及蒸发法结晶（真空冷却法除外）采用连续操作时操作费用较低，连续结晶操作所需的劳动量相对较少。

连续结晶器的操作有以下几项要求：控制符合要求的产品粒度分布，结晶器具有尽可能高的生产强度，尽量降低结垢速率，以延长结晶器正常运行的周期及维持结晶器的稳定性。为了使连续结晶器具有良好的操作性能，往往采用"细晶消除""粒度分级排料""清母液溢流"等技术，使结晶器成为所谓的"复杂构型结晶器"。采用这些技术可使不同粒度范围的晶体在器内具有不同的停留时间，也可使器内的晶体与母液具有不同的停留时间，从而增加结晶器控制产品粒度分布和晶浆密度的能力，再与适宜的晶浆循环速率相结合，便能使连续结晶器满足上述操作要求。

在连续结晶器中，一粒晶体产品是由一粒晶核生长而成的，在一定碎晶浆体积中，晶核生成量越少，产品晶体就会长得越大。反之，如果晶核生成量过大，溶液中有限数量的溶质分别沉积于过多的晶核表面上，产品晶体粒度必然较小。在实际工业结晶过程中，成核速率很不容易控制，较普遍的情况是晶核数目太多，或者说晶核的生成速率过高。因此，必须尽早地把过量的晶核除掉。

目前已开发出多种多样的连续真空蒸发结晶器。连续结晶过程中去除细晶的目的是提高产品中晶体的平均粒度。此外，它还有利于晶体生长速率的提高，因为结晶器配置了细晶消除系统后，可以适当地提高过饱和度，从而提高晶体的生长速率及设备的生产能力。即使不是人为地提高过饱和度，被溶解而消除的细晶也会使溶液的过饱和度有所提高。

通常采用的去除细晶的办法是根据淘洗原理，在结晶器内部或外部建立一个澄清区，在此区域内，晶浆以很低的速度向上流动，使大于某一"细晶切割粒度"的晶体都能从溶液中沉降出来，回到结晶器的主体部分，重新参与晶浆循环，并继续生长，而小于此粒度的细晶将随澄清区溢流而出的溶液进入细晶消除循环系统，以加热或稀释的方法使之溶解，然后经循环泵重新回到结晶器中去。

混合悬浮型连续结晶器配置产品粒度分级装置，可实现对产品粒度范围的调节。产品粒度分级是使结晶器中所排出的产品先流过一个分级排料器，然后排出系统。分级排料器可以是淘洗腿、旋液分离器或湿筛。它将小于某一产品分级粒度的晶体截留，并使之返回结晶器的主体继续生长，直到长到超过产品分级粒度，才有可能作为产品晶体排出器外。如采用淘洗腿，调节腿内向上淘洗液流的速度，即可改变分级粒度。提高淘洗液流速度，可使产品粒度分布范围变窄，但也使产品的平均粒度有所减小。

（3）结晶细化与物性调控

随着超细颗粒理论研究的逐步深入及其应用范围的日益拓宽，相继出现了与传统评价指标不一致的晶体产品的需求，即希望制得小尺寸的产品颗粒。为此，兴起了新型细化制粒技术的开发与研究，如基于溶质溶解度随压力而改变的超临界流体结晶技术便是其中的主攻方向之一。该项技术不仅可较好地确保所制颗粒的小粒度、窄分布和高纯度，通常还具有产品易于分离、晶型易于控制以及低污染等诸多卓越的操作特性。近年来，人们迫切希望能借助于超临界流体抗溶剂法结晶制粒技术，生产大量抗生素类药物，以期达到简化操作流程和提高药物质量的目的。

在制药工业中通过反应结晶制取固体医药产品的例子很多，例如盐酸普鲁卡因与青霉素 G 钾盐反应结晶生产普鲁卡因青霉素，青霉素 G 钾盐与 *N,N'*-二苄基乙二胺二醋酸反应结晶生产苄星青霉素等。通常化学反应速率比较快，溶液容易进入不稳区而产生过多晶核，因此反应结晶所生产的粒子一般较小，要想制取足够大的固体粒子，必须将反应试剂高度稀释，并且反应结晶时间要充分长。

等电点结晶法是分离纯化氨基酸的主要单元操作。例如，谷氨酸的发酵可不经除菌处理，直接加盐酸调节 pH 至 3.0～3.2，同时冷却至 0～5℃，即可回收 70%以上的谷氨酸。而谷氨酸结晶母液中残留的谷氨酸可用离子交换法回收，或蒸发浓缩后再次结晶回收。赖氨酸的产量仅次于谷氨酸，其发酵液加盐酸调节 pH 至 4～5 后，真空蒸发浓缩，降温到 4～10℃，可获得赖氨酸晶体，其中质量分数为 97%～98%。

乳化结晶是把熔融液分散成连续的小液滴，使非匀相成核孤立在这些小液滴内，在其余液滴内发生匀相成核，但这种结晶方法以往很少用于制药。Espilasic 以该结晶机理为依据，采用准乳化法生产消炎镇痛药酮丙酸颗粒。

新近发展的高通量蛋白质结晶技术，可以同时进行数千个蛋白质结晶条件试验，大大减少了优化结晶条件的时间，加速了蛋白质结构研究的速度。此外，蛋白质结晶的硬件设施还必须与相关的数据库和人工智能软件相结合，以使结晶条件的优化和选择以智能的方式自动进行。

5.4 沉淀结晶分离技术的发展

沉淀结晶过程作为一种历史悠久的冶金和化工方法，它已成熟地应用到冶金、化工、医药、生物和环保的各个领域，具有操作简单、成本低、投资少等一系列优点，但随着科学技术的发展，现有沉淀方法往往难以适应用户对产品纯度和相似元素分离中分离精度的要求。许多精密分离的过程都受到萃取法和离子交换法的挑战和取代，沉淀分离学科的发展亦受到一定的限制。但事物总是在前进，相关领域的技术进步往往给传统技术的发展提供新的理论基础和应用空间，给传统的技术带来新的生命力，因此，近代科学技术的新成就也将给沉淀方法带来新的发展。

5.4.1 新试剂与新技术

新的和更为有效的沉淀与结晶分离技术的提出有待于我们对分离对象在沉淀与结晶性能上的差别性有更新的认识。其关键是要找出分离体系中有关元素的某种化合物在溶解性能上的差异，需要根据给定溶液体系中各组分物理化学性质上的差异，并考虑后续工序要求的不同，而正确选用或研究新的沉淀方法。

在应用沉淀法进行溶液中不同元素的分离时，往往仅利用与沉淀剂所形成的化合物溶解度的差异是不够的。还必须充分运用物理化学原理扩大这种差异，以达到提高分离效果的目的。这样的实例在冶金化工中不胜枚举。例如，在硫酸法制取钛白的过程中为防止 Fe^{3+} 与 $TiOSO_4$ 一起水解而预先用铁屑将 Fe^{3+} 还原成难水解的 Fe^{2+}；在锌冶金中为水解除铁，将 Fe^{2+} 预先氧化成易水解的 Fe^{3+}；在钨冶中，当用 Ca^{2+} 从含 WO_4^{2-} 的溶液中沉淀人造白钨以回收钨时，为防止溶液中的 MoO_4^{2-} 同时沉淀而利用钼和钨亲硫性质的不同，先加入适量的 S^{2-} 在一定条件下使 MoO_4^{2-} 优先转化为难被 Ca^{2+} 沉淀的 MoS_4^{2-}，从而实现在沉淀钨的同时，就使钨、钼实现部分分离；在从 $(NH_4)_2WO_4$ 溶液中析出仲钨酸铵时，为防止其中的 MoO_4^{2-} 同时结晶析出，也同样预先将 MoO_4^{2-} 转化成 MoS_4^{2-}，实现钨与钼的部分分离。总之在进行沉淀法分离时，对系统中各种待分离元素的性质预先进行充分研究，设法扩大差异是保证和提高分离效果的重要途径。

应用分子设计的理论和方法，开发新的高效沉淀分离试剂是沉淀分离技术发展的方向之一。现有的各种沉淀方法都是利用已知的各种沉淀剂进行沉淀分离，它们与各种金属离子形成的难溶化合物的溶度积也是一定的，用于相似元素分离时，分离效果也受到限制。而分子设计的理论和方法能根据设定的目标和工作对象的特点来设计和合成新的试剂。根据待分离的物质的特点，设计新的高效沉淀分离试剂，使沉淀过程建立于更新的理论基础上。例如：在钨酸盐溶液中，在碱性或弱碱性的条件下，钨及杂质钼主要以 WO_4^{2-} 和 MoO_4^{2-} 形态存在。两者性质极为相近，难以分离，而根据分子结构理论，体积较大的离子则容易被极化形成分子化合物沉淀。因此，首先进行转化处理，利用其性质的差异，在保持 WO_4^{2-} 结构性质基本不变的情况下，使 MoO_4^{2-} 转变成体积更大的另一种阴离子，为钼化物的优先沉淀创造初步条件，进而根据含钼阴离子的特点，合成易与其作用形成难溶化合物的 M115，从而实现了利用它高效地将溶液中钼除去的目的。这种方法已迅速用于我国的钨冶金领域。利用这种净化除钼后的 $(NH_4)_2WO_4$ 溶液，蒸发结晶制取仲钨酸铵，即使在结晶率达97%的情况下，产品中钼的质量分数仍小于 $10×10^{-6}$（低于国标要求 $20×10^{-6}$）。这种方法同样适用于从钨酸盐溶液中除锡、砷等杂质。例如，在难选复杂钨矿中的质量分数 Mo 为 0.4%～0.76%，Sn 为 1.04%～1.68%，As 为 1%左右，分别超过标准精矿的 700 倍、5～8 倍和 5 倍，直接用这种原料采用碱浸出、离子交换工艺生产的钨中的质量分数 Sn 达 $8×10^{-6}$，Mo 为 $96×10^{-6}$，As 达 $20×10^{-6}$，严重超过国家标准。用本技术处理后，Sn 降为 $0.8×10^{-6}$，As 降为 $7×10^{-6}$，Mo 降为 $10×10^{-6}$。

5.4.2 从单纯的分离功能提升到材料制备功能

沉淀结晶技术在工业上的应用目标主要是得到纯度更高的产品。但随着材料制备和生产技术的进步，人们越来越重视从材料生产的整个产业链中的各个技术环节的相互优化来提高产品质量并大大降低能源和化工实际消耗。因此，在研究具体的沉淀结晶技术时，需要从后续材料制备和应用的角度来设计沉淀结晶工艺。为此，发展和形成了一个介于化工冶金和材料制备之间的一个被称为"材料前驱体"生产的环节，所述的材料前驱体是指那些针对后续材料生产和应用要求开发的既能达到纯度和组分指标要求，又能满足产品物理性能指标要求的一类产品。它们可以直接用于后续材料的生产而不需产生额外的消耗或产生不良影响。这一类产品的生产可视为连接化工冶金与新材料的"桥梁"。

在过去的二十年时间内，我们为了构筑稀土冶炼分离与稀土新材料生产之间的桥梁开展了系统的研究工作。分别围绕草酸稀土的沉淀与结晶过程、碳酸稀土的沉淀与结晶过程，以及磷酸稀土和氟化稀土等产品的沉淀法生产问题开展工作。在前面的内容中已经对这些工作做了一些介绍，例如草酸稀土沉淀法生产低氯根高纯度稀土氧化物（包括氧化钇铕、氧化镧铈铽等）、磷酸盐沉淀法生产细颗粒磷酸镧铈铽、碳酸稀土相态转化法生产高堆密度低氯根细粒度稀土碳酸盐和氧化物等技术，为荧光材料、金属电解、抛光材料和催化材料的生产提供了优质的前驱体产品，为提升中国稀土企业的生产技术和产品质量水平做出了重要贡献。这一工作也将是我们今后工作的重点，其应用面将进一步拓宽。

在制药工艺中，大部分药物不仅需要药物活性组分以特定晶形存在，控制颗粒形状、尺寸、表面性质和热力学性质也是非常重要的。传统结晶方法的结晶条件不易控制、稳定性差，不同批次的结晶产品在物性上可能存在差异，而且额外的干燥或微粉化操作会影响药物颗粒的稳定性和流动性，从而严重影响后续药品的效能。因此设计先进的结晶方法，克服传统方法的不足是更好控制晶体特征所必需的。而在选择合适结晶方法的同时，根据对药品质量的特殊要求附以结晶控制技术，一定能得到药效高的药物晶体。因此新型结晶方法的选择和结晶技术 的改进必将对制药业的发展产生深远的影响。

参 考 文 献

[1]　李永绣, 等. 离子吸附型稀土资源与绿色提取. 北京：化学工业出版社，2014.

[2]　张启修, 曾理, 罗爱平. 冶金分离科学与工程. 长沙：中南大学出版社，2016.

[3]　刘家祺. 传质分离过程. 北京：高等教育出版社，2005.

[4]　徐东彦, 叶庆国, 陶旭梅. 分离工程. 北京：化学工业出版社，2012.

[5]　李洪桂, 等. 湿法冶金学. 长沙：中南大学出版社，2012.

[6]　应国清, 易喻, 高红昌, 万海同. 药物分离工程. 杭州：浙江大学出版社，2011.

[7]　杨显万, 邱定蕃. 湿法冶金. 北京：冶金工业出版社，2001.

[8]　刘家祺. 传质分离过程. 北京：高等教育出版社，2005.

[9]　胡小玲, 管萍. 化学分离原理与技术. 北京：化学工业出版社，2006.

[10]　丁明玉, 等. 现代分离方法与技术. 北京：化学工业出版社，2006.

[11]　中国化工防治污染技术协会. 化工废水处理技术. 北京：化学工业出版社，2000.

[12]　任慧, 焦清介. 微纳米含能材料. 北京：北京理工大学出版社，2015.

[13]　张林进, 陈利梅, 陈川辉, 叶旭初. 水解沉淀法制备超细碱式碳酸锌的试验研究. 无机盐工业，2013，45
　　（1）：27-30.

[14] 侯新刚，郝亚莉，王玉棉，等. 纳米微晶碱式碳酸锌的制备. 兰州理工大学学报，2008，34（6）：34-37.

[15] 丁龙，周新木，周雪珍，等. 镧石型碳酸镨钕向碱式碳酸镨钕的相转变反应特征及其应用. 无机化学学报，2014，30（7）：1518-1524.

[16] 李明来，龙志奇，朱兆武，等. 氢氧化镧湿法氟化法合成氟化镧工艺研究. 稀有金属，2016，30(3)：348-352.

[17] 李永绣，何小彬，胡平贵，等. $RECl_3$ 与 NH_4HCO_3 的沉淀反应及伴生杂质的共沉淀行为. 稀土，1999，20（2）：19.

[18] 李永绣，胡平贵，何小彬. 碳酸稀土结晶沉淀方法. CN1141882A. 1997-02-05.

[19] 丁家文，李永绣，黄婷，等. 镧石型结晶碳酸钕的形成及晶种对结晶的促进作用. 无机化学学报，2005，21（8）：1213.

[20] 李永绣，黄婷，罗军明，等. 水菱钇型碳酸钕的形成及聚甘油酸酯对结晶的影响. 无机化学学报，2005，21（10）：1561.

[21] 李永绣，黎敏，何小彬，等. 碳酸稀土沉淀与结晶过程. 中国有色金属学报，1998，8（1）：165.

[22] 李永绣，胡春燕，黄婷，等. 结晶条件对碳酸钕中氧化钕含量的影响. 稀土，2006，27（1）：23.

[23] 朱伟，邱东兴，裴浩宇，等. $Y_2(CO_3)_3$ 的沉淀结晶过程与晶粒大小控制. 中国稀土学报，2016，34（2）：180-188.

第6章

膜分离

6.1 膜材料

6.1.1 膜的定义

自然界存在着种类繁多，功能各异的膜。在动物体内的血管、心脏、肾、肠、肺、皮肤等都是在 DAN 驱动下组装而形成的各类功能膜器件。它们可以让一些物质通过，而其他一些物质不能通过，具有分离选择性。承担着呼吸、血液输送、养分吸收以及废弃物排泄的主要任务。在植物体内，同样有各种各样的膜，构成了使植物能吸收水分和营养物质，进行二氧化碳吸收转化和太阳能利用的叶、茎、根和花朵。

膜可以定义为两相之间的一个不同于界面的不连续区间，是把两个流体相或一个流体相的两个部分分隔开来的薄层凝聚相物质，且能使流体相中的某些组分通过，而其他组分不能通过，或流体相中的不同组分通过膜的能力和速度有明显差异。根据此定义，膜可以是固体、气体、溶胶或液体等。膜至少具有两个界面，并通过这两个界面分别与两侧的流体接触。膜可以是完全透过性的，也可以是半透过性的。但不应是完全不透过的，否则就不叫膜。膜本身可以是均一的相，也可以是由两相以上的凝聚态物质组成的复合体。但膜不是单纯的隔板或栅栏，它具有分离功能，对不同组分具有选择渗透性。另外，除了膜对某些渗透组分具有较高的传递速率外，还须具有一定的机械强度和良好的化学稳定性。作为流体相物质可以是液态或是气态的。

国际纯粹与应用化学联合会（IUPAC）将膜定义为一种单位结构，三维中的一度（如厚度方向）尺寸要比其余两度小得多，并可通过多种推动力进行质量传递。膜分离过程以选择性透过膜为分离介质。当膜两侧存在某种推动力（如压力差、浓度差、电位差等）时，原料侧组分选择性地透过膜，从而达到分离、提纯、浓缩等目的。

6.1.2　膜分离技术的发展历史

自然界是创造膜的神秘妙手，人类身上就有很多膜。膜分离技术可以认为是起源于人们对生物膜渗析现象的认识。当然，这个认识过程也是非常缓慢的，从发现膜渗析现象到 100 年后的 1854 年，Greham 才发表关于可利用膜渗析现象分离混合物的文章。从此之后，人们才开始重视对膜的研究，并相继制成硝化纤维素人工合成膜用于定量测定扩散现象和渗透压，并把渗透压与溶液浓度和温度联系起来。到 1887 年，Van't Hoff 以 Preffer 的结论为出发点，提出了渗透压方程。1889 年 Nernst 提出了 Nernst-Planck 电解质传递方程，而后 Gibbs 又将渗透压现象与其他热力学性能联系起来，提出了 Gibbs 等温吸附方程。到 1911 年，Donnan 又建立了半透膜的平衡理论。

聚合物化学的发展促进了人们对气体和蒸气通过聚合物膜渗透现象的研究工作。20 世纪 50 年代前后，离子交换树脂被制成板状式离子交换膜，在电场的作用下，这种膜由阳离子或阴离子的迁移所产生的选择性比任何非离子系统的选择性都要大。由此，电渗析用于苦盐水的脱盐，成为当时最具吸引力和应用前景的膜分离技术。在这一时期最具影响力的研究包括：加利福尼亚大学基于 Gibbs 等温吸附理论预测，利用渗透膜有可能将海水淡化；佛罗里达大学采用醋酸纤维素均相膜制得淡水，但其透水率太小，实用意义不大；加利福尼亚大学在对膜材料进行筛选的基础上，通过对致孔剂的选择和膜的热处理，首次制成盐截留率高、水渗透通量大的非对称醋酸纤维素膜，后来被称为 L-S 膜。L-S 膜的研制成功，促进了膜技术的迅速发展。在上述工作成绩的基础上，产业部门的介入促进了膜材料和膜技术的发展。20 世纪 70 年代，醋酸纤维素、三醋酸纤维素、改性尼龙、聚酰胺等膜相继实现了系列化和规格化。膜的形式也从平板膜发展到管式及中空纤维膜，各种类型的组件及装置研制成功，使膜技术转向工业应用的新阶段。

我国膜技术研究始于 20 世纪 50 年代，中国科学院化学研究所研发出我国第一张膜——聚乙烯醇离子交换膜，之后我国的膜产业得到了长足的发展。全国从事分离膜研究的院所、大学超过 120 家，其中大约 30 个研究团队活跃在国际学术前沿。膜制品生产企业 400 余家，工程公司近 2000 家，在几乎所有的分离膜领域都开展了工作。

当前，我国分离膜的研究紧密围绕膜的功能与膜及膜材料微结构的关系、膜及膜材料的微结构形成机理与控制方法、应用过程中的膜及膜材料微结构的演变规律三个关键科学问题展开。着力开发新型分离膜材料，开展膜功能性质与制备过程关系的研究，为我国的节能减排与传统产业改造做出了突出贡献。

6.1.3　膜的分类及特性

为了有效地利用膜分离技术，必须研究出具有高选择性、高渗透率、化学性质稳定，又有所需机械强度的膜。为此，必须选择合适的膜材料、改进制膜方法、了解物质在膜内的传递机理与渗透选择性等基本性质，探明影响物质选择性和渗透率的因素等。不同的膜分离过程对膜材料和结构有不同的要求。就是同一膜分离过程，应用体系不同，对膜材料和结构的要求也不同。因此，熟悉膜材料的性质、掌握膜的制备方法、了解膜的结构与性能等，对于开展膜分离技术的基础研究与应用开发具有十分重要的意义。

对于具有分离功能的膜可以按分离机理、分离过程的推动力、膜的结构及形态等进行分类。根据分离膜的材料可将其分为天然高分子材料、合成高分子材料、无机材料等。根据分离膜的分离原理和推动力的不同，可将其分为微孔膜、超滤膜、反渗透膜、纳滤膜、渗析膜、电渗析膜、渗透蒸发膜等。将膜按功能分为分离功能膜、能量转化功能膜、生物功能膜等。

按膜的结构分类，可分为对称和非对称两大类，如图 6-1 所示。对称膜又可再分为均相致密膜、柱形孔膜、海绵孔膜等。非对称膜也可被细分为多孔膜、叠合膜、复合膜等。

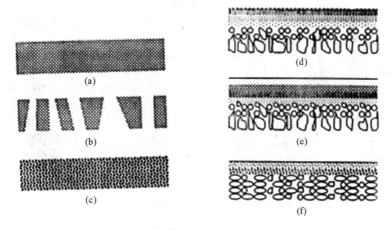

图 6-1　按膜结构分类的对称和非对称膜

对称膜：（a）均质膜；（b）柱形孔膜；（c）海绵状膜

非对称膜：（d）多孔膜；（e）叠合膜；（f）复合膜

（1）对称膜

膜两侧截面的结构及形态相同，且孔径及孔径分布也基本一致的膜称为对称膜，它们可以是疏松的微孔膜或致密的均相膜。微孔膜的孔一般是不规则的，能起分离作用的微孔孔径通常在 0.001～10μm 范围内。每种膜都有一个孔径分布及对应的孔数及孔隙率，这些指标与膜的制备方法有关。其中，孔数和孔隙率最高分别可达 10^7 个/cm^2 和 70%；膜的厚度大致在 10～20μm 范围内，膜的总厚度影响传递阻力，降低膜的厚度能提高渗透率。高分子微滤膜以对称膜为主，为弯曲孔道膜。另一种微滤膜是采用电子技术制造的核孔微滤膜，孔洞规整、孔道直通并呈圆柱形，孔径分布范围小。在透过通量、分离性能及耐污染方面均优于弯曲孔道型微滤膜。

（2）非对称膜

如图 6-2 所示，非对称膜由致密的表皮层（表面活性层）和疏松的多孔支撑层（起支撑强化作用的惰性层）组成，膜两侧截面的结构及形态不相同，且孔径与孔径分布也不一致。致密层厚度为 $0.1\sim0.5\mu m$，比均质膜（$10\sim200\mu m$）薄得多。支撑层厚度为 $50\sim150\mu m$，且孔径很大，对透过流体无阻力。传递阻力主要，甚至完全来自致密层，而且不对称膜起膜分离作用的表面活性层很薄，孔径微细。在以压差为推动力的膜过程中，渗透速率反比于起选择渗透作用的膜厚。故非对称膜比均质膜的渗透速率大得多，透过通量大、膜孔不易堵塞、容易清洗。非对称膜也可以承受很高的压差，当静压差达到 10MPa 时，支撑层的结构也不会引起很大的形变，不会导致渗透性能的很大变化。

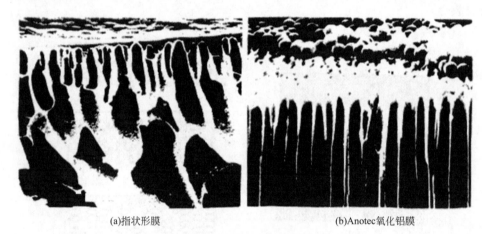

(a)指状形膜　　　　　　　　　　　　　(b)Anotec氧化铝膜

图 6-2　多孔膜的微观结构

复合膜也是一种具有表皮层的非对称膜，皮层可以多层叠合，只是表皮层材料与用作支撑层的膜材料不同。通常，超薄的致密皮层可以用化学或物理等方法在膜的支撑层上直接复合制得。

用于超滤的非对称膜多为指状结构，而反渗透膜的结构多为海绵状。新型无机陶瓷微滤膜多为不对称膜。鸡蛋壳是一种典型的非对称膜，支撑层以多孔碳酸钙为主，分离膜为有机膜，可以允许一些离子通过，但蛋清不能流出。盐蛋是氯化钠透过膜迁移进入蛋内与蛋白质相互作用的结果。而在皮蛋的制作过程中，初期可以让盐和碱通过膜进入蛋内，硫酸铜或氧化铅中的重金属离子与蛋白质中溢出的硫离子形成难溶性的硫化物而堵塞表层的孔洞，不让过多的碱进入蛋内，避免了碱过多导致的蛋白质稀化。

非对称膜则在过程中起表面过滤作用，如图 6-3（a）所示，被截留的颗粒沉积在膜表面层上,只要进料液流与膜表面呈平行流动,就能很容易把膜表面的颗粒除去。而对称膜在分离过程中起深度过滤作用,被截留的粒子有很大一部分进入膜结构的内部,如图 6-3(b)所示,从而把膜孔堵住,随着过程的进行,渗透速率下降。

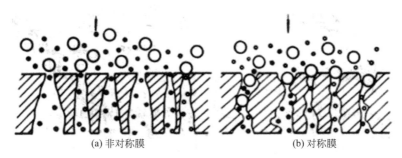

(a) 非对称膜　　　　　　　　　(b) 对称膜

图 6-3　膜过滤行为示意图

（3）离子交换膜（荷电膜）

离子交换膜最初由离子交换树脂制得,但离子交换膜与粒状离子交换树脂两者的作用机理存在很大的差异。粒状离子交换树脂的作用是树脂和溶液中的离子之间的交换,而离子交换膜的作用是膜对溶液中的离子具有选择性的透过。即前者的作用机理是离子间的交换,而后者的作用机理是离子选择性的透过。

按膜的作用机理可分为阳离子交换膜、阴离子交换膜以及具有特种性能的离子交换膜。两种典型的离子交换膜的化学结构式如图 6-4 所示。阳离子交换膜简称阳膜,它带有阴离子固定基团以及与固定基团电荷相反的以静电荷连接着的可解离离子,可解离离子也称为反离子。反之,阴离子交换膜简称阴膜,它具有阳离子固定基团,使膜带正电荷,能选择性地吸附和透过阴离子。

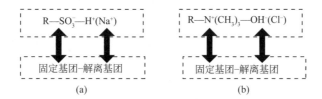

(a)　　　　　　　　　　　(b)

图 6-4　磺酸型阳离子交换膜（a）和季铵型阴离子交换膜（b）

R—骨架；$SO_3^- $—$H^+(Na^+)$，$N^+(CH_3)_3$—$OH^-(Cl^-)$—活性基团

磺酸型离子交换膜的膜体结构和曲折通道如图 6-5 所示,膜内的解离离子既可与膜外相同电荷的离子进行交换,又能进行电流的传导和起离子选择透过作用。离子交换膜的制备大致可分为三道工序:基膜的制备(高分子母体及交联结构的形成)、高分子母体、交联结构的形成,离子交换基团的引入、膜的制备。膜的制备可通过加压成型、涂布、浸渍等法实现。离子交换基团可以在制膜时配入制膜用的高分子物料中,也可直接用含有离子交换基团的单体进行聚合或缩聚而制成。引入交联结

构是制备离子交换膜的一个很重要的环节，可以在高分子母体中加入能生成交联结构的单体，在制膜过程中进行共聚或缩聚而生成交联；也可以通过后处理或用辐射等方法来生成交联。除了普通的阴离子和阳离子交换膜外，还有螯合膜、镶嵌膜、表面涂层膜等特种性能的离子交换膜。离子交换膜通常用于渗析、电渗析、膜电解过程，带有正或负电荷的微孔膜也可用于微滤、超滤、反渗透等膜过程。

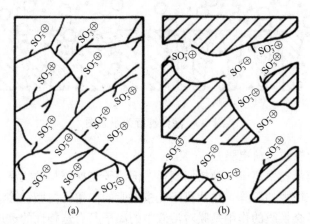

图 6-5　磺酸型阳离子交换膜结构示意图（a）和通道示意图（b）

（4）无机膜

无机膜多以金属、金属氧化物、陶瓷和多孔玻璃为材料。可分为致密膜、多孔膜和非对称修正膜三种。致密膜为贵金属钯、铂、银等金属箔或固体电解质膜，前者可透过氢气，后者可透过离子。多孔膜又有三种结构，前两种为无支撑体的均质多孔膜，其孔穿透膜，但孔形不同，一种为柱形孔，一种为锥形孔。它们可以用刻蚀法或阳极氧化法制备。另一种为具有支撑层的非对称膜。其孔相互贯穿，孔形不规则，决定于成膜粒子的大小、形状和相分离情况。复合非对称修正膜的底层为多孔支撑层，中间为过渡层，最上层为分离层及其修正成分，顶层应该无裂缝或针孔，且孔径分布窄。

6.1.4　膜的制备

多孔膜的制备方法有多种，最主要的方法有相转化法、拉伸法、痕迹刻蚀法、阳极氧化法、烧结法、镍网法等。用不同方法制得的微孔膜如图 6-6 所示。

拉伸均相聚合物膜是制取微孔膜的另一种比较简单的方法，这种方法主要用于聚乙烯、聚丙烯等热塑性聚烯烃材料。其过程大致为：首先将晶态聚烯烃在熔融温度下纺丝成膜，然后在无张力条件下退火，再在垂直于挤压方向上对膜进行单向拉伸，使膜分子链间产生局部裂缝，形成均匀的裂缝形微孔，最后对所制成的中空纤维膜进行热定型。

均相微孔膜还可用痕迹刻蚀法制得，这种方法也称为核径迹刻蚀法。该法制得的微孔膜其孔径分布均匀，近乎于圆形，如图 6-6 所示。这类膜的制备过程可分为两步：第一步是用含有中子的 ^{235}U 核分裂带电粒子对 10～20pm 厚的均相聚合物膜进行放射性辐射。辐射时，粒子通过膜使聚合物膜结构中的化学键被击断，形成感光痕迹。第二步是将辐射后的膜放入含有氢氧化钠的刻蚀槽中，使膜内辐射时被破坏的痕迹部分首先被刻蚀，而形成均匀的圆柱形孔。这种膜的孔密度可以由辐射的停留时间来控制，而孔的直径可由膜在刻蚀槽中的停留时间来控制。

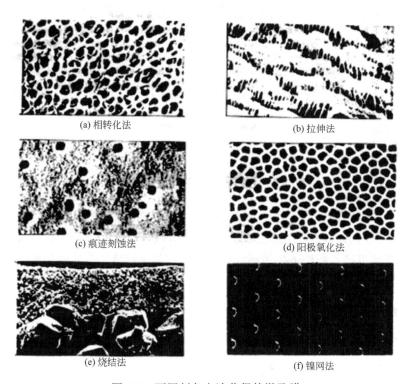

(a) 相转化法　　(b) 拉伸法
(c) 痕迹刻蚀法　　(d) 阳极氧化法
(e) 烧结法　　(f) 镍网法

图 6-6　不同制备方法获得的微孔膜

（1）相转化（沉淀）膜

制备聚合物膜最主要的一种方法是相转化（沉淀）法，相转化法不仅用于对称微孔膜的制备，也常用于非对称表皮型超滤膜和反渗透膜的制备。用相转化技术制备非对称表皮型膜，一般需要经过以下三个步骤：首先把聚合物溶解在适当的溶剂中，以配成聚合物含量为 10%～30%的铸膜溶液；再把这种溶液浇铸成 100～500μm 厚的液膜；最后将此膜浸入非溶剂中凝胶或放在空气中使溶剂挥发后成膜。

对于大多数聚合物膜，可用水或水溶液作为凝胶溶液。在凝胶过程中，均相的聚合物溶液沉析成两相，富聚合物的固相形成膜的组织部分，而富溶剂的液相形成膜孔；形成膜孔的速率和孔径与凝胶过程有关。如果沉淀的速度足够快，形成孔的液滴趋于细小，凝胶开始时所形成的膜表皮层中的孔较小，而后来形成的膜底层中的孔要大得多，从而形成非对称膜。如果沉淀过程缓慢，形成孔的液滴趋于凝聚，最终的膜孔就大，这种膜有对称的结构，是对称膜的主要制备方法。根据沉淀形成的原理不同，有不同的相转化制备方法，包括基于热凝胶的聚合物沉淀法、基于溶剂挥发的聚合物沉淀法、基于水蒸气吸收的聚合物沉淀法和基于非溶剂浸入的聚合物沉淀法。通过控制聚合物类型和浓度、溶液的性质及操作参数，可以制备出不同类型和厚度的非对称膜和对称膜。其中，最为典型的是 Loeb-Sourirajan 膜，它们主要用于反渗透膜的制备。非对称膜的表皮层厚度为 $0.1 \sim 1.0 \mu m$，但这种膜的最大缺点是膜表皮上容易因气泡、尘埃和增强织物而形成细小的针孔或缺陷。这种缺陷对反渗透和超滤的应用影响不算大，但若要用于气体分离却是灾难性的。为解决这一问题，需要在表皮上再涂上一层易透材料来盖住这些缺陷，防止气体通过这些缺陷时产生的对流，不改变膜的选择性。例如：用硅橡胶来封堵聚砜制造的 L-S 膜。

（2）复合膜

复合式非对称膜一般通过物理浇铸或化学聚合将极薄的皮层沉积在具有微孔的多孔支撑层上而制得。早期的复合膜制备是把溶解在溶液中的聚合物浇铸在多孔结构的底膜上，通过溶剂挥发形成一层很薄的皮层，调控浇铸液的浓度可将膜的厚度控制在所需要的范围内。这种方法的缺点是溶解聚合物的溶剂会浸蚀微孔膜的底层结构，而且所浇铸的皮层也较厚。近十年来，发展了在基膜表面直接进行各种复合膜的制备的方法，如图 6-7 所示。界面缩聚、就地聚合、单体催化聚合、等离子体聚合等制膜新工艺的出现，大大促进了复合膜的制备技术。

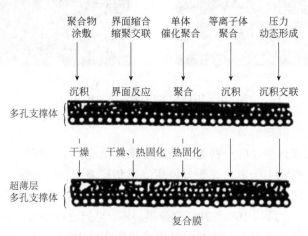

图 6-7　复合膜超薄脱盐层的制作法

与相转化法制备的非对称膜相比，复合膜具有以下特点：可以分别优选不同的材料制作超薄皮层和多孔支撑层，使它们的分离性能最优化；可用不同方法制得厚度为 $0.01 \sim 0.1 \mu m$ 的高交联度或带离子性基团的超薄皮层，使它们既具有良好的物化稳定性和耐压密性,又具有较优越的分离性能。

（3）无机膜

① 刻蚀法:将固体材料进行某种处理,使之产生相分离,其中一相可以与化学试剂反应而去除,形成多孔结构。例如:硼硅酸盐玻璃拉成 50μm 后的中空细丝,经热处理,形成硼酸盐相和富硅相,其中的硼酸盐可以用酸溶解而留下富硅相的多孔膜。再如:将金属铝薄片在酸性介质中进行阳极氧化,再用强酸去除未氧化部分,制得孔径分布均匀的直孔金属微孔膜。

② 溶胶凝胶法:以金属醇盐为原料,经有机溶剂溶解后在水中强烈搅拌水解,水解混合物脱除醇后加热到 90～100℃ 形成溶胶,再在低温下干燥形成凝胶,控制一定温度和湿度条件,使其成膜。凝胶膜经高温煅烧成具有陶瓷特征的氧化物膜。

③ 高温分解法:是制备分子筛炭膜的主要方法。将纤维素、酚醛树脂等高分子膜先在真空或保护气氛下于 500～800℃ 高温煅烧,形成非贯通的多孔膜,再在氧化气氛下煅烧,得到贯穿膜两侧的开孔。

④ 固态粒子烧结法:将加工成一定颗粒大小的无机粉体分散在溶剂中,加入适量无机黏结剂、塑化剂等制成悬浮液,然后成型得到由湿粉粒堆积的膜层,最后干燥和煅烧,使粉粒接触处烧结,形成多孔无机陶瓷膜。

⑤ 陶瓷非对称膜的制备:陶瓷非对称膜包括支撑层、过渡层和分离层三个部分。支撑层由粒径较大的粉料烧结而成,要求所用粉料的颗粒大小和形貌均匀,以形成孔径分布均匀的支撑膜。过渡层由粒径适中的粒子采用类似的方法与支撑膜一起制备。顶部分离层的制备可采用上述溶胶凝胶法,但对其干燥过程要严格控制,以减小裂隙的产生。最后还需要对制备的分离层进行修饰,进一步减小膜的孔径,或使气、液流动相在孔内表面有期望的界面相互作用特征。

6.1.5 膜材料及分离原理

6.1.5.1 膜材料的结构与性能

用作分离膜的材料包括天然的和人工合成的有机高分子材料和无机材料。原则上讲,凡是能成膜的高分子材料和无机材料均可用于制备分离膜。但实际上,真正能工业化规模应用的膜材料并不多,这主要取决于膜的一些特定要求,如分离效率、分离速度等。而这些要求又取决于膜的制备技术、制备成本和应用效益。

目前,实用的有机高分子膜材料有纤维素酯类、聚砜类、聚酰胺类及其他材料。从品种来说,已有百种以上的膜被制备出来,其中有 40 多种已被用于工业和实验室中。其中,纤维素酯类材料在膜材料中占主要地位,占一半以上,聚砜膜占 1/3,聚酰胺膜也占 10% 以上,其他材料的膜占比很小。制备微孔膜的材料除了高分子聚合物外,还有金属或金属氧化物。由硅和铝的氧化物经溶胶-凝胶、成型、烧结而成的多孔陶瓷膜,由于其耐酸、耐碱性能优越而越来越受到重视,在未来膜市场上的占比会越来越大。

（1）纤维素衍生物

纤维素是天然高分子，不仅资源丰富，而且是性能优良的用于制造分离膜的原材料。它们的分子量在 $5 \times 10^5 \sim 2 \times 10^6$，在分解温度前没有熔点，又不溶于一般的溶剂。纤维素结构如下：

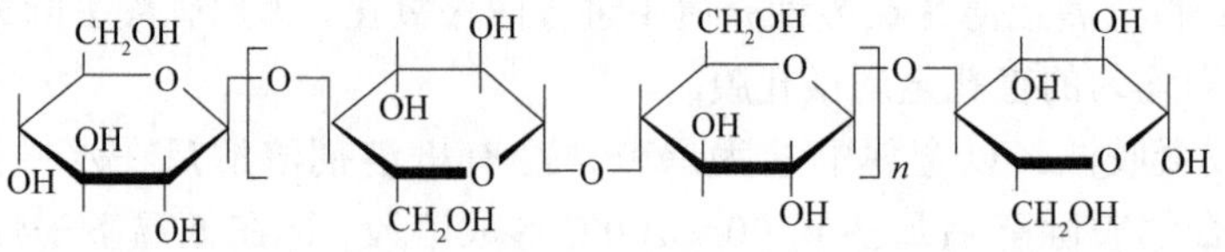

在用作膜材料时，一般都需先进行化学改性，生成纤维素醚或酯。由于在改性反应时有分子链的断裂，纤维素醚或酯的分子量大大降低。所以纤维素衍生物能溶于一般的溶剂。醋酸纤维素是由纤维素与醋酸反应制成的。醋酸纤维素类膜材料包括醋酸纤维素（CA）和三醋酸纤维素（CTA），两者的区别在于酯化程度不同，前者含乙酸 51.8%，后者含乙酸 61.85%。其结构式如下：

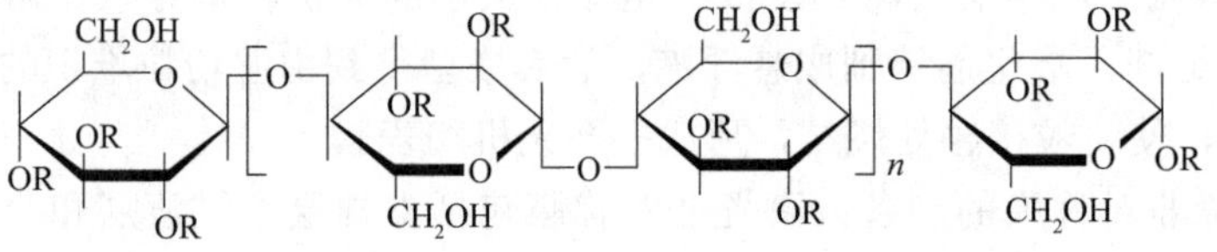

$$R = COCH_3$$

该类物质的亲水性好、成孔性好、材料来源广泛、成本低，但耐酸碱和有机溶剂的能力差，其应用受到一定的影响。

硝酸纤维素（CN）价格便宜，广泛用作微滤膜材料，其结构式如下：

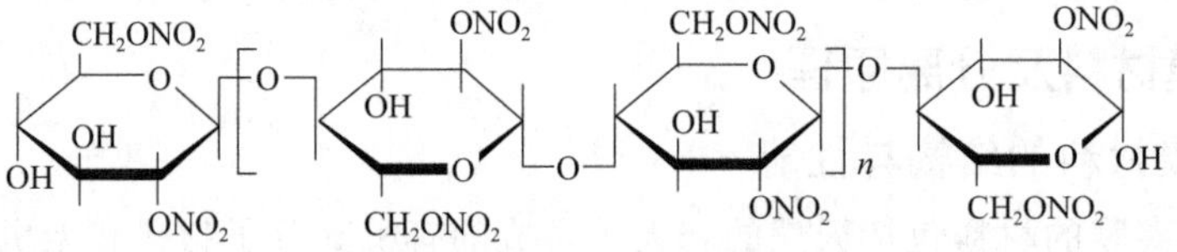

在制膜工业中应用的还有纤维素醋酸与丁酸的混合酯（CAB）和己基纤维素（EC）等。

纤维素本身也能溶于某些溶剂，如铜氨溶液、二硫化碳、N-甲基吗啉-N-氧化物（NMMO）。在溶解过程中发生降解，分子量降至几万到几十万。在成膜过程中又回复到纤维素的结构，称为再生纤维素。再生纤维素广泛用作微滤、超滤膜材料。

（2）聚砜类

聚砜是一类耐酸、耐碱的具有高机械强度的工程塑料。但是，它们耐有机溶剂的性能差。双酚 A 型聚砜、酚酞型聚醚砜和聚砜酰胺、聚芳醚砜、酚酞型聚醚酮、聚醚醚酮也是制造超滤、微滤膜的材料。结构式分别如下：

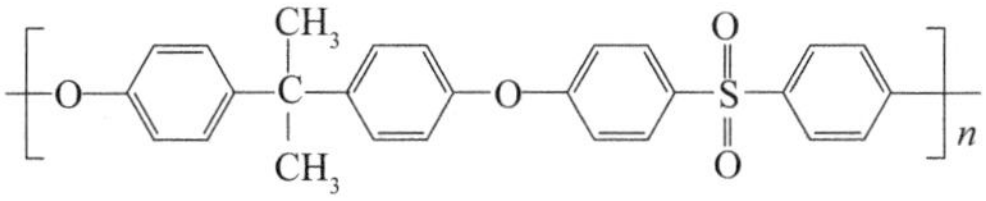

双酚A型聚砜

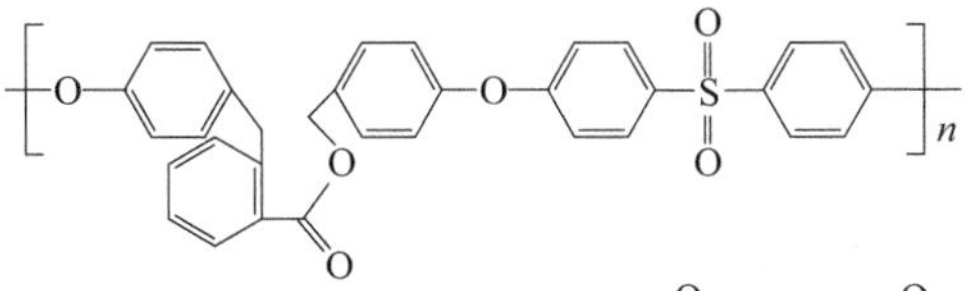

酚酞型聚醚砜

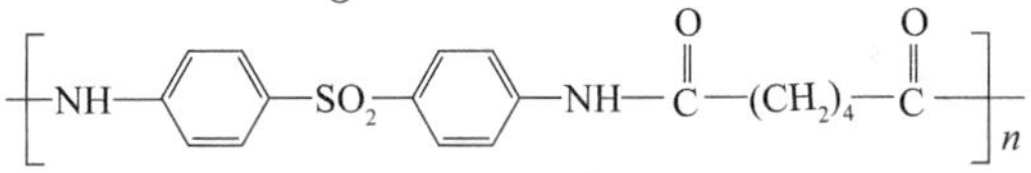

聚砜酰胺

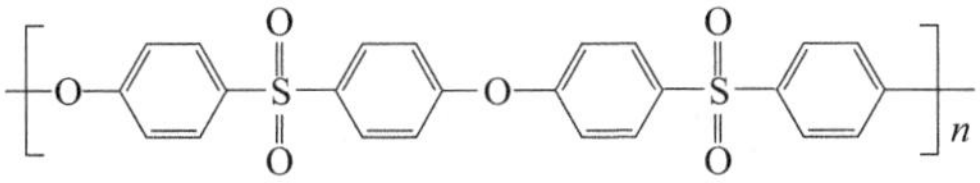

聚芳醚砜

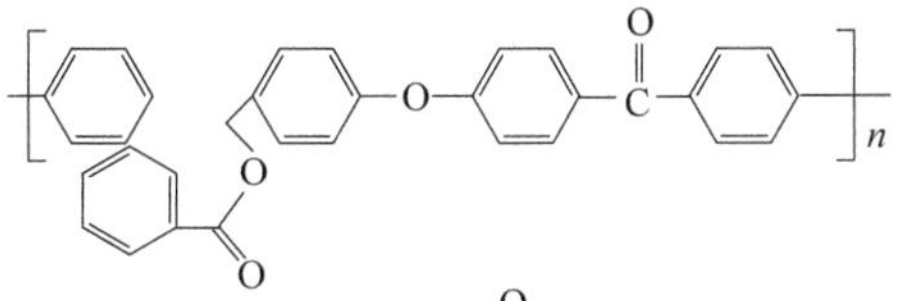

酚酞型聚醚酮

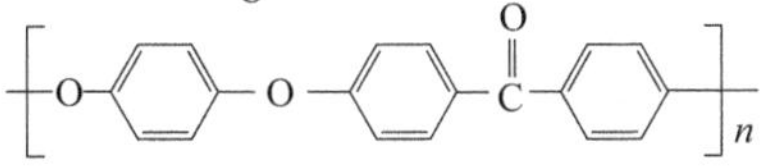

聚醚醚酮

自双酚A型聚砜出现后，即发展成为继醋酸纤维素之后的生产量最大的重要高分子膜材料。它可用作超滤和微滤膜材料，也可用作复合膜的支撑层膜材料。聚砜类材料可以通过化学反应，制成带有负电荷或正电荷的膜材料，抗污染性能显著改善。由于结构中的硫原子处于最高价态，加上邻近苯环的存在，因此这类聚合物有良好的化学稳定性，能耐酸和碱的腐蚀。

（3）聚酰胺类及杂环含氮高聚物

聚酰亚胺(PI)具有耐高温、耐溶剂且高强度等特点。因此，它们一直是耐溶剂超滤膜和非水溶液分离膜研制的首选膜材料。

（4）聚酯类

聚酯类树脂强度高，尺寸稳定性好，耐热、耐溶剂且化学品的性能优良。聚碳酸酯膜广泛用于制造微滤膜。聚酯无纺布是超滤、微滤等一切卷式膜组件的最主要支撑底材。

（5）聚烯烃

低密度聚乙烯（LDPE）和聚丙烯（PP）薄膜通过拉伸法可以制造微孔滤膜。采用单向拉伸制成的膜孔一般呈狭缝状，而用双向拉伸则可以制成接近圆形的椭圆孔。高密度聚乙烯（HDPE）通过加热烧结可以制成微孔滤板或滤芯，也可作为分离膜的支撑材料。

（6）乙烯类高聚物

乙烯类高聚物是包括聚丙烯腈、聚乙烯醇、聚氯乙烯、聚偏氟乙烯、聚丙烯酸及其酯类、聚甲基丙烯酸及其酯类、聚苯乙烯、聚丙烯酰胺等在内的一大类高聚物材料。其中，聚丙烯腈（PAN）的侧链上含有一个强极性基团—CN，但它的亲水性不是很强，耐溶剂性良好。聚丙烯腈（PAN）是应用仅次于聚砜和醋酸纤维素的超滤和微滤膜材料。

聚氯乙烯、聚乙烯醇、聚偏氯乙烯、聚偏氟乙烯也可用作超滤和微滤的膜材料。

（7）含氟高聚物

聚四氟乙烯（PTFE）可用拉伸法制成微滤膜。它化学稳定性非常好，膜不易被污染物所堵塞，且极易清洗。在食品、医药、生物制品等行业很有优势。聚偏氟乙烯具有较强的疏水性能，可用于超滤、微滤过程。

（8）无机膜

近十年来无机膜越来越被人们所接受，因为它们具有化学稳定性好、强度高以及疏水性好等特性，可以使用较强的化学清洗剂和可在较高温度下清洗。跨膜的压差可达到 0.1～2MPa，但是，目前无机膜在价格上还是比高分子膜贵得多。上已述及，无机膜用材料主要包括金属、金属氧化物、陶瓷、玻璃等无机材料。其中的大部分材料也可以看作是无机高分子聚合物。

6.1.5.2　溶液在膜内的传质模型与分离机制

溶剂和溶质在膜内的传质差异是膜分离过程的主要研究内容。这种传质与膜材料类型和结构形式相关，更与溶剂和溶质的性质相关。基于溶剂与溶质的传质差异，可以实现溶质与溶剂的分离，利用溶质之间的传质差异可以实现不同溶质之间的分离。

由于膜的种类、材质和适用条件的差异，膜内物质的传质也有很大差别。现已建立了多种传质模型或机理来说明溶剂和溶质在膜内的传递过程和差异。这些模型所涉及的内容包括溶剂和溶质与膜表面的相互作用问题和膜结构对溶剂和溶质传递的影响问题。基于这些问题的讨论可以说明物质在膜内的运动特点和通量大小、分离选择性等基本特征。一种膜分离技术可以有多种模型和理论，同样，一种模型可以用于说明不同的膜分离过程，只是所用的参数有所不同。

体现膜性能基本特征的参数主要是各种物质透过膜的机制和通量大小。不同物质的通量大小差别与分离选择性直接相关。下面介绍一些膜分离过程的传质模型和分离机制。

（1）优先吸附-毛细孔流动机理

该机理基于表面力-孔流动机理及其 Gibbs 方程，主要用于解释反渗透膜中水分子通过膜而离子被截留的机理。图 6-8 表示水脱盐过程的优先吸附-毛细孔流动机理。在这一过程当中，溶剂是水，溶质为氯化钠。由于膜表面具有选择性吸水斥盐作用，水优先吸附在膜表面上。因此，在压力的作用下，优先吸附的水渗透通过膜孔，而钠离子和氯离子被截留，就形成了脱盐过程。

多孔膜界面上溶质吸附量与溶液表面张力的关系可以用 Gibbs 方程关联：

$$\Gamma = -\frac{1}{RT}\frac{\partial \sigma}{\partial \ln a} \tag{6-1}$$

式中，Γ 为单位膜界面上溶质的吸附量，mol/m^2；σ 为溶液与膜界面的表面张力，N/m；a 为溶液中溶质的活度。

当水溶液与多孔膜接触时，如果膜的物化性质使膜对水优先吸附，那么在膜与溶液界面附近就会形成一层被膜吸附的纯水层，且纯水层的厚度 t 与溶质和膜表面的化学性质有关。膜表皮层的毛细孔接近或等于纯水层厚度 2 倍的微孔膜能获得最高的渗透通量和最佳的分离效果。当膜的孔径大于 $2t$ 时，则溶质也会从毛细孔的中心通过，产生溶质的泄漏，因此 $2t$ 为膜的临界孔径值，如图 6-8 所示。

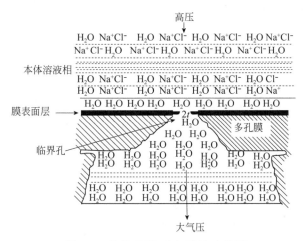

图 6-8　优先吸附-毛细孔流动模型

表面力-孔流动机理既适用于溶剂在膜上优先吸附，也适用于溶质在膜上优先吸附。究竟是溶剂还是溶质优先吸附取决于溶剂、溶质、膜材料和膜的性质及其相互作用关系。

（2）荷电膜的双电层理论

荷电膜在电解质溶液中会形成双电层。以阳离子交换膜为例，当离子交换膜浸入电解质溶液中，膜中的活性基团在溶剂水的作用下发生解离产生反离子，反离子进入水溶液，膜上活性基团在电离后带有电荷，以致在膜表面固定基团附近，电解质溶液中带相反电荷(可交换)的离子形成双电层，如图 6-9 所示。双电层的强弱与膜上荷电活性基团数量有关，膜-溶液界面离子分布及其相应化学电位与距离有关。

一般条件下，阳离子交换膜上的固定基团能构成足够强烈的负电场，使膜外溶液中带正电荷离子极易迁移靠近膜并进入膜孔隙，而排斥带负电荷离子。如果膜上的活性基团少，则其静电吸引力也随之减小，对同电荷离子的排斥作用也减小，进

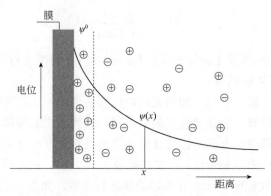

图 6-9　膜-溶液界面离子分布及相应的化学电位与距离的关系

而降低对阳离子的选择透过性；如果膜外溶液浓度很大，则扩散双电层的厚度会变薄，一部分带负电荷的离子靠近阳膜的机会增大，并导致非选择性地透过阳离子交换膜。而阴离子交换膜的情况恰好相反。根据异性电荷相吸原理，膜中固定离子越多，对相反电荷离子的吸引力越强，选择性越好；在电场作用下，溶液中的阳离子可定向连续迁移通过带负电的阳膜，相反地，溶液中的阴离子可定向连续迁移通过带正电的阴膜，这是电渗析技术的基础。

（3）荷电膜的唐南膜平衡理论

Gibbs-Donnan 平衡理论首先用于膜两侧的大分子渗透平衡，以及离子交换树脂与电解质溶液间的平衡，也能解释膜与电解质溶液间的离子平衡。

与第 3 章讨论离子交换树脂与溶液中电解质平衡的关系类似，当离子交换膜浸入氯化钠水溶液中时，溶液中的离子和膜内离子发生交换作用，最后达到平衡，构成膜内外离子的平衡体系。当将一张磺酸钠型阳膜浸入氯化钠溶液中时，膜中活性基团解离出的钠离子能进入溶液，溶液中的钠离子和氯离子也可能进入膜内，最后达到离子间的交换平衡。但平衡时由于固定离子的影响，可透过离子在膜两边不是平均分布。离子交换膜的 Gibbs-Donnan 平衡主要基于以下两个假定，其一是膜内外离子的化学位相等，即

$$\mu_i^s = \mu_i^m \tag{6-2}$$

式中，μ_i^s、μ_i^m 分别为离子在溶液中和在膜内的化学位。

其二为膜内外各种离子其总浓度必须满足电中性的条件，则有：

$$\sum_{i=1}^{n} Z_i c_i = 0 \tag{6-3}$$

式中，Z_i、c_i 分别为各种离子的价数和在膜内及溶液中的浓度。

从以上两个公式可推出以下关系式：

$$\frac{c_{Cl}}{c_{Cl}^m} = \sqrt{\frac{c_R^m}{c_{Cl}^m} + 1} \tag{6-4}$$

对稀溶液式（6-4）可简化为：

$$c_{Cl}^m = \frac{c_{Cl}^2}{c_R^m} \tag{6-5}$$

对于非理想溶液（离子溶液通常为非理想的），式（6-4）需用活度系数加以校正。引入平均离子活度系数 $\gamma^{\pm}$，则有：

$$\frac{c_{Cl}\gamma^{\pm}}{c_{Cl}^m(\gamma^{\pm})^m} = \sqrt{\frac{c_R^m}{c_{Cl}^m} + 1} \tag{6-6}$$

式中，对单价阳离子和阴离子，$\gamma^{\pm}=(\gamma^+\gamma^-)^{0.5}$。下标 Cl 和 R 分别代表氯离子和骨架阴离子；上标 m 代表膜相内的。

由以上方程可知，平衡时，溶液中与膜内固定离子符号相反的反离子容易进入膜内，同离子则不易进入膜内，使离子交换膜对反离子具有选择透过性。若膜内活性基团的浓度 c_{R^-} 远大于膜外溶液浓度，则 c_{Cl}^m 将减小。c_R^m 相对于 c_{Cl}^m 愈高，c_{Cl}^m 愈小。从式（6-5）还可看出，只要溶液中 c_{Cl} 不等于零，那么膜内的 c_{Cl} 也不可能等于零，所以膜的选择透过性不可能达到百分之百。因此，从 Gibbs-Dannan 理论，可得出以下规律：

① 膜上 c_R 趋向 0，则式（6-6）右边接近于 1，膜无选择性；
② 当膜上 c_R 趋向无穷大，即膜上的同名离子很少，则膜的选择性趋向 100%；
③ 当被处理溶液中的 c_{Cl} 远大于膜上的 c_R，即溶液中的 c_{Cl} 很大，膜内 c_R 很小，膜的选择性将会下降，由此可推知离子交换膜不宜在高浓度下操作。

（4）溶解-扩散机理

该机理尤其适合于讨论反渗透过程。该机理假定：膜是无缺陷的理想膜，且溶剂和溶质首先都溶解在均质无孔膜的表皮层中，然后各组分在非耦合形式的化学位梯度作用下，从膜上游侧向下游侧扩散，再从下游侧解吸。故溶剂和溶质在膜中的溶解度和扩散系数是该机理的主要参数。

溶剂在膜内的扩散可以采用费克定律来描述。在等温情况下，假定溶剂在膜中的溶解服从亨利定律，可得以下方程：

$$J_w = \frac{D_w c_w V_w}{RT\Delta l}(\Delta p - \Delta\pi) \tag{6-7}$$

$$A = \frac{D_w c_w V_w}{RT\Delta l} \tag{6-8}$$

$$J_w = A(\Delta p - \Delta\pi) \tag{6-9}$$

式中，A 为溶剂的渗透系数；Δp 为膜两侧压力差；J_W 为水(溶剂)通量。

在该方程的推导中，假定了 D_W、c_W 以及 V_W 与压力无关，在一般情况下当压力不超过 15MPa 时是合理的。该方程主要用于讨论溶剂的透过通量情况，其物理意义是压力越大，通量越大。与一般的 Grace 过滤理论的表达式有类似之处，只是这里还要考虑渗透压差的影响。对于溶质的扩散通量（J_i），由于压差引起的化学位差极小，因此，通量几乎都是由浓度梯度产生，可近似用式（6-10）表示：

$$J_i = \frac{D_{im} \mathrm{d} c_{im}}{\mathrm{d} l} \qquad (6\text{-}10)$$

式中，D_{im} 为溶质 i 在膜中的扩散系数；c_{im} 为溶质 i 在膜中的浓度。

由于膜中溶质的浓度 c_{im} 无法直接测定，故通常通过平衡分配系数 K 用膜外溶液的浓度来表示，经转换得：

$$J_i = D_{im} K_i \frac{c_r - c_p}{\Delta l} \qquad (6\text{-}11)$$

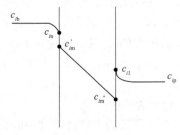

图 6-10　溶质传递通过膜的浓度分布

式中，K_i 为平衡分配系数；c_r、c_p 分别为膜上游溶液中和透过产品中溶质的浓度。图 6-10 为溶质传递通过膜的浓度分布。

通常情况下，只有当膜内浓度与膜厚呈线性关系时，式（6-11）才成立。经验表明，溶解-扩散机理适用于溶质浓度低于 15%的膜过程。事实上，在许多场合下膜内浓度场是非线性的，特别是溶液浓度较高且对膜具有较高溶胀度的情况下的误差较大。

（5）不可逆热力学（唯象学）模型

以不可逆热力学为基础导出的 Kedem-Katchalsky 模型的表达式为：

$$J_V = L_P (\Delta p - \sigma \Delta \pi) \qquad (6\text{-}12)$$

$$J_S = c_S (1 - \sigma) J_V + \omega \Delta \pi \qquad (6\text{-}13)$$

式中，J_V 为总通量；J_S 为溶质通量；c_S 为溶质浓度；L_P 为过滤系数，是由压力差引起的体积流，定义为渗透压差为零时单位压差的增加引起的体积流增加量；σ 为反射系数，表示膜对溶质的脱除率，其范围为 0～1，对于理想的只让溶剂通过而完全截留溶质的膜，$\sigma = 1$，J_V 与 $\Delta p - \Delta \pi$ 成正比；ω 为溶质渗透系数，定义为体积流为零时溶质的透过系数。其中溶质渗透系数和反射系数是由溶质的性质所决定的，对不同的溶质有不同的渗透系数与反射系数。该模型的推导涉及维象理论和耗散函数，这里不作具体的介绍，读者若需进一步了解，可以参考相关专著。

（6）位阻-微孔膜型

超滤传质过程可以看成是基于筛孔机理来完成的。因此，将溶质的性质与膜的固有性质联系起来，以评价膜的传递性质，就形成了位阻-微孔模型。

假定膜表皮层中具有半径为 r_p 的圆筒形微孔，孔内外相通；溶质为刚性球，半径为 r_s，溶液在微孔内呈 Poiseuiile 流动。那么，溶质的反射系数（σ）、渗透系数（ω）及水的渗透系数（L_P）可分别表示为：

$$\sigma = 1 - S_F[1 + (16/9)q^2] \tag{6-14}$$

$$\omega = DS_0(A_k / \Delta x) \tag{6-15}$$

$$L_P = (r^2 / 8\mu)(A_k / \Delta x) \tag{6-16}$$

式中，q 为溶质和膜孔半径之比（r_s/r_p）；A_k 为膜的孔隙率；S_F 为过滤流位阻因子，可用 q 表示为 $S_F = 2(1-q)^2 - (1-q)^4$；S_0 为扩散流位阻因子，可用 q 表示为 $S_0 = (1-q)^2$。

若已知给定膜的孔径 r_p、孔隙率 A_k 和孔的长度 Δx，则对任何溶质都可以用上式计算出溶质的反射系数（σ）、渗透系数（ω）及水的渗透系数（L_P），然后用不可逆热力学模型求出超滤的溶剂和溶质通量。

（7）渗透压阻力模型

对纯水的超滤，透过水的通量与压力呈线性关系，其比例取决于膜阻力 R_m 的大小，如图 6-11 所示。对大分子溶液，在浓度极稀或压力差很小的条件下，透过水的通量与压力也成正比，与膜的阻力 R_m 呈反比；随着压力差的增大，大分子溶质会被溶剂不断透过膜的过程中带到膜表面并积累，这时通量虽随压力差的

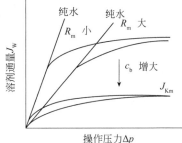

图 6-11 操作压力对溶剂通量的影响

增大有所增加，但不呈线性关系，在这个区域被称为压力控制区；随着压力差的进一步增加，滤饼层的阻力增加，而通量不再增大，此操作范围被称为传质控制区。在传质控制区，透过溶剂的通量分别随进料浓度的降低、进料流速的增大以及操作温度的升高而增大。

另外，超滤溶液中的溶质大多为大分子。在低浓度范围内，大分子溶质的渗透压可忽略不计。但是，随着浓缩过程的进行，浓度逐渐增大，溶液的渗透压则以指数函数关系迅速增高。另外，由于膜表面层的浓差极化，也会使膜表面溶质的浓度大大高于主体流溶液的浓度。此时，溶液的渗透压不能忽略不计，超滤的水通量可用渗透压阻力模型来描述并定量计算：

$$J_W = \frac{\Delta p - \Delta \pi}{\mu(R_m + R_c)} \tag{6-17}$$

式中，J_W 为水(溶剂)通量；μ 为溶液的黏度；R_m、R_c 分别为膜阻力和在膜面上

形成的滤饼阻力。式（6-17）与式（6-9）也是类似的，只是将溶剂的渗透系数换成膜上滤饼的阻力和溶液黏度等参数来考虑。

（8）浓差极化边界层与凝胶层阻力模型

引起反渗透和超滤过程中浓差极化现象的原因是相似的。对于超滤过程，被膜所截留的通常为大分子，大分子溶液的渗透压较小，由浓度变化引起的渗透压变化对过程影响不大。但超滤过程中的浓差极化对通量的影响则十分明显，被膜截留的组分积累在膜的表面上，形成浓度边界层，严重时足以使操作过程无法进行。超滤过程中的浓差极化现象及传递模型可用图 6-12（a）来简述。

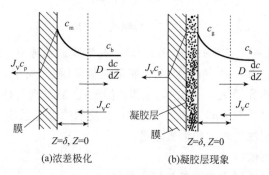

图 6-12　超滤过程中的浓差极化边界层和凝胶层形成现象

在压力差作用下，混合物流中小于膜孔的组分透过膜，而大于膜孔的组分被截留。这些被截留的组分在紧邻膜表面形成浓度边界层，使边界层中的溶液浓度大大高于主体流溶液浓度，形成由膜面到主体流溶液之间的浓度差。浓度差的存在导致紧靠膜面溶质反向扩散到主体流溶液中，这就是超滤过程中的浓差极化现象。浓差极化现象是不可避免的，但是可逆的。在很大程度上可以通过改变流道结构或改善膜表面料液的流动状态来降低这种影响。图 6-12（a）所示的浓差极化现象，可由传质微分方程推得在稳态超滤过程中的物料平衡算式：

$$J_\text{V} c_\text{p} = J_\text{V} c - D \frac{\mathrm{d}c}{\mathrm{d}Z} \tag{6-18}$$

式中，$J_\text{V} c_\text{p} = J_\text{S}$，为从边界层透过膜的溶质通量；$J_\text{V} c$ 为对流传质进入边界层的溶质通量；$D(\mathrm{d}c/\mathrm{d}Z)$ 为从边界层向主体流的扩散通量。

根据边界条件：$Z = 0$，$c = c_\text{b}$；$Z = \delta$，$c = c_\text{m}$，积分式（6-18）可得：

$$J_\text{V} = \frac{D}{\delta} \ln \frac{c_\text{m} - c_\text{p}}{c_\text{b} - c_\text{p}} \tag{6-19}$$

式中，J_V 为总通量；c_b 为主体溶液中的溶质浓度；c_m 为膜表面的溶质浓度；δ 为膜的边界层厚度；c_p 为渗透液中的溶质浓度。

当超滤过程达到稳定时，溶质在膜表面的对流传递呈平衡状态，即溶质扩散到膜表面上的流量和膜表面上的溶质返回主体溶液的流量达到动态平衡。当以物质的量浓度表示时，浓差极化模型方程变为：

$$\ln\frac{x_m - x_p}{x_b - x_p} = \frac{J_V \delta}{cD} \tag{6-20}$$

若定义传质系数 $k = D/\delta$，当 $x_p \ll x_b$ 和 x_m 时，式（6-20）可简化为：

$$\frac{x_m}{x_b} = \exp\left(\frac{J_V}{ck}\right) \tag{6-21}$$

式中，x_m/x_b 称为浓差极化比。

在超滤过程中，被截留的溶质大多为胶体或大分子溶质，它们在溶液中的扩散系数极小，溶质反向扩散通量较低，渗透速率远比溶质的反扩散速率高。因此，超滤过程中的浓差极化比会很高，其值越大，浓差极化现象越严重。

在超滤过程中，当大分子溶质或胶体在膜表面上的浓度超过它在溶液中的溶解度（达到饱和浓度）时，便形成凝胶层。此时的浓度称凝胶浓度 c_g，如图 6-12（b）所示。在一定的压差下，凝胶浓差比可按下式计算：

$$\frac{x_g}{x_b} = \exp\left(\frac{J_V}{ck}\right) \tag{6-22}$$

凝胶层形成后，若继续提高超滤压差，则凝胶层厚度增加而使凝胶层阻力增大，所增加的压力与增厚的凝胶层阻力所抵消，以致实际渗透速率没有明显增加。由此可知，一旦凝胶层形成后，渗透速率就与超滤压差无关，再提高超滤压差只增加凝胶层的厚度或阻力，而超滤通量不变。在浓差极化边界层模型中，传质系数 A 值是检测浓差极化程度的重要参数，传质系数不仅与流速有关，而且也与溶质有关。对于链形高分子，随分子量的增大扩散系数降低，而斯托克半径增大，扩散系数 D 也降低。

6.1.5.3 气体在膜内的传递机理

气体分离膜可分为多孔膜和非多孔膜两大类。一般认为聚合物多孔膜的下限孔径为 1.0nm。气体通过多孔膜与非多孔膜的机理是不同的。如图 6-13 所示，气体混合物在多孔膜中的传质机制可以是基于黏性流、努森扩散、介于二者的过渡流和分子筛分机理。而气体混合物在非多孔膜中则可以是基于溶解-扩散、双重吸着理论和促进传递机理。如气体对膜具有溶胀作用，或膜内功能基团对气体的促进传递作用，传递机理较为复杂。

膜对气体的选择性和渗透性是评价气体分离膜性能的两个主要指标。这些指标与膜材料性能和膜孔结构等因素有关。

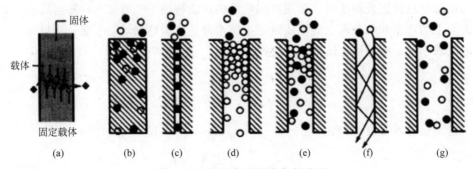

图 6-13　气体在不同膜中的传递

（a）固载促进扩散；（b）溶解-扩散；（c）分子筛分；（d）毛细管凝聚；
（e）表面扩散；（f）努森扩散；（g）黏性流

（1）多孔膜内气体扩散

如果膜两侧的气体总压力和温度相等，则理想气体在多孔膜中传递的推动力为气体分压差，气体渗透通量可用费克定律计算：

$$J_i = \frac{D_M}{RTl_m}(p_h - p_l) \qquad (6\text{-}23)$$

式中，p_h、p_l 分别为膜上下游的压力，MPa；l_m 为多孔膜的厚度，m；D_M 为有效扩散系数；$D_M/RT = P_M$ 为渗透率，$\mathrm{mol \cdot cm/(cm^2 \cdot s \cdot MPa)}$。

决定渗透率的 D_M 与气体在膜孔内的流动状态有关，应根据努森数的大小来区分。努森数 K_n 可用式（6-24）计算：

$$K_n = \lambda/d_p \qquad (6\text{-}24)$$

式中，λ 为气体分子平均自由程；d_p 为膜孔径。根据 K_n 的大小，可判别气体在膜孔内是呈黏性流还是努森扩散，或为介于二者之间的过渡流。

当 $K_n \leqslant 0.01$ 时，膜孔径远大于气体分子平均自由程。气体在膜孔内主要为分子间的碰撞，气体分子与膜壁面的碰撞可忽略。在此范围内是分子扩散，具有黏性流动特征，此时，气体混合物不能被膜分离。其通量可用 Hagen-Poiseuille 定律来求：

$$J_i = \frac{d_p^2}{64\mu RT} \times \frac{p_h^2 - p_l^2}{8} \qquad (6\text{-}25)$$

当 $K_n \gg 1.0$，尤其当 $K_n \geqslant 10$ 时，气体分子平均自由程远大于膜孔径，气体在膜孔中靠分子与膜孔壁的碰撞进行传递，分子间的碰撞可忽略不计，呈努森扩散。其通量为：

$$J_i = \frac{\pi d_p^3}{3(2\pi RTM_i)^{1/2}} \times \frac{\Delta p_i}{l} \qquad (6\text{-}26)$$

式中，l 为膜孔长度；M_i 为 i 组分的分子量。

当 K_n 介于以上两种流态之间，尤其当 K_n 在 1 附近时为过渡流扩散。在此范围内，膜孔内分子间的碰撞和分子与膜孔壁的碰撞都起作用，气体透过膜的速率与分子扩散和努森扩散均有关。若已知分子扩散和努森扩散系数，则过渡区的扩散系数可近似计算：

$$D_p = \left(\frac{1}{D_{ABp}} + \frac{1}{D_{Kp}} \right)^{-1} \tag{6-27}$$

式中，$D_{ABp} = (D_{AB}\varepsilon)/\tau$，为分子有效扩散系数；$D_{AB}$ 为双分子扩散系数；ε 为孔隙率；τ 为膜孔曲折因子；$D_{Kp} = 48.5d_p(T/M_i)^{1/2}$，为努森扩散系数。

当多孔膜孔径>10nm 时，努森流与黏性流同时存在。K_n 值不同，则两种流动所占的比例也不同。当 $K_n > 0.5$ 时，努森流占优势；当 $K_n < 0.1$ 时，则约 90%为黏性流。由于在大气压下气体分子平均自由程通常在 100~200nm 范围内，为取得良好的分离效果，应使努森流占优势，即膜孔径必须在 50nm 以下。

当多孔膜的孔径 < 0.7nm 时，气体分子在膜孔中的扩散基于分子筛分机理，那么具有较小直径的分子其扩散速率较大，虽然这类多孔膜的孔径较小，但气体渗透率通常仍大于非多孔膜。

（2）非多孔膜内的扩散

气体组分在致密膜中通过溶解与扩散传递，其传递过程由三步组成（图 6-14）：气体在膜上游表面的吸着；吸着在膜上游表面的气体在浓度差的推动下扩散透过膜；气体在膜下游表面的解吸。

气体在致密膜中的渗透率不但取决于气体本身的扩散性质，还取决于这些气体在膜内与膜的物理化学相互作用。通常以聚合物的玻璃态转变温度为界将致密膜分为橡胶态和玻璃态来讨论其传递机理。

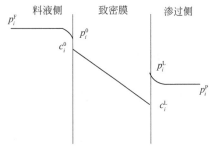

图 6-14 气体通过致密膜时的
分压差与浓度分布

对橡胶态膜，气体渗透通过致密膜的传递方程可由亨利定律导出。如果在渗透过程中气体在膜中的溶解和解吸是在平衡态下发生的，则气体溶解在膜面上的浓度 c_i 可以用气体组分 i 在膜界面上的分压来表示，$c_i = H_i p_i$。若以 p_i^0、p_i^L 表示组分 i 在膜上游侧和膜下游侧的分压，D_i、H_i 表示扩散系数和溶解度系数，l_m 表示膜厚度，则可由下式计算组分的渗透通量：

$$J_i = D_i H_i \frac{p_i^0 - p_i^L}{l_m} \tag{6-28}$$

在等温条件下，气体在玻璃态聚合物膜内扩散的渗透速率可由亨利定律的气体溶解和服从朗格缪尔的气体吸附来确定。且认为按亨利定律溶解于膜内的气体能全部扩散，而按朗格缪尔定律吸附在膜上的气体只有部分能扩散，另一部分则被固定在膜上。因此，可以用双重吸着理论来表示气体在膜内的平衡浓度：

$$c_m = C_D + FC_H = C_D\left(1 + \frac{FK}{1 + \alpha C_D}\right) \tag{6-29}$$

式中，C_H、C_D 分别为亨利溶解度和朗格缪尔吸附率；$F = D_H/D_D$，D_H、D_D 分别为溶解扩散系数和吸附扩散系数；$K = C'_H b/S$；$\alpha = bS$，分别为常数；S 为亨利定律溶解度常数；b 为孔亲和常数；C'_H 为孔饱和常数。

在低于玻璃化转变温度时，孔饱和常数随温度的降低而增大。因此，C_D 代表可扩散性气体的吸着，而 C_H 则代表在大孔或缺陷内的吸着。孔亲和常数代表渗透物在孔内或缺陷内的吸着与解吸速率常数的比值。整理以上公式后，t 对 x 求导，可得非稳态扩散偏微分方程。

$$D\frac{d^2C_m}{dx^2} = \left[1 + \frac{K}{(1 + \alpha C_D)^2}\right]\frac{dC_D}{dt} \tag{6-30}$$

（3）影响气体渗透性能的因素

① 气体分子的动力学直径与体积：分子直径增大，其在聚合物中的扩散活化能也随之增大。扩散系数则随分子体积的增大而减小，在不同的聚合物膜中减小的不等，在聚醚砜膜中的扩散远比在 PDMS 中低。

② 膜材料对膜分离性能的影响：气体分子在高分子膜内的扩散系数大小与高分子膜材料的种类和结构单元有关。相同分子在 PDMS 中的扩散远比在聚醚砜中的快。气体分子在 PDMS 膜内的渗透率要远大于在聚醚砜内。膜对气体的渗透率以及混合气体分离选择性与膜材料的结构和制备方法有很大联系，因此渗透率或分离选择性可以选择不同的膜材料或对同一种膜材料采用不同的制备方法来改善。在有机高分子膜内添加分子筛，可提高某些气体的渗透率或混合物的分离选择性。

③ 操作压力与温度的影响：大多数膜材料对 O_2 和 N_2 的渗透系数不受压力影响。对于无相互作用的小分子气体，溶解度随温度变化不大，而温度对渗透和扩散的相关性大致相同，因此温度对渗透系数的影响大多可由扩散确定。对于较大的分子，由于其在膜内扩散和溶解度的效应相反，情况复杂，并且两个参数均与浓度有关，应分别考虑各组分浓度对其影响。

④ 溶剂型气体分子的影响：不少有机溶剂与聚合物有相互作用，此时不能从溶剂分子大小来考虑其渗透特性，不能简单地用其活化能值与渗透的难易程度相关联。在玻璃态和橡胶态聚合物中均可能出现高溶解度，使聚合物链段运动加剧，自由体积增大。

6.1.5.4 膜材料的发展方向

为实现膜材料按膜分离需要"量体裁衣"的理想目标，膜材料的开发需要在以下方面做出进一步的探索：

① 继续开发新型功能高分子材料：

a. 结构与性能关系：以膜分离机理为指导，继续合成各种分子结构的功能高分子，制成均质膜，定量地研究分子结构与分离性能之间的对应关系。

b. 膜表面的物理或化学改性：结合声、光、电、磁等技术，根据不同的分离对象，引入不同的活化基团，通过改变高分子的自由体积和链的柔软性，改进其分离性能或改变其物理、化学性质。

c. 发展高分子合金：通常制取高分子合金要比通过化学反应合成新材料容易些，它还可以使膜具有性能不同甚至截然相反的基团，在更大范围内调节其性能。

② 开发无机膜材料：随着膜分离过程应用范围的拓展，对膜使用条件提出愈来愈高的要求，其中有些是高分子膜材料所无法满足的，如耐高温及强酸碱介质、耐污染、结构均一等。因此，无机分离膜日益受到重视并取得重大进展。无机膜包括陶瓷膜、微孔玻璃膜、金属膜和碳分子筛膜。目前市场中无机膜只占膜市场的 5%～8%，但年增长速度快，达 30%～35%，远高于有机膜。

③ 加强仿生膜的应用基础研究：仿生膜要接近或达到生物膜的分离性能还是一个比较遥远的目标，尚需进行大量的基础研究工作。生物膜建立在分子高度规则排列的基础上，其复杂独特的功能很难直接进行研究，但可以利用合成生物膜或仿生膜为桥梁来研究生物膜。单分子层膜、多分子层膜由于具有与生物膜类似的高度有序性和可控性，可用作生物膜的简化模型来模拟生物膜内的离子输送和信息、能量传递，使对膜分离过程的研究由宏观走向微观。

6.1.6 膜材料的性能表征

膜的性能包括膜的分离透过特性和理化稳定性两方面。膜的理化稳定性指膜对压力、温度、pH 值以及对有机溶剂和各种化学药品的耐受性，它是决定膜寿命的主要因素。膜的分离透过特性主要包括分离效率、渗透通量和通量衰减系数三个方面。

6.1.6.1 分离效率

对不同的膜分离过程和分离对象可以用不同的表示方法。对溶液中盐、微粒和某些高分子物质的脱除等可以用脱盐率或截留率 R 表示：

$$R = \left(1 - \frac{c_\text{p}}{c_\text{w}}\right) \times 100\% \qquad (6\text{-}31)$$

而通常实际测定的是溶质的表观分离率，定义如下：

$$R_\text{E} = \left(1 - \frac{c_\text{p}}{c_\text{b}}\right) \times 100\% \qquad (6\text{-}32)$$

式中，c_b、c_w、c_p 分别为被分离物在主体溶液中的浓度、在高压侧膜与溶液界面处的浓度和低压侧膜的透过液浓度。R 与 R_E 可通过传质系数法加以换算。

对某些混合物的分离，分离效率可用另一种方法，如分离系数 α（或 β）表示。

$$\alpha = \frac{\dfrac{y_A}{1-y_A}}{\dfrac{x_A}{1-x_A}} \tag{6-33}$$

$$\beta = \frac{y_A}{x_A} \tag{6-34}$$

式中，x_A、y_A 分别表示原液（气）与透过液（气）中组分 A 的摩尔分数。

6.1.6.2 渗透通量及其衰减系数

渗透通量常用单位时间内通过单位膜面积的透过物量表示。

$$J_W = \frac{V}{St} \tag{6-35}$$

式中，V 为透过液的容积或质量；S 为膜的有效面积；t 为运转时间。

膜的渗透通量由于过程的浓差极化、膜的压密以及膜孔堵塞等原因会随时间延长而衰减，可用下式表示：

$$J_t = J_1 t^m \tag{6-36}$$

式中，J_t、J_1 为膜运转 th 和 1h 后的透过速率；t 为运转时间。

式（6-36）两边取对数，得到以下线性方程：

$$\lg J_t = \lg J_1 + m \lg t \tag{6-37}$$

由式（6-37）在对数坐标系上作直线，可求得直线的斜率 m，即衰减系数。

对于任何一种膜分离过程，总希望分离效率高、渗透通量大，实际上这两者之间往往存在矛盾。一般说来，渗透通量大的膜，分离效率低，而分离效率高的膜渗透通量小，故常常需要在两者之间做出权衡。

6.1.7 膜组件

将膜、固定膜的支撑材料、间隔物或管式外壳等通过一定的黏合或组装构成的一个单元称为膜组件。任何一个膜分离过程，不仅需要具有优良分离特性的膜，而且还需要结构合理、性能稳定的膜分离装置。因此，了解膜组件的结构对膜分离系统的设计具有十分重要的意义。

工业应用的膜组件主要有中空纤维式、管式、卷式、板框式四种形式。以平板膜为基础构成的膜组件有卷式、折叠式、板框式及膜盒式等。板框式结构又可细分为圆形板式和长方形板式等。根据不同的需要，还可以组装成动态或静态装置，如旋转式、振动式装置。管式和中空纤维式组件也可以分为内压式和外压式两种。对于各种不同分离目的的膜分离过程，采用怎样形式的组件及装置，在过程设计和实际应用方面将会有很大的差异。

经验证明，一种性能良好的膜组件应具备以下条件：①对膜能提供足够的机械支撑并可使高压原料液（气）和低压透过液（气）严格分开；②在能耗最小的条件下，使原料液（气）在膜面上的流动状态均匀合理，以减少浓度差极化；③具有尽可能高的装填密度（即单位体积的膜组件中具有较高的有效膜面积），并使膜的安装和更换方便；④装置牢固、安全可靠、价格低廉和易于维修。

（1）管式膜组件

管式高分子膜组件有内压式和外压式两种。内压式膜组件的膜被直接浇铸在多孔的不锈钢管内或用玻璃纤维增强的塑料管内，也有将膜先浇铸在多孔纸上，在外面再用管子来支持。对内压式膜组件，加压的料液流从管内流过，透过膜所得的渗透溶液在管外侧被收集。外压式膜组件的膜则被浇铸在多孔支撑管外侧面，加压的料液流从管外侧流过，渗透溶液则由管外侧渗透通过膜进入多孔支撑管内。

无论是内压式还是外压式，都可以根据需要设计成串联或并联装置。管式膜装置的优点是对料液的预处理要求不高，可用于处理高浓度悬浮液。料液流速可以在较宽的范围内调节，这对于控制浓差极化非常有利。当膜面上生成污垢时，不需要将组件或装置拆开，可以方便地用海绵球擦洗法来进行清洗，也便于用化学清洗法清洗。其缺点是投资和操作费用都相当高，单位体积内的装填密度一般比较低。目前，国内外已有管径为1~2.5cm的各种管式膜组件及装置，可供设计选用。

多通道结构膜组件具有单位体积内膜面积装填密度大、组件强度较高，设备紧凑、更换成本低、可在高温下连续运行等优点，在生产、安装、清洗、灭菌、维修等方面也比较方便，更适合于组装成各种用途的分离装置和膜反应器。

（2）平板式或板框式膜组件

平板式膜组件与板式换热器或加压叶滤机相似，由多枚圆形或长方形平板膜以1mm左右的间隔重叠加工而成，膜间衬设多孔薄膜，供料液或滤液流动。平板式膜组件比管式膜组件比表面积大得多。在实验室中，经常使用将一张平板膜固定在容器底部的搅拌槽式过滤器。

板框式是超过滤和反渗透中最早使用的一种膜组件。其设计类似于常规的板框过滤装置，膜被放置在垫有滤纸的多孔的支撑板上，两块多孔的支撑板叠压在一起形成料液流道空间，组成一个膜单元，单元与单元之间可并联或串联连接。在板框式设备中，膜可以从多孔的支撑板上脱下来，也可被直接浇铸在支撑板上。一般而论，所有种类的板框式装置，其单位体积内膜面积的装填密度都比管式装置大，而对浓差极化的控制方面要比管式装置困难。特别当料液中含大量悬浮固体粒子时，料液在膜面上的结垢和料液通道阻塞就更成问题。板框式膜装置，一般可采用拆卸清洗，但是这种清洗比管式装置清洗费时，板框式膜组件的投资和操作费用比管式设备低。

（3）螺旋卷式膜组件

螺旋卷式膜组件主要用于反渗透、纳滤和超过滤过程。螺旋卷式膜组件是将两张平板膜固定在多孔性滤液隔网上（隔网为滤液流路），两端密封，两张膜的上下分别衬设一张料液隔网（为料液流路），然后卷绕在空心管上，使膜、料液通道网以及多孔的膜支撑体等组合在一起，空心管用于滤液的回收。然后将其装入能承受压力的外壳中制成膜组件。这类膜组件的内部结构可通过改变料液和过滤液流动通道的形式而设计成多种不同的形式。卷式膜组件单位体积内的膜面积一般可达 $600m^2$，最高可达 $800m^2$。为了减少膜组件的持液空间，料液通道高度应尽可能小，但由此会导致沿流道的压降增大。由于进料流道高仅 1mm，但有一定的宽度，流体在流道内基本上呈层流流动，料液通道网能使流体产生湍动，降低浓差极化现象。螺旋卷式膜组件的比表面积大，结构简单，价格较便宜。由于狭窄的流道与料液通道网的存在，料液中的微粒或悬浮物会导致膜组件流道的阻塞，因而必须对料液进行预处理。

（4）折叠式膜组件

折叠式筒形微滤器可装填较大过滤膜面积，是目前最常用的微滤器之一，特别是用于水或其他流体的预处理。微滤膜被折叠成圆筒形，制成滤芯，该滤芯被安装在可加压的过滤器外壳内，料液由壳侧流进并透过膜表面，料液中的微粒等被膜截留，透过液收集于中心管，中心管与加压外壳间用 O 形环隔离密封。微滤膜组件一般在较低压差下进行，透过量也较大，随着过程的进行，透过液量会逐渐下降，当下降到一定值时，必须对滤芯进行再生或更换。由于膜孔会被截留组分所堵塞，因此膜的使用寿命有限。

（5）中空纤维(毛细管)膜组件

中空纤维或毛细管膜组件由数百至数百万根中空纤维膜固定在圆筒形容器内构成。严格地讲，内径为 $40\sim80\mu m$ 的膜称中空纤维膜，而内径为 $0.25\sim2.5mm$ 的膜称毛细管膜。由于两种膜组件的结构基本相同，故一般将这两种膜装置统称为中空纤维膜组件。

毛细管膜的内径大致为 $0.4\sim2.5mm$，耐压能力在 1.0MPa 以下，主要用于超滤和微滤；根据不同的纺丝条件，所得的毛细管膜可分内压式和外压式两种。两种膜均无支撑管，其抗压强度靠膜自身的非对称结构支撑。将大量的毛细管膜经适当的黏结剂封装在圆筒形容器内制成毛细管膜组件，毛细管膜组件的装填密度比板式及管式组件大，但比中空纤维小得多，一般为 $600\sim1200m^2/m^3$。对内压式毛细管膜组件，料液从每根毛细管的内腔通过，透过液则通过毛细管内腔壁向外渗出；对外压式毛细管膜组件，则相反，料液从毛细管外侧间隙流过，透过液则通过毛细管壁渗入管内腔，然后沿管内腔流出。由于毛细管的管径比中空纤维要大，又无支撑管，故操作压力受到限制，一般操作压差低于 1.0MPa。当采用的毛细管膜内径太小时，就可能出现毛细管被堵塞的现象。因此，使用时都必须对料液进行适当有效的预处理。

中空纤维膜与毛细管膜的形式是相同的，差异仅仅在于其管或纤维内径的大小，中空纤维膜的内径通常在 40～100μm 范围内，膜在结构上是非对称的，其抗压强度也靠膜自身的非对称结构支撑。由于中空纤维较毛细管膜细得多，故可承受 6MPa 的静压力而不致压实，常用于反渗透和纳滤过程。中空纤维膜组件单位装填膜面积比所有其他组件大，最高可达 30000m^2/m^3。采用外压式操作（料液走壳层）时，流动容易形成沟流效应，凝胶吸附层的控制比较困难；采用内压式操作（料液走腔内）时，为防止堵塞，需对料液进行预处理，除去其中的微粒。将大量的中空纤维安装在一个管状容器内，中空纤维的一端以环氧树脂与管外壳壁固封制成膜组件。料液从中空纤维组件的一端流入，沿纤维外侧平行于纤维束流动，透过液则渗透通过中空纤维壁进入内腔，然后从纤维在环氧树脂的固封头的开端引出，原液则从膜组件的另一端流出。由于中空纤维太细，料液中的大分子组分等会堵塞纤维流道及膜孔，料液通过中空纤维的流动亦难以控制。在实际应用过程中，料液必须先经过严格的预处理，根据不同的需要除去被处理溶液中的全部微粒，甚至大分子物质。一般状况下，用于反渗透过程的中空纤维膜为外压式的，其外侧具有致密的表皮层。

（6）各种膜组件比较

各种膜组件的管径或流道高度与比表面积如图 6-15 所示。膜组件的比表面与组件的管径或流道高度呈反比，高分子管式膜组件的比表面积仅为 10m^2/m^3 左右，而

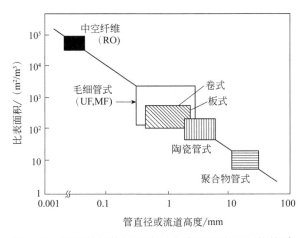

图 6-15　膜组件的管径或流道高度与比表面积的关系

中空纤维膜组件的比表面积高达 $10^5 m^2/m^3$，毛细管式、卷式、板式以及陶瓷管式组件的比表面积介于 $10 \sim 10^5 m^2/m^3$ 之间。

管式膜组件较昂贵，但这类膜组件能很好地控制浓差极化，料液一般不需要预处理，而且清洗方便，可节省大量的费用。因此，管式膜组件在化工、环保、生化等领域仍比其他类型膜组件有更广泛的应用。板框式膜组件虽然投资费用比较高，但由于膜的更换方便，清洗容易，而且操作灵活，尤其是小规模板框式装置，在经常需更换处理对象时就特别有利，因此被较多地应用于生化制药、食品、化工等工业中。毛细管式膜组件，料液虽需经预处理，但要求不高，而该类装置的投资和操作费用都相当低，因此，通常以超滤或微滤的形式用于废水处理、地表水的杀菌过滤、酶制剂浓缩等方面。螺旋卷式和中空纤维式组件在海水或苦咸水淡化方面的应用占统治地位，已大量用于纯水和超纯水的处理。折叠式筒形过滤器则主要适合于各种料液的预处理。

6.1.8　膜分离过程的概念、分类和适用范围

膜分离过程用天然的或合成的、具有选择透过性的膜为分离介质，当膜两侧存在某种推动力（如压力差、浓度差、电位差、温度差等）时，原料侧液体或气体混合物中的某一或某些组分选择性地透过膜，以达到分离、分级、提纯或富集的目的。

各种膜分离过程尽管具有不同的机理和适用范围，但有许多共同的特点：

① 多数膜分离过程无相变发生，能耗通常较低。

② 膜分离过程一般无须从外界加入其他物质，从而可以节约资源和保护环境。

③ 膜分离过程可使分离与浓缩、分离与反应同时实现，从而提高分离效率。

④ 膜分离过程通常在温和的条件下进行，可以确保不发生局部过热现象，因而特别适用于热敏性物质的分离、分级、浓缩与富集，大大提高了药品生产的安全性。

⑤ 膜分离过程不仅适用于从病毒、细菌到微粒广泛范围的有机物和无机物的分离，而且还适用于许多由理化性质相近的化合物构成的混合物如共沸物或近沸物的分离以及其他一些特殊溶液体系的分离。

⑥ 膜分离过程的规模和处理能力可在很大范围内变化，而其效率、设备单价、运行费用等都变化不大。

⑦ 膜组件结构紧凑，操作方便，可在频繁的启停下工作，易自控和维修，而且膜分离可以直接插入已有的生产工艺流程。

表 6-1 给出了常用膜分离过程的分类和基本特性。

表 6-1　几类常用膜分离过程和基本特性

类型	分离对象	驱动力	分离依据	透过物	截留物	膜类型
微滤	溶液和气体中的颗粒	压力差	颗粒大小和形状	溶液或气体	悬浮物颗粒	纤维多孔膜
超滤	溶液中的大分子物质	压力差	分子大小	溶剂、小分子物质	胶体和超过截留分子量的分子	非对称性膜
纳滤	溶剂中的有机组分、高价离子、大分子物质	压力差	离子大小及电荷	溶剂及低价离子	有机物和高价离子、大分子物质	复合膜
反渗透	溶剂中的溶质	压力差	溶剂的扩散传递	水、溶剂	溶质、盐	非对称性膜，复合膜
渗析	含大分子溶质溶液中的小分子物质	浓度差	溶质的扩散传递	低分子量物质	大分子物质、细胞、血红素	非对称性膜
电渗析	溶液中的离子	电位差	离子的选择传递	离子	非电解质、大分子物质	离子交换膜
气体分离	气体混合物分离、富集或特殊组分脱除	压力差	气体和蒸气的扩散渗透	气体或蒸汽	难渗透性气体或蒸气	均相膜、复合膜、非对称膜
渗透蒸发	挥发性液体混合物分离	压力差	选择传递	易渗透质或溶剂	难渗透性溶质或溶剂	均相膜、复合膜、非对称膜

6.2　反渗透、纳滤、超滤与微滤

　　微滤（MF）、超滤（UF）、纳滤（NF）与反渗透（RO）都是以压力差为推动力的膜分离技术。当膜两侧施加一定的压差时，可使一部分溶剂及小于膜孔径的组分透过膜，而微粒、大分子、盐等被膜截留下来，从而达到分离的目的。四个过程的主要区别在于被分离物粒子或分子的大小和所采用膜的结构与性能。

　　微滤、超滤、纳滤与反渗透应用范围及过程操作压差如图 6-16 所示。微滤膜截留的是粒径>0.1μm 以上的微粒。在微滤过程中，通常采用对称微孔膜，膜的孔径范围为 0.05～1.0μm，所施加于过程的压差范围为 0.05～0.2MPa，超滤分离的组分是大分子或直径不大于 0.2μm 的微粒。尽管溶液中大分子溶质的存在也使得溶液具有一定的渗透压，但一般很小，有时可以忽略不计，因此所施加的压差在 0.2～1.0MPa 范围内，反渗透常被用于截留溶液中的盐或其他小分子物质。由于溶液的渗透压与溶质的分子量及浓度有关，通常被截留溶质的分子量越小，渗透压的影响越大，且随溶质浓度的增加而增大。因此，在反渗透过程中，溶液的渗透压不能忽略。反渗透的操作压差通常依被处理溶液的溶质大小及其浓度而定，通常压差在 2MPa 左右，也可高达 10MPa，甚至 20MPa。在反渗透和超滤过程中所采用的大多为致密的非对称膜或复合膜。介于反渗透与超滤之间为纳滤过程，其膜的脱盐率取决于膜性质及被分离物质的大小，纳滤的操作压差通常比反渗透低，为 0.5～3.0MPa，因其截留的组分为纳米级大小，故称纳滤，用于分离溶液中分子量为几百至几千的物质。

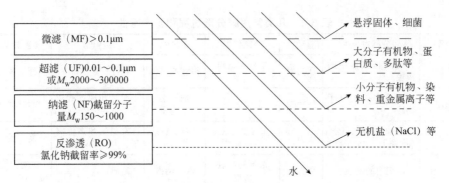

图 6-16　微滤、超滤、纳滤与反渗透的截留分子大小范围比较

6.2.1　反渗透

6.2.1.1　溶液渗透压

反渗透借助于半透膜对溶液中溶质的截留作用，在高于溶液渗透压的压差推动力下使溶剂渗透通过半透膜，达到溶液脱盐的目的。

物理化学中已经介绍了渗透和反渗透现象，如图 6-17 所示。溶液中溶剂的化学位可以用理想溶液的化学位公式描述：

$$\mu = \mu^*(T, p) + RT \ln x \qquad (6-38)$$

式中，$\mu^*(T,p)$ 为指定温度、压力下纯溶剂的化学位；μ 为指定温度、压力下溶液中溶剂的化学位；x 为溶液中溶剂的摩尔分数。当半透膜两侧溶液的化学位相等时，溶剂透过膜在两侧的透过量相等，处于平衡过程，如图 6-17（a）所示。当膜两侧的溶液化学位不等时，溶剂从化学位较大的一侧向化学位较小侧流动的量要大于相反方向的流动，直到两侧溶液的化学位相等时才达到平衡，如图 6-17（b）所示的渗透过程。假定膜两侧压力相等，由于溶液中溶质的浓度 $c_1 > c_2$，可得 $\mu_2 > \mu_1$，也可从稀溶液的依数性知，由于溶液中溶剂的摩尔分数 $x_2 > x_1$，则膜两侧溶液的渗透压有 $\pi_1 > \pi_2$，在这一推动力下，溶剂从稀溶液侧透过膜进入浓溶液侧，这就是以浓度差为推动力的渗透现象。图 6-17（c）为渗透达到平衡时的情况，要使两侧溶液的

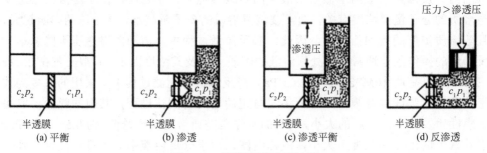

图 6-17　渗透和反渗透过程

化学位相等（$\mu_2=\mu_1$），则两侧溶液的压差等于两种溶液之间的渗透压差（$\Delta p=\Delta\pi$）。相反地，如果要使右侧溶液中的溶剂向左侧渗透，即发生反渗透过程，如图 6-17（d）所示，需要在右室溶液上方施加一个压力，使得膜两侧的压差大于两侧溶液的渗透压差（$\Delta p>\Delta\pi$），则膜两侧溶液的化学位为 $\mu_1>\mu_2$，那么，溶剂从溶质浓度高的溶液侧透过膜流入浓度低的一侧，这种依靠外界压力使溶剂从高浓度溶质侧溶液向低浓度溶质侧渗透的过程称为反渗透。

在反渗透过程的设计中，溶液的渗透压数据是必不可少的。多组分体系的稀溶液可用扩展的范特霍夫渗透压公式计算溶液的渗透压：

$$\pi = RT\sum_{i=1}^{n}c_i \qquad (6\text{-}39)$$

式中，c_i 为溶质物质的量浓度；n 为溶液中的组分数。

当溶液的浓度增大时，溶液偏离理想程度增加，所以式（6-39）是不严格的。对于电解质水溶液，常引入渗透压系数 φ_i 来校正偏离程度，对水溶液中溶质 i 组分，其渗透压可用式（6-40）计算：

$$\pi = \varphi_i c_i RT \qquad (6\text{-}40)$$

许多电解质水溶液在 25℃时的渗透压系数可从其他参考书中查得。一般而言，当溶液的浓度较低时，极大部分电解质溶液的渗透压系数接近于 1，对 NH_4Cl、$NaCl$、KI 等一类溶液，其系数基本上不随浓度而变；不少电解质溶液的渗透压系数随着溶液浓度的增加而增大，尤其在高浓度下，如 $MgCl_2$、$MgBr_2$、CaI_2 等；而对 NH_4NO_3、KNO_3、Na_2SO_4、$AgNO_3$ 等溶液，则随溶液浓度的上升而降低。在实际应用中，常用以下简化方程计算：

$$\pi = BX_s \qquad (6\text{-}41)$$

式中，X_s 为溶质摩尔分数；B 为常数，可从表中查得。

从范特霍夫渗透压方程可以导出某一渗透压下的溶质分子量与最大溶质质量分数的关系，如图 6-18 所示。对低分子量物质，在给定浓度下的渗透压非常大，要使此种溶液的浓度提高，显然受到操作压力的限制。如对许多分子量为 100 左右的典型含氧物质，如果操作压差为 3.5MPa，那么对水溶液能达到的最大浓度仅为 22%（质量分数），在这个浓度下，溶液的渗透压相当于过程的操作压差，即在此操作压差条件下，溶剂的渗透通量为零。

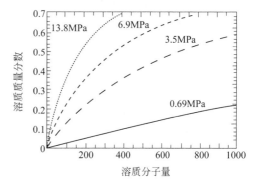

图 6-18 渗透压与最大溶质质量分数的关系

6.2.1.2 反渗透操作特性参数计算

（1）膜通量

设计反渗透系统，首先必须知道膜或膜组件的溶剂及溶质通量，有许多传质模型可用于计算膜通量，最常用的有 Lonsdals 等提出的溶解-扩散模型、以不可逆热力学为基础的 Kedem-Katchalsky 模型以及 Sourirajan 的毛细管孔流动模型等。以下提出 Kimura-Sourirajan 模型用于求算溶剂通量（J_A）和溶质通量（J_S）：

$$J_A = A\{\Delta p - \Delta \pi[(x_R - x_P)]\} \tag{6-42}$$

$$J_S = \frac{D_{Am}K_A}{\delta}(c_R x_R - c_P x_P) \tag{6-43}$$

式中，A 为水的渗透系数；Δp、$\Delta \pi$ 分别为膜两侧的压力差和溶液渗透压差；$\frac{D_{Am}K_A}{\delta}$ 为溶质的渗透系数，其与溶质性质、膜材料性质以及膜表面平均孔径有关；D_{Am} 为溶质在膜中的扩散系数；c_R、c_P 分别为膜两侧溶液浓度，若过程中有浓差极化现象存在，则 c_R 为紧靠膜表面的溶液浓度；x_R、x_P 分别为膜两侧溶液中溶质的摩尔分数。

（2）反渗透截留率

在反渗透过程中，混合物的分离程度分别用截留液的最大浓度和透过液的最小浓度来表示，最大截留液浓度主要取决于料液的组成、料液的渗透压和黏度。透过液的最小浓度则取决于膜的分离性质。膜的分离性质一般用截留率（R）表示：

$$R = 1 - \frac{c_P}{c_f} \tag{6-44}$$

式中，c_f、c_P 分别为滤剩液和滤出液的浓度。

对于反渗透膜，其截留率通常大于 98%，有些膜甚至高达 99.5%。

6.2.1.3 反渗透工艺流程

（1）工艺流程

由于反渗透膜的溶质脱除率大多在 0.9～0.95 范围内，因此，要获得高脱除率的产品往往需采用多级或多段反渗透工艺。在反渗透过程中，所谓级数是指进料经过加压的次数，即二级则是料液在过程中经过二次加压，在同一级中以并联排列的组件组成一段，多个组件以前后串联连接组成多段。

图 6-19 表示一级一段连续式反渗透流程。在这种流程中，料液进入膜组件后，浓缩液和纯水连续排出，水的回收率不高。另一种为一级一段循环式反渗透流程，如图 6-20 所示，在循环式流程中，浓缩液一部分返回料液槽，随着过程的进行，浓缩液的浓度不断提高，因此产水量较大，但水质有所下降。

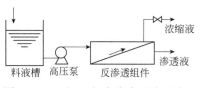

图 6-19 一级一段连续式反渗透流程

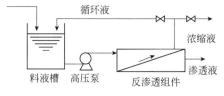

图 6-20 一级一段循环式反渗透流程

图 6-21 表示二级一段循环式反渗透流程。该流程常用于料液的浓缩，料液在过程中经三步浓缩，其体积减小而浓度提高，产水量相应增大。

图 6-22 表示一级三段连续式反渗透流程，对膜的脱除率偏低，而水的渗透率较高时，采用一级工艺常达不到要求，此时采用两步法比较合理。由于操作过程中将第二级的浓缩液循环返回到第一级，因而降低了第一级进料液浓度，使整个过程在低压、低浓度下运行，可提高膜的使用寿命。

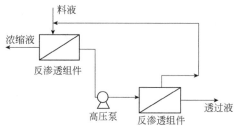

图 6-21 二级一段循环式反渗透流程

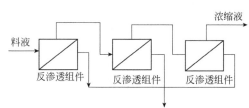

图 6-22 一级三段连续式反渗透流程

除了以上几种反渗透流程外，还有多级多段流程。对于流程的选择，除了产量和产品的浓度两个主要指标外，尚需对装置的整体寿命、设备费、维护、管理、技术可靠性等因素进行综合考虑。例如，将高压的一级流程改成两级时可使过程在低压下运行，因而对膜、装置、密封、水泵等方面均有利。

多级连续操作级数为 2～3 级，即有 2～3 个单级串联而成。由于这种过程通常只有最终一级在高浓度溶液下操作，其他前几个单级中，溶液的浓度均较低，渗透流率也相应较大，所以总膜面积小于单级操作，接近间歇操作。

（2）过程回收率与溶质损失率的关系

由于受溶液的渗透压、黏度等因素的影响，在一定操作压力下，截留液的浓度不可能超过某一最大值，原料液也不可能全成为透过液，所以原料液的体积总是大于透过液的体积。若定义透过液的体积对原料液体积之比称为回收率 η，则：

$$\eta = V_P/V_f \tag{6-45}$$

式中，V_P、V_f 分别为透过液和原料液的浓度，截留液的浓度（c_R）和透过液的浓度（c_P）可表示成原料液浓度、回收率和截留率的函数。

$$c_R = c_f(1-\eta)^{-R} \tag{6-46}$$

$$c_\mathrm{P} = c_\mathrm{f}(1-R)(1-\eta)^{-R} \qquad\qquad (6\text{-}47)$$

当反渗透过程中溶质是所需要的组分时，如果膜不能完全截留溶质，有部分溶质被损失掉，溶质的损失与膜的截留率和回收率有关，可用式（6-48）表示：

$$\delta_\mathrm{Ro} = 1-(1-\eta)^{1-R} \qquad\qquad (6\text{-}48)$$

式中，δ_Ro 为溶质的损失率；η 为回收率；R 为截留率。

当回收率较高或截留率较低时，溶质的损失率就增大。

6.2.2 纳滤

6.2.2.1 纳滤脱盐率

纳滤膜，或称疏松型反渗透膜。由于其分离特性与反渗透类似，因此也被称为低压反渗透膜。此类膜通过界面聚合法制得，其皮层为聚(醚)酰胺或聚哌嗪酰胺。纳滤膜膜面或膜内一般带有负电基团，如—COOH、—SO₃H 等荷电载体，其荷电的密度为 0.4～2meq/g。图 6-23 为目前常用的一种反渗透膜和几种纳滤膜对某些有机物的截流性能，按分子量的大小，分别依次为①甲醇、②乙醇、③正丁醇、④乙二醇、⑤三甘醇、⑥葡萄糖、⑦蔗糖、⑧乳糖的截留率。从图中曲线可知，反渗透膜几乎可完全截留分子量为 150 的有机物，而纳滤膜只对分子量大于 200 的有机物及二价离子才有较好截留作用。

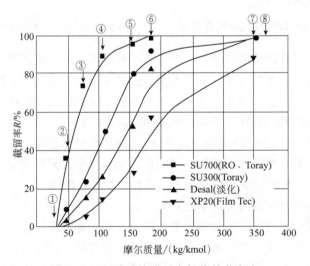

图 6-23　几种纳滤膜对有机物的截留率

对盐的渗透性主要取决于其阴离子的价态，通常单价阴离子的盐能大量渗透通过膜，其脱除率在 30%～90%；而二价或高价阴离子的盐则易于截留，截留率可高达 90%以上。对阴离子的脱除率按 NO_3^-、Cl^-、OH^-、SO_4^{2-}、CO_3^{2-} 的顺序递减；而阳离子的脱除率按 H^+、Na^+、K^+、Ca^{2+}、Mg^{2+}、Cu^{2+} 的顺序递减。

6.2.2.2　纳滤恒容脱盐

对纳滤过程，由于盐的一次脱除率通常较低，一般需经多次脱除，因此还取决于过程的总脱盐率。在恒容脱盐过程中，假定料液体积 V_0 为常数，则料液中盐的浓度由 c_0 降到 c_i 时，透过液的总体积为 V_P，若过程中对盐的脱除率 D 恒定不变，则有：

$$V_0\mathrm{d}c = -cD\mathrm{d}V \tag{6-49}$$

设过程总脱盐率为：

$$D_\mathrm{t} = 1-c_i/c_0 \tag{6-50}$$

则有

$$\frac{V_\mathrm{P}}{V_0} = \frac{1}{D}\ln(1-D_\mathrm{t}) \tag{6-51}$$

6.2.3　超滤

6.2.3.1　超滤的基本原理

超滤是通过膜的筛分作用将溶液中大于膜孔的大分子溶质截留，使其与溶剂及其他组分分离的膜过程。膜孔的大小和形状对分离起主要作用。

超滤过程中的溶质截留率定义与反渗透过程中的溶质截留率相类似，可用式（6-44）计算。由于超滤过程的对象是大分子，膜的孔径常用被截留分子的分子量的大小来表征，膜的截留率与被截留组分的截留分子量有关。图 6-24 是用一系列标准物质的缓冲液或水溶液对不同截留分子量膜测得的截留率与分子量的关系曲线。需要指出的是，市售的不同生产厂对膜的截留分子量取值方法不统一，可分为取截留率分别为 50%、90%、100%时所对应的分子量为截留分子量，以及取 S 曲线的切线与截留率为 100%时的横坐标上的交点为截留分子量。如图 6-24 中 A 曲线，其截留分子量相应为 1000、3000、8000 和 3500。尽管截留分子量的取值方法不一，但 S

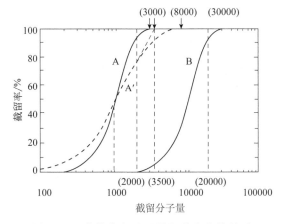

图 6-24　膜的截留分子量与截留率的关系

曲线的形状可相应说明该膜的孔径分布及性能，S 曲线越陡，则截留分子量范围越狭窄，膜的性能亦越好。

6.2.3.2 超滤过程工艺流程

当超滤用于大分子的浓缩时，其过程常用体积浓缩比来表示：

$$VCR = V_0/V_R \tag{6-52}$$

式中，V_0 为初始料液体积；V_R 为截留液体积。同理，溶质的浓度比可用式（6-53）表示：

$$SCR = c_R/c_0 \tag{6-53}$$

式中，c_0 为初始料液浓度；c_R 为截留液浓度。若已知截留液体积和浓度，可用式（6-44）计算截留率，则溶质浓度比与体积浓缩比关系表示为：

$$\lg(SCR) = R\lg(VCR) \tag{6-54}$$

（1）洗滤工艺

洗滤是超滤的一种衍生过程，常用于小分子和大分子混合物的分离或精制，被分离的两种溶质的分子量差异较大，通常选取其膜的截留分子量介于两者之间，对大分子的截留率为 100%，而对小分子则完全透过。在超滤过程中，向超滤混合溶液中加入纯溶剂（通常为水），以增加总渗透量，并带走残留在溶液中的小分子溶质，达到分离、纯化产品的目的。这种超滤过程被称为洗滤或重过滤。两种洗滤过程如图 6-25 所示。对间歇洗滤，洗滤前的溶液体积为 100%，溶液中含有大分子和小分子两种溶质，随着洗滤过程的进行，小分子溶质随溶剂（水）透过膜后，溶液体积减少到 20%，如图 6-25(a)所示，再加水至 100%，将未透过的溶质稀释，重新进行洗滤，这种过程可重复进行，直至溶液中的小分子溶质全部除净。

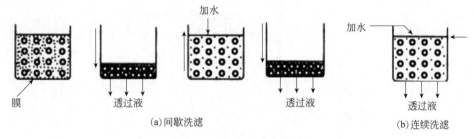

（a）间歇洗滤　　　　　　　　　　　　　　　　　（b）连续洗滤

图 6-25　间歇和连续洗滤过程

若每次操作体积浓缩比都相等，且截留率 R 不变，则对 n 次洗滤可得被截流溶质的浓度为：

$$c_R = c_0(VCR)^{1+n(R-1)} \tag{6-55}$$

式中，c_0 为原始料液浓度；n 为洗滤次数；R 为溶质的平均截留率。如果二次洗滤的 VCR 及 R 不相同，二次洗滤后组分浓度应为：

$$c_R = c_0 (\text{VCR})_1^R (\text{VCR})_2^{(R-1)} \tag{6-56}$$

式中，下标 1、2 分别为第一、二次洗滤。

对连续洗滤过程，如图 6-25（b）所示。设原液量一定，膜面积为 S，则在洗滤过程中，任一时刻的各种溶质浓度可通过简单的物料平衡来计算。假定在操作过程中，原液的体积不变，即透过膜的液体量不断用加入相等的纯水来补充，则操作过程可描述为：

$$-V\left(\frac{dc_R}{dt}\right) = (1-R)c_R S J_V \tag{6-57}$$

若初始溶液中溶质的浓度为 c_0，则积分式（6-57）得：

$$\frac{c_R}{c_0} = \exp\left[-(1-R)\left(S\frac{J_V}{V_0}\right)t\right] \tag{6-58}$$

式中，c_R 为任一时刻在洗滤池中溶质的浓度；V_0 为溶液的体积。

式（6-58）中的 $SJ_V t$ 的乘积即为渗透物的总体积 V_P，定义洗滤过程中的体积稀释比：

$$V_D = SJ_V t/V_0 = V_P/V_0 \tag{6-59}$$

如果溶质完全被截留，即 $R = 1$，那么该溶液在渗透池中的浓度为常数，$c_R = c_0$；如果溶质全部通过膜，即 $R = 0$，则该溶质洗滤池中的浓度将按指数函数下降；如果大分子溶质只有部分被截留，则大分子溶质在连续洗滤过程中会损失。因此，对洗滤过程，总是希望低分子量溶质的截留率接近为零，而对大分子溶质的截留率要求为 100%。这就是洗滤的理想条件。

图 6-26 表示不同溶质截留率时，连续洗滤过程中体积稀释倍数对溶液中溶质去除率的影响。当截留率为零，体积稀释倍数大于 4 时，几乎可洗去溶液中的所有小分子溶质；而当截留率为 90% 时，即使体积稀释倍数增加到 6 倍，溶质的去除率也只有 40%。

图 6-27 中两种流型的连续洗滤过程由 Merry 提出。在并流洗滤过程中，洗滤水在每一级中加入，并假定充分混合，加入的水又基本上作为渗透物在每一级中离

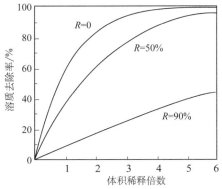

图 6-26 溶质截留率与体积稀释
倍数对溶质去除率的影响

开。与间歇洗滤相比，并流洗滤需要的膜面积较大和洗滤水较多，因此，导致渗透物的浓度更稀。

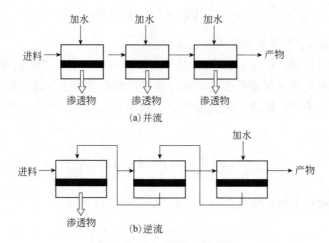

图 6-27　多级连续洗涤系统

在逆流洗滤过程中，新鲜水从最后一级引进，而这一级的渗透物被作为前一级的洗滤水，以此类推，直到第一级的渗透物离开过程。与并流洗滤相比，获得相同纯化纯度，逆流过程需要较少的水，但需要更多的膜面积或时间。与间歇洗滤相比，逆流过程节省水，但需膜面积较多，渗透物的浓度较高。

（2）浓缩工艺

超滤过程的操作方式有间歇式和连续式两种，间歇式常用于小规模生产，浓缩速度最快，所需面积最小。间歇式操作又可分为截留液全循环和部分循环两种方式。在间歇式操作中，料液体积和截留组分的浓度关系近似有：

$$c = \frac{c_0 V_0}{V} \tag{6-60}$$

假定膜面上溶质浓度可用凝胶极化模型表示。

$$J = k \ln \frac{c_m}{c_0} \tag{6-61}$$

又根据渗透速率的定义有：

$$J = -\frac{1}{A_m} \frac{\mathrm{d}V}{\mathrm{d}T} \tag{6-62}$$

由式（6-61）、式（6-62）处理得：

$$-\frac{\mathrm{d}V}{\mathrm{d}T} = A_m \left(J_0 - k \frac{\ln V_0}{V} \right) \tag{6-63}$$

式中，$J_0 = k \ln \dfrac{c_m}{c_b}$，表示初始渗透速率；$V_0$ 为料液初始体积；c_m 为截留组分在膜面上的浓度；c_b 为截留组分在溶液主体中的浓度；A_m 为膜面积。以 J 对 $\ln(V_0/V_t)$ 作图，可得截距为 J_0、斜率为 k。当传质系数 k 和初始渗透速率 J_0 给定时，由式（6-63）可以求算一定时间内，将料液浓缩到一定体积所需的膜面积。

商用错流超滤过程分成四种基本形式：单级连续超滤过程、单级部分循环间歇超滤过程、部分截留液循环连续超滤过程和多级连续超滤过程，如图 6-28～图 6-31 所示。单级连续超滤式的规模一般较小，具有渗透液流量小、浓缩比低、组分在系统中的停留时间短等特点，常用于某些水溶液的纯化；小规模的间歇式错流超滤是最通用的一种形式，过程中的所有截留物循环返回到进料罐

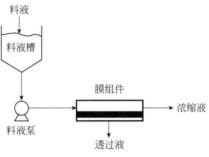

图 6-28　单级连续超滤工艺

内，其特点是操作简单、浓缩速度快、所需膜面积小、料液全循环时泵的能耗高，采用部分循环可适当降低能耗；部分截流液循环连续超滤式将部分截留液返回循环，剩余的截留液被连续地收集或送入下一级，这种形式常用于大规模错流超滤过程中，也常被设计成多级过程。

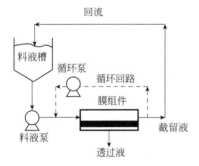

图 6-29　单级部分循环间歇超滤工艺

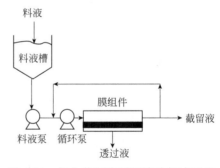

图 6-30　部分截留液循环连续超滤工艺

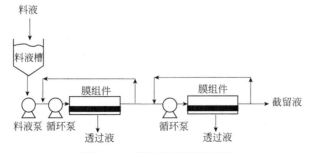

图 6-31　多级连续超滤工艺

6.2.4 微滤

6.2.4.1 微孔过滤模式

微滤是利用微孔膜孔径的大小，以压差为推动力，将滤液中大于膜孔径的微粒、细菌及悬浮物质等截留下来，达到除去滤液中微粒与澄清溶液的目的。通常，微滤过程所采用的微孔膜孔径在 $0.05 \sim 10 \mu m$ 范围内，一般认为微滤过程用于分离或纯化直径在 $0.02 \sim 10 \mu m$ 范围内的微粒、细菌等液体。目前传统过滤能够截留的粒子直径也有几个微米，与微滤有交叉。微滤与传统过滤在许多方面相似，可以用传统过滤的数学模型描述微滤过程，其差异在某些专业名字的用法方面，如渗透物过滤率称为通量。几乎在所有常压微滤过程中，通量常以某种方式下降，如采用某种方式将沉结的深度限制在膜表面上，则通量大致成为常数拟平衡值；如果沉结的深度不加限制，则通量随阻力的增加而衰减。

膜的孔数及孔隙率取决于膜的制备工艺，可分别达到 10^7 个$/cm^2$ 及 80%。微滤所分离的粒子通常远大于用反渗透和超滤分离溶液中的溶质及大分子，基本上属于固液分离，不必考虑溶液渗透压的影响，过程的操作压差为 $0.01 \sim 0.2 MPa$，膜的渗透通量远大于反渗透和超滤。而以更高压差为推动力的反渗透、纳滤、超滤则主要用于均相分离，从溶液中去除溶质。

微滤与常规过滤一样，滤液中微粒的浓度可以是 10^{-6} 级的稀溶液，也可以是高达 20%的浓浆液。根据微滤过程中微粒被膜截留在膜的表面层或膜深层的现象，可将微滤分成表面过滤和深层过滤两种。当料液中的微粒直径与膜的孔径相近时，随着微滤过程的进行，微粒会被膜截留在膜表面并堵塞膜孔，这种称为表面过滤。根据 Grace 的过滤理论，表面过滤可进一步细分为四种模式：

① 微粒通过膜的微孔时，微粒孔被堵塞，使膜的孔数减少的完全堵塞式；

② 随着过程的进行，小于微孔内径的微粒被堵塞在膜孔中，使滤膜的孔截面积减小，造成通量呈比例下降的逐级堵塞式；

③ 当微粒的粒径大于孔径时，微粒被膜截留并沉积在膜表面上的滤饼过滤式；

④ 界于逐级堵塞式和滤饼过滤式之间的中间堵塞式。

当过程所采用的微孔膜孔径大于被滤微粒的粒径时，在微滤进行过程中，流体中微粒能进入膜的深层并被除去，这种过滤称为深层过滤。

微滤过程有两种操作方式：终端微滤和错流微滤，如图 6-32(a)所示，在终端微滤操作中，待澄清的流体在压差推动力下透过膜，而微粒被膜截留，截留的微粒在膜表面上形成滤饼，并随时间而增厚。滤饼增厚的结果是使微滤阻力增加，若维持压降不变，则会导致膜通量下降；若保持膜通量一定，则压降需增加。因此，终端微滤通常为间歇式，在过程中必须周期性地清除滤饼或更换滤膜。

类似于超滤和反渗透，错流微滤也以膜表面过滤的筛分机理为支配地位，操作形式是用泵将滤液送入具有多孔膜壁的管道或薄层流道内，滤液沿着膜表面的切线方向流动，在压差的推动力下，使渗透液错流通过膜。如图 6-32（b）所示，对流传质将微粒带到膜表面并沉积形成薄层。与终端微滤不同的是，错流微滤过程中的滤饼层不会无限地增厚。相反，由料液在膜表面切线方向流动产生的剪切力能将沉积在膜表面的部分微粒冲走，故在膜面上积累的滤饼层厚度相对较薄。

由于错流操作能有效地控制浓差极化和滤饼形成，因此，在较长周期内能保持相对高的通量，如图 6-32（b）所示，一旦滤饼层厚度稳定，那么，通量也达到稳态或拟稳态。在实际过程中，有时在滤饼形成后，仍发现在一段时间内通量缓慢下降，这种现象大多是由滤饼和膜的压实作用或膜的污染所致。

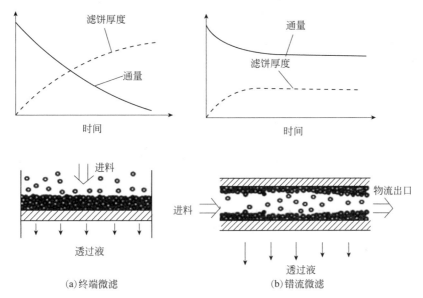

图 6-32　两种微滤过程的通量与滤饼厚度随时间的变化关系

6.2.4.2　滤饼过滤式通量方程

对微粒浓度大于 1%的溶液进行微滤，假定微粒能被滤膜全部截留，则沉积在膜表面的微粒间的架桥现象，使膜面形成滤饼层，如图 6-32（a）所示，假定通过滤饼层的流体流动为层流，那么流体通过滤饼和膜的速率方程式可用 Darcy 定律描述：

$$J = -\frac{1}{A} \times \frac{\mathrm{d}V}{\mathrm{d}t} = \frac{\Delta p}{\mu(R_{\mathrm{m}} + R_{\mathrm{c}})} \tag{6-64}$$

式中，Δp 为施加于膜及滤饼上的压差；μ 为悬浮流体的黏度；R_{m}、R_{c} 分别为膜和滤饼层的阻力。

膜的阻力取决于膜的厚度、孔径以及膜的形态，如孔隙率、孔径分布及孔的曲折因素。当膜孔由柱形垂直于膜表面的毛细孔组成时，那么膜的通量可由 Hagen Poiseuille 方程计算：

$$J = \frac{n_p \pi r_p^4 \Delta p_m}{8\mu l} \tag{6-65}$$

式中，n_p 为单位面积上的孔数；r_p 为孔半径；l 为膜厚；Δp_m 为膜两侧的压差。因此膜的阻力为：

$$R_m = \frac{\Delta p_m}{\mu l} = \frac{8l}{n_p \pi r^4} \tag{6-66}$$

由式（6-66）可知，膜的阻力正比于膜的厚度，而反比于孔径及孔密度。如果过程中发生膜污染或微粒进入膜内孔腔，则膜阻力还随时间而增加。

6.2.4.3 通量衰减模型

对标准过滤模型以式（6-67）表示：

$$\frac{t}{V} = \alpha_1 t + \beta_1 \tag{6-67}$$

式中，α_1 和 β_1 为常数；t 为过滤时间；V 为过滤液体积。进入多孔的固体悬浮液浓度不同于在主体流动中的悬浮液浓度，它取决于过滤效率。重排式（6-67）并进行微分得：

$$\frac{dV}{dt} = \frac{\beta_1}{(\alpha_1 t + \beta_1)^2} \tag{6-68}$$

故过滤通量：

$$J = \frac{1}{A}\frac{dV}{dt} = \frac{\beta_1}{(\alpha_1 t + \beta_1)^2}\frac{1}{A} \tag{6-69}$$

由式（6-64）可知，过滤通量为过滤时间的函数。如果错流过滤能成功地限制滤饼层的形成，那么，当微滤形成滤饼层的速率与膜面流速使滤饼消失的速率达到平衡时，滤饼层厚度一定，这样滤饼层阻力成为常数。这时过滤物体积与通量速率呈线性关系，在这种条件下，Fane 等提出以下方程用于计算微滤通量：

$$J = \frac{\Delta p}{\mu(R_m + R_c - R_s)} \tag{6-70}$$

式中，R_s 为错流剪切力导致的滤饼层阻力的降低。

6.3 气体渗透、渗透汽化与膜基吸收

气体渗透、膜基吸收、蒸气渗透、渗透汽化等膜过程是以浓度差为推动力的。这些膜过程若仅仅依靠体系本身的浓度差为推动力，其分离过程是非常缓慢的，很

难实现较大规模的工业应用，只能在特种条件下才会采用。对于渗透汽化、气体渗透等膜过程，必须对进料物流施加外压差或使膜下游侧在负压条件下，分离过程才能得以进行。

6.3.1 气体分离

气体分离是利用混合气体中不同气体组分在膜内溶解、扩散性质不同，而导致其渗透速率的不同来实现其分离的一种膜分离技术。与变压吸附、吸收、低温净化等分离技术相比，其过程具有简单、高效的特点。尤其是许多性能优异的非多孔性高分子聚合物膜开发成功以来，膜法气体分离更有效、更经济，受到工业界的高度关注。

图 6-33 为各种气体透过 Seperex 膜的相对渗透速率，可见水蒸气、He、H_2 和 CO_2 相对于 O_2、N_2 等为优先透过气体，也称快气。图 6-34 所示为各种富氧和制氧方法的使用范围比较。通常，膜对于氧氮分离的选择性较低，一般用于制取氧气浓度低于 50% 的空气。更高浓度氧含量的空气混合气需要增加级联数，设备和操作费用会大幅上升。采用变压吸附等其他方法制取高浓度氧气更为有利。但在流量不是很大，且氮含量低于 99.95% 时，采用膜分离法制氮，比变压吸附好（如图 6-35 所示），而制备纯氧则可用深冷分离或采用其他除氧方法来实现。

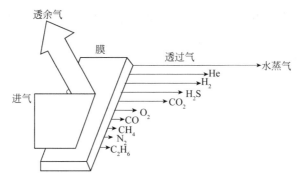

图 6-33 气体透过 Seperex 膜的相对渗透速率

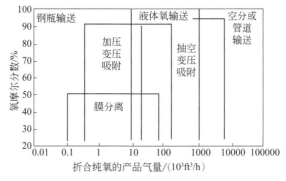

图 6-34 各种富氧和制氧方法的使用范围

（$1ft^3 = 0.0283168m^3$）

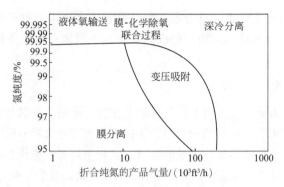

图 6-35　各种制氮方法的适用范围

Conoco 公司分别采用膜法、深冷、变压吸附等方法对炼油厂加氢脱硫尾气进行氢气的回收。待处理尾气为 $4.5 \times 10^5 m^3/d$，压力为 800psi（1psi=6894.76Pa），氢气的质量分数为 75%。要求回收后的富氢气体压力为 300psi，质量分数达到 98%，氢气回收率达 75%。各种方法的经济性分析比较如图 6-36 所示。可见采用膜分离回收尾气中的氢气，从装置费用、耗电量等方面比较，均比深冷分离和胺吸收法节省。

用膜法脱除天然气中的 CO_2 与处理量大小、天然气价格等因素有关。图 6-37 所示为 Kellog 公司采用膜分离法、胺吸收法、膜分离和胺吸收联合法脱除 CO_2 的研究结果。在某些处理范围内，联合法可提高天然气脱 CO_2 的经济性。

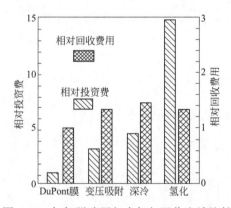

图 6-36　加氢脱硫尾气中氢气回收方法比较

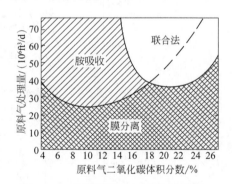

图 6-37　几种脱除 CO_2 方法的比较

6.3.2　渗透汽化及蒸汽渗透原理

渗透汽化是指利用复合膜对待分离混合物中某组分有优先选择性透过的特点，在膜下游侧的负压推动下，使料液侧优先渗透组分通过溶解-渗透扩散-汽化等步骤而通过膜，从而达到混合物分离的一种新型分离技术。如图 6-38 所示，渗透汽化膜传递过程可用溶解扩散机理描述，通常可分为三步：首先液体混合物中被分离物质在膜上游表面有选择性地被吸附溶解；然后被分离物质在膜内扩散渗透通过膜；最后在膜下游表面被分离物质解吸并汽化。对于蒸气渗透其传递过程的第一步为料液在膜上游侧蒸发形成饱和蒸气，然后扩散渗透通过膜。由于汽化所需的能量来自料液的温降，因此，在操作过程中必须在适当的组件位置对料液加热，以保持一定的操作温度。在渗透汽化过程中，一般总是选择能使含量极少的溶质透过的复合膜，以实现过程的能耗最小。随着新的聚合物膜材料的合成，膜制备技术的发展以及降低能耗的实际要求，渗透汽化的应用领域不断拓宽，并将在有机水溶液中水的分离、水中微量有机物的脱除以及有机-有机混合物的分离三方面得到更广泛的应用。

蒸气渗透与渗透汽化过程不同，蒸气渗透为气相进料，相变过程发生在进装置前或在膜上游蒸发汽化，在分离过程中以蒸气相渗透通过膜。如图 6-39 所示。

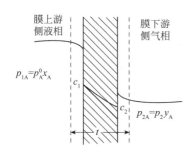

图 6-38　渗透汽化膜分离过程原理

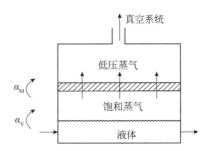

图 6-39　蒸发渗透与渗透汽化机理比较

根据渗透汽化传递过程的基本原理，组分 A 通过膜的渗透速率可用式（6-71）表示：

$$J_A = Q_A(p_A^0 x_A \gamma_A - f_A p_2 y_A) \tag{6-71}$$

式中，J_A 为组分 A 的渗透通量，$kmol/m^2$；Q_A 为组分 A 的渗透系数；p_A^0 为组分 A 的饱和蒸气压，MPa；p_2 为膜下游侧气相总压，MPa；x_A、y_A 分别为组分 A 在膜上游侧溶液和膜下游侧气相的组成；γ_A、f_A 分别为组分 A 在膜上游侧溶液的活度系数和膜下游侧气相的逸度系数。如果溶液中含 A、B 两个组分，则对组分 B 同样可以得到：

$$J_B = Q_B[p_B^0 \gamma_A(1-x_A) - f_B p_2(1-y_A)] \tag{6-72}$$

在通常情况下，膜下游的压力很低，趋近于零，因此式（6-71）、式（6-72）括号中的第二项可略，将式（6-71）除式（6-72），并简化后可得：

$$\frac{Q_A \gamma_A p_A^0}{Q_B \gamma_B p_B^0} = \frac{y_A(1-x_A)}{x_A(1-y_A)} \tag{6-73}$$

式中右侧即为分离因子，可用 α 表示，表示双组分分离的难易程度。

对于被处理组分与聚合物膜具有相互作用关系的渗透汽化，已有不少证明认为优先吸附的组分也优先渗透，如果吸附溶胀平衡为渗透汽化过程的控制过程步骤，那么，也可用吸附溶胀分离因子来表示：

$$\alpha_{PV} = \alpha_{adsorp} = \frac{\varphi_A / \varphi_B}{\nu_A / \nu_B} \tag{6-74}$$

渗透汽化与蒸发渗透在过程上稍有差异，如图 6-39 所示的为先蒸发后渗透的过程，过程中以蒸汽形式透过膜；对于渗透蒸发过程，则是优先吸附的溶质先溶解在膜上，再通过扩散，在膜的某一个截面处受膜下游负压而汽化。因此，蒸发渗透过程的分离因子可用以下方程来表示：

$$\alpha_{PV} = \alpha_V \alpha_M = \frac{p'_A / p'_B}{x_A / x_B} \frac{p_A / p_B}{p'_A / p'_B} \tag{6-75}$$

式中，p'_A / p'_B 分别为与液相摩尔分数 x_A、x_B 相平衡的气相分压。对于蒸气渗透，则过程中蒸发分离因子 α_V 等于 1。若定义 β 为 A、B 二组分渗透系数之比（$\beta = Q_A/Q_B$），则渗透汽化分离因子为：

$$\alpha_{PV} = \alpha_V \frac{p'_A - p_A p'_B}{p'_B - p_B p'_A} \tag{6-76}$$

式中，第一项为液体汽化对渗透汽化的影响，可由气液平衡数据求算；第二项为取决于膜性质的选择透过性；第三项表示操作条件对分离过程的贡献。类似于蒸馏的气液平衡，渗透汽化过程中定义膜上游溶液中组分 A 与膜下游气体混合物中组分 A 间满足拟相平衡关系。

6.3.3　膜基吸收

膜基吸收是以疏水或亲水微孔膜作为气、液两相间的介质，并利用膜的多孔性实现气、液两相接触的一种新型分离技术。这种通过多孔膜来实现气液接触的传质与分离装置也称为膜接触器，可用于气体的吸收或汽提。与传统吸收过程相比，膜基吸收过程的气、液两相的接触界面固定在膜两侧的其中一侧表面处，且所有膜表面都能有效地进行气液接触；气、液两相互不分散于另一相中，流动互不干扰，可相互独立地改变流量范围而不产生液泛、滴漏、泡沫等现象；中空纤维或毛细管膜可提供较大的气液传质接触界面，而且，其接触表面可推算。

图 6-40（a）表示气体充满膜孔的疏水膜吸收过程，不能湿润膜的吸收剂溶液在膜的一侧流动，在低于水溶液相的压力下，气体在膜的另一侧流动。在这种条件下，只要水溶液的压差小于多孔膜的穿透压差，则气体不会以鼓泡的形式进入水溶液相，那么气液界面就能被固定在溶液侧疏水膜孔入口处。

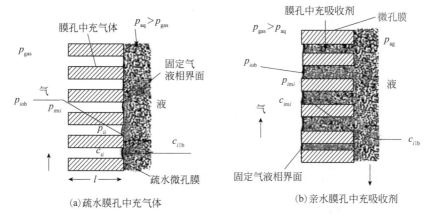

(a)疏水膜孔中充气体 　　　　　(b)亲水膜孔中充吸收剂

图 6-40　膜基吸收过程压力与浓度分布

膜两侧流体的压力差保持在一定范围时，作为吸收剂或被解吸对象的水溶液便不会进入膜孔，此时膜孔被气体所充满。在这种情况下，气相中的组分将以扩散的形式通过膜孔到达液相表面并被液体吸收；解吸时，组分在气液接触膜表面上解吸后同样以扩散方式通过膜孔到达气相。通过这种气液接触界面一种或多种气体能被吸收进入水溶液，反之，一种或多种气体也能从水溶液中被汽提出来。应注意的是，压差的选择应该使气体不在液体中鼓泡，也不能把液相压入膜孔，更不能把液相压过膜孔而流向气相。

如图 6-40（b）所示，气液接触的膜吸收也可以采用亲水的多孔膜，这种亲水多孔膜能被水溶液湿润，即吸收剂充满膜孔。若采用疏水性膜，当有机物溶液作吸收剂，膜孔亦会被吸收剂充满。但气相的压差必须高于液相的压差，使得气液相界面固定在膜的气相侧，并防止吸收剂穿透膜而流向气相。

除了以上两种典型的膜基吸收外，还有一种同时解吸-吸收膜过程，用于水溶液中易挥发气体的吸收。如含氨水溶液的吸收，疏水微孔膜将含氨水溶液及吸收剂溶液隔开，氨气从水溶液中挥发并扩散通过膜孔，传递到膜的另一侧并被稀酸吸收液吸收。

对于以上三种膜基吸收过程，无论是气体或易挥发气体充满膜孔，还是液体充满膜孔，微孔膜本身并不参与组分的分离作用，只是提供一个优良的气液接触与传质的界面。因此，从本质上讲，膜基吸收仍然是传统意义上的平衡分离过程。

膜基化学吸收：膜基化学吸收常用于空气中碱性或酸性气体的去除，如用 NaOH 或各种胺类溶液吸收 CO_2、SO_2、H_2S 以及稀硫酸溶液吸收废氨水等。对这类膜基化学吸收过程的处理，也可以用无化学反应的膜基吸收，并结合传统的化学吸收的增强因子等方法来设计计算。

膜吸收过程在生物医学、生物发酵、环境保护、航天等领域均有较大的应用前景。如生物医学中的血液供氧器、膜式人工肺等实现 O_2 和 CO_2 的传递。

在发酵工业中的好氧发酵过程中可以连续补充 O_2 并排出产生的 CO_2；类似地，在厌氧发酵中可以利用膜吸收技术不断补充 N_2 并排出产生的 CO_2 和 H_2，不断脱除发酵过程中产生的乙醇以实现连续发酵。在环境保护方面，用酸或碱液来吸收惰性气体中的碱性或酸性气体，如用 2%NaOH 溶液来脱除废水中挥发性的酚，可将酚含量降到 $50\mu g/mL$ 以下。空间站或载人航天器舱内空气中去除 CO_2 也是采用膜基吸收与解吸工艺来实现的，可长期保持舱内空气中 CO_2 含量低于 0.03%，满足航天员生活与工作的需要。

6.4 透析、电渗析与膜电解

6.4.1 透析（渗析）

如果膜传递过程是在等温、等压下进行，那么只有浓度梯度是唯一的传质推动力。透析是典型的以浓度差为推动力的膜技术。透析技术主要用于从含大分子组分的混合物中脱除盐和其他低分子量的小分子物质。

生物医用透析膜材料要求具有很好的生物相容性、稳定性和高纯度。新型中空纤维膜及组件的相继开发成功，大大促进了透析技术的发展及应用，特别是在人工肾方面的应用。利用膜的筛分作用替代肾脏的某些生理功能，进行血液透析，去除新陈代谢产物如尿素、肌酐、尿酸等，达到净化血液、调节人体平衡、维持生命的目的。在工业生产过程中主要用于酶和辅酶的脱盐、从啤酒中降低醇含量、制浆造纸及纺丝废液中碱回收、铜浸提液中稀硫酸的回收等。

6.4.1.1 透析过程机理

透析是溶质依靠其在膜两侧液体中的浓度差与膜的孔径大小，从膜的进料侧通过透析膜流向透析液侧的过程。图 6-41 为透析过程中透析膜两侧及膜面上的浓度平衡示意。透析膜具有一定大小的微孔，利用血液和透析液中的溶质浓度差，来除去患者血液中的代谢小分子废物和毒物，调整水和电解质平衡。渗析是一种传质速率控制的膜过程，在浓度梯度为推动力下，是一股液流中的一种或多种溶质通过膜传

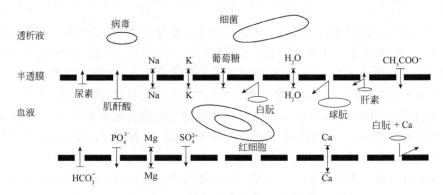

图 6-41 透析膜两侧物质的浓度平衡

递到另一股液流中，最后实现原料液中溶质被脱除的过程。在进料液流中，小分子溶质的渗析速率要比大分子溶质大，如果透析液不被连续地更新，则膜两边溶质的浓度会趋向平衡。

6.4.1.2 透析过程的通量模型

溶剂和溶质透过膜的通量 J_V 和 J_S 可用不可逆热力学模型或阻力模型计算：

$$J_V = L_p(\Delta p - \sigma \Delta \pi) \quad (6\text{-}77)$$

$$J_S = \overline{c_s}(1-\sigma)J_V - P_m \Delta c \quad (6\text{-}78)$$

其中，水力渗透系数：

$$L_p = \frac{r_p^2 A_k}{8\mu\tau\delta} \quad (6\text{-}79)$$

式中，$\overline{c_s}$ 为对数平均浓度；A_k 为膜表面孔隙率；$P_m = D_M/\delta$ 为溶质渗透系数；σ 为反射系数；μ 为溶剂黏度；τ 为膜的曲折因子；δ 为膜的厚度；Δp、$\Delta \pi$ 分别为膜两侧的压差及溶质的渗透压差。

表 6-2 表明：各种溶质的溶质渗透系数、反射系数及膜阻力系数均与溶质的分子量有关，随溶质分子的增大而变大，而溶质渗透系数 P_m 或扩散系数 D_w 随分子量增大而减小。无论是扩散模型还是单通道模型来描述溶质分子在膜内的渗透扩散，当溶质分子的尺寸增加时，不但溶质的扩散速率会变慢，而且溶质分子与孔壁产生的碰撞概率也会明显增加，即溶质分子在膜内的扩散渗透系数降低。若定义溶质分子在膜孔内的扩散系数 D_m 与在溶液中的扩散系数 D_w 之比为标准扩散系数，则可得到有关溶质分子在多孔渗析膜内的函数关系。在分子量不大时，膜对溶质的扩散系数影响十分明显，下降80%以上，随着溶质分子量的增大，溶质分子的直径接近于膜孔通道直径，膜对溶质分子的阻力趋向于截留的极限。

表 6-2 铜仿渗析膜装置（PT-150）通用的常数值

溶质	M_W	$P_m \times 10^2/(m/h)$	σ	$R_m/(min/cm)$	$D_W/(\mu m/cm)$
尿素	60	3.18	0.0	18.9（13.1）	（1400）
肌氨酸酐	113	1.3	0.0	35.8（22.8）	（830）
尿酸	168	1.14	—	52.6（30.7）	（630）
磷酸盐	95	0.932	—	64.4（34.7）	（750）
蔗糖	342	0.526	0.157	114.0	
蜜三糖	504	0.367	0.241	164.0	
维生素 B_{12}	1355	0.166	0.387	362.0	

注：括号内为另一文献的一组数据，所有数据在 $T=310K$ 时测得。

6.4.1.3 透析液的种类及其组成

血液与透析液之间溶质的交换，除与透析膜的特性与结构有关外，还与透析液的性状及成分有关。因此透析液应具备以下基本条件：

① 能充分清除体内代谢废物，如血液中的尿素、尿酸、肌酐及其他尿毒症毒素的浓度必须高于透析液的浓度。

② 能维持体内电解质和酸碱平衡，透析液中各种电解质的浓度与正常血液中的浓度相仿，使血液中缺乏的物质得到补充，如钙、碳酸氢根离子等，而血液内过多的物质则向膜的透析液区排出。

③ 透析液与血液的渗透压基本相近。

④ 容易制备和保存，不易发生沉淀，对机体无害。

常用的透析液除醋酸盐、碳酸氢盐两种外，还有无钾、无糖、高钠或低钠类配方。除无钾、无糖、高钠或低钠型透析液配方外，常用透析液配方中的钠、钙、镁等离子和糖的浓度范围分别为 $130\sim136\text{mmol/L}$、$1.50\sim1.75\text{mmol/L}$、$0.50\sim0.75\text{mmol/L}$ 和 $1.6\sim1.8\text{mmol/L}$。

6.4.1.4 透析过程的种类及其清除率

目前血液透析一般可分成三种过程，即血液透析（HD）、血液滤过（HF）和血液洗滤（HDF），如图 6-42 所示。对中空纤维膜透析器，通常血液在中空纤维内流动，而透析液同时在膜的外侧流动。根据两股液流流动的方向不同，血液透析及血液洗滤中血液与透析液的流动有三种形式：透析液流与血液流的流动方向相同的并流、透析液流与血液流反向流动的逆流以及透析液流与血液流垂直的错流流型。其中，逆流流型具有最大的浓度差，溶质的脱除率大约比并流高 15%，错流型则介于两者之间。

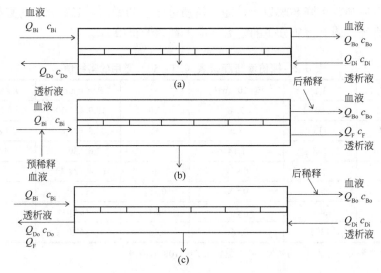

图 6-42　三种透析过程的液液流向示意
（a）血液透析；（b）血液滤过；（c）血液洗滤

血液透析中，在膜两侧所含溶质浓度差及其所形成的渗透压差的作用下，血液中的小分子代谢废物扩散通过膜进入透析液，透析液中的某些组分则通过扩散进入血液，使血液达到需要的离子平衡。该类透析器能有效地除去尿素、肌酐和尿酸等小分子的毒物质，但对分子量为 1100～2000 的物质去除率不高。血液透析过程中的溶质清除率可以表示为：

$$c_L = \frac{c_{Bi} - c_{Bo}}{c_{Bi}} Q_{Bi} \qquad (6\text{-}80)$$

式中，c_{Bi}、c_{Bo} 分别为血液透析器进出口浓度；Q_{Bi} 为血液透析器进口流率，mL/min。

血液滤过以液体静压力差为推动力，使血液中要清除的毒素成分随水透过膜而去除。通常滤过膜的孔径比透析膜大得多，因此，它的水渗透率要比透析膜大20～40 倍。例如，过滤面积为 0.5～1.5m^2 的滤过型人工肾，其通量为 50～250mL/min。滤过型人工肾既能除去小分子量的肌酐，对中等分子量的代谢废物及维生素 B$_{12}$ 的去除率也高，还能脱除部分菊粉。对血液滤过过程，溶质的清除可用式（6-81）计算：

$$c_L = \frac{c_F}{c_{Bi}} Q_F = \frac{S(c_{Bi} - c_{Bo})}{2c_{Bi}} Q_F \qquad (6\text{-}81)$$

式中，c_F、Q_F 分别为血液滤过液的浓度及流量；S 为筛分系数，与膜的孔径有关。

由于滤过型人工肾对水分的去除量大，为达到体液的生理平衡，在临床使用时需根据滤过水量多少进行补偿。有两种补偿方法：一种是预稀释，先按滤除去的水分量加入，将血液稀释，使经处理后的血液实际脱水量不超过规定的范围；另一种是后补液，从滤过液中把超量的水分算出来，将适量的补充液加到血液中。

血液洗滤实际上是血液透析与血液滤过相结合的过程，在临床上常采用密闭性较好的透析液作为置换液补充到血液中，以此来自动保持滤过和置换的平衡。血液滤过过程中溶质的清除率可用式（6-82）计算：

$$c_L = \frac{Q_{Bi}(c_{Bi} - c_{Bo}) + Q_F c_{Bo}}{c_{Bi}} \qquad (6\text{-}82)$$

三种透析过程的清除率计算结果表明，对血液透析与血液洗滤过程，其对大分子的清除率较好。除以上三种透析器外，还有一种吸附-透析型膜组件，它是将滤过型或透析型膜组件分别与吸附剂结合的透析器，可直接用于分子量稍大且不易透析的血液内代谢废物在短时间内快速除去。

6.4.2 电渗析与膜电解

电渗析和膜电解是以电位差为推动力的膜过程，是促使带电离子或分子传递通过相应荷电膜而达到溶液中盐分脱除或产物纯化的一种膜分离技术。不带电组分则不受此种电位差推动力的影响。这类荷电膜可以分为两大类：带正电荷的阳离子交换膜和带负电的阴离子交换膜。根据不同的处理对象，荷电膜可以不同方式组合成电渗析器。膜电解类似于电渗析，所不同的是膜电解过程在电极上具有电极反应，并常伴有气体产生。电渗析主要用于工业水处理、超纯水生产，在食品和制药工业中用于饮料、药物中间体的脱盐或纯化等；双极性膜电渗析是近20年来开始在工业中应用的新膜技术，可将盐类物质水解生产相应的酸或碱，或从含酸或含碱废液中回收酸或碱；膜电解则主要用于氯碱工业，大规模生产离子膜级氢氧化钠。

6.4.2.1 电渗析过程原理

电渗析是在直流电场作用下，溶液中的荷电离子选择性地定向迁移透过离子交换膜并得以去除的一种膜分离技术。电渗析与反渗透脱盐的比较见图6-43。电渗析过程的原理如图6-44所示，在正负两电极之间交替地平行放置阳离子和阴离子交换膜，依次构成浓缩室和淡化室，当两膜所形成的隔室中充入含离子的水溶液（如氯化钠溶液）并接上直流电源后，溶液中带正电荷的阳离子在电场力作用下向阴极方向迁移，穿过带负电荷的阳离子交换膜，而被带正电荷的阴离子交换膜所挡住，这种与膜所带电荷相反的离子透过膜的现象称为反离子迁移。同理，溶液中带负电荷的阴离子在电场作用下向阳极运动，透过带正电荷的阴离子交换膜，而被阻于阳离子交换膜。其结果是使第2、第4浓缩室的水中的离子浓度增加；而与其相间的第3淡化室的浓度下降。

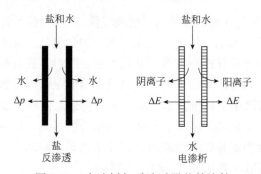

图6-43 电渗析与反渗透脱盐的比较

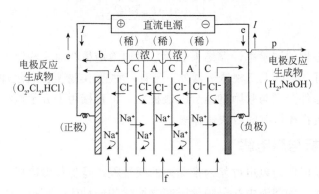

图6-44 电渗析过程原理

A—阴膜；p—稀盐水；C—阳膜；b—浓盐水；f—原液

采用电渗析过程脱除溶液中的离子基于两个基本条件：直流电场的作用，使溶液中正、负离子分别向阴极和阳极作定向迁移；离子交换膜的选择透过性，使溶液中的荷电离子在膜上实现反离子迁移。电渗析器通常由100～200对阴、阳离子交换膜与特制的隔板等组装而成，具有相应数量的浓缩室和淡化室。含盐溶液从淡化室进入，在直流电场的作用下，溶液中荷电离子分别定向迁移并透过相应的离子交换膜，使淡化室溶液脱盐淡化并引出，而透过离子在浓缩室中增浓排出。电渗析脱盐过程与离子交换膜的性能有关，高选择性渗透率、低电阻力、优良的化学和热稳定性，以及一定的机械强度是离子交换膜的关键。电渗析器中，阴、阳离子交换膜交替排列是最常用的一种形式，也可单独由阴离子交换膜或阳离子交换膜组成。

如图 6-45（a）所示，由阳离子交换膜组成的电渗析器就能使 Na^+ 连续地取代硬水中的 Ca^{2+}，实现水的软化；又如图 6-45（b）所示，由阴离子交换膜组成的电渗析器，可用 OH^- 取代柠檬汁中的柠檬酸根离子，实现柠檬汁增甜。

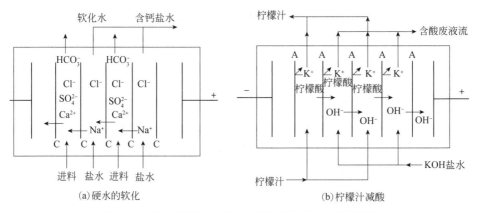

图 6-45　特定阴离子或阳离子交换膜的电渗析过程

电渗析的另一个潜在的应用是氨基酸的分离，大多数氨基酸为两性电解质，具有不同的等电点。如图 6-46 所示，当氨基酸处于等电点时，以偶极离子存在，呈电中性，在直流电场中，既不向阳极也不向阴极迁移；而在其他 pH 值下，则可带正电或负电荷，合理调节电渗析过程各室的 pH 值，并维持在稳态条件下，可将带有

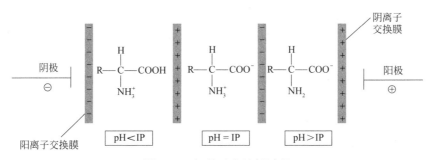

图 6-46　氨基酸电渗析过程

不同等电点的混合氨基酸分离。

6.4.2.2　电渗析过程中的传递现象

电渗析装置在运行过程中的传递现象是非常复杂的。对 NaCl 水溶液进行电渗析时，具有如图 6-47 所示的几种传递现象发生。

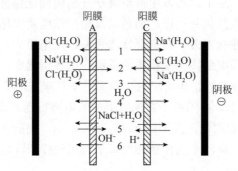

图 6-47　电渗析过程中的各种传递现象

1—反离子迁移；2—同名离子迁移；3—电解质渗析；4—水渗透；5—渗漏；
6—水的渗析；A—阴膜；C—阳膜

① 反离子迁移：即与膜上固定离子基团电荷相反的离子的迁移。这是电渗析的主要传递过程，利用这种迁移达到溶液脱盐或浓缩的目的。

② 同名离子迁移：即与膜上固定离子电荷相同离子的迁移，是由在阳离子交换膜中进入的少量阴离子，阴离子交换膜中进入的少量阳离子引起的。同名离子的迁移方向与浓度梯度方向相反，因此会降低电渗析过程的效率。但与反离子迁移相比，同名离子的迁移数一般很小。

③ 电解质渗析：主要是由膜两侧浓水室与淡水室的浓度差引起的，使得电解质由浓水室向淡水室扩散。这种扩散速率随浓水室侧浓度的提高而增大。

④ 水的渗透：随着电渗析的进行，淡水室中水含量逐渐升高，由于渗透压的作用，淡水室中的水会向浓水室渗透。两室浓差越大，水的渗透量也越大，使淡水大量损失。

⑤ 水的分解：由电渗析过程中产生浓差极化，或中性水解离成 OH^- 和 H^+ 所造成。控制浓差极化可防止这种现象产生。

⑥ 水的电渗析：由于离子的水合作用，在反离子和同名离子迁移时，会携带一定的水分子迁移。

⑦ 压差渗漏：膜两侧的压力差造成高压侧溶液向低压侧渗漏。

以上几种传递现象中，只有反离子迁移才具有脱盐和浓缩作用，而其余几种传递现象则应设法消除或减少。

6.4.2.3　电渗析器及脱盐流程

电渗析器的组装及脱盐流程布置过程中，常用到膜对、级、段等基本术语。如

图 6-48 所示,由一张阳离子交换膜,一块浓(淡)水室隔板、一张阴离子交换膜、一块淡(浓)水室隔板所组成的一个淡水室和一个浓水室是电渗析器中最基本的脱盐单元,称为一对膜(膜对),一系列这样的单元组装在一起,称为膜堆。

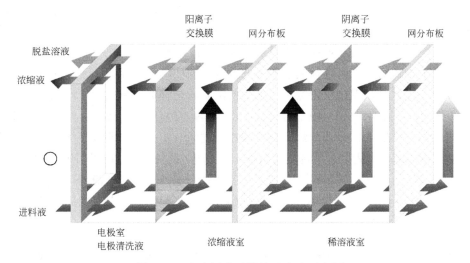

图 6-48   电渗析膜对结构及液流示意图

　　一对电极之间的膜堆称为级,一台电渗析器内的电极对数就是它的级数。一台电渗析器中浓、淡水隔板水流方向一致的膜堆称为一段。水流方向每改变一次,段数就增加一段。用夹紧装置将膜堆、电极等部件组装成一个电渗析器,称之为台。为提高脱盐率,常采用串联形式,工艺上常有段与段的串联、级与级的串联以及台与台的串联三种形式。把多台电渗析器串联起来,成为一次脱盐流程的整体,叫作系列。

　　段与级之间的组装可分为并联与串联组装两种形式,如图 6-49 所示,并联组装有一级一段和二级一段;串联组装有一级二段或一级多段、二级二段或多级多段。

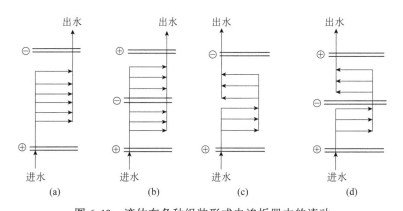

图 6-49   液体在各种组装形式电渗析器中的流动

(a)一级一段并联;(b)二级一段并联;(c)一级二段串联;(d)二级二段串联

　　一级一段是电渗析器最基本的组装形式，其特点是产水量与膜对数成正比，脱盐率取决于一块隔板的流程长度，这种组装方式常用于直流型隔板组装的大、中产水量的电渗析器。一台电渗析器中两对电极间内所有膜堆水流方向一致的流程称为二级一段，如图 6-49（b）所示，它与一级一段的不同之处是在膜堆间增设一中间电极作共电极，可使电渗析器的操作电压成倍降低，减少整流器的输出电压。为了在低操作电压下获得高产水量，还可采用多级一段组装。

　　一台电渗析器中一对电极间水流方向改变一次的叫一级二段，改变 $n-1$ 次的称一级 n 段。串联段数受电渗析器承压能力的限制，这种组装形式用于产水量少、单段脱盐又达不到要求的一次脱盐过程。如图 6-49（d）所示，在一台两对电极或多对电极的电渗析器中，相邻两级水流方向相反的组装叫二级二段或多级多段，这种组装方式脱盐率高，适用于单台电渗析器一次脱盐。此外，还可以采用串-并联组装，以发挥两者优点，同时满足对产量和质量的要求。电渗析的脱盐流程可分为三种形式，如图 6-50 所示，即一次连续式脱盐、部分循环连续式脱盐以及间歇循环式脱盐三种流程。

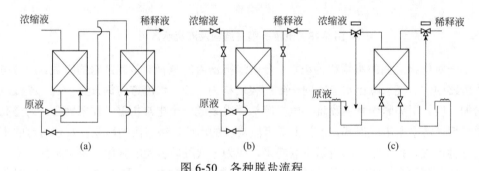

图 6-50　各种脱盐流程
（a）一次通过连续脱盐；（b）部分循环连续脱盐；（c）间歇循环式

　　图 6-50（a）为一次通过连续式脱盐流程，原水经过电渗析一次脱盐后，即得到符合要求的淡水。根据处理水量的大小，可以采用一级多段或多级多段的单台电渗析器一次脱盐流程，或者多台电渗析器的多级多段串联一次脱盐流程。

　　图 6-50（b）为部分循环式脱盐流程，在连续式脱盐过程中，部分淡水可取出使用，部分淡水补充原水进行再循环，极水排放，浓水进入浓水箱，补充适量原水供给极水和浓水。这种流程可连续制得淡水，脱盐范围比较广。

　　图 6-50（c）为间歇式脱盐流程，将一定量原水注入循环槽，经电渗析反复循环脱盐，直到淡水水质符合要求。脱盐过程中浓水可排放，也可同时循环。该流程适用于脱盐深度大、要求成品水质稳定、原料水质经常变化的小型脱盐场合。

　　脱盐级数的确定：对于多级连续式脱盐过程，若要求系统总脱盐率为 f，则串联级数与总脱盐率的关系可用下式表示：

$$f = 1-(1-f_p)^n \qquad (6\text{-}83)$$

式中，n 为脱盐级数；f_p 为单级脱盐率。整理式（6-83）得脱盐级数的计算公式为：

$$n = \frac{\lg(1-f)}{\lg(1-f_p)} \qquad (6\text{-}84)$$

若以淡水浓度及处理量表示，对具有多级部分循环连续式脱盐过程，串联级数与产品脱盐比的关系为：

$$\frac{c_F}{c_P} = \left[\frac{Q_R}{Q_F}\left(\frac{c_{di}}{c_{d0}}-1\right)+1\right]^n \qquad (6\text{-}85)$$

式中，c_F、c_P 分别为料液及产品浓度；Q_R、Q_F 分别为脱盐室内循环流量及进料流量。

实际工业应用过程中还需要根据工艺流程来计算相应的实际操作电流密度及所需的膜对数。

6.4.2.4 电渗析中的浓差极化现象

电渗析过程中的浓差极化与超滤、反渗透过程中的浓差极化不同，电渗析器在运行过程中，水中的阴离子、阳离子在直流电场的作用下，分别在膜间作定向迁移，各自传递着一定数量的电荷。如图 6-51 所示，当采用过大的工作电流时，在膜-液界面上会形成离子耗竭层。在离子耗竭层中，溶液的电阻会变得相当大，当恒定的工作电流通过离子耗竭溶液层时会引起非常大的电位降，并迫使其溶液中的水分子解离，产生 H^+ 和 OH^- 来弥补及传递电流，这种现象称为电渗析极化现象。

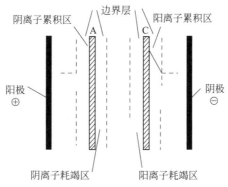

图 6-51 电渗析过程中的浓差极化
A—阴离子交换膜；C—阳离子交换膜

电渗析过程中极化现象的产生，会给电渗析器的运行带来不利。首先是耗电增加。在极化过程中，部分电能消耗在水的电离和与脱盐无关的 H^+ 与 OH^- 迁移上，导致电流效率下降。另外，极化沉淀会使液-膜界面的电阻增大，导致电耗上升。其次是膜的使用寿命缩短，因为极化后膜的一侧受碱的作用，而膜的另一侧受酸的侵蚀。而且，沉淀结垢后的侵蚀，也会改变膜的物理结构使膜的性能下降，两者均降低膜的使用寿命，减少膜的有效面积。

电渗析过程中极化现象有很大的危害，必须尽可能地防止极化现象和沉淀的产生。最有效的方法是改善操作条件，使电渗析在极限电流以下运行。为了保护设备的长期安全运行，在实际过程中，通常取极限电流的 70%～90% 作为操作电流。电渗析器的极限电流密度越高，表示单位膜面积的脱盐量越大，脱盐效率也越高。在实际操作中，主要通过调节工作电压控制操作电流。

影响极限电流的因素除了浓差极化外，还与膜的种类、水中离子的种类、离子的浓度、流量、隔板结构形式等有关。一般来说，在前两因素固定不变的条件下，提高温度，增加水中离子的浓度，加快流速，适当减薄隔板厚度，选择良好的布水槽和填充网，都能在一定程度上降低浓差极化现象，提高极限电流密度，从而提高电渗析器的性能。

6.4.2.5　倒极电渗析的设计

倒极电渗析（EDR）是指在操作运行过程中，可实现每隔一定时间倒换一次电极极性的电渗析装置，如图 6-52 所示。其特征是在倒极时，电渗析内浓、淡水系统的流向改变，同时使浓、淡水室互换。这种方式能消除膜面沉淀物积累，对克服膜堆沉淀有显著效果。我国自 20 世纪 70 年代以来，大都采用每隔 2～8h 倒换一次电极极性的倒极电渗析，再结合定期酸洗，提高了电渗析装置的稳定运行周期，不少苦咸水和初级纯水电渗析装置的连续运行周期都在半年以上，也有运行周期超过 1 年的实例。美国 Ionics 公司开发出的每 15~30min 自动倒换电极极性并同时自动改变浓、淡水水流流向的 EDR 装置及其工艺，被称为频繁倒极电渗析。

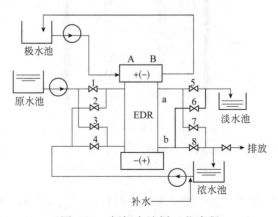

图 6-52　倒极电渗析工艺流程

6.4.2.6　离子交换树脂填充式电渗析

离子交换树脂填充式电渗析(EDI)是一种将电渗析和离子交换相结合的除盐新工艺，国内也称之为填充式电渗析。该技术取电渗析和离子交换两者之长，既利用离子交换能深度脱盐的特点，克服电渗析浓差极化脱盐不彻底的现象，又利用电渗析极化使水解离产生 H^+ 和 OH^- 的特性，克服交换树脂失效后需再生的缺陷，完美地达到了优势互补相得益彰的功效。该技术把总固体溶解量(TDS)为 $1\sim20mg/L$ 的水源制成 $8\sim17M\Omega$ 的纯净水，使其在电子、电力、化工等行业得到推广应用，有可能取代原来的电渗析、反渗透、离子交换工艺或它们的组合工艺，成为制备高纯水的主流技术。

EDI 的特点有：

① 离子交换树脂用量少，约相当于普通离子交换树脂柱用量的 5%。

② 离子交换树脂不需酸、碱化学再生，劳动强度降低，环保效益明显。

③ 工艺过程易实现自动控制，产水水质高且稳定，电阻率为 $15\sim18M\Omega\cdot cm$，内毒素含量小于 0.1EU/mL。达到国家电子级水 Ⅰ 级标准和药典对药用水的要求。

④ 装置占地空间小，操作安全性高、运行费用低。

⑤ 有脱除二氧化碳、硅、硼、氨等弱解离物质的能力。

填充式电渗析内膜与混合离子交换树脂的组合结构如图 6-53 所示，将离子交换树脂填充到电渗析器内的淡水室中。淡水室内填充的阴、阳树脂体积比大约为 2：1。有的装置填充离子导电纤维或离子导电网，以改善渗析室的水力学条件。阳离子导电网置于阳膜面，阴离子导电网置于阴膜面。该系统与电渗析-离子交换系统相比，淡水室内的阴、阳树脂不需要再生。

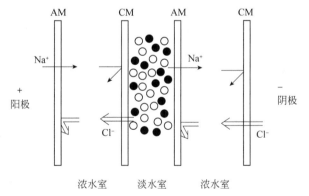

图 6-53　填充式电渗析内膜与混合离子交换树脂的组合结构

（● 阳离子和　○ 阴离子交换树脂）

在直流电场的作用下，水中的离子、离子膜及离子交换树脂之间发生交互作用：阴、阳离子交换树脂对水中离子的吸附交换作用、离子交换膜与溶液界面处发生的极化使水解离作用、水解离所产生的 H^+ 和 OH^- 实现离子交换树脂的再生作用。这三个交互作用可使阴、阳树脂所吸附的阴、阳离子被电渗析极化过程产生的 OH^- 与 H^+ 取代，实现树脂的离子交换和吸附，强化深度脱盐作用，实现连续不断地脱除水溶液中的离子生产纯水或高纯水。

一般情况下，EDI 用于产水水质较高的场合，其对进水也有较高的要求。若以自来水为进水时，大多采用反渗透来预处理，并同时兼有预脱盐作用，当多价离子存在时会影响 EDI 内离子的再生效率。EDI 进水水质要求铁、镁及硫化物的含量小于 0.01mg/L，游离氯小于 0.1mg/L，TOC 小于 0.5mg/L，硬度小于 1.0mg/L，pH 4～6。

目前商品化的 EDI 系统可直接生产 5～16MΩ·cm 的高纯水，耗电大约 0.3kW·h/m³。膜堆有微型、小型、大型三种规格，微型膜堆适用于组装 0.1m³/h 以下的装置，小型膜堆适用于 0.2～1m³/h 设备，大型膜堆适用于 2m³/h 以上设备。

EDI 过程中，离子首先扩散到离子交换树脂上，然后在电场作用下穿过树脂到达膜面；在离子交换树脂之间和交换树脂与膜之间相互接触的地方，如果电流超过了迁移溶解离子所需的能量，水就会电离成氢离子和氢氧根离子。在适当强电流的作用下，离子交换树脂不断地被酸或碱再生，而解离的 OH^- 和 H^+ 会进入浓缩室中。

6.4.2.7　电渗析的应用和经济性比较

在原水盐浓度较低时，离子交换法最为经济，随着溶液中盐浓度的增加，其费用急剧上升，当原水浓度在 500mg/L 左右时，电渗析方法比较经济；若原水浓度超过 5000mg/L，则以反渗透法为最佳；在中低浓度区的一个很大的范围内，即盐浓度小于 10%，多级闪蒸的成本较高，却不受原水浓度的影响，只有当原水浓度超过 100000mg/L 时，多级闪蒸与其他几种方法相比，才显得比较经济。

6.4.2.8　膜电解

离子膜电解就是利用阳离子交换膜将电解槽的阳极和阴极隔离开，进行食盐水溶液电解制造氯气和烧碱，或其他无机盐电解还原等的一种膜技术。在膜两侧的电位差存在下，盐水流的 Cl^- 在阳极上发生反应生成氯气，钠离子则伴随少量的水透过离子膜进入阴极室，淡盐水通过精制回收。纯水流侧的水在阴极上电解产生氢气和 OH^-，OH^- 与透过膜的 Na^+ 在阴极液中生成 NaOH 离开阴极室，最后可获 30%～35%液碱。与传统的水银法和隔膜法相比，该法具有总能耗低、无污染、产品纯度高、操作运转方便、投资比隔膜法少等优点。离子电解膜主要用于氯碱工业中制备氢氧化钠。目前主要采用全氟磺酸膜、全氟羧酸膜以及全氟磺酸全氟羧酸复合膜三大类。全氟膜与一般电渗析膜的主要差异在于膜的含水率，全氟离子电解膜的含水率较低。由于全氟羧酸膜的含水率要远低于全氟磺酸膜，因此磺酸膜的导电性高于羧酸膜。目前常将全氟羧酸与全氟磺酸复合制备复合膜，所制得的复合膜既具有较高的导电性，又可利用羧酸膜对 OH^- 的优异排斥性能。对于同种膜材料，其含水率也受聚合物分子量大小的影响，聚合物分子量增加两个数量级，则膜含水率几乎下降 1/3；但对于分子量在 $2×10^5$ 以上的全氟聚合物膜，由于其分子间力较小，易形成疏水结构，可阻止水分子进入聚合物中，因而膜的含水率趋于稳定值。外液碱浓度对膜含水率的影响十分明显。在 90℃温度下，当浸泡离子膜的碱液浓度从 10%增加到 40%时，两种离子膜的含水率下降大于 2/3。

6.4.3 双极膜水解离

双极膜是具有两种相反电荷的离子交换层紧密结合而成的新型离子交换膜。在直流电场作用下，水在双极性膜中解离，在膜两侧分别得到氢离子和氢氧根离子。双极膜电渗析过程简单、效率高、废物排放少。双极膜水解离过程中无氧化和还原反应，不会放出 O_2、H_2 等副产物气体；整个装置仅需一对电极，对电极也不存在腐蚀现象，体积小、器件紧凑。为某些酸、碱的提取或制备、实现物质资源回收提供了清洁、高效、节能的新方法，已成为电渗析工业中新的增长点。

双极膜电渗析一般包含由两张双极膜和一张阴膜组成的两室（酸室和碱盐混合室）结构，适于从强酸弱碱盐生产纯酸和碱盐混合液，而且碱的解离常数越小、盐的浓度越高越好（在竞争扩散时，对盐负离子越有利）。当碱的浓度低于 0.2mol/L 时，碱离子对盐负离子的竞争扩散降低，因此，该双极电渗析也可用于强碱盐。为获得更高的电流效率，增加一张阴膜，形成三室结构形式，使混合液循环，实现酸、碱、盐废液的净化和回收。

6.4.3.1 双极膜的特性

双极膜通常由阳离子交换层和阴离子交换层、中间界面层三层复合而成（见图 6-54）双极膜中的阴、阳离子交换层，既能高效地把中间层的 H^+、OH^- 迁移到膜外溶液中，又能及时将溶液中的水分传递到中间界面层。中间界面层材料有许多种，目前所采用的中间层材料包括磁化 PEK、过渡金属和重金属化合物，以及聚乙烯基吡啶、聚丙烯酸、磷酸锆、季铵类化合物等，这些材料可单独或同时按不同比例混合使用。

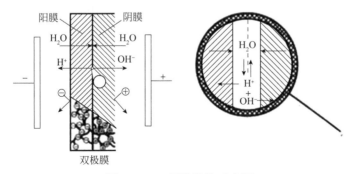

图 6-54 双极膜结构示意图

双板膜总厚度 0.1～0.2mm，中间界面层厚度一般为几纳米；膜面电阻小于 $5Ω/cm^2$，其界面电阻与界面层厚度及水的解离速率有关。能耐 100～1000mA/cm^2 的电流密度，在离子膜表面能将水直接解离成 H^+ 和 OH^-，膜对 H^+ 和 OH^- 的渗透选择性很高，而对同名离子渗透选择性则很低。另外，与双极膜配套使用的阴离子交换膜和/或阳离子交换膜是均相膜，也要求具有低电阻，能耐高电流密度，对单价阳离子有优先选择透过性等基本性能。

6.4.3.2　双极膜的水解离理论电位和能耗

通常认为，对由磺酸型阳离子膜和铵盐型阴离子膜制得的双极膜，其水的电解离机理是基于膜上荷电基团的可逆质子传递反应：

$$AN-NR_2 + H_2O \Longleftrightarrow AN-NR_2H^+ + OH^- \tag{6-86}$$

$$AN-NR_2H^+ + H_2O \Longleftrightarrow AN-NR_2 + H_3O^+ \tag{6-87}$$

$$CA-SO_3^- + H_2O \Longleftrightarrow CA-SO_3H + OH^- \tag{6-88}$$

$$CA-SO_3H + H_2O \Longleftrightarrow CA-SO_3^- + H_3O^+ \tag{6-89}$$

对普通水的电解离反应，当电极通电时，反应过程会有 H_2 和 O_2 产生。此时在阴极和阳极上的电解反应和理论电位分别为：

$$H_2O \longrightarrow \frac{1}{2}O_2 + 2H^+ + 2e \quad \text{理论电位：} 1.229V \tag{6-90}$$

$$2H_2O + 2e \longrightarrow H_2\uparrow + 2OH^- \quad \text{理论电位：} 0.828V \tag{6-91}$$

则总的电解反应和总电位为：

$$3H_2O \longrightarrow \frac{1}{2}O_2 + H_2 + 2H^+ + 2OH^- \quad \text{总电位：} 2.057V \tag{6-92}$$

而双极膜水解离时的反应方程式为：

$$2H_2O \longrightarrow 2H^+ + 2OH^- \quad \text{为以下两反应方程之和}$$

$$H_2 \longrightarrow 2H^+ + 2e \quad \text{理论电位：} 0V$$

$$2H_2O + 2e \longrightarrow H_2 + 2OH^- \quad \text{理论电位：} 0.828V$$

已知当有 O_2 和 H_2 放出时，水电解的理论电压为 2.057V，其中 1.229V 电压消耗在 O_2 和 H_2 的产生上，则水解离反应的理论电位为 0.828V。

假定在双极膜中间的界面层存在如下的水解离平衡：

$$2H_2O \Longleftrightarrow H_3O^+ + OH^- \tag{6-93}$$

则双极膜的理论电位由水解离过程中的自由能的变化来求得。双极膜的过渡层（界面）中 H^+ 和 OH^- 的活度为 $10^{-7}mol/L$（25℃），则对生成 1mol 的理想溶液，H^+、OH^- 从界面层迁到外表面的自由能变化为：

$$-\Delta G = -nFE = -RT\ln K_w = -F\Delta U = 2.303RT\Delta pH \qquad (6\text{-}94)$$

式中，K_w 为水解离常数；ΔpH 为两侧溶液 pH 值差。由于活度系数等于 1，则在 25℃、$\Delta pH = 14$ 时，$\Delta U = 0.828V$。

按双极膜水解离的理论电位（0.828V，25℃）计算，则生产 1t NaOH 的理论能耗为 560kW·h。实际的双极膜水电渗解离的电压在 1.0V 左右，即生产 1t NaOH 的实际能耗在 1000～2000kW·h 之间。而若采用电解法则需 2.1V，为 2200～3000kW·h。

6.4.3.3 双极膜电渗析的水解离原理

双极性膜电渗析系统由双极性膜与其他阴、阳离子交换膜组合而成。根据处理对象的不同，可组装成三隔室和二隔室两种。双极膜电渗析利用水直接解离产生 H^+ 和 OH^-，将水溶液中的盐转化生成相应的酸和碱，或将废酸、废碱回收利用等。

用于氯化钠分解制备氢氧化钠和盐酸的双极膜电渗析装置如图 6-55 所示，在正负极之间由双极膜、阴离子交换膜、阳离子交换膜和双极膜组成三隔室，构成双极膜电渗析器。在电场作用下，氯化钠溶液流过阴、阳离子交换膜的内侧，钠离子透过阳离子交换膜，进入碱室与从双极膜中水解离的 OH^- 形成氢氧化钠溶液；而氯离子则透过阴离子交换膜，进入酸室与从双极膜中水解离出来的 H^+ 结合形成盐酸溶液。氯化钠的稀溶液经浓缩后可循环再利用。

图 6-56 中所使用的是二隔室水解离膜组件，为两张阳膜和一张双极膜构成的两室结构电解离系统，循环系统利用 $Na_2SO_3 + SO_2 + H_2O \longrightarrow 2NaHSO_3$ 反应，使 SO_2 吸收和解吸。在电解离槽中，双极膜在碱室产生的 OH^- 发生 $2NaHSO_3 + 2OH^- \longrightarrow Na_2SO_3 + SO_3^{2-} + 2H_2O$ 反应，而在酸室产生的 H^+ 发生 $2H^+ + SO_3^{2-} \longrightarrow SO_2 + H_2O$ 的反应。在系统中有部分 SO_3^{2-} 被氧化为 SO_4^{2-}。整个过程可实现零排放，不仅治理环境污染，还可回收 SO_2 生产硫酸。

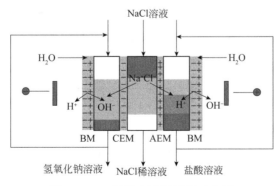

图 6-55 双极膜电渗析过程示意图

BM—双极膜；CEM—阳离子交换膜；AEM—阴离子交换膜

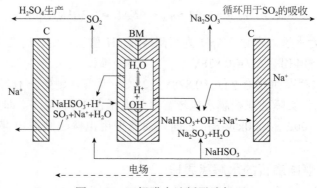

图 6-56 双极膜电渗析脱硫机理

C—阳离子交换膜；BM—双极膜

6.4.3.4 双极膜的组装工艺及应用

双极性膜在直流电场作用下能够将水分离成 H^+ 与 OH^- 两种离子，可作为 H^+ 与 OH^- 的供应源。双极性膜单独使用可实现电解反应，用于电解过程，与阳膜和阴膜组合使用可实现离子交换反应，可将盐转化成相应的酸与碱，可从氨基酸盐制备氨基酸。因此，用该技术可分离回收各种有机酸、氨基酸、蛋白质等有高附加值的产品，具有广阔的应用前景。

（1）制备有机酸

传统的维生素 C 生产工艺采用离子交换树脂法或硫酸酸化沉淀法。前者需用酸再生，设备庞大，操作复杂，消耗大，后者则过程复杂、消耗高，二者还均有大量废液。

双极膜电渗析可从维生素钠盐制备维生素 C，采用美国 Graver 公司的 BP-I 型均相双极膜（CA），与阳膜（C）交替排列组成双极膜电渗析器。电渗析工艺流程如图 6-57 所示。进入双极膜电渗析器中的维生素钠盐水溶液含量一般为 20%～40%，在直流电场作用下，电流密度为 $50mA/m^2$，双极膜中的水被解离成 H^+ 和 OH^-，双极膜-阳膜侧出来的 H^+ 与维生素钠盐中的维生素 C 酸根结合成解离度小的维生素 C，终点判断为 pH 值降至 1.70～2.35，维生素钠盐的 Na^+ 在电场作用下通过阳离子交换

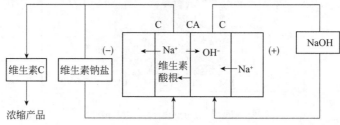

图 6-57 维生素钠盐制备维生素 C 的双极膜电渗析工艺示意图

CA—双极膜；C—阳膜

膜从维生素钠盐中分离出来，并和双极膜-阴膜侧出来的 OH⁻结合生成 NaOH，生成的 NaOH 可回用作生产原料，极室中使用 1mol/L NaOH。过程的电流效率为 70%，维生素钠盐的转化率可达 97%，总收率为 87.5%。

（2）酸性气体的清除与回收

双极膜过程对 CO_x、NO_x、SO_x 和 HF 等有害酸性气体的处理是十分有效、简单的，易于连续化操作。从燃料气中回收 SO_2 的双极膜电渗析工艺可参考图 6-56，其基本单元是由两张阳膜和一张双极膜构成的两室结构，循环系统则在酸室里得到 H_2SO_4 溶液，很容易通过汽提富集 SO_2，碱室里主要含 Na_2SO_4 和 NaOH 液，可返回初始工序吸收尾气，整个过程实现了零排放，不仅回收了有用物质，而且治理了环境污染。

$Soxal^{TM}$ 已将此技术用于工业废气中脱除 SO_2，目前中试规模双极膜清除 SO_2 的过程已在北美的一个发电厂运行，运行良好。该技术不仅可清除废气中的 SO_2，同时可回收利用 SO_2，是解决工业烟气污染的有效途径之一。对其他气体如 CO_2、NO_2 的脱除其工艺过程类似。

（3）酸废液的回收

在工业生产过程中，常产生大量的酸性废液，如电池生产中的硫酸废液、离子交换树脂再生废液、不锈钢混酸废液等酸性废液，这些废液中的金属阳离子含量较高、酸性强，难以用常规的分离方法回收处理。双极膜水解离电渗析可从无机电解质回收酸、碱。

双极膜水解离技术第一个实现商业应用的例子是不锈钢酸洗液的回收利用。图 6-58 为年处理量 6000m³ HF 和硝酸混合液的双极膜水解离工艺流程，用于回收洗液中的 HF 和 HNO_3 的混合物，现已在 Washington Steel 运行。用该过程再生的 HF 浓度为 4%～5%、HNO_3 浓度为 5%～8%，纯度非常高，仅含 0.4%～5%钾和痕量重金属，所产生的 HF 和 HNO_3 返回到酸洗工序，而 KOH/KF 则用于中和工序除去重金属。

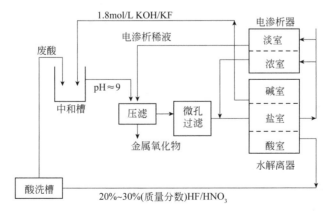

图 6-58 双极膜用于酸洗废液的回收

尽管双极膜电解离技术回收酸洗废液具有特色，但也有一定的局限性。被处理料液必须保持一定的酸性（0.1～0.3mol/L），使回收率很难达到100%。随着过程的进行，料液中酸浓度不断降低，pH值增大，料液中某些离子会在料液室析出并沉淀在膜上，阻塞膜孔而导致通量降低；另外，在双极膜的另一侧产生的 OH⁻ 也有可能通过阴膜与负离子竞争扩散。因此，该过程主要适用于强酸弱碱盐类废液回收酸。

（4）盐转化碱

将盐转化为碱的一个典型例子是双极膜电解硫酸钠溶液生产氢氧化钠的技术。双极膜电渗析组装方式与将气体脱硫装置相同，由一张阳离子交换膜、双极膜、阴离子交换膜组合成碱室和酸室构成双极膜电渗析装置，在电压的作用下，水从双极膜的内界面分解成 H⁺ 和 OH⁻，然后分别选择性地通过单极阳离子交换膜和阴离子交换膜，进入双极膜两边的碱室和酸室内；与此同时，硫酸钠水溶液注入料液室，且钠离子和硫酸根离子分别选择性渗透通过阳离子交换膜和阴离子交换膜，分别与来自单极交换膜的 OH⁻ 和 H⁺ 反应生成 NaOH、H₂SO₄。该技术可以直接生产无氯气产生的氢氧化钠，理论分解电位低于普通电解法，为 1.4V。若能提高氢氧化钠产物的浓度和电流效率，则该技术将有可能对现用的膜电解技术产生强有力的冲击作用。

6.5 膜分离技术的应用与发展

6.5.1 膜法水处理技术

水处理是膜分离技术应用的主要领域，因为膜分离技术能克服传统水处理工艺的局限性。基于不同膜分离技术的特点，可以针对水处理的要求采用不同的膜分离方法。例如：反渗透几乎可以截留所有水中的溶质，在高纯水制备、海水脱盐等方面的应用潜力非常大；而纳滤可以有效地截留多价离子，可以用于不同价态金属离子之间和大分子与小分子之间的分离；超滤可截留大分子或细小胶体以及病毒、细菌、部分有机物，在食品和生物科学方面的应用面宽；微滤主要去除悬浮颗粒、细菌和部分病毒。与传统水处理技术相比，膜技术可减少混凝剂用量，亦不需处理污泥，具有投资少、操作简便、处理效率高、节能等优点。

随着水体的污染和人民生活水平提高，人们越来越希望得到高质量的饮用水供给。随着水源水质的持续恶化，传统饮用水处理工艺已经很难满足饮用水标准要求。而纳滤和反渗透能完全去除病毒，超滤和微滤截留颗粒物，且不改变原水化学性质，对污染物的去除有极好的稳定性，可使处理后水浊度分别低于 0.1 NTU 和 0.2 NTU。膜分离技术制取高质量饮用水由于具有操作压力低、出水水质稳定、设备投资少、制水成本低等优点，在饮用水处理方面显示了优越性。采用在线混凝-超滤膜工艺处理微污染水，可以提高渗透通量和延缓膜通量降低，有效控制膜污染。

高纯稀土生产过程产生大量的皂化废水、沉淀废水、洗涤废水，其中含有大量的低浓度酸和盐。直接排放会造成很大污染。为此，我们开展了草酸稀土沉淀废水和洗涤废水的高值化全循环利用技术，其中就采用了微滤和反渗透膜分离技术，使绝大部分的废水能够循环使用。在稀土矿山，大量的低浓度含铵稀土废水对环境的影响十分突出，为此，我们研究了利用双极膜水解离方法来处理电解质废水，将水中的盐去除，并转化为酸和碱。与黏土矿物的吸附技术相结合，可以取得更好的效果。

利用膜分离技术处理造纸废水，可以浓缩并回收制浆废液中的木质素、木质素磺酸盐、香兰素等有价值的物质，处理后水可回用于造纸过程，还可用于漂白废水的脱色与有机氯去除等。由于造纸废水的温度较高、pH 值范围较宽，因此，选用耐温和耐化学药品的高分子膜，如聚砜、聚砜酰胺、含氟聚合物及其他一些聚合物制成的 UF 膜、RO 膜，以及聚乙烯异相阴、阳离子交换膜等。

凡是直接与油接触的用水都含有油类，如石油炼制、采出水，钢铁厂冷轧乳化液废水，金属切削、研磨用润滑剂废水，金属表面的清洗废水等。含油废水中含有大量有机物、一定量的无机物及少量的微生物等。膜分离技术在含油废水处理中应用相当广泛。

重金属废水主要来自矿山内排水，选矿厂尾矿排水，废石场淋浸水，有色金属冶炼厂除尘排水，有色金属加工厂酸洗水，电镀厂镀件洗涤水，钢铁厂酸洗排水等，重金属废水污染具有毒效期长、生物不可降解的特点，具有极大的危害性。传统的中和沉淀处理工艺出水往往不能达到排放要求，可采用膜分离技术对废水进行浓缩，膜处理后的浓缩液可使用适当的方法提取其中的有价重金属，处理后的渗透液也能达到回用和排放的标准，实现废水处理和回收有价金属的双重目的。

印染废水是含有大量染料、助剂、浆料、酸碱及无机盐等的工业污水，印染废水成分复杂、水质变化大、有机物含量高、可生化性差、COD 高、色度深，特别是近年来随着印染行业的发展，合成纤维种类和数量的增加，大量 PVA 浆料、人造丝碱解物、新型助剂等难降解有机物的使用，使得印染废水更难处理。膜分离技术可以通过对废水中的污染物进行分离、浓缩、回收而达到废水处理的目的，可以有效地将印染废水进行一定程度的净化，因此膜技术在印染行业废水处理中获得了广泛的关注和应用。

制药和食品工业也是大规模采用膜技术处理废水的领域。制药工业生产工序繁杂，使用原料种类多、数量大，在制药过程中会排放大量有毒有害废水。制药废水中污染物组分复杂，COD 值高，有毒有害物质多，生物难降解物质多，因此，制药废水已逐渐成为重要的污染源之一。食品废水一般包括制糖、酿造、肉类、乳品加工等生产过程产生的废水。食品加工行业产生的废水 COD 值较高而且水量大，一般含有较高浓度的蛋白质、脂肪、糖类等有价值的有机物，因此对这类废水处理的主要目的是回收利用其中的有机物，并降低 COD 值。

6.5.2 膜法食品加工技术

膜分离技术具有环保、节能等突出优点，广泛应用于果汁饮料、发酵产品、乳制品等食品加工过程中。过滤是果汁加工过程中重要的操作过程，与传统的过滤方法相比，微滤以及超滤技术能够去除果汁及饮料中的悬浮颗粒、酵母菌、霉菌、细菌、热原质以及胶体，以及引起浑浊的蛋白质、多酚、多糖、单宁等物质，得到的果汁性质稳定、质感均匀，而且该技术具有操作简单的特点。基于膜分离的加工工艺已经被广泛应用于果汁以及饮料的加工。

传统的发酵液过滤技术是将发酵液离心预处理，经硅藻土过滤等操作得到最终产品。微滤澄清过程能够截留菌体、残渣、多酚复合物等物质，而糖、色素以及风味物质通过滤膜。无机膜具有耐高温、耐高压反冲和孔径分布窄等特点，设备既可在低温下实现过滤操作，也可用蒸汽进行消毒，适合无菌扎啤的生产。微滤操作后，提高了澄清度的同时，充分保留啤酒的风味和营养。

膜分离技术也常被用于醋的澄清、除菌、连续发酵等过程。果醋作为一种功能食品，具有独特的风味口感以及较高的营养成分，其市场需求不断增长，逐渐成为研究的热点。国内已有苹果果醋、梨果醋、柿果醋、红枣果醋、菠萝果醋、桑葚果醋、杨梅果醋等的研究。膜分离技术用于果醋的澄清，能够很好地保持其营养成分。

油脂精炼包括脱胶、脱酸、脱臭、脱蜡等操作。传统的油脂精炼过程需要较高的能耗、大量的水及化学试剂，加工过程中会引起营养物质和中性油丢失，产生较多的工业废水。膜分离技术在油脂加工中主要用于溶剂回收、脱胶、脱色、脱氧、微量金属去除、有益成分回收等。传统的脱胶操作是通过向原油中加水或者将其酸化去除磷脂。水化脱胶只能除去毛油中总磷脂量的 80%～90%。因为磷脂是两性分子，磷脂在混合油中是以胶束状态存在，这些聚集的胶束分子量大于 20kD，分子大小为 20～200nm，超滤可以很好地截留混合油中的磷脂胶束，从而达到脱胶的目的。

大豆油的传统提取过程需要有机溶剂，分离过程需要将溶剂蒸发，能耗较大。分离过程能量消耗占整个提取工艺的 2/3，采用膜分离技术可以大大减少能耗，节约能源。

为了保证牛奶和其产品在运输和储存中的品质，通常采用热处理等技术处理。传统的牛乳杀菌方法是热杀菌，主要有巴氏杀菌和超高温瞬时杀菌。但是，热处理会破坏牛奶风味。在保证食品品质及安全的条件下，微滤技术可以有效解决这一问题。微滤能够截留 0.1μm 以上的颗粒物，包括细菌、孢子，保留牛奶中的活性多肽、维生素以及抗氧化物质。膜分离技术在乳品工业中的应用主要有微滤除菌、分离脂肪、回收乳清蛋白、浓缩酪蛋白、处理洗涤废水等。微滤膜处理的牛奶可以延长其保质期。

功能食品的发展为消费者提供一条选择健康食品的最佳途径。功能食品当中发挥功能作用的物质称为生物活性物质，具有延缓衰老、提高机体免疫力、抗肿瘤、抗辐射等功能。大多数生物活性物质具有热敏性，在生物活性物质的提取分离中保留其生物活性和稳定性至关重要。膜分离技术是在常温下进行操作，对生物活性物质的分离是一种较为理想的分离技术。

6.5.3　膜分离技术的发展

膜分离技术因其节约能源、无相变、设备简单等特点，在水处理、环境保护、物质回收、果汁饮料加工、油脂加工、发酵产品加工、乳制品以及豆制品加工、功能食品加工等食品领域中有着广泛的应用，推动了食品工业的高效发展。将膜技术与传统处理工艺结合，可以较大程度地降低成本，提高膜分离的效率。但是，作为一门新兴的发展中的技术，成功的工业化的大规模的膜分离应用仍然较少，多数分离技术还处于探索和研究中。其存在的主要问题首先是膜污染、膜稳定性；其次，膜组件的造价成本高。这两个问题限制了膜技术在废水处理中的大规模应用。

膜污染导致通量减少、重复利用性差等问题，在膜分离过程中需要进一步寻找解决方法。同时，对食品行业分离所用的膜材料还需要进一步研究，以期找到更加节能、安全的膜材料，进而推动膜分离技术在食品工业领域的科学有效应用。

膜材料是膜分离技术的核心，随着更多新型膜材料的开发和更多膜改性方法的推出，以及膜污染、清洗问题的解决，膜分离技术在污水处理、工业废水处理和资源化综合利用方面的应用范围今后将得到进一步扩展。膜分离技术将成为废水回用和难降解有机污染物分离回收，以及实现废水零排放的基本手段。

经过 50 多年的发展，特别是近 10 年，我国的膜分离技术已经得到了很大的突破。在水处理膜、渗透汽化膜、气体分离膜、离子交换膜、无机膜、膜反应器、新型膜的理论和应用研究方面取得了重要的创新进展，为我国的节能减排与传统产业改造做出了突出贡献。中国有关膜分离的文献发表数目不断增加，在 2012 年后超过了美国，近 10 年来一直领先日本。美国和日本有关膜分离的文献年发表数目趋于平缓，表明我国的膜技术已挤入世界第一梯队，在国际上具有一定的话语权。特别在水处理方面，我国反渗透技术已初具规模，相关技术已达到或接近国际水平。

2014 年 10 月，国家发改委、工信部、科技部、财政部和环保部等五部委发布了《重大环保技术装备与产品产业化工程实施方案》，明确了高性能分离膜材料作为关键战略材料的发展重点，把"膜法重金属脱除设备"和"膜萃取分离技术"作为国家重大环保技术装备与产品应用示范领域和方向，把"低成本陶瓷膜及成套设备"和"管式膜及组件"作为重大环保技术装备与产品产业化应用方向；2015 年 5 月国务院印发《中国制造 2025》，把脱盐率大于 99.8%的海水淡化反渗透膜产品，低成本的、装填密度超过 $300m^2/m^3$ 的陶瓷膜产品，应用于膜氯碱工业的离子交换膜及突破全膜法氯碱生产新技术和成套装置的渗透通量提高 20%，膜面积达到 $10 \times 10^4 m^2$ 的渗透汽化膜产品作为关键材料的发展重点。"十三五"期间，中国膜工业协会提出的目标是，年平均增长率达到或超过 20%，到"十三五"末产值规模再翻番，达到 2500 亿～3000 亿元，膜产品出口值每年要超过 100 亿元；另外膜技术创新应有新突破，反渗透膜国产率达到 40%～60%，纳滤膜、超滤膜和微滤膜国内市场占有率达

60%～80%。

　　未来我国膜的发展方向主要是围绕国家重大需求，加强基础理论与原创技术的研究。开发新型膜材料，提升膜的性能，制定一套完整的有关膜的标准体系，规范膜市场的结构导向。针对市场需求开发出应用于特殊工业的新型膜，如反渗透用作水深度处理的核心技术，反渗透膜应用多元化技术；膜生物反应器技术成为废水资源化的重要领域。

参 考 文 献

[1] 刘茉娥，等. 膜分离技术. 北京：化学工业出版社，2000.

[2] 刘茉娥，陈欢林. 新型分离技术基础. 杭州：浙江大学出版社， 1999.

[3] 陈欢林. 新型分离技术. 北京：化学工业出版社，2000.

[4] 王湛. 膜分离技术基础. 北京：化学工业出版社，2000.

[5] 应国清，易喻，高红昌，万海同. 药物分离工程. 杭州：浙江大学出版社，2011.

[6] 张云飞，田蒙奎，许奎. 我国膜分离技术的发展现状. 现代化工，2017，37（4）：6-10.

[7] 孙鹏. 膜技术在水处理行业中的应用研究. 盐科学与化工，2017，46（2）：1-4.

[8] 薛建军，何娉婷，狄挺. 膜技术在处理造纸黑液污染中的应用. 膜科学与技术，2005，25（4）：74-78.

[9] 梁敏. 膜分离技术在食品工业中的应用与开发. 农产品加工学刊，2006，（2）：40-45.

[10] 徐南平，高从堦，金万勤. 中国膜科学技术的创新进展. 中国工程科学，2014，16（12）：5-9.

[11] 王华，刘艳飞，彭东明，等. 膜分离技术的研究进展及应用展望. 应用化工，2013，42（3）：533-534.

[12] 杨方威，冯叙桥，曹雪慧，等. 膜分离技术在食品工业中的应用及研究进展. 食品科学，2014，35（11）：331-338.

[13] 李军庆，李历，王文奇，等. 膜分离技术在食醋澄清中的应用. 中国酿造，2012，31（11）：142-146.

[14] 李文，陆海勤，刘桂云，等. 陶瓷膜在果蔬汁澄清与除菌中的应用，食品工业，2015，36（6）：259-262.

[15] 高从堦，周勇，刘立芬. 反渗透海水淡化技术现状和展望. 海洋技术学报，2016，35（1）：2-14.

[16] 宋瀚文，刘静，曾兴宇，等. 我国海水淡化产能分布特征和出水水质. 膜科学与技术，2015，35（6）：122-125.

[17] 董红星，曾庆荣，董国君. 新型传质分离技术基础. 哈尔滨：哈尔滨工业大学出版社，2005.

[18] 刘家祺. 传质分离过程. 北京：高等教育出版社，2005.

[19] 胡小玲，管萍. 化学分离原理与技术. 北京：化学工业出版社，2006.

[20] 丁明玉，等. 现代分离方法与技术. 北京：化学工业出版社，2006.

[21] 中国化工防治污染技术协会. 化工废水处理技术. 北京：化学工业出版社，2000.

[22] 徐东彦，叶庆国，陶旭梅. 分离工程. 北京：化学工业出版社，2012.

[23] 孙慧，林强，李佳佳，等. 膜分离技术及其在食品工业中的应用. 应用化工，2017，46（3）：559-563.

[24] 董秉直，刘风仙，桂波. 在线混凝处理微污染水源水的中试研究. 工业水处理，2008（1）：40-43.

[25] 黄江丽，施汉昌. MF 与 UF 组合工艺处理造纸废水研究. 中国给水排水，2003，19（6）：13-15.

[26] 郭伟杰，周海骏. 超滤膜在造纸工业废水处理中的应用. 中国造纸，2013，32（3）：21-23.

[27] 徐晓东，李季，袁曦明，等. 膜技术在油田采出水处理中的应用研究. 过滤与分离，2005，15（4）：34-36.

[28] 张裕媛，张裕卿. 用于含油废水处理的复合膜研制. 中国给水排水，2000，16（4）：58-60.

[29] 潘振江，高学理，王铎，等. 双膜法深度处理油田采出水的现场试验研究. 水处理技术，2010，36（1）：86-90.

[30] 史志琴，朱健民，陈爱民，等. 双膜法技术在味精废水处理中的应用. 工业水处理，2007，27（12）：68-70.

[31] 邹照华，何素芳，韩彩芸，等. 重金属废水处理技术研究进展. 水处理技术，2010，36（6）：17-21.

[32] Mohsen Niaa M, Montazerib P, Modarressc H. Removal of Cu and Ni from waste water with a chelating agent and reverse osmosis processes. Desalination, 2007, 217(5): 276-281.

[33] Covarrubias Cristian, Garcia Rafael, Arriagada Rean. Removal of trivalent chromium contaminant from aqueous media using FAU-type zeolite membranes. J Membr Sci, 2008, 31 (2): 163-173.

[34] 常江, 孙余凭. 新型纳滤膜回收含镍废水的工业研究. 电镀与涂饰, 2009, 28 (4): 36-39.

[35] 刘豪. 印染废水处理技术研究综述. 环保科技, 2014, 20 (2): 44-48.

[36] 郭豪, 宋淑艳, 张宇峰, 等. 纳滤膜技术在印染废水处理中的应用研究. 天津工业大学学报, 2007, 26 (6): 28-31.

[37] 张鑫, 曹映文. 印染废水反渗透膜处理及回用技术. 印染, 2008, 34 (14): 36-38.

[38] 钟璟, 尤晓栋. 膜分离技术处理印染废水的研究. 染料与染色, 2003, 40 (1): 49-50.

[39] 朱安娜, 纪树兰, 龙峰, 等. 纳滤膜在洁霉素废水浓缩分离中的应用. 环境科学, 2002, 23 (2): 39-44.

[40] 杨青, 张林生, 李月中, 等. 纳滤膜在治理农药废水污染中的应用研究. 工业水处理, 2009, 29 (3): 29-32.

[41] 张和禹, 王亚男, 魏国清, 等. 陶瓷膜超滤技术应用于桑椹汁的澄清与除菌加工. 蚕业科学, 2010 (1): 148-151.

[42] 张敬, 热合满·艾拉, 艾提亚古丽·买热甫, 等. 陶瓷膜在哈密瓜汁微滤除菌工艺中的应用研究. 食品工业科技, 2012, 33 (13): 243-245.

[43] 李华兰. 超滤澄清桑果醋技术的研究. 中国调味品, 2009, 34 (2): 64-66.

[44] 汪勇, 温勇, 黄才欢, 等. 无机陶瓷膜超滤大豆混合油脱胶的研究. 中国油脂, 2004, 29 (11): 15-17.

[45] 邓成萍, 薛文通, 孙晓琳, 等. 超滤在大豆多肽分离纯化中应用. 食品科学, 2006, 27 (2): 192-195.

[46] 许浮萍, 梁志家, 田娟娟. 应用膜分离结合醇沉法纯化大豆异黄酮. 食品科学, 2009, 30 (16): 78-82.

[47] 董应超, 刘杏芹. 新型低成本多孔陶瓷分离膜的制备与性能研究. 合肥: 中国科学技术大学, 2008.

[48] 黄虎彪, 彭新生. 氧化石墨烯超滤分离膜. 杭州: 浙江大学, 2014.

[49] 仲兆祥, 李鑫, 邢卫红, 等. 多孔陶瓷膜气体除尘性能研究. 环境科学与技术, 2013, 36 (6): 155-158.

[50] 韩虎子, 杨红. 膜分离技术现状及其在食品行业的应用. 食品与发酵科技, 2012, 48 (5): 24-26.

[51] Mohammad A W, Teow Y H, Ang W L, et al. Nanofiltration membranes review: Recent advances and future prospects. Desalination, 2015, 356(1): 226-254.

[52] Seema S Shenvi, Arun M Isloor, Ismail A F, et al. A review on RO membrane technology: Developments and challenges. Desalination, 2015, 368: 10-26.

[53] 郑祥. 中国水处理行业可持续发展战略研究报告. 北京: 中国人民大学出版社, 2013.

[54] 潘献辉, 张艳萍, 王晓楠, 等. 我国膜技术标准现状及重点内容分析. 中国给水排水, 2014, 30 (8): 25-29.

[55] 王薇. 分离膜标准现状与发展. 中国标准化, 2010 (1): 17-20.

[56] 李永绣, 等. 离子吸附型稀土资源与绿色提取. 北京: 化学工业出版社, 2014.

第 7 章

新型分离技术

前面对几种主要的分离技术及其原理进行了讨论。本章则重点介绍一些基于上述技术的改造和交叉所生产的新型分离技术。这些新颖的分离技术虽不一定要全面取代原有的技术，但它们各具特色和应用潜力，有的已在生产上得到一定规模的应用，大多数还处于实验研究和工厂中试规模的开发阶段，很有发展前途。

7.1　新型萃取技术

随着科学技术的快速发展，传统的萃取技术不能满足工业的需要，一些新型萃取技术应运而生。根据目前国内外的报道，下面就目前已经投入应用和研发的液相微萃取、固相微萃取、超临界流体萃取等各种新型萃取技术进行介绍。

7.1.1　超临界流体萃取

（1）原理及应用

利用超临界流体作为萃取剂，从液体或固体中萃取出待分离组分的方法称为超临界流体萃取。所谓超临界流体，是指温度和压力处于临界点以上的流体。这种流体既有气体的低黏度和高扩散系数，又具有与液体相近的密度和良好的溶解物质的能力，溶质在其中的扩散速率可为液体的 100 倍。利用流体的压力和温度变化对溶解能力的影响，可以通过改变温度和压力来调节流体的溶解度，实现高效萃取分离。例如：在较高压力下使溶质溶解于超临界流体中，然后通过降压或升温，使超临界流体的密度下降、溶质的溶解度降低，从而使溶质析出而得到分离。尤其是对固体物质中的某些成分进行提取时，由于溶剂的扩散系数大、黏度小、渗透性能好，因此可以简化固体粉碎的预处理过程。但超临界流体萃取属于高压技术范畴，需要与此相适应的设备。现在常使用的超临界流体有 CO_2、氨、乙烯、丙烯、苯等。因为 CO_2 容易达到临界压力（7.37MPa）和临界温度（31.05℃），其化学性质稳定、无毒、无臭、无腐蚀性、价廉易得，对多数溶质有较大的溶解能力，所以它是最为常用的超临界流体。

已大规模应用的超临界流体萃取工业过程有丙烷脱沥青、啤酒花萃取、咖啡脱咖啡因等。在医药、天然产物、特种化学品加工、环境保护及聚合物加工等方面的应用也在开发之中。超临界流体萃取速率快，不使用或少量使用有机溶剂。但是由于超临界流体萃取需要高压操作，所以相对于一般溶剂萃取较昂贵，因此,只有用在高价值产品的萃取或常规技术不适用时才有经济意义。

（2）超临界流体及其性质

图 7-1 是 CO_2 的压力-温度-密度关系图。超临界流体的性质可以从它们的 p-ρ-T 关系图来考察。当流体的温度和压力处于它的临界温度和临界压力以上时，称之为超临界流体。流体在临界温度以上时，无论压力多高，流体都不能液化，但流体的密度随压力增高而增加。

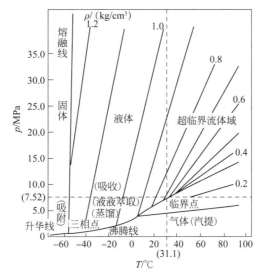

图 7-1　CO_2 的压力-温度-密度关系

由图 7-1 可清楚地了解气体、液体区相对应的超临界流体区，特别是所示出的等密度线，其在临界点附近出现收缩。在比临界点稍高一点的温度区域内，压力稍有变化，就会引起超临界流体密度的显著变化。若升高压力，则流体的密度几乎与液体相近。由此而知，超临界流体对液体或固体溶质的溶解能力也与液体溶剂相仿，因此，可进行萃取分离。

很多物质具有超临界流体的溶剂效应，大多数溶剂的临界压力在 4MPa 上下，符合选作超临界流体萃取剂的条件。然而，超临界流体萃取剂的选取，还需综合考虑对溶质的溶解度、选择性、化学反应可能性等一系列因素。因此，可用于超临界流体萃取的物质并不多。如：乙烯的临界温度和临界压力适宜，但在高压下易爆聚；氨的临界温度和临界压力较高且对设备有腐蚀性等，均不宜作为超临界萃取剂。

二氧化碳的临界温度在室温附近，临界压力也不算高，且密度较大，对大多数溶质具有较强的溶解能力，而对水的溶解度却很小，有利于在近临界或超临界下萃取分离有机水溶液。而且还具有不燃、不爆、不腐蚀、无毒害、化学性质好、廉价易得、极易与萃取产物分离等一系列优点，是超临界流体技术中最常用的溶剂。另外，轻质烷烃和水用作超临界萃取剂也具有一定的特色。

图 7-2 表示 CO_2 的对比密度、对比温度与对比压力之间的关系。图中画有阴影部分的斜线和横线区域分别为超临界和近临界流体萃取较合适的操作范围。从图中可以看出，当二氧化碳的对比温度为 1.10 时，若将对比压力从 3.0 降至 1.5，其对比密度将从 1.72 降至 0.85。如维持二氧化碳的对比压力 2.0 不变，若将对比温度从 1.03 升高至 1.10，对比密度从 1.87 下降到 1.35，相当于实际密度从 839kg/m³ 降至 604kg/m³。超临界流体的压力降低或温度升高，会引起明显的密度降低，从而使溶质从超临界流体中重新析出，这是实现超临界流体萃取的依据。

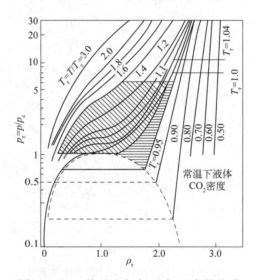

图 7-2 CO_2 的对比密度-温度-压力的关系

（3）超临界流体萃取分离方法及典型流程

超临界流体萃取过程由萃取段和分离段组成，如图 7-3 所示。在萃取段，超临界流体将所需组分从原料中提取出来；在分离段，通过改变某一参数或其他方法，

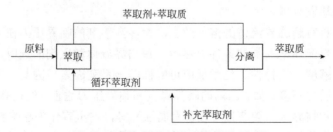

图 7-3 超临界流体萃取的基本过程

使萃取组分从超临界流体中分离出来，并使萃取剂循环使用。根据分离过程控制参数的不同，可分为等温、等压、吸附法三种基本萃取流程。

① 等温变压萃取分离法：如图 7-4(a)所示，在萃取器中被萃取物与超临界流体充分接触而被萃取，含被萃组分的超临界流体经膨胀阀从萃取器流入分离器内；随着压力降低，被萃组分在超临界流体中的溶解度变小，进而在分离器中析出。被萃组分从分离器下部放出而达到分离；降压后的气体则经压缩机或高压泵提压后返回萃取器循环使用。该法是在等温条件下，利用不同压力时待萃取组分在萃取剂中的溶解度差异来实现组分的分离。其特点是过程易于操作，应用较为广泛，但能耗高一些。

② 等压变温萃取分离法：如图 7-4（b）所示，在一定范围内，利用被萃组分在超临界流体中的溶解度随温度升高而降低的性质，通过升温来降低被萃组分在超临界流体中的溶解度，实现被萃组分与萃取剂的分离。其特色在于低温下萃取，高温下使被萃组分与溶剂分离，被萃组分从分离器下方取出，萃取剂经冷却压缩后返回萃取器循环使用。由于萃取器和分离器处于相同压力下，因此，只需循环泵即可，压缩功耗较少，但需要加热蒸汽和冷却水。若溶质在超临界流体中的溶解度随温度升高而增大，则需要降低温度才能把溶剂与被萃物分离。

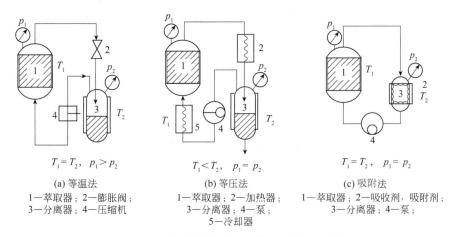

(a) 等温法
1—萃取器；2—膨胀阀；
3—分离器；4—压缩机

(b) 等压法
1—萃取器；2—加热器；
3—分离器；4—泵；
5—冷却器

(c) 吸附法
1—萃取器；2—吸收剂，吸附剂；
3—分离器；4—泵；

图 7-4 超临界流体萃取的三种典型流程

③ 吸附萃取法：如图 7-4（c）所示，在分离器内放置了可吸附被萃物的吸附剂，被萃物在分离器内被吸附并与流体分离，不吸附的流体则由压缩机压缩并返回萃取器循环使用。该过程利用分离器中填充的特定吸附剂，将超临界流体中的分离组分选择性地除去，并定期再生吸附剂。在操作过程中，萃取器和分离器的温度和压力相等。

以上前两种流程主要用于萃取相中溶质为需精制的产品，第三种流程则常用于去除产物中的杂质或有害成分。

7.1.2　双水相萃取

双水相是由高聚物之间的不相容性造成的，某些高聚物溶液与一些无机盐溶液混合时也会在一定浓度下形成双水相体系。双水相萃取是利用生物高分子在两液层中分配系数的不同来进行分离的。当溶质 A 和溶质 B 组成双水相时，轻液层中溶质 A 的浓度较高，重液层中溶质 B 的浓度较高。这样，轻液层与重液层相比，前者便成为更加疏水的环境。因此，由亲水基和疏水基所组成的生物高分子在双水相层中便存在着一定的分配关系。可供形成双水相的溶质有很多，如形成溶质 A 的有聚乙二醇、聚丙二醇、聚乙烯醇等；形成溶质 B 的有葡聚糖、DEAE 葡聚糖及盐等。利用超滤、色层分离及离心等技术可以分离出这些生物高分子。

到目前为止尚未能从理论上清楚地解释双水相形成机理及生物分子在双水相中的分配机理，一般认为两种聚合物溶液混合时是否分相主要取决于分子间的作用力。若两种聚合物分子间存在很强的引力，如两种带相反电荷的聚电解质，混合时可以相互混合；若两种聚合物分子相互排斥，就有可能分成两相。聚合物与盐之间也能形成两相，这是由于盐析作用的影响，如 PEG 与碱性磷酸盐或硫酸盐形成的两相。两种聚合物溶液或一种聚合物与一种小分子物质（无机盐）混合时能否形成双水相，取决于混合熵增和分子间作用力两个因素子量。混合时熵增，而分子间相互作用力则随分子量的增大而增强。两种物质混合时熵的增加与所涉及的分子数目有关，而分子间作用力则是分子中各基团间相互作用力之和。对两种高分子聚合物的混合，分子间的作用力与分子间的混合熵相比占主要地位，分子越大，作用力也越大。当两种聚合物所带电荷相反时，聚电解质之间混合均匀，不分相；若两种聚合物分子间有相互排斥作用，一种聚合物分子的周围将聚集同种分子而排斥异种分子，达到平衡时，会形成分别富含不同聚合物的两水相。这种含有聚合物分子的溶液发生分相的现象称为聚合物的不相容性。除双聚合物系统外，基于盐析作用原理，聚合物与无机盐的混合溶液也能形成双水相。常用的双水相体系是聚乙二醇/葡聚糖体系和聚乙二醇/磷酸盐体系。物质在两相中的选择性分配是疏水键、氢键和离子键等相互作用的结果。影响蛋白质及细胞碎片在双水相体系中分配行为的主要参数有成相聚合物的种类、成相聚合物的分子量和总浓度、无机盐的种类和浓度、pH 值、温度等。

双水相萃取是针对生物活性物质的提取产生与发展的。因为蛋白质、酶、核酸、各种细胞器和细胞在有机溶剂中容易失活，且大部分蛋白质分子有很强的亲水性，不能溶于有机溶剂，而双水相中两相的水分均占 85%～95%。成相的高聚物与无机盐一般都与生物相容，生物活性物质或细胞在这种环境不仅不会失活，而且还会提高它们的稳定性。双水相萃取体系还具有以下优点：①分相时间短，一般只有 5～15min；②生产力高，被萃物的分配系数一般大于 3，有较高的收率；③大量杂质能够与所有固体物质一起去掉，可直接从含有菌体的发酵液和培养液中提取所需的生物物质，还能不经破碎直接提取细胞内的有效成分,可省去 1~2 个分离步骤,降低投资成本。因此, 双水相萃取体系正越来越多地被应用于生物技术领域。

双水相萃取技术目前仍不是十分成熟,在其运用中存在一定的问题。成相聚合物价格昂贵是阻碍该技术应用于工业生产的主要因素。葡聚糖价格很高,用粗品代替精制品又会造成葡聚糖相黏度太高,使分离困难。研究应用最多的 PEG 并不是双水相体系最适合的聚合物,磷酸盐又会带来环境问题,故开发新的聚合物是该技术应用急需解决的问题。

7.1.3 液膜萃取

（1）方法原理与特点

液膜是由液体形成的薄膜。组成液膜的主体溶液称为膜溶剂,其中还含有表面活性剂和其他添加剂。当液膜用于处理液体混合物时,为了形成相界面膜,膜溶剂当然必须与料液不相溶。将萃取与反萃取两个过程设计到一个液膜的两侧,实现萃取和仅萃同时进行,并自相耦合的分离过程称为液膜萃取。其分离原理除了利用组分在膜内的溶解、扩散性质差之外,还可在液膜内加入载体,利用组分与载体间的可逆络合化学反应的选择性来促进传质过程。

尽管液膜的厚度比固膜大,但组分在液体中的扩散系数比在固体中大得多,因此组分通过液膜的传递速率可以比固膜大几个数量级。组分透过有载体的促进传递的液膜的扩散速率和分离因子都较一般的固膜大很多（见表 7-1）。在液膜的传质中还可以利用某些可逆和不可逆的化学反应以提高液膜的选择性,促进传质过程。液膜分离是一种新型的膜分离技术,它具有膜分离的一般特点,主要也是依据膜对不同物质具有选择性渗透的性质来进行组分的分离。

表 7-1 固态膜和液态膜的代表性膜特性

膜类型	扩散系数/(cm²/s)	分离因子	膜厚/cm
玻璃态聚合物膜	10^{-8}	4.0	10^{-5}
橡胶态聚合物膜	10^{-6}	1.3	10^{-4}
促进传递的液膜	10^{-5}	50	10^{-3}

液膜分离在膜的性质、制备、分离过程的机理以及具体应用过程上都有自己的特点。其中,乳化液膜是一种悬浮在被分离混合液中的乳状液,例如一些小油滴被水乳化后,乳状液悬浮于被分离的油状混合物中,或者一些水溶液的微滴被油乳化后,悬浮于被分离的水溶液中,前者水为膜溶剂,后者油为膜溶剂。透过膜速度快的组分被富集于膜内相。若在膜相或膜内相加入一种能与透过组分进行不可逆反应的组分,以增大膜两侧渗透组分的浓度梯度,便可提高液膜的选择透过性。或者在膜相中加入某种载体化合物,利用载体化合物与渗透组分间的可逆络合反应来促进传质过程,以得到高选择性和高渗透率,对给定的组分可以得到很高的浓缩和分离

程度。而支撑液膜是把液膜相含浸或支撑在多孔固膜——如微滤膜或超滤膜的孔隙中所形成的固定液膜，由于可以连续操作，没有乳化液膜的破乳问题。在组分的浓缩和纯化上更有实用价值，因而得到普遍的关注。

（2）应用

液膜可应用的领域极广，在气体吸收、溶剂萃取、离子交换等分离领域都有可能应用液膜技术。从应用的部门看，废水处理、湿法冶金、石油化工、生物医药等都有大量应用液膜技术的研究报道，有的已在生产中取得相当成效。用液膜技术处理含酚废水效果显著，已在工业生产中得到应用。液膜技术在生物工程领域用于抗生素、有机酸、氨基酸的提取及酶的包封，有着其他方法无法比拟的优点。液膜技术的应用潜力是吸引人的，但目前得到大规模应用的例子不多，一方面是对液膜分离机理的研究尚不充分，还缺少足够的数据、资料来评价液膜技术在商业上应用的可能性和经济性；另一方面尚存在液膜的稳定性、乳状液膜的溶胀和破乳等技术问题。

下面以液膜法处理含酚废水为例来说明其原理和过程。如图 7-5 所示，它是油包水型液膜，内相试剂为 NaOH 溶液，酚在油膜中的溶解度较大，可选择性地透过膜，渗透到膜内相与碱反应生成酚钠，它不溶于油膜相所以不会返回到废水中去，从而使酚在膜内相得到富集。除酚率可以达到 99.9%。

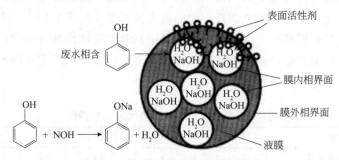

图 7-5　液膜处理含酚废水的原理

用液膜技术可以从废水中脱除阳离子，如铜、汞、铬、镍、铅、铵等，以及阴离子，如磷酸根、硝酸根、氰根、硫酸根等，可使废水净化并回收有用组分。重金属离子一般不会穿过油膜，因此必须使用有载体输送的液膜，载体与金属离子生成配合物，以增加其在油膜中的溶解度和渗透率。用液膜处理工业含锌废水已有工业化应用，这是乳状液膜在废水处理中最为成功的应用例子。所用载体为酸性磷或膦类化合物，以二硫代烷基膦酸为佳。其萃取反应为：

$$Zn^{2+} + \frac{3}{2}(RH)_2 \rightleftharpoons ZnR_2RH + 2H^+$$

以 LIX64N 为载体，以 H_2SO_4、HNO_3、HCl 等酸性溶液为萃取相进行铜萃取的液膜过程的机理和影响因素，在萃取分离章节已有介绍。图 7-6 是将这一萃取分离过程以支撑液膜形式浓缩回收铜的流程示意，而发生在中空纤维支撑液膜内的反应和传质过程如图 7-7 所示。液膜支撑体是内径 $200\mu m$ 的醋酸纤维或聚丙烯中空纤维。萃取和反萃取各在一只膜设备中进行，萃取器中料液走纤维内，含载体的有机相走纤维外。萃取了铜离子的有机相进入反萃取器后仍走纤维外，反萃取液硫酸水溶液走纤维内。使用这种流程可使进入液膜相的水溶液积存于有机相主体，很容易除去，从而减缓液膜性能劣化的速度。若进料为含铜 6.4×10^{-4} 的溶液，铜的脱除率可达 97%，浓缩比约 40。

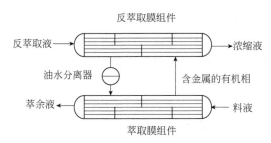

图 7-6　萃取和反萃取在不同膜组件中分别进行

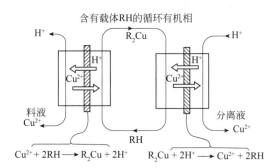

图 7-7　液膜过程中两种浓缩器的使用

7.1.4　反胶束萃取

反胶束萃取是一种利用反胶束将组分分离的技术，被萃取物以胶体或胶团的形式萃取。反胶束又称为反胶团或逆胶束，是油相中表面活性剂的浓度超过临界胶束浓度后，分子在非极性溶剂中自发形成的亲水基向内、疏水基向外的具有极性内核的多分子聚集体圈。反胶束萃取技术在应用过程中不使用毒性试剂，不会对人产生危害，且反胶束溶液可以多次利用引入亲和配体来提高目标物的萃取率及分离的选择性。形成反胶束的有机溶剂为脂肪烷烃，双亲物质根据极性头基性质的不同可分为阴离子型双亲物质（如：二辛基二甲基氯化铵）、阳离子型双亲物质［如二(2-乙基己基)丁二酸酯磺酸钠］、非离子型双亲物质（如脂肪醇聚氧乙烯醚）、两性离子型双亲物质（如卵磷脂）。对三辛基甲基氯化铵、卵磷脂等某些双亲物质，需要加入一定量的主表面活性剂才能形成稳定的反胶束体系。反胶束萃取技术利用了溶剂萃取的优点，实现了生物物质的有效分离，广泛应用于蛋白质、氨基酸、药物、农药等物质的分离分析中。目前，反胶束萃取的研究主要集中在与其他一些技术、方法相结合，拓展分离的应用范围。

7.1.5 液相微萃取

液相微萃取利用悬于微量进样器尖端被分析物的微滴有机溶剂和样品溶液之间的分配平衡而实现萃取目的，用于样品前处理技术。该方法集萃取、净化、浓缩于一体，具有溶剂耗量少，易于实现自动化，灵敏度高，环境污染小和价格低廉的优点。在环境分析、药物分析和食品分析等诸多领域得到广泛应用。但该方法测定的物质范围比较窄，只适合于分配系数大于 100 的物质。

液相微萃取分为单滴微萃取、直接液相微萃取、中空纤维液相微萃取、顶空液相微萃取及连续流动液相微萃取等。使用时可根据不同的基质选取不同的萃取方式，能实现较高回收率和富集倍数。具体操作方法是在样品溶液中加入数十微升萃取剂和适量分散剂，轻轻振荡混合液使其形成水分散剂/萃取剂的乳浊液体系，再经过离心分层，用微量进样器取出萃取剂直接进样分析。但该方法的缺点是需使用毒性较大的卤代烃作萃取剂，萃取剂沉降于试管底部不易取出。所以，不适用于复杂基质样品。

7.1.6 固相微萃取

固相微萃取（SPME）技术是近年在固相萃取技术的基础上发展起来的一种样品分析预处理方法。1988 年提出，1992 年实现了商品化，至今已得到较大的发展和应用。它基于气固吸附和液固吸附平衡原理，利用待测物对活性固体表面有一定的吸附亲和力而达到分离富集的目的。它的选择性则是根据"相似相溶"原理，结合分析物的极性、沸点和分配系数，通过选用不同涂层材料的萃取纤维来实现的。它的操作方式有直接固相微萃取法和顶空固相微萃取法两种。它集制备、分离于一体，将以往传统的取样、萃取、浓缩及进样多步分析操作简化为一个简单过程，尤其是在操作过程中不需使用溶剂，既降低了消耗，又避免了污染环境。固相微萃取技术的主要优点是：不用或少用溶剂、操作简便、携带更方便、操作费用低廉，易于自动化和与其他技术在线联用。另外，克服了固相萃取回收率低、吸附剂孔道易堵塞的缺点。但目前所面临的问题是开发新型萃取头涂层材料、改善吸附性能、增加其对待测物的萃取量，使之不必使用质谱、氢火焰离子检测器等灵敏度高但价格昂贵的检测器，而在一般实验室 GC 的检测器上即可响应。固相微萃取在环境样品预处理，临床和法医样品分析，食品样品分析以及从土壤、水、含气、含水样品中有效萃取挥发性有机化合物、半挥发性有机化合物等方面应用广泛。随着其方法、理论、新联用装置和新涂层材料的发展和开发，该技术将有更为广阔的应用前景。

固相萃取作为化学分离和纯化的一个强有力工具，从痕量样品的前处理到工业规模的化学分离，吸附剂萃取在制药、精细化工、生物医学、食品分析、有机合成、环境和其他领域起着越来越重要的作用。SPME 与近年来新发展的样品前处理技术相比也具有独到之处，如超临界流体萃取装置价格昂贵，不适于水样分析；以溶剂脱附的固相萃取法回收率低；热脱附的固相萃取法需要专用的加热装置，且固体吸附剂的孔隙易被堵塞。SPME 最初与 GC 联用主要用于生物样品的分析。近些年来，SPME 研究成为一个热点，SPME 技术正在进一步的完善。SPME 发展与其他仪器，如傅里叶变换红外光谱（FTIR）、电感耦合等离子体质谱仪（ICP-MS）及拉曼光谱仪联用的情况也有报道。SPME 正朝着多样化、仪器化、标准化的方向发展。

7.1.7 微波萃取

微波萃取是利用微波的电磁辐射将目标物质从样品中快速萃取出来，使其进入溶剂中的萃取技术。微波萃取技术应用于有机污染物的分析和有机金属化合物的形态分析、食品分析的样品制备、植物天然成分的提取等方面。该技术具有试剂用量少、回收率高、对萃取物料具有较高的选择性、反应或萃取快、能耗低、安全无污染以及易于自动控制等优点。该方法特别适合于提取热敏性组分或天然物质中的有效成分，微波萃取的传热与传质方向一致，因而加热均匀，萃取效率高。目前其研究处于初期阶段，萃取机理还有待于进一步研究。

7.1.8 超声波萃取

超声波萃取利用超声波辐射压强产生的强烈空化效应、扰动效应和搅拌作用等多级效应增大物质分子运动频率和速度，增加溶剂穿透力，从而加速目标成分进入溶剂，促进分离提取的进行。超声波能产生并传递强大的能量。这种能量作用于液体时，膨胀过程会形成负压，如果超声波能量足够强，膨胀过程就会在液体中生成气泡或将液体撕裂成很小的空穴。

这些空穴瞬间即闭合，闭合时产生高达 3000MPa 的瞬间压力，称为空化作用。这样连续不断产生的高压就像一连串小爆炸不断地冲击物质颗粒表面，使物质颗粒表面及缝隙中的可溶性活性成分迅速溶出，同时在提取液中还可通过强烈空化，使细胞壁破裂而将细胞内溶物释放到周围的提取液体中。该方法具有适用范围广、常压萃取、操作方便、提取完全、萃取温度低、在整个浸提过程中无化学反应发生、工艺流程简单等优点。

7.1.9 预分散溶剂萃取

预分散溶剂萃取是在表面活性剂的作用下，先将萃取剂制成(亚)微米级直径、水包油结构的胶状液沫，再将一定倍数稀释后聚泡沫加入到待萃溶液中，胶状液沫中的油相与水相中的被萃取物通过水膜发生质量传递，萃取达到局部平衡后，通入另一种直径略大、与胶状液沫电性相反的胶状气沫。这时分散在水相中、负载有被萃物的胶状液沫依靠电性吸附在胶状气沫上，在上浮过程中达到萃取平衡并逸至液面，实现油水分离。预分散溶剂萃取技术自身的特点极其适合于生物产品的分离提取，目前国内外在这方面的研究还主要局限于实验室阶段。

7.1.10 凝胶萃取

凝胶萃取利用凝胶在溶剂中的溶胀特性和凝胶网络对大分子、微粒等的排斥作用来实现溶液浓缩分离目的。凝胶对所吸收的液体具有选择性，即只吸收小分子物质而对大分子物质不吸收。高分子凝胶是由分子聚合形成的三维网络结构与溶剂组成的，具有变形、膨胀、收缩特征。这种特征与聚合物结构、接触溶剂和小分子相关，也受外界条件的影响。正是基于它们受温度、酸度、电场、离子强度、分子官能团等因素影响而发生的溶胀和收缩，实现选择性萃取和化学分离功能。王世昌等研究了淀粉-聚丙烯酰胺接枝共聚物等三种凝胶吸水溶胀和在某一酸度条件下收缩释水的过程。利用凝胶这一酸敏效应可以构成萃取循环，以浓缩溶液中的蛋白质或其他大分子物质。依据凝胶在发生相变时外界条件的不同，凝胶萃取可以分为温敏型、酸敏型和电敏型。凝胶萃取分离技术具有设备简单、能耗低、所用的凝胶再生比较简单等特点。

7.1.11 离子液体萃取

离子液体亦称室温熔融盐，一般由有机阳离子和无机阴离子组成，在室温附近呈液体。离子液体与传统离子化合物相比最显著的特性是具有较低的熔点，在室温条件下就能够呈液态形式稳定存在，而传统离子化合物一般呈固态，且达到熔融状态的温度也非常高。其根本原因是组成离子液体的阴阳离子极度的不对称性且具有较大的空间位阻，阴阳离子间的静电力不足以使阴阳离子紧密地结合在一起，致使晶格破坏，导致离子间的相互作用力减弱，使得这类离子化合物熔点显著降低，在室温条件下就可以呈液态稳定存在。离子液体作为一种新型的溶剂，由于其具有一些独特和良好的物理化学性质，如蒸气压几乎为零、较高的电导率、电化学窗口宽、优异的萃取性能等特点，广泛应用于有机合成、萃取、电化学、生物化学等领域，具有代替传统易挥发、有毒有害有机溶剂的潜力。与超临界流体和双水相一起称为三大绿色溶剂，应用前景广阔。

离子液体中常见的阳离子有四大类：季铵盐离子、季鏻盐离子、咪唑盐离子和吡啶盐离子。阴离子主要可以分为两类：一类是金属卤化盐，此类阴离子主要合成第一代离子液体，但是合成的离子液体对水和空气都非常敏感，稳定性较差，故研究较少；另外一类是单核阴离子，如 Cl^-、BF_4^-、BF_6^-、$N(CF_3SO_2)_2^-$、$C(CF_3SO_2)_3^-$、$CF_3SO_3^-$ 等，此类阴离子主要合成第二、三代离子液体，其组成固定且对水和空气都是稳定的。

离子液体萃取在废水处理中应用前景广阔。如憎水型离子液体[bmim]PF_6作为萃取剂，萃取水中的乙酸、氯乙酸、三氯乙酸和芳香族有机物。它还可以萃取废水中的 Cu、Pb、Zn、Ag 等毒害作用较大的重金属离子，效果良好。虽然它不如一般有机萃取剂效果好，但从可持续发展和环保的角度来看，离子液体萃取值得人们关注。

将离子液体通过物理、化学负载、溶胶凝胶、膜负载等方法固定在高比表面的多孔高分子树脂和 SiO_2 等载体上，得到离子液体萃淋树脂。离子液体萃淋树脂一方面，具有离子液体的可设计性，通过阴阳离子的结构调控来改变其物理化学性质，使其能够选择性萃取金属离子，避免了传统萃淋树脂功能单一的不足；另一方面又兼具载体材料的特性，有利于降低成本、扩大界面、缩短扩散路径、促进传质，同时减少或消除离子液体的损失，提高利用效率。离子液体萃淋树脂的阴阳离子通过非共价键即氢键、范德华作用力、离子-离子相互作用以及离子-偶极相互作用等构建，稳定性高于传统萃淋树脂。这种阴阳离子相互作用能稳定金属离子与配体形成的配合物，提高萃淋树脂对金属离子的萃取能力。离子液体萃淋树脂作为高效的多功能分离材料并应用在稀土离子的提取和分离中，可以有效地解决传统萃淋树脂的不足，丰富稀土的回收与富集方法，对提高资源的综合利用和解决环境污染问题，发展新型绿色分离工艺具有重要的理论意义和潜在的应用价值。利用交联反应将离子液体(或离子液体萃取剂)均匀地负载到有机高分子材料或者无机多孔材料上，形成离子液体薄膜，萃取剂被束缚在薄膜里不易流失，而稀土离子可以穿过这层薄膜而被萃取剂所萃取。

7.1.12　膜基溶剂萃取

与膜分离中介绍的膜基吸收类似，膜基溶剂萃取法是近几年发展起来的一种新型分离技术。该过程是利用多孔膜将有机相和水相分开，有机相和水相在微孔的接触界面上进行传质。与常规的溶剂萃取法不同，它没有两相的分散和凝聚过程。因而，避免了溶剂萃取法中的诸如有机相夹带和乳化等缺点，以及对某些物理性质的特殊要求。这种操作过程是在膜组件内进行的，接触界面是固定不变的。因此，该过程又被称作固定界面溶剂萃取法。如果将萃取组件与反萃取组件同时进行操作，有机相在两个组件内循环，这样就类似于支撑体液膜。虽然膜相阻力有所增加，但是它可以避免支撑体液膜中由于液膜损失而使其功能下降的缺点。

目前膜技术已经有了很大发展，可以提供比表面很大的膜组件，这就为膜基溶剂萃取法的实际应用提供了有利条件。当前国内外已在金属回收和废水处理方面开展了研究，预计膜基溶剂萃取法具有一定的应用前景。在膜基溶剂萃取法的研究中，人们首先关心的两个主要问题是：膜相的阻力和两相的互相泄漏。对于不同的膜材料，控制两相的压力差可以避免互相泄漏的问题。

7.2　新型精馏技术

7.2.1　恒沸精馏

对于沸点相近体系和恒沸体系，最重要的分离方法是恒沸精馏法。向体系中加入第三种组分（也叫恒沸夹带剂），使之与原溶液中的一个或多个组分形成新的共沸体系。新形成的共沸体系中组分间的挥发度与原体系中各组分的挥发度差距都很大，而且新共沸体系的组成与原料液组成也不同，再采用普通精馏方法予以分离。最低共沸点的溶液、最高共沸点的溶液以及挥发度相近的物系都可以采用该方法进行分离，新形成的恒沸体系一般从塔顶蒸出。

在恒沸精馏中最重要的任务是夹带剂的选择，这是提高产品纯度及回收率、降低能耗的关键。恒沸精馏夹带剂的选取原则是：夹带剂必须与原溶液中某组分形成新的共沸体系，新共沸体系的共沸点比纯组分的沸点低或者高，一般两者沸点差在10℃以上。另外，还需要满足：

① 夹带剂在新形成的恒沸体系中的含量越少越好，以减少夹带剂回流量，降低汽化和回收时消耗的能量。

② 夹带剂应易于回收再利用。要求夹带剂与组分形成的混合物最好为非均相，有利于采用分层法分离，实现有效节能。

③ 夹带剂要求无毒性、无腐蚀性、来源容易以及价格低廉。

共沸精馏工艺一般分为两大类：均相共沸精馏与非均相共沸精馏。由于非均相共沸精馏对恒沸夹带剂的要求比较高，要求恒沸夹带剂必须与原溶液中某一个或两个组分形成非均相恒沸物，因此限制了可选择的夹带剂种类；均相共沸精馏夹带剂的要求相对较低，而且大部分的夹带剂从塔釜蒸出，消耗热量较少，而对于非均相共沸精馏，恒沸夹带剂大都从塔顶移出，消耗的汽化潜热较大。所以从节能的角度考虑，一般选择均相共沸蒸馏。

乙醇与水可以以任何比例互溶，也可形成恒沸物。因为乙醇是一种非常重要的溶剂，对乙醇-水的分离也一直是大家研究的热点，目前最常用的分离乙醇-水体系的方法是，选择正己烷或环己烷为带水剂，通过恒沸精馏去除乙醇中的水，得到高纯度的乙醇。乙醇-水的分离也是典型的共沸分离过程。这种分离方法的缺点是：乙醇-水分离选用苯作为夹带剂，由于苯是一种有毒的化学品，不利于环境发展，不符合绿色化学的宗旨。

7.2.2 反应精馏

7.2.2.1 反应精馏的特点

反应精馏技术是将化学反应和产物分离技术组合在一起的化工过程。反应精馏可以在一定程度上抑制副反应的发生，使反应朝着生成目标产物的方向移动，进而提高目标产物的选择性。产物被及时移出反应段，可进一步促进反应的进行，缩短反应所需时间，提高反应精馏塔的生产能力。反应精馏将两塔合一，集反应、精馏为一体，使投资费用减小、工艺流程得到简化。

反应精馏过程相对普通精馏而言比较复杂，该技术在实际应用中受到一些约束及限制，总结归纳如下：

① 反应与分离过程之间的温度及压力需相互匹配，两者间不宜相差太大。反应生成的产物及所剩反应物间的沸点应该有较大差异，保证分离有效进行。

② 催化精馏所需使用的催化剂与反应物以及产物之间不会发生相互作用或者互溶，且催化剂寿命不宜过短。反应所需的催化剂应该保证充分润湿，确保无反应催化剂毒物存在。

③ 产物在反应段的浓度需保持在相对较低的水平，而反应物浓度相对较高，这样可以促使反应进行，使产物有效分离。

④ 反应精馏不适合强吸热反应。

7.2.2.2 反应精馏的应用

由于反应精馏受到上述约束条件限制，该技术在工业生产实践中的应用也具有一定的局限性。反应精馏技术主要应用的反应类型包括可逆反应以及连串反应，其在工业化领域中主要涉及烷基化反应、加成反应、酯化反应等。如下是各类反应的具体应用情况：

① 加成反应：反应精馏在加成反应中的应用包括环氧乙烷与低级烷烃、烯烃水解制备醇以及环加成反应。以制备 1,3-二氧戊烷为例，环氧乙烷或者乙二醇与甲醛通过反应精馏工艺制备得到的产物比原工艺产物纯度更高，约为 99.18%。

② 酯化和水解反应：正丁基乙酸酯、乙二醇酯均可用反应精馏技术来生产。酯化反应受化学平衡约束，且体系中会存在多种共沸物，使传统工艺分离技术比较复杂。然而反应精馏技术解决了上述难题，工艺流程相对简单，反应物的转化率很高，产物纯度可高达 99.15%。在乙酸乙酯生产中，Eastman 公司通过 RD 工艺使产物纯度大于 99.52%，反应物转化率高达 99.84%。

③ 烷基化反应：在烷基化反应的工业化应用中，反应精馏技术克服了传统工艺能量消耗高、设备腐蚀严重、生产投资较大的缺点。例如苯、乙烯烷基化生产中，乙烯和苯的进料位置不同，前者通过催化剂床层底部进料，而后者由回流罐引入。采用上述进料操作可以避免反应段局部过热，而且反应产生的多种产物可以与苯继续反应，从而防止苯大量循环。

④ 醚化反应：反应精馏应用于醚化反应的第一个成功工业生产实例是制备甲基叔丁基醚，生产工艺中反应器无须冷却及外部循环。之后，该技术被成功地应用于乙基叔丁基醚等产品的工业生产中。

7.2.2.3 反应精馏模拟技术进展

反应精馏经过近 80 年的发展，诸多专家学者对该技术已经进行比较深入的研究，但随后的研究主要集中在工艺和实践方面。20 世纪 70 年代，开展了反应精馏数学模型的建立及模拟研究工作。之后的几十年中，反应精馏数学模型得到更好的完善、优化，由最初的平衡级模型扩展到了非平衡级模型。

计算机时代的到来带动了模拟技术的快速发展，一些实用的化工模拟软件逐渐被开发出来，例如 Aspen Plus、Hysys、Predicior 等。因此，近些年反应精馏模拟技术也取得了很大进步，利用模拟软件对反应精馏过程进行模拟及优化既方便又快捷。

7.2.3 分子精馏

分子精馏属于高真空下的单程连续蒸馏技术。在高真空操作压力下，蒸发面和冷凝面的间距小于或等于被分离物质蒸气分子平均自由程，由蒸发表面逸出的分子毫无阻碍地奔射并凝集在冷凝表面上。这样，利用不同物质分子平均自由程的不同使其在液体表面蒸发速率不同，从而达到分离目的。工业化分子蒸馏装置可分为三种：自由降膜式、旋转刮膜式、离心分离式。

7.2.3.1 自由降膜式

自由降膜式运行时，加热元件内腔通饱和蒸汽，被浓缩液进入筒体底部液室，由循环泵抽出打入筒体上部的分配器，经过分配器的多级分配，液体从分配器下部小管均匀地降落在加热元件两侧外表面上，形成薄膜。由于液体对板面的亲润力和自身的重力作用，薄膜贴附在板片表面上，沿其波浪形表面自由降落。同时，液体从蒸汽的冷凝过程中吸收热量使其气化，二次蒸汽连续从自由流动的液膜中自由流出，汇集上升，穿过筒体上部的格栅进入除沫器，由筒体顶部的二次蒸汽管排出作为下一效的热源，被浓缩的液膜脱离板片，降落在筒体底部的液室，从底部液室或从循环泵出口处抽出。

7.2.3.2 旋转刮膜式

旋转刮膜式分子蒸发器内设置了刮膜装置，待分离物料进入蒸发器，经过分布器后，被刮板刮成均匀的薄液膜并使液膜不断更新，涂敷在加热管板上，物料中轻组分物质被加热后从物料中蒸出，轻组分通过刮板中间的空间向上移动进入出口冷凝器中或直接与中间的冷凝器接触冷凝，冷凝液进入轻组分收集罐中。沿壁下流的重组分最后被收集到重组分罐内贮存。气相出口通过真空抽吸，保证系统内压力。

7.2.3.3 离心分离式

离心式分子蒸发器运行时，待分离物料从顶部通过阀门控制进入到分离室，流入高速旋转的转盘上，转盘通过蒸汽进行加热。在高速旋转的离心力作用下，物料逐渐扩散形成均匀的薄膜，物料在旋转盘上经过加热，轻组分飞逸到冷凝器表面冷凝后沿壁流入轻组分收集罐中，重组分沿旋转盘流入重组分收集槽后通过管线流入重组分收集罐内贮存。未被冷凝的其余轻组分被真空机组抽吸排出。

7.2.3.4 分子精馏技术对比

自由降膜式精馏装置靠重力及自身载度成膜，与间歇蒸馏相比，降低了混合液表面厚度，而且可以连续化操作。但液膜仍然较厚，且不均匀，会产生局部过热点，造成某些物质的聚合或裂解。另外，受正气流阻力影响，真空度只能在 2kPa 以上。旋转刮膜式精馏装置克服了自由降膜式液膜厚度的缺点，待分离物料成薄膜状。显然，蒸汽从液相中逸出的速度加快，易挥发组分通常与混合物料逆向流动，离开蒸发器后进入外部冷凝器中。这种蒸发器可使物料在很短时间内被分离，操作压力可达 0.1kPa。也有为缩短气化分子到达冷凝器的路程，设计成内冷式成膜蒸馏装置。但此类装置在设计上还存在一定的难题，例如刮板，如果选择不当将导致刮板与筒壁发生刮擦，导致局部过热，造成精馏液中出现杂质。

离心分离式精馏装置，由于锥形加热面高速旋转产生很大的离心力，物料迅速从锥体的小端流向外侧，整个加热蒸发的过程仅需 1~2s。而且离心式分离装置可以不同的转速来控制物料在加热面上的停留时间，使物料达到需要的浓度。其次可调节出料收集管的位置高度，也能起到稳定浓度的作用。但离心式薄膜蒸发器也有局限性，如果在蒸发温度下物料的黏度超出 200mPa·s，不宜采用离心式薄膜蒸发器。

分子蒸馏技术作为新兴的分离提纯技术，是高真空条件下对高沸点、热敏性物料分离的有效方法，其特点是操作温度低、真空度高、受热时间短、分离程度及产品收率高。其操作温度远低于物质常压下的沸点温度，且物料被加热时间非常短，不会对物质本身造成破坏，在进行精馏装置的选择时需要综合考虑。

对于热敏性要求一般、投入成本低的可以考虑用自由降膜式精馏装置；若黏度大、热敏反应强，可以考虑用旋转刮膜式精馏装置；若黏度小、要求操作弹性大，可以考虑用离心分离式精馏装置。

7.3 泡沫分离技术

7.3.1 原理及方式

泡沫分离技术由两个基本过程组成：首先，需脱除的溶质吸附到气液界面上，然后对被泡沫所吸附的物质进行收集和脱除。因此它的主要设备有泡沫塔和破沫器。泡沫塔为柱形塔体，其结构与精馏塔相类似。泡沫分离过程的操作是多种多样的，主要可采用间歇式、连续式和多级逆流式三种方式。

气体从泡沫塔底部的气体分布器中鼓泡而上，与溶液鼓泡层中的主体溶液逆流接触。在表面活性剂的作用下，鼓泡而形成的泡沫聚集在鼓泡层上方空间，形成泡沫层。塔顶引出的泡沫层经消泡后，凝集成的液体称为泡沫液。它富集了需脱除或回收的组分。塔底排出的液体一般称之为残液。

评价泡沫分离程度的指标有：分配因子、脱除率、增浓比和体积比。

① 分配因子（Γ/x）：吸附溶质在气泡表面的浓度与其在主体溶液中的平衡浓度之比，表示泡沫分离中可能达到的最大分离程度。

② 脱除率：原料液中金属离子(或其他组分)的浓度除以它在残液中的浓度，表示残液的脱除程度。

③ 增浓比：泡沫液中被吸附物质的浓度除以主体溶液的浓度，表示增浓程度。

④ 体积比：原料液的体积除以泡沫液的体积，在泡沫分离中，一般希望塔顶排出泡沫的体积尽可能小，这样，增浓比就大，主体溶液的夹带量就少。

（1）间歇式泡沫分离过程

图 7-8（a）为间歇式泡沫分离塔示意图。一次性将料液和需加入的表面活性剂置于塔下部，然后在塔底连续鼓进空气，泡沫上升至塔顶并连续排出。由于泡沫形成使原料液中的表面活性剂不断减少，可在塔釜间歇补充适当的表面活性剂以弥补分离过程中表面活性剂的减少。间歇式操作既适用于溶液的净化，也适用于有价值组分的回收。

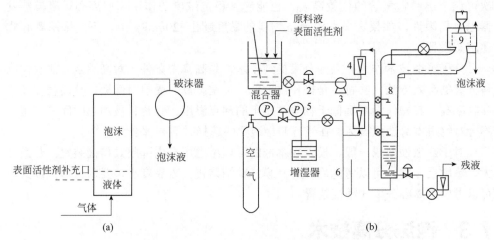

图 7-8　间歇式泡沫分离塔（a）和连续式泡沫分离过程（b）

1—阀；2—调节器；3—泵；4—流量计；5—压力表；6—水银压差计；
7—鼓泡器；8—泡沫塔；9—破沫器

（2）连续式泡沫分离过程

图 7-8（b）示出了连续式泡沫分离过程。在连续式泡沫分离过程中，料液和表面活性剂被连续加入塔内，泡沫液和残液则被连续地从塔内抽出。当料液引入塔的位置不同时，可以得到不同的分离效果。图 7-9（a）是将含有表面活性剂的料液连续地加入塔中的液体部分（鼓泡区）。这样可以提高塔顶泡沫液的浓度，就像精馏塔中的精馏段。若在塔顶设置回流，将凝集的泡沫液部分引回泡沫塔顶，可以提高塔顶产品泡沫液的浓度，但会影响残液的脱除率。图 7-9（b）是将料液从泡沫塔顶加入，相当于一提馏塔，使用这种流程可以得到很高的残液脱除率。图 7-9（c）是将料液和部分表面活性剂由泡沫段中部加入，塔顶又采用部分回流，相当于全馏塔。

在全馏塔和提馏塔中，为了提高分离效果，可将部分表面活性剂直接加到料液中，其他表面活性剂则由塔底部加入鼓泡区。这样可以得到较高的溶质脱除率，并有利于改进操作，但是被残液所带出的表面活性剂也随之增多。为了弥补这一缺点，

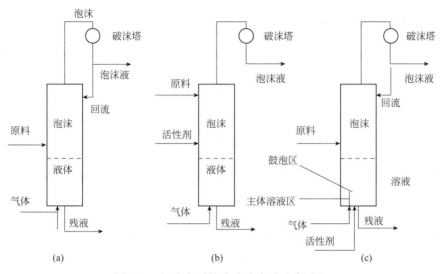

图 7-9　各种类型的连续式泡沫分离过程

可用环形隔板将鼓泡室分隔成两部分。如图 7-9（c）所示，中心为鼓泡区，表面活性剂和气体从该区引入，并形成气泡，外面的环状部分为"主体"溶液区，残液从该区引出。这样既可得到较高的脱除率，又不至于表面活性剂过多地随残液带出而造成损失。如果再在进料口上面设一直径放大的头部，可以增加泡沫停留时间，提高体积比。经过上述两项改进后，脱除率可高达 500~600，体积比可高达 100 倍。

（3）多级逆流泡沫分离过程

泡沫分离和其他分离过程一样，也可以把一组单级设备串联起来操作以便尽可能地除去溶质并提高残液脱除率。或者使用一个多级逆流塔，如筛板塔。如果分离的目的是提高塔顶溶质的增浓比，则只要把流程稍加改变即可。如果分离的目的在于用适当的表面活性剂以形成配合物的形式来脱除非表面活性物质，则所得到的泡沫液(配合物)可以通过化学反应使需脱除的非表面活性组分形成不溶化合物，来达到破沫的目的。这种不溶化合物可以通过过滤从溶液中除去，再生的表面活性剂则循环使用。

（4）泡沫分离与精馏过程的比较

泡沫分离过程的操作流程与精馏过程非常相似：精馏中的液相相当于泡沫分离中产生泡沫的液相主体；精馏中的气相相当于泡沫分离中的泡沫；精馏过程中的雾沫夹带相当于泡沫层中所夹带的主体溶液；精馏中单位时间所消耗的热量相当于泡沫分离中单位时间所产生的气液相界面。

从上述类比可知，虽然泡沫分离与精馏从原理上看两者截然不同，但是从操作过程和设备来看，两者却非常类同。因此，泡沫分离过程的设计也可以利用这些相似性，用精馏的观点来进行的。

7.3.2 影响泡沫分离的因素

影响泡沫分离效率的因素很多，各种影响因素又可以分为基本因素(如表面活性剂、辅助试剂的性质、浓度、溶液 pH 值、黏度、温度等)及操作变数(如气体流速、料液流速、回流比、泡沫层高度、密度、泡的大小以及设备的设计等)。

（1）表面活性剂及辅助试剂的作用

对于非表面活性溶质，例如金属离子的分离，就必须加入某种试剂，这些试剂有时又叫捕集剂，它们必须是表面活性剂，或者能与金属离子形成具有表面活性的配合物，必须对需要脱除的金属离子有一定程度的优先吸附性，必须能形成具有一定稳定性的泡沫。

溶液中的金属离子被泡沫富集，存在着两种可能的机理：一种是形成具有表面活性剂特征的配合物、螯合物或者其他化合物；另一种是被具有负电荷的表面活性剂的静电引力吸引到泡沫表面上。在含大量钠和其他干扰离子情况下，金属离子的分离往往以第一种方法比较有效。至于捕集剂的使用量并非越多越有效，因为过剩的捕集剂会与已形成的捕集剂-被脱除组分的配合物争夺有效气液界面而使分离效果下降。而且多余的捕集剂还可能在主体溶液中形成"胶束"，这些胶束也会吸附一定量的被脱离组分，从而使分离效果下降。

在泡沫分离技术中还经常使用各种辅助试剂来提高分离效率。这些辅助试剂的使用，有的是起凝絮作用，有的对捕集剂起活化作用。在泡沫分离中使用最普遍的凝絮剂是铝、三价铁盐和有机高分子电解质。例如从废水中脱除磷酸盐和悬浮的固体粒子时，就常使用这类凝絮剂来提高分离效率。

（2）溶液 pH 值的影响

溶液的 pH 值将决定各种无机粒子上电荷的符号和大小，因此使用泡沫分离脱除粒子的程度将受溶液 pH 值的控制。例如，要把矿物粒子与其他组分很好地分开，可以通过控制溶液 pH 值使金属离子在泡沫分离中和捕集剂以离子对的形式相吸，或者以弱的配位键相吸。像铝（Ⅲ）、铅（Ⅱ）、锌（Ⅱ）之类具有水解能力的金属以及过渡金属，泡沫分离的机理在很大程度上取决于介质的 pH 值。当把这些金属盐加到水中时，它们将形成氢氧化物，而其进行程度则主要取决于溶液的 pH 值。例如，铅盐在水中将会发生一系列的水解反应，在低 pH 值下用十二烷基磺酸钠之类的阴离子表面活性剂应该可以使铅得到最大程度的脱除。但是实验结果却表明：在 pH 值为 1.5 时，铅的脱除速度很慢，这一方面是由于 H^+ 的竞争，另一方面是在该 pH 值范围内铅-十二烷基磺酸配合物是不稳定的。如果在 pH 值为 8.2 下进行脱除，则可得到最大脱除率。因为从捕集剂对金属离子的化学计量看，$PbOH^+$ 显然比 Pb^{2+} 更有利。pH 在 8.2 以上时，铅脱除率又下降，因为此时形成铅的氢氧化物。

对于某些金属离子，溶液的初始 pH 值取决于所用的方法是泡沫分离还是离子浮选。例如，用阴离子表面活性剂十二烷基磺酸钠脱除锌离子时，最好 pH 值低于 8，因为在这种条件下，锌主要以 Zn^{2+} 和 $Zn(OH)^+$ 的形式存在，因此可以使用阴离子表面活性剂通过泡沫分离来脱除。

（3）溶液的温度

温度会严重影响泡沫的稳定性，而且还可以利用不同组分的稳定性差异来分离它们。Kumpabooth 对用泡沫分馏从水溶液中回收表面活性剂时温度的影响进行了研究。所用表面活性剂为十二烷基磺酸钠（SDS）、十六烷基氯化吡啶（CPC）及正十六烷基二苯醚二磺酸钠（DADS），结论是随着温度升高，三种表面活性剂在塔顶的增浓比都提高，而表面活性剂的回收率随温度升高，CPC 和 DADS 基本不变，SDS 稍有下降。因此他认为，当以浓缩泡沫为塔顶产品时，提高温度一般是有利的。

另一方面，在矿物的泡沫浮选中，如果捕集剂在矿物表面的结合是物理吸附所致，则随着温度上升，表面吸附减弱，因此浮选作用也减弱。如果表面活性剂与矿物粒子间是由于化学力而产生吸附，则结果就可能相反。当以十二烷基吡啶的氧化物对六氰化铁进行泡沫浮选时，温度从 5℃ 上升到 30℃，浮选的效率就下降为原来的 1/2。这是因为该吸附是一放热过程，因此体系温度上升，会导致表面活性剂在泡沫上吸附量的减少，而使浮选效果下降，但是也有许多情况下温度对离子浮选及泡沫分馏的影响似乎不大。

（4）气流速度的影响

在一般情况下，气体流速对溶解物质的脱除率有很大影响。溶解物质的脱除，涉及它们在气液相之间的分布。随着气体流速的增加，相界面也随之增加，单位时间内的脱除量也增加，但是低气速一般对分离和提高增浓比是有利的，不过这有个前提，即气速必须足以保持良好分离所需的泡沫层高度，最佳气流速度取决于表面活性剂的浓度和泡沫的性质。

（5）泡沫排出的影响

当进行泡沫分离时，塔顶产物必须浓缩到体积尽可能小。一般让所形成的泡沫向上通过一段直径扩大的塔段后排出，或者让泡沫区的泡沫通过水平排沫段后排出。水平排沫段与垂直排沫段相比有两个很大的优点：第一是使气体在垂直方向上的速度减为零，通过这段距离的目的是让夹带的液体尽量排出；第二是这样进行的排液情况可以用实验室的静态泡沫法来预测。

（6）其他物理变量的影响

气泡大小分布、搅拌、泡沫高度等对物料的分离影响不大。但也有文章报道，泡沫高度对蛋白质的分离会产生很大影响。而且在泡-液界面上，这种影响非常显著。当泡沫高度从 3cm 变到 17cm 时，就会使泡沫液性质产生激烈变化。当泡沫层高度为 3cm 时，以泡沫形式被带出的溶液体积为 24mL/min。当泡沫层高度为 17cm 时，被带出溶液的体积为 10mL/min。此外，泡沫高度增加会使分离过程的效率稍有下降。在较好的逆流操作条件下，塔高度的变化对传质单元高度只有很小的影响。与此同时，溶液的离子强度对泡沫分离也有影响。

7.4 分子识别与印迹分离

一个分子或分子片段特异性地识别另一个分子或分子片段，并通过非共价键相互结合形成复合物或超分子的过程，被称为分子识别。分子识别是两个分子之间以非共价键作用并特异选择性地结合在一起的现象，其中选择性是分子识别的重要特征，是超分子化学的主要内容。

人们经常利用一些天然化合物如环糊精，或合成化合物如冠醚和杯芳烃等模拟生物体系来进行分子识别的研究。分子识别的发展可从三个角度来描述。首先是生物学的"钥匙-锁"理论、"诱导契合"理论和"两态变构"理论；其次是化学的主客体化学和超分子化学理论，对弱相互作用的分子识别具有决定性作用；最后是数学物理的场效应、拓扑变形理论。

分子印迹技术就是在分子识别的基础上发展起来的，是以特定的分子为模板，制备对特定分子具有特殊识别功能和高选择性结合能力的印迹分子材料，用于同分异构体、旋光异构体的拆分、分离与纯化，已成为当今开发的热点技术。

7.4.1 分子识别特征

互补性及预组织是决定分子识别过程的两个关键原则。前者决定识别过程的选择性，后者决定识别过程的键合能力。底物与受体的互补性包括空间结构及空间电学特性的互补性。空间结构互补性最早由 Fisher 的"锁钥关系"所描述，在底物与受体相互结合时，受体将采取一个能同底物达到最佳结合的构象。这个过程也被称为识别过程的构象重组织。如图 7-10 所示，冠醚化合物 **1**，穴醚化合物 **3**，在配合前既不具有一定的空腔，也没有合适的键合位置。但在同 K^+ 配位时，需进行重组织，使构象发生变化。在形成的配合物 **2** 及 **4** 中，它们都形成与 K^+ 形成互补的空穴及键合位置并去掉了溶剂。电学特性互补则包括满足氢键的形成、静电相互作用（如盐桥的形成）、堆积相互作用和疏水相互作用等。这要求受体及底物的键合位点及电荷分布能很好地匹配。

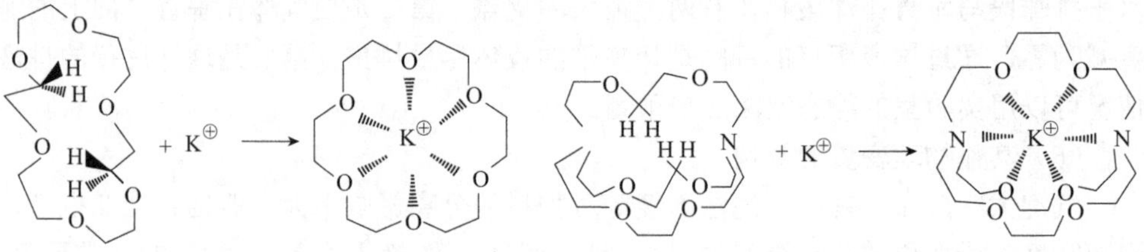

图 7-10　分子识别前后构象变化

分子识别的预组织原则主要决定识别过程中的键合能力。预组织原则是指受体与底物分子在识别之前将受体中容纳底物的环境组织得越好，其溶剂化能力越低，则它们的识别效果越好，形成的配合物就越稳定。

7.4.2　分子识别体系

（1）生物体的分子识别体系

生物体的分子识别体系指生物体内直接获得的具有分子识别功能的敏感材料，它主要包括酶和底物、受体与配体、抗原与抗体、DNA 与互补 DNA 等。生物体的分子识别系统具有其独特的优点。这主要表现在：①具有极强的分子识别能力，这是自然界千万年进化所产生的，远非人工分子识别系统所能比的；②分子识别功能主要在分子水平和纳米尺度范围得以体现，并具有催化、信息传递、遗传信息控制等多种功能。

（2）合成分子识别体系

随着生物有机化学的发展，人们基于超分子化学原理，通过设计和人工合成有机小分子来构建分子识别体系。人工分子识别体系的最大优点在于它是设计出来的，是能（至少是理论上）满足设计者复杂要求的分子识别体系。

（3）化学修饰分子识别体系

化学修饰分子识别是指利用现存的材料进行化学修饰，以实现分子识别功能的系统。它还包括对高分子材料的修饰，尤其是对生物分子识别系统的修饰。例如：对酶的修饰是利用酶作为化学修饰分子识别体系，具有材料相对易得、本身具有较强的特异性分子识别能力等优点，通过对酶的修饰，尤其是在非活性位置上修饰一些基团，不仅能保持原有的分子识别能力，还能增强酶的催化性能。随着基因工程和蛋白质工程的发展，生物分子识别系统将更为完善。但它与人们期望的分子识别系统仍会有一定的距离。化学修饰分子识别系统将会变得愈来愈重要，是一种有潜力的发展途径。

（4）分子印迹及印迹分子的制备

以印迹分子作模板，将带有特殊官能团的单体与大量的基质单体进行模板聚合反应。在聚合过程中，由于印迹分子的存在，单体分子本身所带的官能团会根据与印迹分子相互作用的需要，调整并形成特定的空间构象，得到目标聚合物。聚合结束后通过洗脱等方法除去聚合物上结合的印迹分子，聚合物主体上就形成了与印迹分子空间匹配具有多重作用位点的空穴。如图 7-11 所示，这种印迹聚合物对印迹分子及其他与印迹分子结构相似的客体分子具有较高的特异性结合能力，类似于酶-底物的"钥匙-锁"相互作用。

酶、受体和抗体的分子识别在生物活性方面发挥着重要作用，这种高度择性来源于与底物相匹配的空穴的存在。为获得这样的空穴，人们应用小分子环状或桶状化合物如冠醚、环糊精、杯芳烃等来模拟生物体系。应用分子印迹同样可以在聚合物中制造相似的空穴。如果以一种分子充当模板，其周围用聚合物交联，当模板分子除去后，聚合物就留下了与此分子相匹配的空穴。如果构建合适，这种分子印迹聚合物就像锁一样对此钥匙具有选择性。

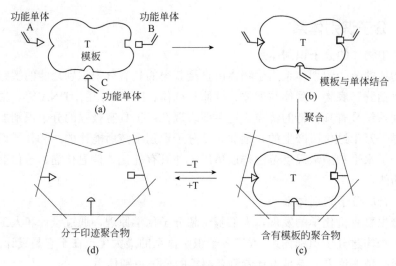

图 7-11 分子印迹和识别原理

印迹高聚物的形成需要基质单体、官能团单体和印迹分子三者的相互作用，其制备方法主要有两种：由 Wulff 等人创立和发展起来的共价键法(预组装法)和由 Mosbach 等人发展起来的非共价键法（自组织法）（图 7-12）。另外还有用金属配合物、离子作为印迹分子的配位键、离子键法和以分子聚集体作为印迹分子束的胶束或反向胶束法等。此处仅对共价键法和非共价键法作简单的介绍。

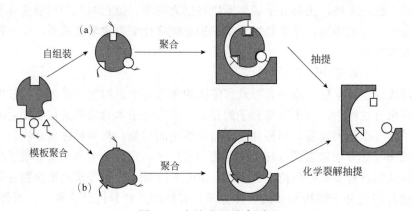

图 7-12 印迹分子分离原理

（a）非共价键法；（b）共价键法

① 共价键法。印迹分子与官能团单体以共价键形式结合而形成印迹分子的衍生物，该衍生物在交联剂的存在下接枝到聚合物的基质上。在印迹聚合物形成后，再将与印迹分子连接的这些共价键打断，并将印迹分子洗脱出来，从而形成具有吸附活性的印迹聚合物。在共价键法中，所采用的单体通常为低分子量化合物，在选择时应考虑该单体与印迹分子形成的共价键键能要适当,达到在聚合时能牢固结合，

聚合后又能完全脱除的目的，另外还要考虑该单体与客体印迹分子有良好的相互作用。利用共价键作用进行印迹时，单体与模板形成的混合物是稳定和可以计量的，因而分子印迹过程以及聚合物中客体结合位点的结构相对来说是比较清晰的。同时，由于共价键是很稳定的，所以高温、酸性、碱性、高浓度极性溶剂的聚合反应条件均可进行。

② 非共价键法。把适当比例的印迹分子与官能团单体和交联剂混合，通过非共价键结合在一起制成非共价键印迹化合物。这些非共价键包括离子键、氢键、疏水与静电作用等。由于这种方法与溶剂的极性密切相关，所以印迹高聚物的形成是在有机溶剂中完成的。在溶液中官能团单体与印迹分子的比例至少为 4 : 1，以便尽可能多的非共价作用形成。这些与印迹分子相配位的官能团单体在溶液中与交联剂达到快速平衡，形成印迹聚合物将印迹分子包围，产生与印迹分子在形状、功能上互补的识别位点。在聚合物形成后再将印迹分子洗脱掉，所得印迹螯合物就具有吸附活性。

非共价键结合中最重要的是静电作用。可是，只有静电作用会导致较低的选择性，因此需要有另一种作用存在。显然，一种可聚合的酸和碱同时能通过静电结合与模板发生作用，这时模板羟基必须比二甲基丙烯酸高才能使它优先与所加的碱发生作用，非共价键结合的另一种类型是氢键结合。例如，甲基丙烯酸的羟基和酰胺中的氧原子之间可出现氢键。在这种条件下可以得到选择很高的模板穴，其拆分外消旋体的 α 值可达到 3～8。但是，如果在模板印迹和后续的分离中只有氢键一种作用，其拆分外消旋体的 α 值只有 1.1～2.5。

利用非共价键作用进行印迹时，低温有利于聚合反应的进行，因为这种条件下对缔合平衡有利。

除了以上两种方法外，Whitecombe 等人综合了共价和非共价分子印迹技术的优点创建了一种新的分子印迹技术。模板分子同聚合物单体以共价键作用，洗脱时发生水解反应，失去一个 CO_2 分子，得到分子印迹聚合物。这种聚合物在以后的分离应用过程中则是以非共价键的方式同模板分子再结合。因而，既具有共价分子印迹聚合物亲和专一性强的优点，又具有非共价分子印迹聚合物操作条件温和的优点。近来，Vulfson 等人又发展了一种被称为"牺牲空间法"的分子印迹技术。该法实际上也是把自组装和预组织两种方法结合起来形成的综合方法，其制备过程如图 7-13 所示。

首先，模板分子胆固醇与功能单体 4-乙烯吡啶以共价键的形式形成模板分子的衍生物（单体-模板分子复合物），这一步相当于分子预组织过程。然后交联聚合，使功能基固定在聚合物链上，除去模板分子后，功能基留在空穴中。当模板分子重新进入空穴中时，模板分子与功能单体上的功能基不是以共价键结合，而是以非共价键结合，如同分子自组装。

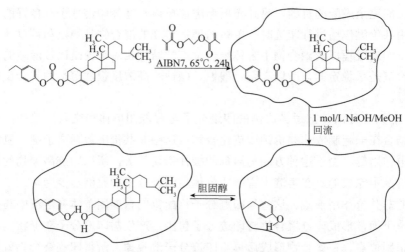

图 7-13　牺牲空间法示意图

7.4.3　分子识别的热力学基础以及印迹分离选择性

分子识别的发展可从三个角度来描述。首先是生物学的"钥匙-锁"理论、"诱导契合"理论和"两态变构"（two-state）理论；其次是化学的主客化学和超分子化学理论，对弱相互作用的分子识别具有决定性作用；最后是数学物理的场效应、拓扑变形理论。通过三方面的互相借鉴、融合形成了统一的理论体系。

（1）分子识别的热力学分析

分子识别过程的能量变化可用 Gibbs 自由能来定量表述。可从结合熵变、键结合自由能与键自由能的加和、空间效应与诱导匹配三个方面考虑。

① 结合熵变：分子识别的结果是受体与配体结合形成一个复合物，伴随过程的自由度减少造成熵减。分子识别过程的结合熵变大小可通过 Scaku-Tetrode 方程来估算。

② 键结合自由能与键自由能的加和：分子识别中受体与配体的非共价键结合所产生的自由能为负的，可用以补偿结合熵变以及诱导配合所产生的正自由能，使整个过程能自发进行（$\Delta G_0 < 0$）。

③ 空间效应与诱导匹配：分子识别过程的空间互补性通过诱导匹配而得以实现。诱导匹配表示在两个相互作用的片段中的机构调整，其结果是其中一个片段构象发生变化，它相应于构象熵的减少，不利于分子识别。在分子识别过程中，诱导匹配的自由能贡献是正值，将分子识别转化为特定的效应，如调控酶活性、调控基因的表达、离子通道的启闭、反应官能团的暴露等。在分子识别过程中，往往不只有一两种键合作用存在，需要全面考虑分子识别中的键合。

作为一种合成分子识别体系的分子印迹技术，其机理研究目前仍处于定性和半定量的水平。有关分子印迹热力学和动力学的研究报道仍然很少，其理论研究还在完善之中。

（2）分子印迹聚合物的选择性及其影响因素

一般认为分子印迹聚合物对模板分子的识别主要由三个方面的因素决定：

① 分子印迹聚合物中功能单体上功能基与模板分子上功能基的选择性反应(印迹反应)。印迹反应有可逆性共价键的反应和形成非共价键（包括氢键、离子键、金属配位键、π-π 作用力、疏水作用力和范德华作用力）的反应。主要的影响因素包括功能基的抑制剂、功能基空间取向的改变、静电斥力和空间位阻效应以及溶剂的影响。

② 分子印迹聚合物空穴的空间结构与模板分子的构型、构象的完美匹配。印迹聚合物空穴的空间结构与功能基团在空穴中的正确排列对分子识别起重要的作用。空穴的结构与模板分子的构型、构象的完美匹配有利于印迹聚合物功能基与模板分子功能基的充分靠近并进行专一性结合。聚合物空穴的结构和形状并不是完全刚性的。实际上在溶剂中，不论是通过分子自组装还是通过分子预组织方法制备的分子印迹聚合物都存在溶胀现象。这使得印迹聚合物空穴的大小和形状都发生改变，从而使选择性和亲和力发生不同程度的改变，所以聚合和洗脱应在同一溶剂中进行。

底物分子与印迹聚合物的相互作用会引起聚合物表面电荷和聚合物构象的改变，从而提出了"阀门效应"假说。底物分子的特异性吸附会引起分子印迹膜的渗透性和电导率的变化，这类似于醇的"诱导-契合"理论。

③ 印迹聚合物对底物分子的识别过程。不论是印迹聚合物被用于催化还是被用于分离或其他目的，被选择底物能否正确进入聚合物空穴都是很重要的。

对于同一个聚合物来说，不同空穴的选择能力是不同的，它们对聚合物选择性的贡献也是不同的。这是由聚合物中空穴及功能基与底物的匹配程度不同所造成的。尽管印迹聚合物对原模板分子的专一性结合占绝对优势，但由于功能单体在聚合过程中，有相当一部分没有与模板分子结合的功能基存在于聚合物表面，这些功能基可以和其他分子结合（一般称这类结合为非特异性结合），聚合物空穴中的功能基也可以进行这种非特异性结合。

7.4.4 分子印迹分离技术

分子印迹技术所用的聚合物必须具有特定的物理及化学性质，并对一些物理化学作用具有一定抵抗能力。与常规和传统的分离介质相比，分子印迹聚合物的突出特点是对被分离物具有高度的选择性。同时分子印迹聚合物具有良好的物理化学稳定性，能够耐受高温、高压、酸碱、有机溶剂等，容易保存，制备简单，易于实现工业化生产。亲和分离是分子印迹聚合物最主要的用途。分子印迹聚合物可用来制备亲和色谱分离的固定相，以建立高效液相色谱、固相萃取或毛细管电泳分析法，用于手性物质的分离，也可以用于膜分离过程。

（1）印迹色谱分离

分子印迹聚合物应用最广泛的领域是作为高效液相色谱的固定相，此项技术现已用于分离多肽、蛋白质、核糖核蛋白及各种糖类分子。色谱直接手性分离是近年来分析科学最引人注目的疑难领域之一，它的研究方兴未艾。在天然和合成的药物中有许多手性化合物，其对映体的药理活性和毒性往往有很大差异，有时甚至性质相反，因此手性药物的分离测定，对研究手性药物的体内药动力学过程和参数，确定药理和毒理作用机理以及手性药物质量控制等都具有重要意义。分子印迹聚合物已广泛应用于临床药物的手性分离和分析。

将印迹聚合物装入不锈钢柱中作为高效液相色谱的固定相，能选择性地提高与目标分子的结合，并能延长保留时间。所以通过分析它们的色谱行为能确定客体的结合强度和选择性。此实验过程简单，容易获得大量的、高精确度的数据。成功的分子印迹聚合物只能显著提高对目标客体的 α 值，而对别的化合物的 α 值几乎不变。

（2）印迹萃取分离

固相萃取可用于医药、食品和环境分析试样的制备。通常，试样的制备采用溶剂萃取，由于分子印迹的出现，可以用固相萃取代替溶剂萃取，并且可利用分子印迹聚合物选择性富集目标分析物。由于印迹聚合物既可在有机溶剂中使用，又可在水溶液中使用，故与其他萃取过程相比，具有独特的优点。自从 Sellergren 首次报道了将分子印迹聚合物用于固相萃取后，这方面的报道便相继出现，主要化合物有苯达松、尼古丁、2-氨基吡啶吲哚-3-乙醇、三嗪类、西玛津、特丁津等。另外，由于分子印迹聚合物的良好特性，它在极端环境（有机溶剂、有毒、强酸、强碱、高温、高压等）的分离过程中显现出不可比拟的优势。

（3）印迹膜分离

基于分子印迹技术制备的分离膜不仅具有处理量大、容易放大等特点，而且对目标分子具有很高的吸附选择性。将分子印迹聚合物应用于膜分离的物质有氨基酸及其衍生物、肽、除草剂等。例如：采用醋酸纤维和磺化聚砜的混合物为功能单体，罗丹明 B 为模板分子，聚乙二醇为致孔剂，二甲基亚砜为溶剂，采用相转化法制备了对罗丹明 B 具有选择性的分子印迹聚合物。

7.5　基于多种分离方法耦合与集成的新型分离技术

将两种或两种以上的单元操作通过优化组合来实现常规工艺难以适应的分离过程具有十分重要的意义，这类过程被称为耦合或集成过程。这里所述的耦合过程是指反应与分离两者相结合，并具有相互影响的过程，典型的代表为各类膜式反应器；而集成过程是指将两个不同的分离单元操作或反应与某一分离单元操作组合在一起的过程，在不同的分离单元中完成各自的功能，二者之间可以发生物料循环。具有代表性的如精馏与渗透汽化集成过程。

7.5.1　反应-分离的耦合与集成过程

膜反应器是反应-分离耦合与集成的典型代表，具有反应-分离一体化的功能，包括催化膜反应器、渗透汽化膜反应器、膜生物反应器等三种。与普通反应器相比，膜反应器特色非常明显，可以在反应产物生成的同时不断地将其移走，使转化率不受反应平衡的限制，提高反应速度；对于以中间反应物为目标产物的连串反应，及时将目标产物分离，可提高选择性，缩短生产工艺路线，实现降低能耗与合理利用资源。

7.5.1.1 膜催化反应器

膜催化反应器是将反应与膜分离过程相结合，不仅具有分离功能，而且还提高了反应的选择性或产品的收率，因此受到了广泛的关注，特别是在催化反应的应用领域，对膜催化反应器的研究也越来越多。

通过将催化反应与膜分离结合在一起并根据膜本身是否参与反应而将膜分为惰性膜和催化膜。惰性膜所用的膜本身不参与化学反应，只是将部分产品从反应过程中移出，达到分离的目的；催化膜本身载有催化剂，参与化学反应，膜起催化与分离的双重作用。催化膜又可分为催化活性组分分散于膜外部的游离式和催化活性组分固定于膜内的固定式两种。

在惰性膜反应-分离过程中，反应和分离分别在两个单元内完成。反应物首先在反应器内反应，随后进入膜分离器被分离出产物，剩余的反应物则循环返回到反应器进一步反应；在催化膜反应器内，反应与分离过程同时进行，反应物进入催化膜反应器后开始反应，生成物中的某些产物则透过膜而由载气带走。与惰性膜反应-分离过程相比，催化膜反应器结构紧凑、过程简单，设备投资与操作费用均低于前者，特别是对于一些产物有抑制作用的可逆反应，其优越性是十分明显的。膜催化反应器通常是一些耐高温的有机膜反应器，在石化领域中的加氢、脱氢、氧化以及一些热分解等反应中具有潜在的应用前景。

催化膜反应-分离过程的主要特色有两个：一是增加可逆平衡反应的产物收率。通过某个反应产物选择性透过膜来提高反应的转化率［如图 7-14（a）所示］，或如图7-14（b）所示，两个反应分别发生在膜的两侧。二是增强过程中主反应的选择性。对于串联反应，一些中间生成物可能会与反应物继续反应或抑制后续反应的进行，若将该生成物及时地从反应体系中移出，可降低后续副反应的转化率［图 7-14（c）］。

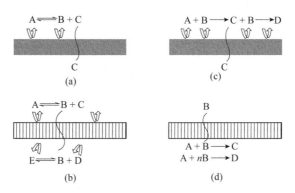

图 7-14　几类典型的催化膜反应-分离系统

另外，当反应物含量不同时，一些反应物存在多种不同的反应途径，所生成的产物有所不同。通过催化膜反应-分离系统来控制该反应过程中某一反应物的浓度，使反应按预定目标进行［图 7-14（d）］。如图 7-14（c）和图 7-14（d）所示的烃类的选择性合成与转化反应，通常其中间产物比初始反应物的活性要高，如果不能很好地控制其中间产物 B 组分的浓度（及时去除或少量添加），则初始反应物会被全部转化为副产物。

采用催化膜反应-分离系统可以有效地控制 B 组分沿膜反应器的轴向浓度分布，避免目标产物与 B 组分长时间接触而产生副反应。传统的烷烃催化脱氢反应的经济性并不高，其主要原因之一是催化脱氢反应为吸热的可逆平衡反应，氢的存在影响转化率。采用催化膜反应-分离系统及时移去生成的氢，使可逆反应继续正向进行，可显著提高其反应转化率。

7.5.1.2　渗透汽化膜反应器

将渗透汽化与反应器耦合，可以形成多种类型的渗透汽化膜反应器。根据耦合方式又可以将其分为渗透汽化单元外置式和渗透汽化单元内置式两种：外置式的每单位反应器所需的膜面积小，操作中更换溶液，但外部循环会带来很多操作上的不便，需额外的循环设备等；内置式的操作简单，不需要氧外循环，但系统不灵活，膜易污染，膜组件大小受到限制等。

在渗透汽化反应脱水系统当中，渗透汽化的作用一是移出目标产物（污水处理或生物技术中），二是移出一些不希望得到的副产物（如酯化反应中的水）。根据进料方式和流动方式，可以将渗透汽化膜反应器分成平推流渗透汽化膜反应器（PFPMR）、全混流渗透汽化膜反应器（CSPMR）、间歇式渗透汽化膜反应器（BPMR）、循环式平推流渗透汽化反应器（RPFPMR）、循环式全混流渗透汽化膜反应器（RCSPMR）和循环间隙式渗透汽化反应膜反应器（RBPMR）几种类型。各种类型渗透汽化膜反应器结构如图 7-15 所示。

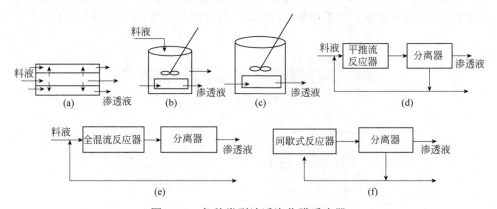

图 7-15　各种类型渗透汽化膜反应器

（a）PFPMR；（b）CSPMR；（c）BPMR；（d）RPFPMR；（e）RCSPMR；（f）RBPMR

渗透汽化与化学反应集成工艺在酯化过程中可及时去除过程生成的水，以改变化学反应的平衡，提高反应转化率，缩短反应时间和降低成本。图 7-16 为三种流程的示意图：第一种流程如图 7-16（a）所示，是由乙酸与乙醇反应生成乙酸乙酯和水的反应-渗透汽化-精馏的集成工艺。过程中，反应器的气相进入精馏塔，塔顶产物（乙醇 87%、水 13%）通过渗透汽化单元将乙醇含量浓缩达 98%后返回反应器。图 7-16（b）为第二种流程，反应与渗透汽化集成的外置式渗透汽化膜反应器，其特点在于酯化过程中将液相反应混合物进行循环。这一过程的转化率高且能耗低，又不受乙醇/水共沸的影响。图 7-16（c）所示的集成过程为反应器中的气相进入渗透汽化单元，可避免高浓度的直接接触，同时进入渗透汽化单元的料液温度较高，降低了能耗。与传统的生产工艺相比，这三种流程节能分别达到 58%、93%和 78%。

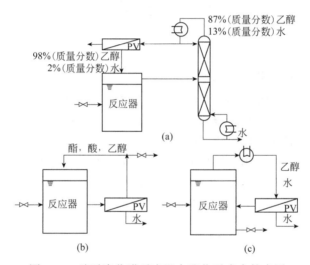

图 7-16 渗透汽化膜反应器在酯化反应中的应用

渗透汽化膜反应器与精馏集成，用于醚化反应脱水。甲基叔丁基醚（MTBE）可由甲醇和叔丁醇催化醚化反应制得，图 7-17 所示为渗透汽化膜反应器-精馏集成过程。甲醇和叔丁醇经离子交换树脂或杂多酸催化后，反应中产生的水被耦合在反应器中的渗透汽化单元脱除，气相部分无须加热直接进入蒸馏塔，塔顶产品是 MTBE 体积分数为85%的甲醇混合物，另外，采用类似的装置可以用于乙醇和叔丁醇制备乙基叔丁基醚(ETBE)，在间歇式反应釜外集成一个中空纤维渗透汽化膜单元，用于循环分离液相中的水，塔顶得到高浓度的 ETBE 产品。该

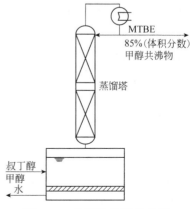

图 7-17 渗透汽化膜反应器-精馏塔集成生产 MTBE

装置提高了整个反应过程的操作性能。

这种集成技术还可以用于许多脱水反应，例如通过 CO_2 与甲胺反应来制备二甲脲，在反应中有二甲脲水溶液以及未反应的 CO_2 甲胺水溶液的产生。与传统的工艺过程精馏法相比，采用集成技术，胺与 CO_2 的产生量分别减少了 86% 和 91%，降低了用于中和的 NaOH 用量，废水中盐含量也相应减少 91%。另外，反萃取塔中的蒸汽用量减少，降低了组件的费用，转化率有所提高。用渗透汽化膜反应器来改进传统的 MIBK 生产工艺，用渗透汽化将反应过程中生成的水及时移走，采用渗透汽化膜反应集成工艺可以有效地降低有机相中的水含量（小于 0.1%），丙酮的转化率可提高近一倍。

渗透汽化膜反应器不仅被用于化学反应，还被应用于生化反应中，发酵法生产乙醇和酶催化反应脱水。例如，用中空纤维渗透汽化膜生物反应器来实现酶催化癸酸和十二醇的酯化反应。在该反应中，渗透汽化脱除了大部分的水蒸气，使得酯化反应的转化率得到提高，酯产率可以高达 97%。

7.5.1.3　膜生物反应器

膜生物反应器（MBR）是以酶、微生物或动植物细胞为催化剂进行化学反应或生物转化，以膜组件的分离功能取代一些传统的分离过程，将反应与分离耦合或集成，因而集合了膜技术和生物处理技术两者的优点。

根据膜生物反应器所用的生物催化剂可以将其分为：酶膜生物反应器、膜发酵器（微生物）和膜动植物细胞培养三类。在膜生物反应器中，酶、细胞或微生物可以三种形态存在：溶解酶或悬浮细胞的游离态、膜表面或膜内酶蛋白凝胶以及膜截留细胞层的浓集态。以吸附、键合或包埋方式固定在膜表面或膜腔内的酶或细胞呈固定化态。此外，在膜生物反应器中，物料的迁移方式有两种，扩散和流动传递，且流动速率高于扩散传递。按酶、细胞和微生物的三种存在形态和物料的两种迁移方式可构成如图 7-18 所示的 6 种膜生物反应器。这 6 种类型的反应器各有其优缺点，如浓集态的酶或细胞的装填密度高，活性稳定，但酶或细胞的消除却存在一定的困难；固定化的酶或细胞难以从膜生物反应器中清除，不便于补充和更换，但用于生物催化具有较高的稳定性。从膜组件与反应器的结合形式上来看，与渗透汽化膜反应器相似，膜生物反应器可分为分置式和一体式两大类，如图 7-19 所示。分置式膜生物反应器内废水经泵增压后进入膜组件，在压力作用下废水透过膜，被净化，悬浮的固体、大分子物质等则被膜截留，随浓缩液回到生物反应器内。分量式膜生物反应器具有运行稳定可靠，操作管理容易，易于膜的清洗、更换及增设等优点。但为了减少污染物在膜表面的沉积，循环泵的水流流速很高，故能耗较高。一体式膜生物反应器，膜组件耦合于反应器内，通过在膜下游形成真空，得到净化水。与分置式膜生物反应器相比，一体式的最大特点是动力费用低，但膜的清洗和更换没有分置式方便。

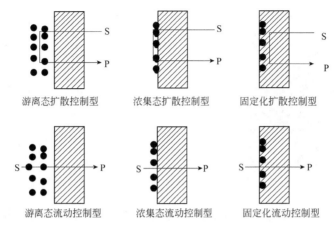

图 7-18　6 种类型的反应器
S—底物；P—产物

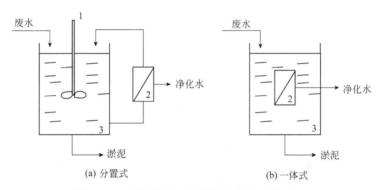

图 7-19　分置式及一体式膜生物反应器示意
1—搅拌桨；2—膜组件；3—反应器

膜生物反应器虽能有效处理多种废水，但当废水中含有微量的不溶于水的有机物，或在强酸性、强碱性或高离子浓度等极端条件下，普通的膜生物反应器则无能为力。Livingston 提出了一种新型的萃取膜生物反应器概念，采用亲油性的致密膜将废水和含微生物的水相分开，废水中的有机物可透过膜，在另一侧的水相中被降解。其过程原理如图 7-20 所示。膜生物反应器不仅可用于废水处理,也可用于废气处理，其原理如图 7-21 所示。

7.5.2　分离-分离的集成过程

不同的膜其分离机理和适用对象不同。对于一些组分复杂的混合体系，采用单一的技术很难实现有效的分离，采用多种膜过程的集成则能取得满意的结果。例如，可采用多种膜过程的集成从间歇发酵液中分离回收头孢霉素 C，首先由 MF 去除细菌，再用 UF 去除蛋白质和多糖，再用反渗透浓缩超滤液，最后用高效液相色谱纯化得抗生素。

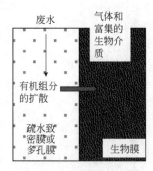

图 7-20　萃取膜生物反应器原理

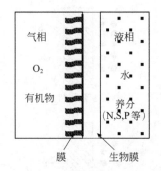

图 7-21　用于废气处理的膜生物反应器的原理

　　粗天然气中脱除 CO_2 和 H_2S 的混合过程，CO_2 高于 40%（摩尔分数），H_2S 高于 1%（摩尔分数）。混合过程用膜分离和 DEA 吸收法相结合，首先用鼓泡法从天然气原料中除去酸性气体，特别是 CO_2，然后用膜分离法，最后用气体吸收法，达到管道中允许的特定含量要求：$CO_2 \leqslant 2\%$（摩尔分数），$H_2S \leqslant 0.4\%$。

参 考 文 献

[1] 王素利，杨素萍，刘丰茂. 液相微萃取技术在农药残留分析中的应用研究进展. 农药学学报，2012，14（5）：461-474.

[2] 湖庆兰，郑平，华丽. 固相微萃取及其在生物样品分析中的应用. 湖北第二师范学院学报，2012，29（2）：15-18.

[3] 周也，田震，王丽雯. 临界萃取技术研究现状与应用. 山东化工，2012，41（5）：37-39.

[4] 陈钧，杨克迪，陈洁，等. 超声强化超临界流体萃取中传质的实验研究//全国超临界技术及应用研讨会论文集. 北京：清华大学出版社，1996：50-53.

[5] 李伟，柴金玲，谷学新. 新型的萃取技术——双水相萃取. 化学教育，2005，31（3）：7-12.

[6] Persson J, Johansson H, Galaev I, et al. Aqueous polymer two-phase systems formed by new thermoseparating polymers. Bioseparation, 2000,9(2):105-116.

[7] Babu B R,Rastogi N K,Raghavarao K. Liquid liquid extraction of bromelain and polyphenol oxidase using aqueous two-phase system. Chemical Engineering and Processing, 2008, 47(1): 83-89.

[8] 付新梅，王凌，戴树桂. 离子液体支撑液膜萃取分离双酚、辛基酚和壬基酚. 环境科学与管理，2011，36（1）：71-74.

[9] Almeda S, Arce L, Valcarcel M. Combined use of supported liquid membrane and solid-phase extraction to enhance selectivity and sensitivity in capillary electrophoresis for the determination of ochratoxin A in wine. Electrophoresis, 2008, 29(7): 1573-1581.

[10] 彭运平，何小维，吴军林. 生物物质的分离新技术——反胶团萃取. 生命的化学，2003，23（4）：311-313.

[11] Sakono M, Maruyama T, Kamiya N, et al. Refolding of denatured carbonicanhydrase B by reversed micelles formulated with nonionic surfactant. Biochem Eng J, 2004, 19(3): 217-220.

[12] 冯丽莎. 微波萃取技术及其在食品化学中的应用. 化学工程与装备，2012（11）：145-147.

[13] 郭赣林，徐深圳，李文浩，等. 球等鞭金藻多糖的微波萃取工艺. 食品科学，2011，32（14）：113-117.

[14] 谷勋刚. 超声波辅助提取新技术及其分析应用研究. 合肥:中国科学技术大学，2007.

[15] 王笃政，于娜娜. 微波-超声波协同萃取技术在中药有效成分提取中的研究进展. 化工中间体，2011，10（5）：5-9.

[16] 贾光锋，邱幼军，李文孝. 超声波强化技术在萃取皂脚棉酚中的应用. 食品工业，2012，33（7）：94-96.

[17] 张欣，张平，蔡水洪，等. 预分散溶剂萃取及其在生物产品分离中的应用. 吉首大学学报（自然科学版），2001，22（2）：64-66.

[18] 张欣，张平，蔡水洪，等. 含菌丝体林可霉素发酵液的预分散溶剂萃取. 华东理工大学学报，2003，29（5）：496-499.

[19] Kruchkov F A. Gel extraction, the main equations. Separation Science and Technology, 1996, 31(17): 2351-2357.

[20] 王世昌，解利听，金雷，等. 凝胶萃取浓缩蛋白质及过程优化. 化工学报，1990，88（1）：74-79.

[21] 王犇. 离子液体的制备及萃取电镀污泥中金属的研究，南昌：南昌大学，2016.

[22] 刘郁，陈继，陈厉. 离子液体萃淋树脂及其在稀土分离和纯化中的应用. 中国稀土学报，2017，35（1）：9-18.

[23] Danesr P R. Solvent Extraction and Ion Exchange, 1985, 2(1): 173-176.

[24] 阎龙. 恒沸精馏过程夹带剂量的研究. 青岛科技大学学报，2003，24：1-3.

[25] Etienne R Boucher, Michael F Doherty, Michael F Malone. Automatic screening of entrainer for homogeneous azeotropic distillation . Ind Eng Chem Res, 1992, 30(4): 760-772.

[26] Bacchaus A A. Continous ester production: US, 1400849-51. 1921.

[27] 陈珺. 基于反应精馏的工业乙醇除水工艺及其过程模拟研究. 青岛：中国海洋大学，2011.

[28] 向爱双，许松林. 舌弓膜式分子蒸馏蒸发液膜模拟中两种湍流模型的比较，中国科学 B 辑化学，2005，35（1）：11-16.

[29] 孙积钊，丁镇臣，王文学. 浅谈分子精馏技术. 中国石油和化工标准与质量，2012（11）：30.

[30] 刘茉娥，陈欢林. 新型分离技术基础. 杭州：浙江大学出版社，1999.

[31] 陈欢林. 新型分离技术. 北京：化学工业出版社，2000.

[32] 董红星，曾庆荣，董国君. 新型传质分离技术基础. 哈尔滨：哈尔滨工业大学出版社，2005.

[33] 丁明玉，等. 现代分离方法与技术. 北京：化学工业出版社，2006.